科学与工程计算技术丛书

MATLAB/Simulink
系统建模与仿真

MATLAB/Simulink System Modeling and Simulation

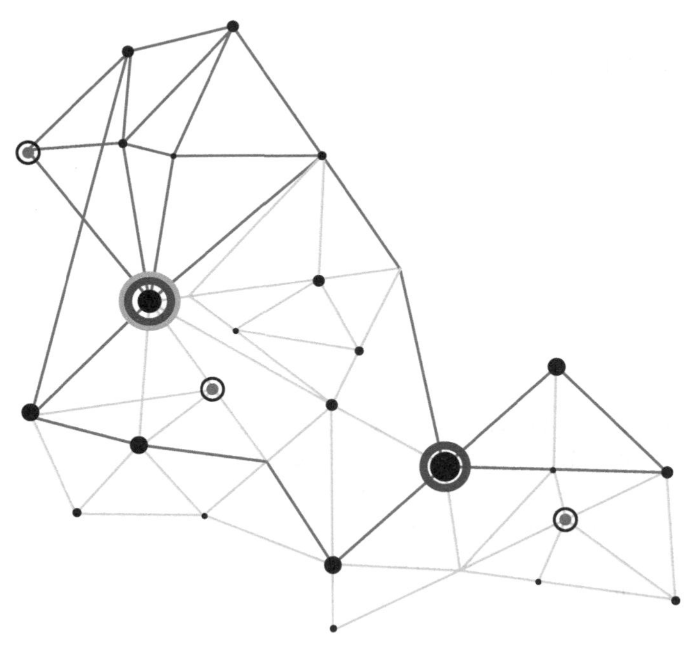

向军 / 编著

清华大学出版社
北京

内容简介

本书以 MATLAB R2020a 为平台，深入浅出地介绍 MATLAB/Simulink 软件的功能、基本概念及其在系统建模与仿真中的实际应用。全书共分 8 章，主要介绍系统建模与仿真的基本概念、MATLAB 基础、Simulink 入门、MATLAB/Simulink 动态系统建模与仿真、子系统与 S 函数、MATLAB/Simulink 控制系统分析与设计、数字滤波器的 MATLAB 辅助分析与设计、MATLAB/Simulink 通信系统仿真等内容。

本书紧扣高等院校电子信息工程、通信工程、电子科学与技术、计算机科学与技术等专业的人才培养方案，以数字信号处理、自动控制原理、现代通信原理为前修课程，特别适合作为高等院校电子、电气类专业系统建模与仿真技术等相关课程教材及实验参考资料，也可作为相关领域工程技术人员的参考书。

图书在版编目(CIP)数据

MATLAB/Simulink 系统建模与仿真/向军编著. —北京：清华大学出版社，2021.2 (2024.1重印)
(科学与工程计算技术丛书)
ISBN 978-7-302-56766-0

Ⅰ. ①M… Ⅱ. ①向… Ⅲ. ①自动控制系统－系统建模－Matlab 软件 ②自动控制系统－系统仿真－Matlab 软件 Ⅳ. ①TP273-39

中国版本图书馆 CIP 数据核字(2020)第 211849 号

责任编辑：盛东亮　钟志芳
封面设计：吴　刚
责任校对：时翠兰
责任印制：沈　露

出版发行：清华大学出版社
网　　址：https：//www.tup.com.cn，https：//www.wqxuetang.com
地　　址：北京清华大学学研大厦 A 座　　**邮　　编**：100084
社 总 机：010-83470000　　**邮　　购**：010-62786544
投稿与读者服务：010-62776969，c-service@tup.tsinghua.edu.cn
质量反馈：010-62772015，zhiliang@tup.tsinghua.edu.cn
课件下载：https：//www.tup.com.cn，010-83470236
印 装 者：三河市龙大印装有限公司
经　　销：全国新华书店
开　　本：186mm×240mm　　**印　　张**：22.5　　**字　　数**：507 千字
版　　次：2021 年 4 月第 1 版　　**印　　次**：2024 年 1 月第 5 次印刷
印　　数：5101～5900
定　　价：89.00 元

产品编号：089410-01

前言

MATLAB是Matrix和Laboratory两个词的组合，称为矩阵实验室，由美国MathWorks公司发布，主要面向科学计算、可视化以及交互式程序设计。它将数值分析、矩阵计算、科学数据可视化以及系统的建模和仿真等诸多强大功能集成在一个易于使用的窗口环境中，为科学研究、工程设计等众多科学领域提供了一种全面的解决方案。

MATLAB的各版本中主要包括MATLAB和Simulink两大部分。其中，MATLAB可以进行矩阵运算、绘制函数和数据、实现算法、创建用户界面、连接其他编程语言程序等，主要应用于工程计算、控制设计、信号处理、图像处理、信号检测、金融系统建模与分析等领域。附加的工具箱扩展了MATLAB的环境和功能，以解决特定应用领域内的科学计算和工程分析设计问题。

Simulink集成于MATLAB中，是用于动态系统和嵌入式系统的多领域仿真和基于模型的设计工具，为各种时变系统，包括通信、控制、信号处理、视频和图像处理系统等都提供了交互式图形化环境和可定制模块库来对其进行设计、仿真、执行和测试。Simulink能够将MATLAB算法引入仿真模型，也能将仿真结果导出到MATLAB中，以便做进一步分析处理。Simulink可以直接访问MATLAB大量的工具，以便进行算法研发和仿真分析、数据的可视化、批处理脚本的创建、建模环境的定制以及信号参数和测试数据的定义等。

本书基于最新的MATLAB R2020a版本，深入浅出地介绍了MATLAB和Simulink的相关知识，以期帮助读者尽快掌握MATLAB/Simulink的基本概念、使用方法及其在系统建模和仿真中的应用。本书的主要特点有：

1. 逻辑性强、条理清晰

全书内容精心组织，各章内容联系紧密、条理清晰、深入浅出，并注重理实结合，突出实践能力的训练。

2. 例题丰富、步骤详尽

本书例题紧扣知识点，题目精心设计，解答步骤详尽，所有例题都在MATLAB R2020a和R2016a两个版本上调试通过。

3. 习题多样、便于教学

每章都提供了题型多样、数量充足的课后习题和实践练习题，便于复习巩固相关知识点，提升实践能力，方便进行课程教学设计和内容组织。

全书内容共分为两大部分，共8章。第1～5章是基本概念部分。其中，第1章简要介

前言

绍系统建模和仿真的基本概念；第2章和第3章分别介绍MATLAB编程和Simulink模型仿真的基本概念和方法；第4章介绍动态系统的数学模型，以及根据各种数学模型对动态系统进行编程和建模仿真的基本方法；第5章介绍MATLAB中功能十分强大的子系统和S函数的基本概念及其实现方法。第6～8章是具体应用部分。其中，第6章介绍MATLAB/Simulink在自动控制系统的辅助分析和设计中的应用；第7章主要介绍利用MATLAB提供的相关函数、模块和应用程序APP进行数字滤波器的分析与设计的基本方法；第8章主要介绍MATLAB/Simulink在通信系统的调制解调过程仿真和性能分析方面的应用。

为便于读者学习，本书配套提供了丰富的学习资源，读者可以扫描书中对应二维码在线学习或下载到自己的计算机学习。

- **程序代码** 提供全书100多个案例的程序代码，这些程序代码均已通过验证调试。
- **教学课件** 提供全书8章的教学课件，便于广大教师备课与教学。
- **习题解答** 提供各章习题的参考答案，解答步骤详尽。
- **微课视频** 提供与教材同步的教学视频，共计1000多分钟，覆盖全书90%以上的内容。
- **教学大纲** 为相关课程任课教师撰写课程教学大纲参考，帮助自学读者明确内容的重点、难点及学习目标。
- **实验大纲** 配合相关课程的实验教学。

为便于组织教学或自学，本书编者精心制作了教学课件，每章都提供了题型丰富的习题和实践练习题，可供相关课程和实验教学环节参考。所有习题都提供了参考解答，需要的读者可与清华大学出版社或者编者联系。

本书的出版得到了美国MathWorks公司图书出版计划的支持，并提供了最新的MATLAB R2020a试用版本，在此表示谢意。

向　军

2021年1月于西南交通大学

目录

目录

目录

目录

目录

第1章 建模与仿真的基本概念

建模与仿真是现代科学技术研究的主要内容之一，其技术已渗透到各学科和工程技术领域。本章介绍系统建模与仿真的基本概念、常用的系统建模与仿真工具和软件。

1.1 系统及系统模型

系统是一个广泛应用的术语，实际生活中有各种各样的系统。例如，工程上的通信系统、控制系统以及人体的消化系统、呼吸系统等。为了便于分析研究和设计，工程上通常需要采用合适的工具对系统进行描述。

1.1.1 系统

概括起来，系统是指由若干相互有联系的事物组合而成的整体，用于将送入系统的输入信号进行加工处理、运算变换并得到期望的输出信号，或者将信号传输到接收端。所有系统都可以视为处理器或者变换器，其基本作用是对信号进行处理和变换，而信号是系统处理和变换的对象，各种信号都产生于系统，并且在系统中按照要求进行传输、处理和变换。

例如，一个电工学网络是由各种电路元件（电源、电阻、电感、电容等）相互联结起来构成的一个整体，用于将外部信号源送入的电压或电流信号进行规定的运算和变换（放大、滤波等），得到期望的输出电压或电流信号。

再如，一个基本的通信系统是由发送设备、传输信道和接收设备构成的整体，其作用是进行信号和信息的传输，将来自于信源（话筒、摄像机等）的消息信号传送到接收端。一个典型的闭环控制系统包括控制器和被控对象，为了实施闭环控制，还需要有反馈检测装置及比较器。通过反馈检测装置对被控对象的指定参数信号（例如温度、压力等）进行检测，再通过比较器与给定输入信号（被控参数的期望值）进行比较得到误差信号。控制器根据误差信号计算得到所需的控制信号，将其送至被控对象，对指定的参数进行调节，使其达到给定值或者按照给定规律变化。

1.1.2 系统模型

系统模型(System Model)是对真实对象和真实关系中那些有用的和人们关注的特性的抽象,是对系统某些本质方面的描述。系统模型具体可分为物理模型和数学模型、实物模型和半实物模型等。

1. 物理模型

物理模型是根据系统间的相似性建立起来的,包括缩尺模型、模拟模型、样机模型等。其中,缩尺模型与实际系统有相似的物理性质,是按比例缩小的实物,例如风洞模型、油泥模型等;模拟模型是用其他现象或过程来描述所研究的现象或过程,用模型的性质代表原来系统的性质,例如用电流模拟热流;样机模型与原系统完全一致,主要用于系统改进、性能验证等,例如飞机的原型机、验证机等。

2. 数学模型

数学模型是对系统某种特征本质的数学表达,即用数学公式来描述所研究对象或系统中某一方面的规律。常用的数学模型有微分方程、差分方程、传递函数、频率特性、状态空间表达式等。

根据数学模型所描述的系统的运动性质和数学工具,可以将系统分为静态系统和动态系统。其中,静态系统在任何时刻的输出只取决于当前时刻的输入,不具有记忆特性,可以用最简单的代数方程进行描述;动态系统在任何时刻的输出不仅取决于当前时刻的输入,还取决于此时刻之前的历史输入,从而使得动态系统具有记忆特性。

此外,系统还可以分为线性系统和非线性系统、连续系统和离散系统以及混合系统等。不同的系统在数学模型的描述上存在一定的区别。

1.2 系统建模与仿真

根据系统工作的物理原理,利用相关的物理定律推导和建立系统的数学模型,或者通过实验手段获得系统的数学模型,用于描述系统的工作过程和特性,这个过程称为系统建模(Modeling)。系统仿真(Simulation)是建立在控制理论、相似理论、信息处理技术和计算技术等技术理论基础之上的,以计算机和其他专用物理效应设备为工具,利用系统模型对真实或假想的系统进行实验,并借助专家经验知识、统计数据和信息资料对实验结果进行分析和研究,进而做出决策的一门综合性的实验性科学。

1.2.1 系统建模

由于描述的关系各不相同,实现建模的手段和方法也是多种多样的。可以通过对系统本身运动规律的分析,根据事物的机理来建模;也可以通过对系统实验或统计数据的处理,并根据对系统已有的知识和经验来建模;还可以同时使用多种方法建模。

(1) 演绎法。对于已知内部结构和特性的系统,即所谓的“白箱”,可以利用系统本身的特性和物理规律,通过分析推导得到系统模型。

(2) 归纳法。对于内部结构和特性无法获得的系统,即所谓的“黑箱”“灰箱”,如果允许直接进行实验性观测,则可假设模型,并通过实验验证和修正。

(3) 混合法,即演绎法与归纳法的结合。对于那些属于黑箱但不允许进行实验观测的系统,可采用数据收集和统计归纳的方法来建立模型。

对于同一个实际系统,可以根据不同的用途和目的建立不同的模型。但建立的任何模型都只是实际系统原型的简化,因为既不可能也没必要把实际系统的所有细节都列举出来。如果在简化模型中能保留系统原型的一些本质特征,那么就可认为模型与系统原型是相似的,是可以用来描述原系统的。因此,实际建模时,必须在模型的简化与分析结果的准确性之间作出适当的折中。

系统建模主要用于如下 3 方面:

(1) 分析和设计实际系统。例如,工程界在分析和设计一个新系统时,通常先进行数学仿真和物理仿真实验,最后再到现场做实物实验。数学仿真比物理仿真更简单易行。用数学仿真来分析和设计一个实际系统时,必须有一个描述系统特征的模型。对于许多复杂的工业控制过程,建模往往是最关键和最困难的任务。对社会和经济系统的定性或定量研究也是从建模着手的。例如,在人口控制论中,建立各种类型的人口模型,改变模型中的某些参量,可以分析研究人口政策对于人口发展的影响。

(2) 预测或预报实际系统某些状态的未来发展趋势。预测或预报基于事物发展过程的连贯性,例如根据以往的测量数据建立气象变化的数学模型,用于预报未来的气象。

(3) 对系统实行最优控制。运用控制理论设计控制器或最优控制律的关键或前提是有一个能表征系统特征的数学模型。在建模的基础上,根据极大值原理、动态规划、反馈、解耦、极点配置、自组织、自适应和智能控制等方法,设计各种各样的控制器或控制律。

1.2.2 系统仿真

系统仿真的目的和作用包括优化系统设计、对系统进行性能评价、避免实验的危险性、进行系统抗干扰性能的分析研究、培训系统操作人员、为管理决策和技术决策提供依据等。

根据上述定义,系统仿真的过程主要包括被仿真的系统、系统模型和仿真工具这 3 个要素。其中,仿真工具目前主要是指采用计算机及相应的仿真工具软件搭建的合适的仿真平台。仿真的一般过程与步骤为:

(1) 系统定义:根据系统仿真的目的确定所研究系统的边界及约束条件。

(2) 建立数学模型:将实际系统抽象为数学表达式或流程图。

(3) 模型变换:将系统的数学模型转换为计算机能处理的仿真模型。

(4) 设计仿真实验：给定系统外部输入信号，设定相关参数和变量等。

(5) 模型加载：将转换后的仿真模型以程序形式输入计算机中。

(6) 仿真实验：在计算机中对仿真系统进行各种规定的实验。

(7) 模型校验：根据系统应达到的性能要求对模型进行修改和检验。

(8) 提交仿真报告：对仿真的数据进行分析、整理，提供仿真的最终结果报告。

1.3 常用的仿真工具和软件

仿真软件(Simulation Software)是专门用于仿真建模的计算机软件，与仿真硬件同为仿真的技术工具。仿真软件产生于20世纪50年代中期，其发展过程与仿真应用、算法、计算机和建模等技术的发展相辅相成。1984年出现了第一个以数据库为核心的仿真软件系统，此后又出现了采用人工智能技术(专家系统)的仿真软件系统。这个发展趋势将使仿真软件具有更强、更灵活的功能，能面向更广泛的用户。

仿真软件分为仿真语言、仿真程序包和仿真软件系统三类。其中，仿真语言是应用最广泛的仿真软件，能够实现源语言的规范化和处理、规定描述模型的符号和语法、检测源程序中的错误，并将源程序翻译成机器可执行码；仿真程序包是针对仿真的专门应用领域建立起来的程序系统，软件设计人员将常用的程序段设计成通用的子程序模块，仿真研究和设计时可免去繁重的程序编制工作；仿真软件系统以数据库为核心，将仿真软件的所有功能有机地统一在一起，构成一个完善的系统，由建模软件、仿真运行软件(语言)、输出结果分析报告软件和数据库管理系统组成。

下面简要介绍几种常用的仿真工具和软件。

1.3.1 SimuWorks

SimuWorks是基于微机环境的开发运行支撑平台和仿真软件，为大型科学计算、复杂系统动态特性建模研究、过程仿真培训、系统优化设计与调试、故障诊断与专家系统等提供通用的、一体化的、全过程支撑的仿真模型。该软件采用动态内存机器码生成技术、分布式实时数据库技术和面向对象的图形化建模方法，主要用于能源、电力、化工、航空航天、国防军事、经济等研究领域，既可用于科研院所的科学研究，也可用于实际工程项目。

1.3.2 Flexsim

Flexsim是美国的三维物流仿真软件，应用于系统建模、仿真以及实现业务流程可视化。Flexsim中的对象参数基本可以表示所有存在的实物对象，例如机器装备、操作人员、传送带、叉车、仓库、集装箱等。同时，数据信息也可以用丰富的模型库表示出来。Flexsim具有层次结构，可以使用继承来节省开发时间。Flexsim还是面向对象的开放式软件，对象、视窗、图形用户界面、菜单列表、对象参数等都是非常直观的。

1.3.3 Simio

Simio 是系统模拟仿真软件/高级计划调度软件，提供了快速和灵活的模拟能力，无须编程就能够同时支持离散系统、连续系统和基于智能主体的大规模行业应用，在大型交通枢纽（例如国际机场、港口）的仿真分析、供应链设计和优化、离散制造业、采矿业、医疗业以及军事资源配备等多个领域均实现了成功应用。

1.3.4 VR-Platform

VR-Platform 简称 VRP，英文全称为 Virtual Reality Platform（虚拟现实仿真平台）。该仿真软件适用性强、操作简单、功能强大、高度可视化、所见即所得。该仿真平台所有的操作都是以美工可以理解的方式进行，不需要程序员参与，结合良好的 3DMAX 建模和渲染基础，可以很快制作出虚拟现实场景。

VR-Platform 虚拟现实仿真平台可广泛应用于城市规划、室内设计、工业仿真、古迹复原、桥梁道路设计、房地产销售、旅游教学、水利电力、地质灾害等众多领域，为其提供切实可行的解决方案。

1.3.5 MATLAB 和 Simulink

MATLAB 是美国 MathWorks 公司研发的商业数学软件，是用于算法开发、数据可视化、数据分析以及数值计算的高级技术计算语言和交互式环境，主要包括 MATLAB 和 Simulink 两大部分。

MATLAB 是 Matrix 和 Laboratory 两个单词的组合，称为矩阵工厂或矩阵实验室，是美国 MathWorks 公司发布的主要面对科学计算、可视化以及交互式程序设计的高级计算环境。它将数值分析、矩阵计算、科学数据可视化以及非线性动态系统的建模和仿真等诸多强大功能集成在一个易于使用的视窗环境中，为科学研究、工程设计以及必须进行有效数值计算的众多科学领域提供了一种全面的解决方案，并在很大程度上摆脱了传统非交互式程序设计语言（例如 C 语言、FORTRAN 语言）的编辑模式，代表了当今国际科学计算软件的先进水平。

MATLAB 可以进行矩阵运算、绘制函数和数据、实现算法、创建用户界面、连接其他编程语言的程序等。

Simulink 是用于动态系统和嵌入式系统的多领域仿真和基于模型的设计工具。对各种时变系统，包括通信、控制、信号处理、视频处理和图像处理系统，Simulink 提供了交互式图形化环境和可定制模块库来对其进行设计、仿真、执行和测试，可以用连续采样时间、离散采样时间或两种混合的采样时间进行建模，也支持多速率系统。Simulink 提供了一个建立模型方框图的图形用户界面，只需单击和拖动鼠标操作就能完成系统的建模和仿真。构架在 Simulink 基础之上的其他产品扩展了 Simulink 多领域建模功能，也提供了用于设计、执行、验证和确认任务的相应工具。

Simulink 与 MATLAB 紧密集成，可以直接使用 MATLAB 大量的工具来进行算法研发、仿真的分析和可视化、批处理脚本的创建、建模环境的定制以及信号参数和测试数据的定义。

第2章 MATLAB基础

MATLAB的各版本中都主要包括MATLAB和Simulink两大部分。其中MATLAB可以进行矩阵运算、绘制函数和数据、实现算法、创建用户界面、连接其他编程语言程序等,主要应用于工程计算、控制设计、信号处理与通信、图像处理、信号检测、金融系统建模设计与分析等领域。附加的工具箱(单独提供的专用MATLAB函数集)扩展了MATLAB的环境和功能,以解决特定应用领域内的科学计算和工程分析设计问题。

2.1 MATLAB工作环境与帮助系统

微课视频

附录A给出了MATLAB的主要历史版本。本书以最新的MATLAB R2020a版本为例,介绍MATLAB的工作环境及其强大的帮助系统。

2.1.1 工作环境

安装好MATLAB后,将在Windows桌面上生成MATLAB R2020a图标,单击该图标即可启动MATLAB。默认情况下,启动后MATLAB的主窗口组成如图2-1所示。

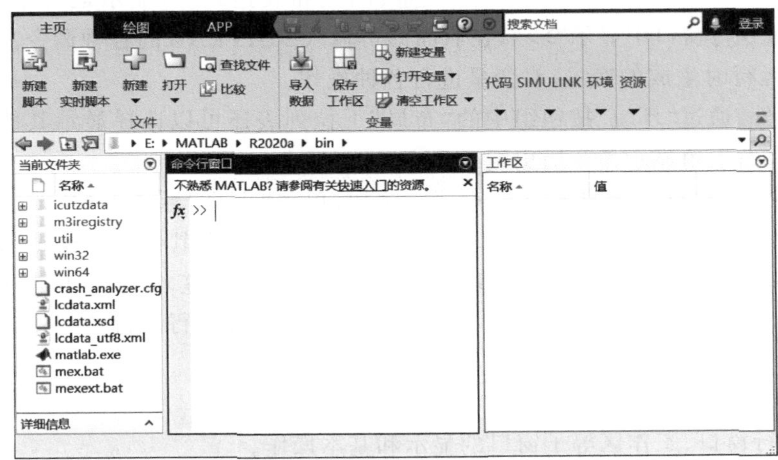

图2-1 MATLAB主窗口

与普通的 Windows 应用程序窗口不同，MATLAB R2020a 取消了菜单栏。刚启动后，没有打开任何文件时，主窗口顶部是"主页""绘图"和 APP 三个标签。单击不同的标签，将显示不同的选项卡。例如，单击"主页"标签，显示的选项卡如图 2-1 所示。选项卡中有很多工具按钮，这些按钮以分组的形式构成工具栏。

1. 按钮组工具栏

按钮组工具栏从左向右依次为"文件""变量""代码""SIMULINK""环境"和"资源"按钮组。

(1) "文件"按钮组提供的按钮分别用于新建脚本、新建实时脚本、新建和打开各种类型的文件等。

(2) "变量"按钮组用于新建和打开变量，以及清除工作区中的变量等。

(3) "代码"按钮组用于分析当前文件夹中的程序代码文件、清除命令行窗口和命令历史记录窗口中的命令。

(4) SIMULINK 按钮组只有一个 SIMULINK 按钮，单击该按钮可以进入 Simulink 工作环境。

(5) "环境"按钮组用于设置窗口中工具栏、子窗口的布局及工作文件夹等。

(6) "资源"按钮组中主要是"帮助"按钮，单击该按钮可以进入 MATLAB 的帮助系统。

2. 子窗口

按钮组工具栏下面主要有如下 3 个子窗口。

(1) 当前文件夹窗口：用于显示当前工作文件夹中的所有文件和子文件夹，默认显示为 MATLAB 安装文件夹下的 R2020a/bin 文件夹。通过子窗口顶部的"浏览文件夹"按钮，可以将硬盘上的任意文件夹显示到该子窗口，作为当前工作文件夹。在该子窗口中可以对文件进行管理，类似于 Windows 中的资源管理器。

(2) 命令行窗口：用于输入简单的脚本命令、变量、函数和表达式等，显示运行结果。启动 MATLAB 后，在命令行窗口中显示">>"，在后面即可输入 MATLAB 的各种命令。

(3) 工作区：显示运行时生成的变量，对变量进行各种操作。

除了上述子窗口以外，通过"环境"按钮组中的"布局"下拉列表还可以选择显示其他子窗口。例如，可在主窗口右下角显示命令历史记录子窗口。

此外，在工作过程中，可在桌面上打开其他窗口。例如，单击"主页"标签下的"新建脚本"按钮，将在主窗口中显示 MATLAB 编辑器子窗口，如图 2-2 所示，在其中可以编辑和修改 MATLAB 程序。同时注意到，在主窗口顶部增加了一个"编辑器"标签，该标签下的各按钮用于 MATLAB 程序文件的新建、打开和保存，以及对程序的调试和运行进行控制。

3. 子窗口的基本操作

下面举例说明命令行窗口、工作区等子窗口的显示和基本操作。

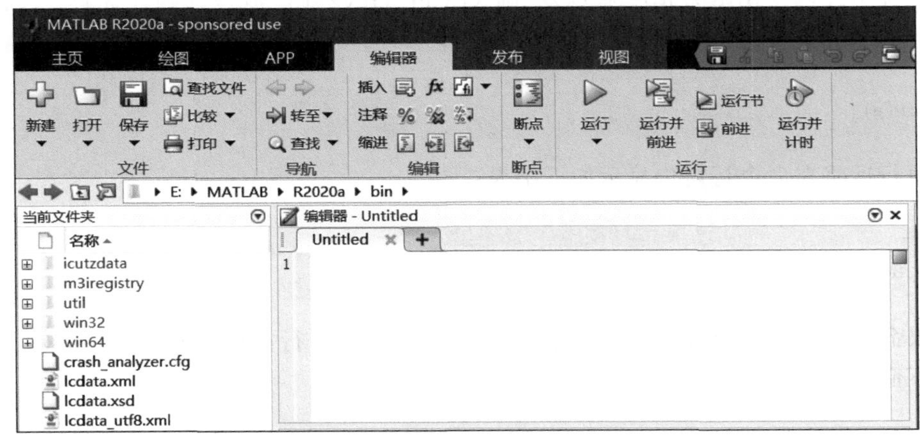

图 2-2　MATLAB 编辑器子窗口

例如，在命令行窗口输入如下命令：

```
>> a = 1
```

该命令将创建一个变量 a，MATLAB 将该变量添加到工作区，并在命令行窗口显示如下运行结果：

```
a =
   1
```

在命令行窗口继续输入如下命令：

```
>> b = 2
```

该命令创建一个新的变量 b，MATLAB 在工作区增加该变量，同时在命令行窗口显示执行结果如下：

```
b =
   2
```

在命令行窗口输入如下命令：

```
>> c = a + b
```

该命令将前面得到的变量 a 和 b 的值相加，得到一个新的变量 c。而如下命令对变量 a 进行余弦函数运算，得到变量 d。

```
>> d = cos(a)
```

如果在上述命令中没有指定变量名，则 MATLAB 将结果保存到默认变量 ans 中。例如，输入如下命令：

```
>> sin(a)
```

该命令执行后将在命令行窗口显示如下结果：

```
ans =
   0.8415
```

如果命令语句后面带有分号";"，则该命令执行后，命令行窗口不显示执行结果。例如，输入如下命令：

```
>> e = a * b;
```

该命令执行后，在命令行窗口不会显示变量 e 的值，但在工作区中仍会增加一个变量 e。

上述操作完成后，命令行窗口和工作区的显示如图 2-3 所示。

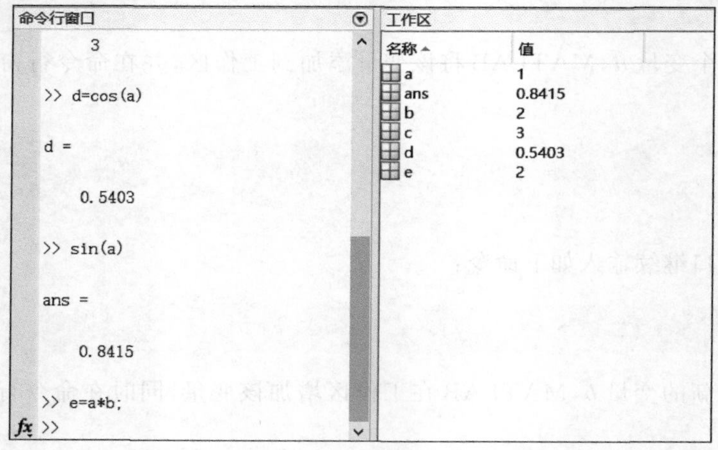

图 2-3　命令行窗口和工作区的显示

双击工作区中某个变量的名称或者值，将在主窗口的命令行窗口上方打开一个新的子窗口，在其中显示变量的相关信息和数据，如图 2-4 所示。

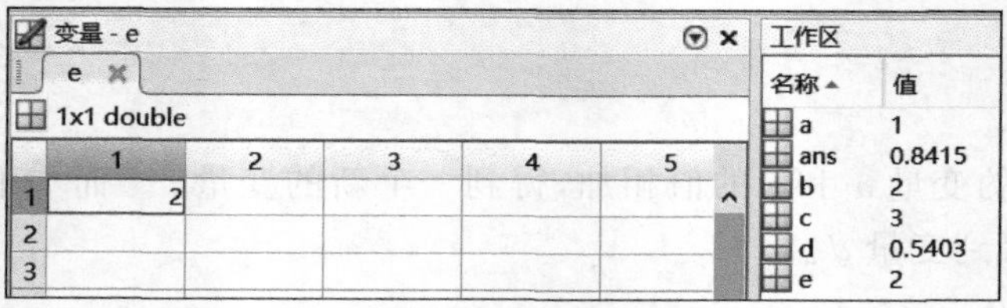

图 2-4　变量信息的显示子窗口

在命令行窗口直接输入命令或表达式，生成的变量将直接在工作区显示。另外，在命令行窗口中还可以输入其他命令，其中典型的是 clc 和 clear 命令。clc 命令用于清除命令行窗口中的所有命令和执行结果的显示，但前面生成的变量还存在于工作区中，可以在后面引用。clear 命令可以清除工作区中的所有变量。此外，利用键盘的上、下方向键，可以从历史命令中进行选择并重复输入该命令。

2.1.2 帮助系统

MATLAB 提供了完善的帮助系统，单击“主页”标签下的“帮助”按钮即可进入帮助系统，如图 2-5 所示。帮助系统采用简易的浏览器窗口样式。左侧是导航栏，其中列出了已经安装的 MATLAB 组件目录。单击某项组件，将在右侧显示相关的帮助页面。单击“目录”按钮，可以显示或者隐藏导航栏。

图 2-5 MATLAB 帮助系统

帮助系统右侧页面顶部有 5 个标签，默认选择为“所有文档”标签，在页面上主要显示 MATLAB 和 SIMULINK 两个链接，单击可以进入 MATLAB 和 SIMULINK 的帮助页面。图 2-6 是单击 MATLAB 链接后进入的 MATLAB 编程帮助系统页面，在该页面中可以查找到有关 MATLAB 编程的相关帮助信息。

单击帮助系统页面顶部的“示例”标签，立即在下方显示 MATLAB 中提供的代码示例，如图 2-7 所示。单击其中的“打开实时脚本”链接，即可在 MATLAB 编辑器子窗口中打开和查看相应的示例代码文件。

此外，在帮助系统的几乎所有页面顶部都提供了一个搜索编辑框，可以在其中输入任何感兴趣的内容，帮助系统会根据输入的内容给出相应的帮助信息。例如，在搜索编辑框中输入 sin，帮助系统自动给出若干选项，可以根据需要在其中查找所需要获取帮助的选项，单击选项后将立即在帮助页面给出该选项的详细帮助文档，如图 2-8 所示。

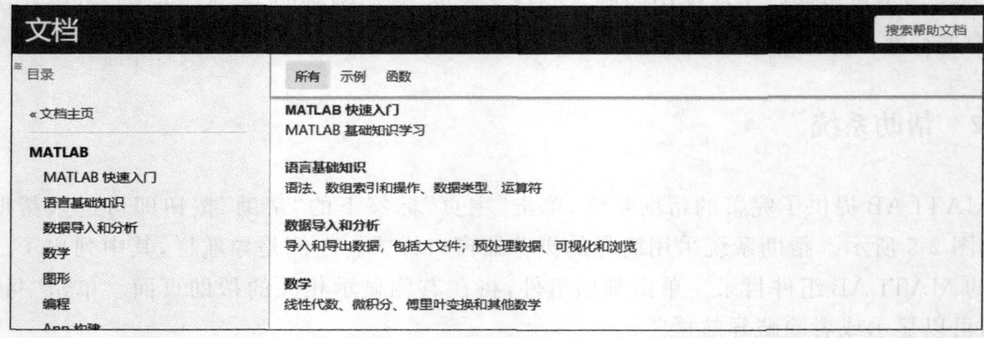

图 2-6　MATLAB 编程帮助系统

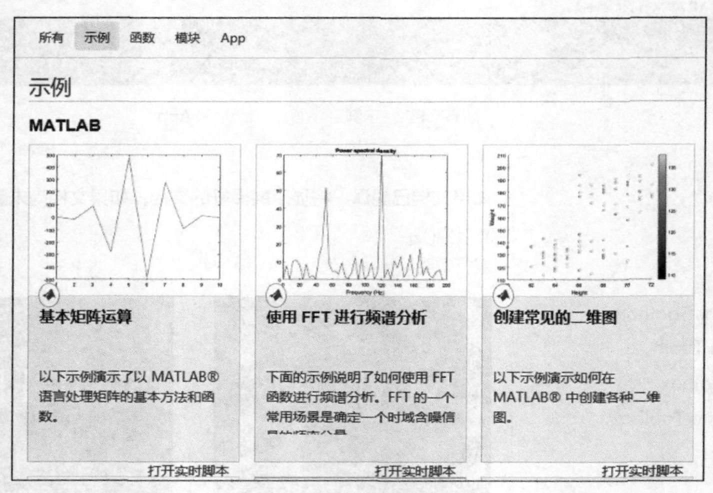

图 2-7　MATLAB 中的示例代码帮助页面

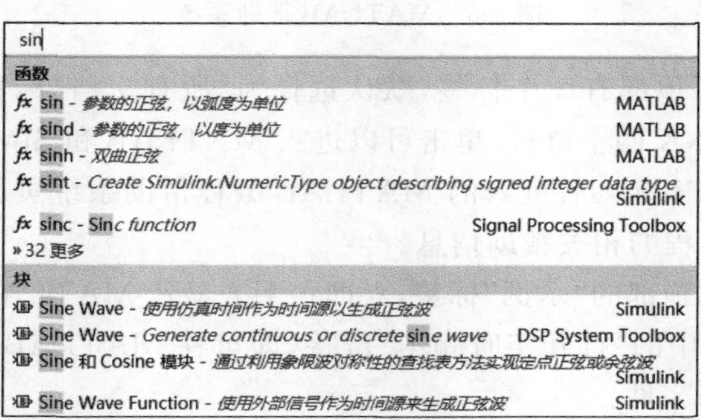

图 2-8　帮助系统的搜索功能

除了上述完整的帮助系统外，在 MATLAB 工作过程中，还可以随时方便地获取联机帮助。例如，在 MATLAB 命令行窗口输入如下命令：

```
>> help sin
```

将立即在命令行窗口中显示出有关 sin 函数的简要介绍，如图 2-9 所示。单击其中的链接“sin 的文档”，可以进入 MATLAB 帮助系统，并查看有关 sin 函数的详细介绍。

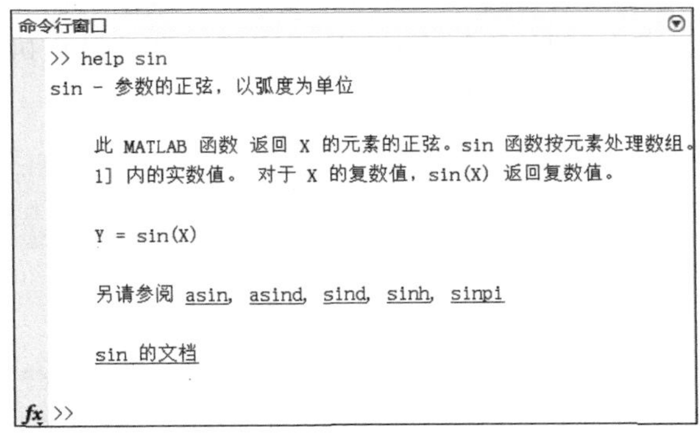

图 2-9　sin 函数的帮助文档

2.2　MATLAB 的数据类型

与其他高级语言类似，MATLAB 编程也涉及数据类型、流程控制语句等基本问题。此外，作为一款专门用于科学计算的软件，MATLAB 也提供了许多独特的功能，以便适用于大量的数据处理以及专业系统的仿真分析和辅助设计。

2.2.1　常数和变量

强大方便的数值运算功能是 MATLAB 的最显著特色之一。从计算精度要求出发，MATLAB 中最常用的基本数据类型为双精度浮点数（double）。这种数据类型共 64 位，占 8 字节，遵从 IEEE 记数法，有 11 个指数位、53 个尾数位和一个符号位，表示的数据范围为 $-1.7\times10^{308}\sim1.7\times10^{308}$。

此外，考虑一些特殊应用的需要，MATLAB 还引入了无符号整数数据类型，例如 8 位无符号整数（uint8）、16 位无符号整数（uint16）等。

MATLAB 中的常数采用普通的十进制计数法，对较小和较大的数，也可以采用科学记数法。在科学记数法中，用字母“e”指示以 10 为底的次方。例如，常数 $0.002=2\times10^{-3}$，在 MATLAB 中表示为 2e-3。

特别注意，MATLAB 支持复数数据类型，并可方便地实现各种复数的运算。复数的基

本表示格式为 $C=A+B\mathrm{i}$，其中 A 和 B 分别为复数 C 的实部和虚部。

MATLAB还为特定常数保留了一些名称，在程序中应尽量避免使用这些专用名。这里列举几个典型的常量名。

(1) pi 表示圆周率常量，在 MATLAB 中用双精度浮点数表示时，其值为 3.1416。

(2) eps 表示浮点数的相对精度，即用双精度浮点数能够表示的最小值，默认值为 $2.2204\times10^{-16}=2^{-52}$。当某个数小于 eps 时，则近似认为其值为 0。

(3) inf(Inf)表示 $+\infty$。相应地，$-\infty$ 用-inf 或者-Inf 表示。在 MATLAB 程序的执行过程中，当运行结果为无穷大(例如除数为 0)时，程序不会自动终止执行，而是将结果用 Inf 表示。例如，在命令行窗口输入如下命令：

```
>> A = 2/0
>> B = -2/0
```

执行后，得到结果为

```
A =
    Inf
B =
   - Inf
```

(4) NaN 表示不定式(Not a Number)，当程序中遇到 0/0、Inf/Inf 等运算时，其结果不确定，此时用 NaN 表示。

(5) i 和 j 表示纯虚常量，即 $\sqrt{-1}$。注意，程序中如果用 i 表示纯虚常量和定义复数，则不能将其再用作其他变量，例如循环中的计数变量。反之，如果程序中用 i 作为其他变量，则定义复数时可以用 j 指示虚部。

MATLAB 中的变量名必须以字母开头，后面可以是字母、数字、下画线等，例如 my_Var1。需要注意的是，MATLAB 中的变量名是大小写敏感的，例如 a1 和 A1 是两个不同变量。

在 MATLAB 程序中，变量不需要进行声明。在程序中，每遇到一个新的变量，会自动创建该变量，并为其分配合适的存储空间，这样极大地简化了 MATLAB 程序的编写。

2.2.2 矩阵和数组

作为科学计算工具，MATLAB 中最基本的数据结构是矩阵(Matrix)，这是一种二维矩形数据结构，以一种便于存取的格式存储多个数据。矩阵中存储的数据可以是数值、字符、逻辑状态值(true/false)或者其他类型的数据。

也可以使用这种二维矩阵存储称为标量的单个数据，或者一组线性排列的数据，此时矩阵的维数可以分别认为是 1×1、$1\times n$ 或者 $n\times1$，其中 n 为矩阵中数据的个数。

对于只有一行的矩阵，通常又称为行向量(Row Vector)；对只有一列的矩阵，通常又称为列向量(Column Vector)。此外，MATLAB 也支持超过二维的数据结构，通常称为数组(Array)。

1. 矩阵和数组的创建

在 MATLAB 中，创建矩阵和数组最简单的方法是使用“[ ]”，将矩阵中的各行数据依次列在中括号中，各数据之间用空格或者逗号分隔，各行之间用分号分隔。

例如，在命令行窗口输入如下命令：

```
>> A = [12 62 93 -8 22];
```

将创建一个 1×5(1 行 5 列)的矩阵。而输入如下命令：

```
>> A = [12 62 93 -8 22; 16 2 87 43 91; -4 17 -72 95 6]
```

将创建一个 3×5(3 行 5 列)的矩阵，其结果为

```
A =
    12    62    93    -8    22
    16     2    87    43    91
    -4    17   -72    95     6
```

执行完上述第二条命名后，在命令行窗口输入如下命令：

```
>> whos A
```

将立即显示变量 **A** 的如下信息，从左往右依次表示变量 **A** 的名称、维数、字节数、类型和属性。

```
Name      Size            Bytes  Class     Attributes
  A       3x5               120  double
```

除了上述创建矩阵的方法外，MATLAB 还提供了若干专用函数用于创建特殊的矩阵，常用的几个函数如表 2-1 所示。

表 2-1　常用的矩阵创建函数

函　　数	功　　能
ones()	创建一个全 1 矩阵或数组
zeros()	创建一个全 0 矩阵或数组
rand()	创建一个均匀分布的随机数矩阵或数组
randn()	创建一个正态分布的随机数矩阵或数组

例如,在命令行窗口输入如下命令:

```
>> A = ones(2, 3) * 6;
>> B = rand(2, 3);
>> C = [A; B]
```

将立即显示如下结果:

```
C =
    6.0000    6.0000    6.0000
    6.0000    6.0000    6.0000
    0.9501    0.4860    0.4565
    0.2311    0.8913    0.0185
```

在上述命令序列中,前两条命令分别创建了一个 2×3 矩阵 **A** 和一个 2×3 随机数矩阵 **B**,矩阵 **A** 中的数据全部为 6。由于这两条命令后面有分号,因此执行后在命令行窗口不显示相应的结果。最后一条语句将矩阵 **A** 和 **B** 合并为一个 4×3 矩阵 **C**,矩阵 **A** 和 **B** 分别作为前后两行。

再如,下面的命令将创建一个由 3 个 0 和 5 个 1 构成的行向量 **D**。

```
>> D = [zeros(1,3), ones(1,5)]
```

命令行窗口显示执行结果如下:

```
D =
    0    0    0    1    1    1    1    1
```

注意,为节省篇幅,上述执行结果都做了适当编辑。

2. 数值序列的生成

数值序列实际上是一个行向量,其中各元素按照一定的规律变化。

最基本的方法是用冒号运算符创建数值序列,其典型格式为 first:dis:last,其中 first 和 last 分别为起始值和终止值,dis 为步长。该表达式生成一个 $1\times n$ 的行向量,其中各元素数据从 first 到 last,每个数递增 dis。具体使用时,可以有如下几种情况。

(1) 完整给出起始值、终止值和步长。例如,

```
>> A = 10:5:50
A =
    10    15    20    25    30    35    40    45    50
```

(2) 如果递增步长为 1,可以省略 dis。例如,

```
>> B = 10:15
B =
    10    11    12    13    14    15
```

(3) 如果 last < first,则步长必须为负数,否则得到一个空向量。例如,

```
>> C = 9:-1:1
C =
    9    8    7    6    5    4    3    2    1
```

(4) 表达式中的 first、last 和 dis 都可以为小数。例如,

```
>> D = -2.5:2.5
D =
   -2.5000   -1.5000   -0.5000    0.5000    1.5000    2.5000
>> E = 3:0.2:3.8
E =
     3.0000    3.2000    3.4000    3.6000    3.8000
```

创建数值序列常用的专用函数是 linspace()和 logspace(),其调用格式如下:

(1) $\boldsymbol{y}$=linspace(x_1,x_2),返回 x_1 和 x_2 之间均匀分布的 100 个数据构成的行向量 $\boldsymbol{y}$;

(2) $\boldsymbol{y}$=linspace(x_1,x_2,n),返回 n 个数据构成的行向量 $\boldsymbol{y}$,相邻两个数据之间相差$(x_2-x_1)/(n-1)$;

(3) $\boldsymbol{y}$=logspace(a,b),返回行向量 $\boldsymbol{y}$,其中数据位于 $10^a \sim 10^b$,共 50 个,相当于是 linspace()的以 10 为底的指数形式;

(4) $\boldsymbol{y}$=logspace(a,b,n),返回行向量 $\boldsymbol{y}$,其中数据位于 $10^a \sim 10^b$,共 n 个。

例如,

```
>> y1 = linspace(-5,5,7)
y1 =
   -5.0000   -3.3333   -1.6667         0
    1.6667    3.3333    5.0000
>> y2 = logspace(1,5,7)
y2 =
    1.0e+05 *
    0.0001    0.0005    0.0022    0.0100
    0.0464    0.2154    1.0000
```

将上述命令及其执行结果与下面的命令和结果进行比较,可以发现 linspace()和 logspace()函数之间的区别和联系。

```
>> y = linspace(1,5,7)
y =
    1.0000    1.6667    2.3333    3.0000
    3.6667    4.3333    5.0000
>> y1 = 10.^y
y1 =
    1.0e + 05 *
    0.0001    0.0005    0.0022    0.0100
    0.0464    0.2154    1.0000
```

3. 矩阵和数组元素的访问

创建和生成矩阵或数组后，要访问其中的第 row 行第 column 列的数据，可以用表达式 **A**(row, column)表示。注意，MATLAB 中矩阵或者数组中各维的下标序号从 1 开始。

对于向量，可以直接给出元素的序号。例如，假设 **A** 是一个行向量，则 **A**(3)表示访问其中的第 3 个数据。这种方法也可用于矩阵中元素的访问。但需要注意的是，MATLAB 中的矩阵是按列存储的。因此，假设矩阵 **A** 是 2×3 矩阵，则 **A**(3)表示访问其中的第一行第二列，等价于 **A**(1,2)。

在 MATLAB 中，数组和矩阵的维数不需要事先定义。MATLAB 会根据程序的需要自动为数组和矩阵分配存储空间。对程序中已创建的数组或矩阵，如果需要访问的元素下标超出了范围，MATLAB 会自动报错。但是，如果要将一个新的数据保存到该数组或矩阵中，MATLAB 会自动扩展其维数，而不会报错。

例如，假设用如下命令创建了一个 2×2 矩阵 **A**。

```
>> A = [1 2;3 4]
```

则执行如下命令时，将立即给出提示"位置 2 处的索引超出数组边界(不能超出 2)"。

```
>> a = A(1,3)
```

但是，如下命令执行时不会报错。

```
>> A(1,3) = 5
```

执行后将得到如下结果：

```
A =
     1     2     5
     3     4     0
```

原来创建的 2×2 矩阵 **A** 自动扩展为 2×3 矩阵。

在访问数组和矩阵时，结合冒号表达式，可以同时访问多个数据。例如，首先输入如下命令：

```
>> A = [1 2 3 4;5 6 7 8]
```

执行后得到 2×4 矩阵 **A**。

```
A =
     1     2     3     4
     5     6     7     8
```

然后，用如下命令取出矩阵 **A** 的第 2 行中第 1～4 列的所有数据，得到一个长度为 4 的行向量 **B**。

```
>> B = A(2,1:4)
B =
     5     6     7     8
```

使用如下命令可以得到相同的结果，其中冒号表示所有列。

```
>> B = A(2,:)
```

而使用如下命令可以取出矩阵 **A** 的第 2 行中第 3 列到最后一列的所有数据，得到一个长度为 2 的行向量 **C**。

```
>> C = A(2,3:end)
C =
     7     8
```

4. 矩阵和数组长度的获取

MATLAB 提供了 size()和 length()函数，可以获取矩阵和数组中保存的数据个数等信息。

1) size()函数

size()函数的基本调用格式有如下两种：

```
d = size(X)
m = size(X,dim)
```

假设 $\boldsymbol{X}$ 为 m 行 n 列矩阵，则第一种调用格式返回行向量 $\boldsymbol{d}=[m\ n]$。在第二种调用格式中，参数 dim 指定矩阵 $\boldsymbol{X}$ 的维数(代表矩阵的行或列)，返回矩阵维数的长度，保存到变量 m 中。

例如，假设 $\boldsymbol{X}$ 为 3×2 矩阵，则

```
>> d = size(X)
d =
     3     2
>> m = size(X,1)
m =
     3
```

2）length()函数

length($\boldsymbol{X}$)函数用于返回矩阵或数组 $\boldsymbol{X}$ 中最大维数的长度。如果 $\boldsymbol{X}$ 为行向量或者列向量，则返回其中数据的个数。

例如，假设 $\boldsymbol{X}$ 为 3×2 矩阵，则

```
>> L = length(X)
L =
     2
```

2.3 MATLAB 的基本运算

MATLAB 中的运算包括标量运算、数组运算和矩阵运算。其中，标量运算是对常数或者取值为一个常数的变量进行的运算；矩阵运算遵循线性代数规则；数组运算是对数组中各元素进行的运算。

2.3.1 标量运算

不加中括号的常数或者只含有一个元素的矩阵称为标量。与其他高级语言类似，MATLAB 对标量的运算主要有算术运算、关系运算、逻辑运算等。

(1) 算术运算符主要实现基本的四则运算，相应的运算符是“＋”“－”“＊”“/”。另外，还有一个运算符“\”，称为右除。相应地，将“/”称为左除。二者的区别在于表达式中被除数和除数书写的位置。例如，表达式 5/2＝2.5，而 5\2＝0.4。

(2) 关系运算符用于构成关系表达式，表达式对两个常数或者标量进行比较，取值为 true 或者 false。MATLAB 中的关系运算符有“<”(小于)、“<＝”(小于或等于)、“>＝”(大于或等于)、“＝＝”(等于)和“～＝”(不等于)。

(3) 逻辑运算符用于构成逻辑表达式，主要有“&”和“&&”(逻辑与)、“|”和“||”(逻辑或)以及“～”(逻辑非)。

需要注意的是，逻辑与和逻辑或都有两种运算符。对标量运算，两种运算符代表相同的运算。对于后面介绍的矩阵和数组，必须用“&”和“|”，实现的是矩阵或数组中对应元素的逻辑运算。

2.3.2 数组运算

MATLAB 中对数组进行操作的常用运算符如表 2-2 所示。除了加、减运算外，其他运算符前面都有一个“.”符号，所以数组的运算又称为点运算。

表 2-2 常用的数组运算符

运算符	运算	用法示例
+	加法	$\boldsymbol{A}+\boldsymbol{B}$，即 $\boldsymbol{A}(i,j)+\boldsymbol{B}(i,j)$
−	减法	$\boldsymbol{A}-\boldsymbol{B}$，即 $\boldsymbol{A}(i,j)-\boldsymbol{B}(i,j)$
.*	乘法	$\boldsymbol{A}.*\boldsymbol{B}$，即 $\boldsymbol{A}(i,j)\times\boldsymbol{B}(i,j)$
.^	乘方	$\boldsymbol{A}.\hat{}\boldsymbol{B}$，即 $\boldsymbol{A}(i,j)^{\boldsymbol{B}(i,j)}$
./	右除	$\boldsymbol{A}./\boldsymbol{B}$，即 $\boldsymbol{A}(i,j)/\boldsymbol{B}(i,j)$
.\	左除	$\boldsymbol{A}.\backslash\boldsymbol{B}$，即 $\boldsymbol{B}(i,j)\backslash\boldsymbol{A}(i,j)$

例如，输入如下命令：

```
>> A = [1 0 1]
A =
     1     0     1
>> B = [1 2 3]
B =
     1     2     3
```

首先，得到两个矩阵 $\boldsymbol{A}$ 和 $\boldsymbol{B}$，则如下命令及其执行结果分别为

```
>> A + B
ans =
     2     2     4
>> B.^A
ans =
     1     1     3
>> A./B
ans =
    1.0000    0    0.3333
>> A.\B
ans =
     1   Inf     3
```

需要注意的是，数组运算必须对相同维数的数组进行。对向量和多维数组，运算时两个操作数必须具有相同的长度和维数。例如，

```
>> A = linspace(1,10,5)
A =
    1.0000    3.2500    5.5000    7.7500   10.0000
>> B = [1 1 1]
B =
    1     1     1
>> C = A + B
```

上述第 3 条命令执行后，将在命令行窗口显示如下信息：

```
错误使用  +
矩阵维度必须一致。
```

这是由于前面两条命令得到的向量 ***A*** 和 ***B*** 长度不同，因此无法进行数组加法运算。

此外，如果一个操作数为标量，则 MATLAB 将该标量与另一个数组操作数中的各数据进行运算。例如，

```
>> A = [1 0 2; 3 1 4]
A =
     1     0     2
     3     1     4
>> 3. * A
ans =
     3     0     6
     9     3    12
>> A.^3
ans =
     1     0     8
    27     1    64
```

2.3.3 矩阵运算

矩阵运算遵循线性代数规则，参加运算的矩阵长度必须满足数学上的要求。例如，

```
>> A = [1 3;2 4]
A =
     1     3
     2     4
>> B = [3 0;1 5]
B =
     3     0
     1     5
>> C = A * B
```

```
C =
     6    15
    10    20
```

可以将上述结果与如下数组相乘结果进行比较。

```
>> D = A. * B
D =
     3     0
     2    20
```

除了上述基本的代数运算以外，在编程过程中还广泛用到对矩阵的专用运算函数，下面列举几个常用的函数及其实现的操作运算。

1）矩阵的转置

矩阵 **A** 的转置矩阵为 **A**′。假设 **A** 为 $m\times n$ 矩阵，则 **A**′为 $n\times m$ 矩阵。此外，还可以调用 transpose()函数求矩阵的转置。例如：

```
>> A = [1 0 2;3 1 4]
ans =
     1     0     2
     3     1     4
>> A'
ans =
     1     3
     0     1
     2     4
>> transpose(A)
ans =
     1     3
     0     1
     2     4
```

如果矩阵 **A** 为复数矩阵，即其中含有复数，则 **A**′得到的是矩阵 **A** 的共轭转置。此时，不仅像普通的实数矩阵一样进行转置运算，还将矩阵中的各元素取共轭。例如：

```
>> A = [1 1 + j 2; 0 - 1, - j]
A =
   1.0000 + 0.0000i    1.0000 + 1.0000i   2.0000 + 0.0000i
   0.0000 + 0.0000i   - 1.0000 + 0.0000i   0.0000 - 1.0000i
>> A'
ans =
   1.0000 + 0.0000i    0.0000 + 0.0000i
   1.0000 - 1.0000i   - 1.0000 + 0.0000i
   2.0000 + 0.0000i    0.0000 + 1.0000i
```

如果不希望对复数矩阵 **A** 中的各元素取共轭，可以用点转置运算 **A**.′。例如，对上述矩阵 **A** 使用如下命令：

```
>> A.'
```

执行后的结果为

```
ans =
   1.0000 + 0.0000i   0.0000 + 0.0000i
   1.0000 + 1.0000i  -1.0000 + 0.0000i
   2.0000 + 0.0000i   0.0000 - 1.0000i
```

2）矩阵的翻转

MATLAB 还提供了几个对矩阵进行翻转操作的函数，下面通过例子说明。

```
>> A=[1 2 3 4; 5 6 7 8]
A =
     1     2     3     4
     5     6     7     8
>> fliplr(A)                          %左右翻转,各行元素反序
ans =
     4     3     2     1
     8     7     6     5
>> flipud(A)                          %上下翻转,各列元素反序
ans =
     5     6     7     8
     1     2     3     4
>> rot90(A)                           %转置后再上下翻转
ans =
     4     8
     3     7
     2     6
     1     5
```

2.4 脚本和函数

微课视频

MATLAB 程序最简单的类型是脚本，其中包含一组命令，这些命令与在命令行中输入的命令完全相同。要获得更高的编程灵活性，可以创建能够接收输入参数并返回输出结果的函数。当具有专门的数据结构体或需要许多函数与特殊类型的数据进行交互时，还可以使用面向对象的编程方法创建类。

2.4.1 脚本

在 MATLAB 中，脚本（Script）可以是一条简单的命令，也可以是一个表达式或者一条

语句。简单的脚本命令可以在MATLAB的命令行窗口直接输入，按回车键后立即得到执行结果，例如前面介绍的各例子。对于由多条脚本命令和语句构成的程序，一般将其集中放到一个后缀为.m的程序文件中。

1. 脚本程序的创建

创建新脚本程序可以通过如下几种方法进行。

(1) 单击"主页"选项卡中的"新建脚本"按钮。

(2) 在历史命令记录窗口按住Ctrl键，依次选中需要创建程序的命令，右击，在弹出的快捷菜单中选择"创建脚本"菜单命令。

(3) 在命令行窗口输入edit命令创建脚本程序。例如，输入如下命令将创建并打开名为a.m的程序文件。如果未指定文件名，将打开一个名为untitled.m的新文件。

```
>> edit a
```

创建脚本程序后，将自动打开MATLAB的编辑器子窗口，在子窗口中可以向程序中添加代码。此外，在MATLAB主窗口顶部将增加一个"编辑器"标签。单击"编辑器"选项卡中的"保存"按钮，可以保存脚本程序。需要注意的是，在程序文件中输入脚本命令时，前面不加符号">>"。

2. 脚本程序的运行

保存的脚本程序位于当前文件夹中。在命令行窗口输入脚本程序文件名(不需要输入后面.m)并按回车键，即可运行程序。也可以通过单击"编辑器"选项卡中的"运行"(Run)按钮启动程序的运行。

运行后，脚本程序中所有的变量将出现在工作区，运行结果也将显示在命令行窗口。与命令行窗口输入的命令一样，脚本程序中的命令和语句后面如果有分号，在命令行窗口中将不会显示该命令或者语句的执行结果。

要查看程序中用到的所有变量列表，可以在命令行窗口输入whos命令。通过这些变量可以实现MATLAB程序、Simulink仿真模型之间的交互和数据传递。如果后面不再使用这些变量，可以用clear命令将其从工作区清除。

在MATLAB中，脚本程序名可以视为一个没有参数的函数，可以在另一个脚本程序中调用。

例如，首先新建第一个脚本程序prog1.m，其中代码如下：

```
a = 1;
b = 2;
c = a + b
```

然后，在MATLAB主窗口"编辑器"选项卡中单击"新建"按钮，创建第二个程序文件prog2.m，其中代码如下：

```
clc
clear
prog1
d = sin(c)
```

上述代码中的第三行直接输入第一个脚本程序的文件名，相当于调用该程序，得到 ***a***、***b*** 和 ***c*** 三个变量。然后，用第 4 条语句创建变量 ***d***。执行后，将在工作区得到 4 个变量。

3. 实时脚本

在最近的 MATLAB 各版本中，都提供了实时脚本(Live Script)，这是一种用于与一系列 MATLAB 命令进行交互的程序文件，文件后缀为. mlx。实时脚本包含输出和图形以及生成这些输出和图形的代码，这些图形和代码共同显示在一个称为实时编辑器的交互式环境中。

要利用实时脚本编写和调试程序，可以单击"主页"选项卡中的"新建实时脚本"按钮，此时将打开实时编辑器子窗口，如图 2-10 所示。

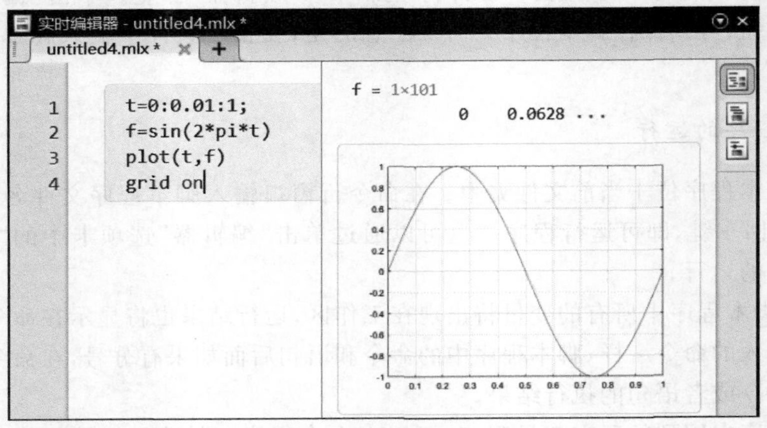

图 2-10　实时编辑器子窗口

在编辑器中输入如下程序代码：

```
t = 0:0.01:1;
f = sin(2 * pi * t)
plot(t,f)
grid on
```

然后，单击选项卡中的"运行"按钮即可启动程序。

与脚本程序相同的是，实时脚本程序运行后，所有的变量也将出现在工作区。不同的是，程序运行的结果不显示在命令行窗口，而是显示在实时编辑器代码的右侧。

2.4.2 函数

为了编程的灵活性，可以创建函数(Function)。与脚本不同的是，函数可以接收输入参数和返回输出数据。

1. 函数的创建

单击 MATLAB“主页”选项卡中“新建”按钮下的箭头，在下拉菜单中选择“函数”，即可打开 MATLAB 编辑器子窗口并创建函数，如图 2-11 所示。其中已经给出了函数声明语句，紧接着是两行注释(以“%”开始)，然后是两条示例语句，最后是 end 语句。

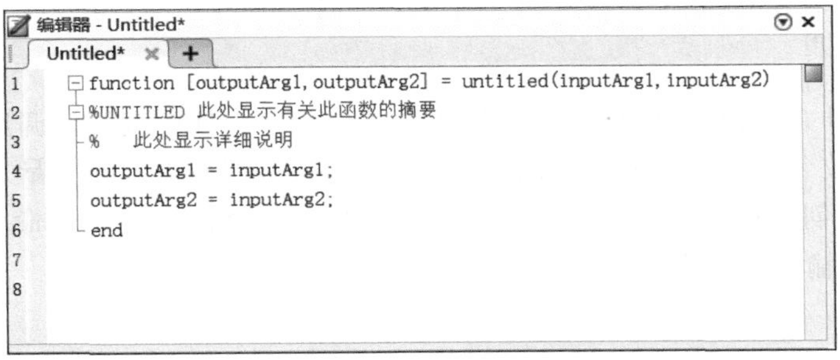

编辑器 - Untitled*

Untitled*

```
function [outputArg1, outputArg2] = untitled(inputArg1, inputArg2)
%UNTITLED 此处显示有关此函数的摘要
%   此处显示详细说明
outputArg1 = inputArg1;
outputArg2 = inputArg2;
end
```

图 2-11 创建函数

如果需要再创建一个函数，可以重复上述操作。也可以单击 MATLAB 主窗口编辑器选项卡中的“新建”按钮，创建一个空的.m 文件，并在其中自行进行函数的声明和函数体的编写。

函数最终仍以后缀为.m 的程序文件保存。一般情况下，一个文件中定义一个函数，文件名必须与函数名完全相同。与脚本程序不同的是，由于函数一般带有入口参数，所以函数不能独立运行，但可以在其他函数或者脚本程序中调用，也可以在命令行窗口通过给定入口参数进行调用执行。

2. 函数文件的基本结构

最基本的函数文件主要包括 3 部分，即函数声明、函数体和 end 语句。

1) 函数的声明

函数声明的作用是定义函数名、函数的入口和出口参数。需要注意的是，函数声明语句必须是函数文件中的第一条可执行语句，只可以在前面添加注释语句等。

在 MATLAB 中，函数声明语句以关键字 function 开头，后面紧跟着的是函数的返回值列表(出口参数)和一个符号“=”。语句右侧首先是函数的名称，然后在小括号中列出函数的入口参数。

例如，

```
function f = fact(n)          % 函数声明,函数名,输入/输出变量列表
    f = prod(1:n);            % 函数体
end
```

上述语句声明了一个函数 fact(),该函数有一个入口参数 n,函数将 $1\sim n$ 的连乘结果保存到出口参数 f 中。

2）函数体

函数体可以为任何脚本命令和语句。在函数体中必须对出口参数进行赋值。

3）end 语句

函数体以 end 语句结束,也可以以文件的末尾或者一个新的 function 声明语句结束。只有当一个函数中有嵌套函数时,才需要在嵌套函数的最后使用 end 语句。

3. 函数的调用

定义函数文件并保存后,即可在命令行或者其他程序文件中调用。调用时,将入口参数按照顺序列在函数名后的小括号中,并根据需要将返回值赋给指定的变量。

例如,对前面创建的 fact()函数,保存时,MATLAB 会自动将文件命名为 fact.m。然后,在命令行窗口输入如下命令:

```
>> fact(5)
```

按回车键后,将立即得到如下结果:

```
ans =
   120
```

在 MATLAB 中,函数的入口参数和出口参数可以是普通的变量,还可以是向量、矩阵和数组。根据函数出口参数的个数,具体调用格式有细微的区别,下面举例说明。

(1) 只有一个出口参数的情况。

例如,如下语句定义了一个函数。

```
function y = average(x)
    if ~isvector(x)
        error('Input must be a vector')
    end
    y = sum(x)/length(x);
end
```

该函数只有一个出口参数 y。在命令行或者其他文件中,可以用如下语句调用上述函数。

```
>> z = 1:99;
>> average(z)
```

```
ans =
    50
```

(2) 有多个出口参数的情况。

如果函数有多个出口参数,必须将其放到中括号中,各参数用逗号进行分隔。例如,如下语句定义了一个函数。

```
function [m,s] = stat(x)
    n = length(x);
    m = sum(x)/n;
    s = sqrt(sum((x - m).^2/n));
end
```

该函数有两个出口参数 m 和 s。调用时,返回变量也必须用中括号括起来。例如,

```
>> values = [12.7, 45.4, 98.9, 26.6, 53.1];
>>[ave,stdev] = stat(values)
ave =
   47.3400
stdev =
   29.4124
```

(3) 没有出口参数的情况。

函数也可以没有返回值和出口参数,此时只需要在 function 关键字后面写出函数名及所需的入口参数即可。例如,

```
function myfunction(x)
```

4. 局部函数和嵌套函数

局部函数是位于同一文件中的子程序,只能由同一个文件的其他函数调用。在没有其他脚本和语句,只有主函数和局部函数的文件中,局部函数可以以任意顺序出现在文件中主函数的后面。在包含脚本命令和函数定义的脚本文件中,局部函数必须位于文件末尾。如果一个文件中同时有主函数和局部函数,保存时,文件名必须是主函数名。

【例 2-1】 局部函数的使用。新建程序文件 localfun.m,将其代码做如下编辑和修改。

```
% localfun.m
function b = localfun(a)
    b = fun1(a) + fun2(a);
end
function y = fun1(x)
    y = x^2;
```

```
end
function y = fun2(x)
   y = x * 2;
end
```

其中，与文件同名的函数 localfun()是主函数，而 fun1()和 fun2()为局部函数。

可以从命令行或另一程序文件中调用主函数 localfun()，但局部函数 fun1()和 fun2()只能被主函数调用。例如，如下命令以 2.5 作为入口参数调用主函数 localfun()。

```
>> localfun(2.5)
```

执行 localfun()函数时，又进一步调用局部函数 fun1()和 fun2()，并将调用主函数时的入口参数 2.5 传递给两个局部函数，最后得到如下结果：

```
ans =
   11.2500
```

嵌套函数是完全包含在另一个函数内部的函数。与局部函数的主要区别在于，嵌套函数可以使用在其外层函数内定义的变量，外层函数无须将这些变量作为参数显式传递给内层的嵌套函数。

与局部函数一样，含有嵌套函数的文件，其文件名也必须与外层的主函数名相同。另外注意，每个嵌套函数末尾必须有 end 语句。

【例 2-2】 嵌套函数的使用。新建程序文件 nestfun.m，并将其代码做如下编辑和修改。

```
% nestfun.m
function y = nestfun(a,b)
    m = 2;n = 5;
    y = fun1(a) + fun2(b);
    function y1 = fun1(a)
        y1 = a * m
    end
    function y2 = fun2(b)
        y2 = b * n
    end
end
```

其中，nestfun()为主函数，内部有 fun1()和 fun2()两个局部函数。

然后，在命令行窗口输入如下命令：

```
>> nestfun( - 1, - 2)
```

按回车键后将立即显示如下执行结果：

```
y1 =
    -2
y2 =
    -10
ans =
    -12
```

上述命令以−1、−2为入口参数，调用上述主函数 nestfun()。执行该主函数时，将以这两个参数分别调用嵌套函数 fun1()和 fun2()。在执行 fun1()函数时，入口参数为 $a=-1$，同时引用了主函数中定义的变量 m，从而得到 $y_1=(-1)\times 2=-2$，同理得到 $y_2=-10$。变量 y_1 和 y_2 作为返回值，返回主函数后相加得到结果−12。

5. MATLAB 内置函数

MATLAB 提供了大量的内置函数，以方便用户在编程时调用，以实现指定的功能。例如，在数学运算函数库中，为分析数据、开发算法和创建模型提供了一系列数值计算方法。常用的数学运算函数库有

(1) 初等数学函数库：包括与算术运算符实现功能相同的算术运算函数、三角函数、指数函数和对数函数等；

(2) 线性代数函数库：提供快速且数值稳健的矩阵计算函数，包括矩阵分解、线性方程求解、计算特征值或奇异值的函数等；

(3) 数值积分和微分方程求解函数库：包括数值积分求解函数、常微分方程求解函数、偏微分方程求解函数等；

(4) 傅里叶分析和滤波函数库：包括实现傅里叶变换、卷积和数字滤波的函数。

上述各种函数的详细介绍和调用方法可以查阅 MATLAB 帮助文档。表 2-3 中列出了初等数学函数库中常用的数学运算函数。

表 2-3 常用的初等数学运算函数

函数库	函数	功能
算术运算函数库	sum(**A**)	求数组 **A** 中所有元素的累加和
	mod(),rem()	取模，求余数
	ceil(),floor(),fix(),round()	向上取整，向下取整，向零取整，四舍五入取整
三角函数库	sin(),asin()	正弦函数，反正弦函数
	cos(),acos()	余弦函数，反余弦函数
	tan(),atan()	正切函数，反正切函数
	deg2rad()	将角度的单位从度转换为弧度
	rad2deg()	将角度的单位从弧度转换为度

续表

函数库	函数	功能
指数和对数函数库	exp()	指数函数
	log(),log10(),log2()	求自然对数,求常用对数(以 10 为底),求以 2 为底的对数
	sqrt()	求平方根
复数运算函数库	abs(),angle()	求复数的模、辐角
	real(),imag()	求复数的实部、虚部

需要注意的是

(1) 用户编写的自定义函数可以与 MATLAB 提供的内置函数同名,此时将用自定义函数覆盖内置函数。

(2) MATLAB 的大多数函数既可以对标量进行运算,也可以对向量、矩阵和数组进行运算,大多数情况下取决于调用函数时的参数。例如,变量 $a=-2.6$ 是一个标量,则 fix(a) 返回结果也是标量,结果为−2;对行向量 $\boldsymbol{a}=[1.2,2.6,-3.1]$,则 fix($\boldsymbol{a}$)也返回一个行向量,结果为[1,2,−3]。

2.5 程序流程控制语句

与其他高级语言一样,MATLAB 程序也可以采用 3 种典型的结构,即顺序结构、分支结构和循环结构。其中,分支结构和循环结构分别用条件语句和循环语句实现。

2.5.1 条件语句

条件语句用于在程序运行过程中选择执行不同的程序块。与 C 语言类似,在 MATLAB 中,典型的条件语句仍然有 if 语句和 switch 语句两种。

1. if 语句

if 语句的标准语法格式为

```
if 表达式 1
    语句块 1
elseif 表达式 2
    语句块 2
else
    语句块 3
end
```

其中,if 表达式 1 表示计算表达式 1 并在表达式 1 为 true (真)时执行语句块 1。仅在表达式 1 为 false(假) 时才会执行 elseif 和 else 语句。根据程序的需要,可以有多个 elseif 语句,也可以没有。

上述 if 语句和 elseif 语句中的各表达式可以包含关系运算符(例如“<”或“==”)和逻辑运算符(例如“&&”“||”或“~”),还可以使用逻辑运算符 and 和 or 创建复合表达式。

【例 2-3】 if 语句的使用。产生一个大小不超过 100 的随机整数放入变量 a 中。如果该数为偶数,则将其除以 2;否则将其置为 0。

程序代码如下:

```
%ex2_3.m
a = randi(100);                           %产生大小不超过 100 的随机整数
if rem(a, 2) == 0                         %如果该数为偶数,则除以 2
    a = a/2;
else                                      %否则置 0
    a = 0
end
```

【例 2-4】 if 语句的嵌套。产生一个大小不超过 100 的随机整数放入变量 a 中。如果该数小于 30,则屏幕提示“小”;如果该数大于 80,则提示“大”;否则,提示“中”。

程序代码如下:

```
%ex2_4.m
a = randi(100)
if a < 30
    disp('小')
elseif a < 80
    disp('中')
else
    disp('大')
end
```

另一种实现方法如下:

```
%ex2_4_1.m
a = randi(100)
if a < 30
    disp('小')
else
    if a < 80
        disp('中')
    else
        disp('大')
    end
end
```

注意比较上述两种嵌套 if 语句在语法格式上的区别。

2. switch 语句

如果需要在一组已知数据中进行开关选择,可以用 switch 语句,其标准语法格式为

```
switch 开关表达式
   case 表达式 1
      语句块 1
   case 表达式 2
      语句块 2
   …
   otherwise
      语句块 N
end
```

注意:

(1) case 语句块中的表达式 1、表达式 2、……不能包含关系运算符。

(2) 如果表达式 i 为 true,则只执行语句块 i,而不会执行其他语句。

(3) 在 MATLAB 中,每个 case 语句块后面不加 break 语句。

【例 2-5】 switch 语句的使用。产生一个随机二进制整数 a。如果 $a=1$,则产生一个周期幅度为 1V、频率为 10Hz、初始相位为 0 的正弦波;否则,输出同频率的余弦波并保存到变量 b。

程序代码如下:

```
%ex2_5.m
t=0:0.1:1;                          %时间向量
a=round(rand)
switch a
    case 1
        b=sin(2*pi*t)               %正弦波向量
    case 0
        b=cos(2*pi*t)               %余弦波向量
end
```

2.5.2 循环语句

利用循环控制语句可以重复执行一个程序块。MATLAB 中有两种循环语句,即 for 语句和 while 语句。

1. for 语句

for 语句的标准语法格式为

```
for 索引 = 值
   语句块
end
```

其中,值可以是如下几种情况:

(1) 初值:终值。索引变量从初值到终值按1递增,重复执行语句块,直到索引大于终值。

(2) 初值:步长:终值。每次循环按步长对索引变量进行递增或递减。

(3) 数组 Array。每次循环从数组 Array 的后续列创建列向量索引。例如,在第一次循环时,索引 = Array(:,1)。循环最多执行的次数等于数组 Array 的列数,由 numel(valArray(1,:))给定。

【例 2-6】 for 语句的应用。创建两个随机整数矩阵 ***a*** 和 ***b***,求这两个矩阵的乘积 ***c***。

程序代码如下:

```
%ex2_6.m
clc
clear
a = randi(10,2,3)                    %产生 2×3 矩阵 a,各元素大小不超过 10
b = randi(10,3,2)                    %产生 3×2 矩阵 b,各元素大小不超过 10
for i = 1:size(a,1)                  %矩阵乘积
    for j = 1:size(b,2)
        c(i,j) = 0;
        for k = 1:size(a,2)
            c(i,j) = c(i,j) + a(i,k) * b(k,j);
        end
    end
end
c
```

程序运行结果如下:

```
a =
     7     1     6
     2     8     5
b =
    10     9
     7     9
     7     6
c =
   119   108
   111   120
```

本例只是为了体会 for 语句的用法。实际上,要实现两个矩阵 ***a*** 和 ***b*** 的乘法,直接使用语句 $\boldsymbol{c}=\boldsymbol{a}\times\boldsymbol{b}$ 即可。

2. while 语句

while 语句的标准语法格式为

```
while 表达式
   语句块
end
```

当表达式为 true 时，重复执行语句块，直到表达式的值变为 false。

【例 2-7】 while 语句的应用。创建一个元素大小不超过 50 的随机整数行向量 ***a***，求其中各元素的累加和。当累加和结果超过 100 时，显示当前累加结果和累加数据的个数。

程序代码如下：

```
% ex2_7.m
clc
clear
a = randi(50,1,10)
s = 0;i = 1;
while s < 100
    s = s + a(i);
    i = i + 1;
end
```

运行上述程序后，将在工作区显示向量 ***a*** 及累加结果 s 和累加数据的个数 i 的值。例如，某次运行后，在工作区中的显示如图 2-12 所示。

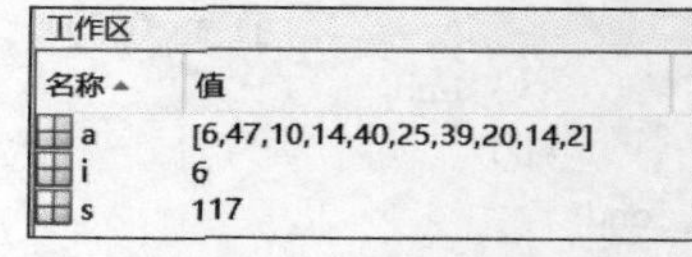

图 2-12 例 2-7 程序运行结果

3. break 和 continue 语句

break 语句用于终止执行 for 循环或 while 循环，并跳过循环体中 break 语句之后的语句，跳转到该循环 end 语句之后的语句。continue 语句用于跳过当前循环的循环体中的其他语句，将控制权传递给 for 循环或 while 循环的下一次循环，程序继续执行下次循环。在嵌套循环中，continue 语句仅跳过循环所发生的循环体内的剩余语句。

【例 2-8】 产生一个衰减振荡的余弦波向量，并求振荡幅度衰减不再超出最大幅度的 10％所需要的时间 t_s。

衰减振荡的余弦波信号可以表示为

$$f(t)=\mathrm{e}^{-at}\cos(2\pi f_0 t)$$

其时间波形如图 2-13 所示。图中假设 $a=2, f_0=1\mathrm{Hz}$。余弦波的最大振幅为 1，从 $t=0\mathrm{s}$ 开始，幅度逐渐振荡衰减。在图中的 A 点衰减到最大振幅的 10％(即 0.1)，然后衰减幅度不再超出 10％。A 点对应的时间近似为 $t_s\approx 1.1\mathrm{s}$。

实现上述功能的程序代码如下：

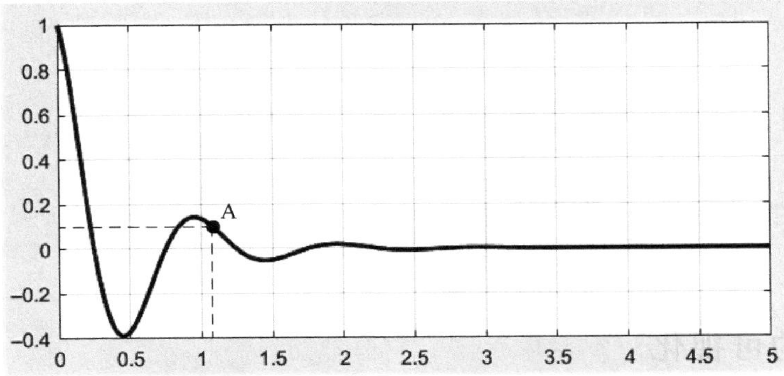

图 2-13　衰减振荡的余弦波

```
% ex2_8.m
clc
clear
t = 0:0.01:5;
ft = exp( - 2 * t). * cos(2 * pi * t)                    % 产生衰减振荡的余弦波
for i = length(ft): - 1:1                                % 求 ts
if ft(i)> 0.1
        break;
    end
end
ts = t(i + 1)
```

上述程序运行后，得到如下结果：

```
ts =
    1.0900
```

【例 2-9】　求出 1～50 能被 7 整除的所有整数。

程序代码如下：

```
% ex2_9.m
clc
clear
for n  =  1:50
    if mod(n,7)
        continue
    end
    disp(['7 的倍数: ' num2str(n)])
end
```

上述程序运行后，得到如下结果：

```
7 的倍数：7
7 的倍数：14
7 的倍数：21
7 的倍数：28
7 的倍数：35
7 的倍数：42
7 的倍数：49
```

2.6 数据的可视化

MATLAB 提供了大量的绘图语句，用于实现数据计算的可视化。利用这些语句，可以形象直观地将程序执行的结果数据和信号波形等以二维、三维等图形形式进行展示，以便于用户根据这些数据做进一步分析处理。这里首先介绍几种典型图形的绘制方法。

2.6.1 基本二维图形的绘制

一个二维图形由横轴和纵轴构成。在 MATLAB 中，创建二维图形的常用方法是调用 plot()函数实现。

1. plot()函数的基本调用格式

plot()函数的基本调用格式为

```
plot(X1,Y1,LineSpec1,...,Xn,Yn,LineSpecn)
```

其中，$\boldsymbol{X}_i$ 和 $\boldsymbol{Y}_i$ 提供曲线上各点的横轴和纵轴坐标，必须是长度相同的向量；$\mathrm{LineSpec}_i$ 用于设置所绘曲线的属性；可以用一条 plot 语句在同一个图形窗口中绘制多个图形曲线。

例如，

```
x = linspace(0,2 * pi,100);
y = sin(x);
figure                              % 创建并打开一个新的图形窗口
plot(x,y)                           % 在图形窗口中绘图
y1 = sin(x);
y2 = sin(x - pi/4);
figure
plot(x,y1,x,y2)
```

执行上述程序后，将分别打开两个图形窗口，在其中显示波形，如图 2-14 所示。

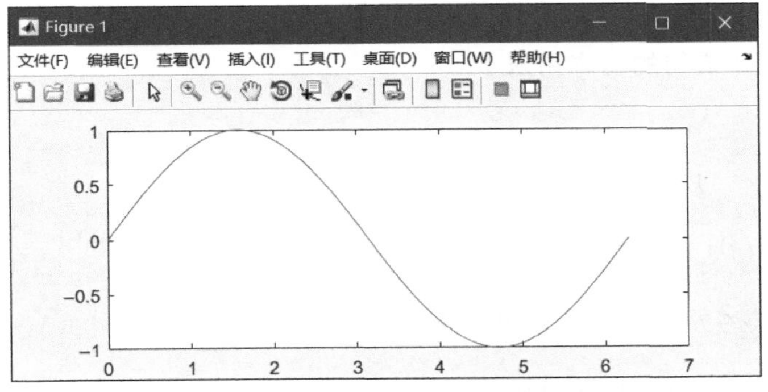

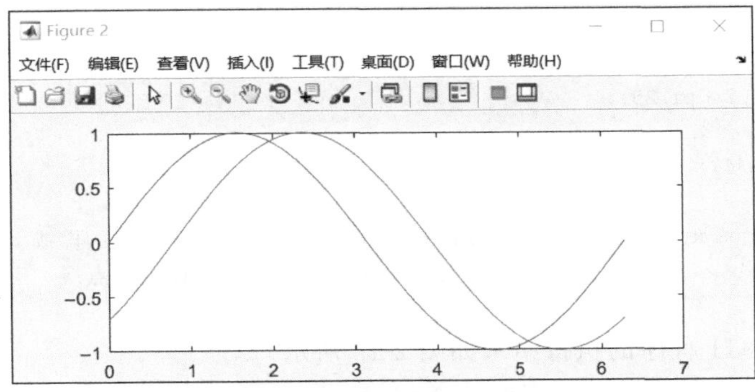

图 2-14　二维图形的绘制

2. 线条属性参数

线条属性(LineSpec)包括线型(LineStyle)、标记(Marker)和颜色(Color),正确设置plot()语句中的线条属性,可以使所绘制的图形清晰、美观,便于观察运行结果。

在 plot()函数中,可以通过设置 LineSpec 参数为绘制的每个图形曲线分别设置不同的显示样式和线条属性。常用的属性参数如表 2-4 所示。需要注意的是,在 plot()函数中,所有的参数都必须以单引号括起来。

表 2-4　线条属性参数

线　型		标　记		颜　色	
-	实线	o	用小圆圈标注数据点	y	yellow(黄色)
--	虚线	+	用加号标注数据点	m	magenta(紫红色)
:	点线	*	用星号标注数据点	c	cyan(青色)
-.	点画线	.	用小圆点标注数据点	r	red(红色)
—	—	x	用小叉标注数据点	g	green(绿色)
—	—	s	用小方框标注数据点	b	blue(蓝色)
—	—	d	用菱形标注数据点	w	white(白色)
—	—	—	—	k	black(黑色)

下面举例说明。

【例 2-10】 plot 语句的基本用法 1。

```
%ex2_10.m
x = linspace(0,2*pi,100);
y1 = sin(x);
y2 = sin(x-pi/4);
figure
plot(x,y1,'--',x,y2,':')        %设置曲线 1 为虚线,曲线 2 为点线
```

【例 2-11】 plot 语句的基本用法 2。

```
%ex2_11.m
x = linspace(0,2*pi,25);
y1 = sin(x);
y2 = sin(x-pi/4);
figure
plot(x,y1,'--go',x,y2,':r*')        %设置曲线 1 为绿色小圆圈标记的虚线
                                    %设置曲线 2 为红色星号标记的点线
```

例 2-10 和例 2-11 程序的执行结果如图 2-15 所示。

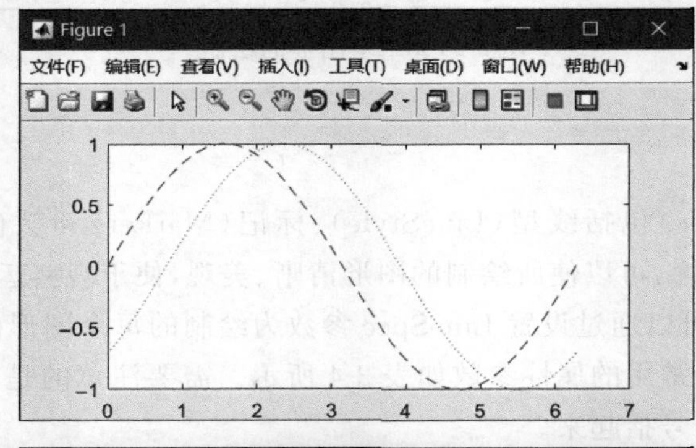

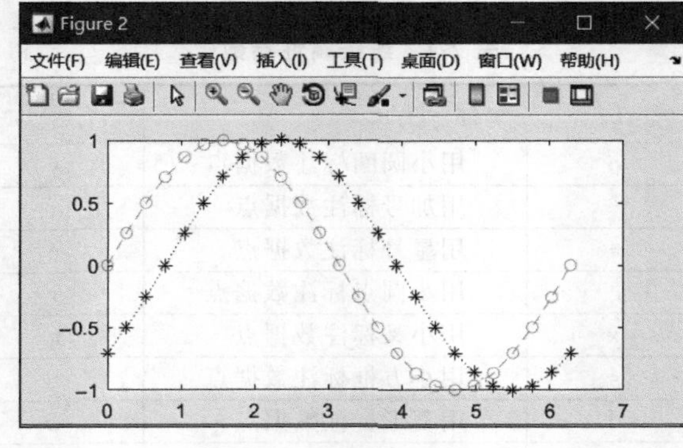

图 2-15 线条属性的设置

除了上述方法以外，还可以采用“名-值”对参数进行线条属性设置。此时，plot()函数的调用格式如下：

```
plot(X1,Y1,...,Xn,Yn,Name,Value)
```

其中，Name 为参数名，Value 为该参数对应的取值。常用的属性参数(“名-值”对)如表 2-5 所示。

表 2-5　线条属性参数“名-值”对

参 数 名	取　值	默 认 值	属　性
LineStyle	'-' | '--' | ':' | '-.' | 'none'	'-'	线型
LineWidth	正数	0.5	线条粗细
Color	'r' | 'g' | … | 'none'	[0 0 0]	线条颜色
Marker	'none' | 'o' | '+' | '*' | '.' | '*' | …	'none'	数据点标记
MarkerSize	正数	6	数据点标记的大小

【例 2-12】　线条属性“名-值”对参数的用法。

程序代码如下：

```
% ex2_12.m
clc
clear
close all
x = linspace(0,2 * pi,25);
y1 = sin(x);
y2 = sin(x - pi/4);
figure
plot(x,y1,x,y2,'color','b','LineWidth',4)
```

在上述程序的 plot()语句中，设置线条的颜色为蓝色、线条粗细为 4 磅，线型采用默认的实线。程序运行结果如图 2-16 所示。

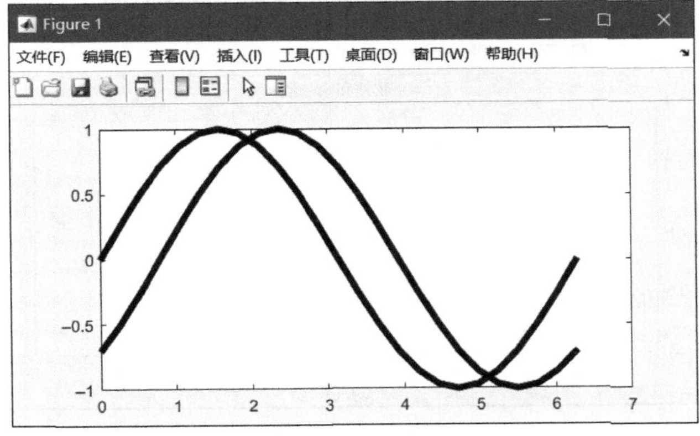

图 2-16　线条属性参数“名-值”对的用法

由此可见，在同一条 plot()语句中可以同时绘制多条曲线。采用“名-值”对设置的线条属性对绘制的所有曲线有效。

3．为图形添加附加属性

大多数图形都有标题、纵横轴刻度、图例说明等附加属性。为了便于从图形中准确读取所需的数据，还需要在图形中显示网格线等。在 MATLAB 中，这些功能都可以通过调用专门的函数实现。下面举例说明。

【例 2-13】 为图形添加附加属性。

程序代码如下：

```
%ex2_13.m
clc
clear
close all
x = linspace(-2*pi,2*pi,100);
y1 = sin(x);                                   %产生正弦波
y2 = cos(x);                                   %产生余弦波
plot(x,y1,x,y2)                                %绘制图形
title('正弦波和余弦波')                         %添加标题
xlabel('w/rad')                                %添加 x 轴、y 轴标注
ylabel('幅度')
legend('y = sin(x)',...
       'y = cos(x)',...
       'Location','southwest')                 %添加图例
grid on;                                       %显示网格线
```

上述程序中，三点省略号为 MATLAB 程序中的续行符。程序运行结果如图 2-17 所示。

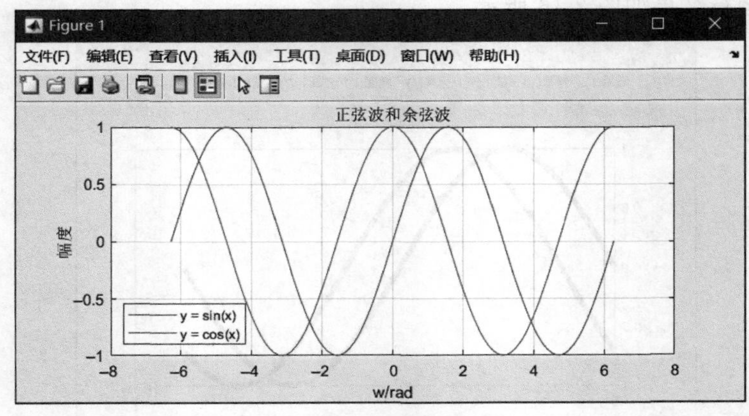

图 2-17 图形附加属性的添加

4. 子图绘制

在 MATLAB 程序中，调用 subplot()函数可以实现在同一个图形窗口分别绘制多个图形，相当于将图形窗口划分为若干子图，每个子图分别显示不同的图形。

subplot()函数的基本调用格式为

```
subplot(m,n,p)
```

其中，m 和 n 分别指定子图的行列数，p 指定接下来的绘图语句(例如 plot()语句)所绘制的图形所在的子图序号，各子图的序号是按行排列的。另外，参数列表中的逗号可以省略。

【例 2-14】 子图的绘制。

程序代码如下：

```
%ex2_14.m
x = linspace(-5,5);
y1 = sin(x);
subplot(2,2,1);plot(x,y1);                %绘制第 1 个图形
title('子图 1')
y2 = sin(2*x);
subplot(2,2,2);plot(x,y2);                %绘制第 2 个图形
title('子图 2')
y3 = sin(4*x);
subplot(2,2,3);plot(x,y3);                %绘制第 3 个图形
title('子图 3')
y4 = sin(6*x);
subplot(2,2,4);plot(x,y4);                %绘制第 4 个图形
title('子图 4')
```

程序执行结果如图 2-18 所示。

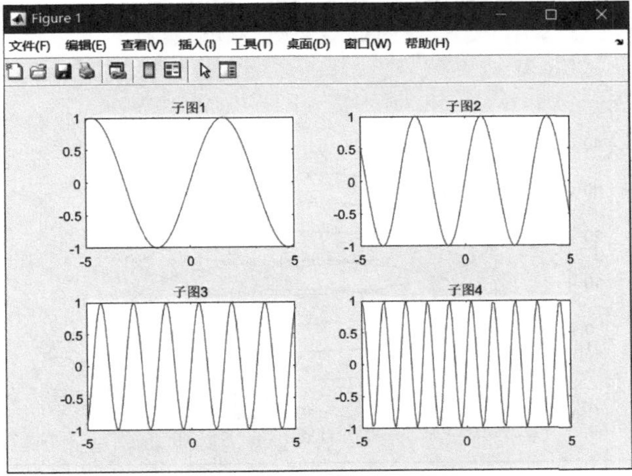

图 2-18 子图的绘制

2.6.2 三维图形的绘制

三维图形有 3 个坐标轴。MATLAB 提供了与 plot()函数类似的 plot3()函数，可以直接用于在三维平面上绘制三维图形。该函数的调用格式与 plot()函数类似，只是在调用时，需要同时给出 x 轴、y 轴和 z 轴坐标向量。

例如，下面的程序段

```
clear
clc
close all
t = 0:pi/50:10 * pi;
st = sin(t);
ct = cos(t);
figure
plot3(st,ct,t)
```

其中，第 4 行语句产生一个时间向量 $\boldsymbol{t}$，作为 plot3()函数调用时的第 3 个参数，即 z 坐标。向量 st 和 ct 分别为正弦和余弦波向量，作为 plot3()函数调用时的前两个参数，即 x 坐标和 y 坐标。

产生上述 3 个坐标向量后，执行 figure 命令，创建并打开一个新的图形窗口。然后，调用 plot3()函数，在该图形窗口中绘制出一个三维图形，如图 2-19 所示。

与 plot()函数类似，调用 plot3()函数时，也可以指定所绘图形曲线的显示样式，并向图形窗口中添加和显示坐标轴标注、图形标题、网格线等。

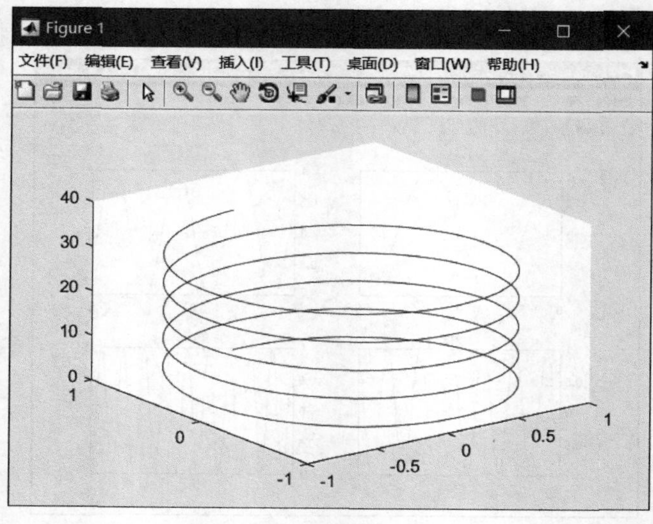

图 2-19 三维图形的绘制

2.6.3 特殊图形的绘制及相关函数

除了上述用 plot()和 plot3()函数绘制基本的二维和三维图形外，MATLAB 还提供了很多专门的函数用于实现特殊图形的绘制。表 2-6 列出了常用的几个函数，各函数的完整调用格式可以参考 MATLAB 帮助系统。下面对表中几个函数的用法举例说明。

表 2-6 特殊图形绘制函数

分 类	函 数 名	功 能
特殊二维图形绘制函数	bar()	二维柱状图
	comment()	彗星状轨迹图
	compass()	罗盘图
	feather()	羽毛状图
	hist()	直方图
	stem()	火柴杆图
	stairs()	阶梯状图
	polar()	极坐标图
	loglog()	对数坐标图
	semilogx(),semilogy()	半对数坐标图
三维曲面绘制函数	bar3()	三维柱状图
	mesh()	三维网格图
	surf()	三维曲面图

【例 2-15】 对数坐标图和半对数坐标图的绘制。

```
%ex2_15.m
clc                                   %清除命令行窗口
clear                                 %清除工作区所有变量
close all                             %关闭之前所有的图形窗口
x = linspace(0.01,10,11);
y = exp(0.1 * x);
figure
subplot(2,2,1);plot(x,y,'-o')         %线性坐标绘图
title('plot 函数绘图');
grid on
subplot(2,2,2);semilogx(x,y,'-s')     %半对数坐标绘图
title('semilogx 函数绘图');
grid on
subplot(2,2,3);semilogy(x,y,'-o')
title('semilogy 函数绘图');grid on
subplot(2,2,4);loglog(x,y,'-s')       %对数坐标绘图
title('loglog 函数绘图');grid on
```

在上述程序中，首先调用 linspace()函数产生横轴坐标向量 $\boldsymbol{x}$，并得到一个指数函数向量 $\boldsymbol{y}$，其长度都为 11。然后，分别调用普通的 plot()函数和 semilogx()、semilogy()、loglog()函数，分别在普通的线性坐标和对数坐标中绘制出 $\boldsymbol{y}$ 的波形曲线，如图 2-20 所示。

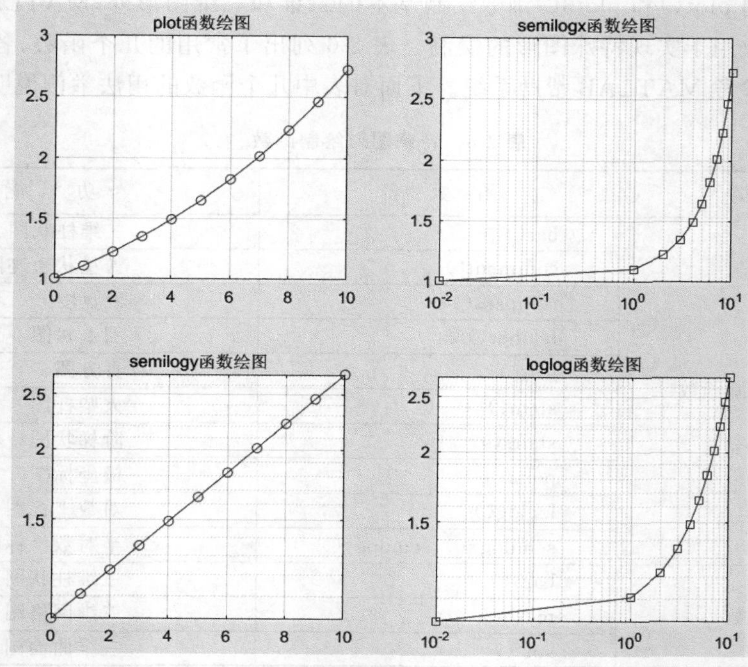

图 2-20　对数坐标和半对数坐标图的绘制

由波形图可知，用 plot()函数绘制的曲线中，x 轴和 y 轴都采用线性刻度；用 semilogx()和 semilogy()函数绘制的波形图中，x 轴或者 y 轴采用对数刻度，另外一个轴仍然采用线性刻度，所以称为半对数坐标；调用 loglog()函数时，x 轴和 y 轴都采用对数刻度，称为对数坐标。

【例 2-16】　离散信号波形的绘制。

所谓离散信号，指信号的幅度只在离散时刻才有定义，而在其他很多时刻，信号的幅度没有定义。因此，通常用细线表示离散信号波形上有定义的点对应的时刻，并在每根细线末端用实心或者空心的小圈表示波形上各离散的点。为了表示各点幅度的变化规律，也可以用虚线将各离散点连接起来。

为了得到上述图形，可以通过在 plot()函数中正确设置线条样式来实现。此外，MATLAB 提供了一个专门的函数 stem()，可以很方便地绘制出上述波形。完整程序如下：

```
%ex2_16.m
clc
clear
```

```
close all
t = 0:0.01:0.2;
f = sin(20 * pi * t);
subplot(2,1,1);plot(t,f,'-- o');
title('用 plot 函数绘制离散信号的波形');
grid on
subplot(2,1,2);stem(t,f,'o');
title('用 stem 函数绘制离散信号的波形');
grid on
xlabel('t/s')
```

执行上述程序后，将在图形窗口中绘制出离散正弦波信号的波形，如图 2-21 所示。

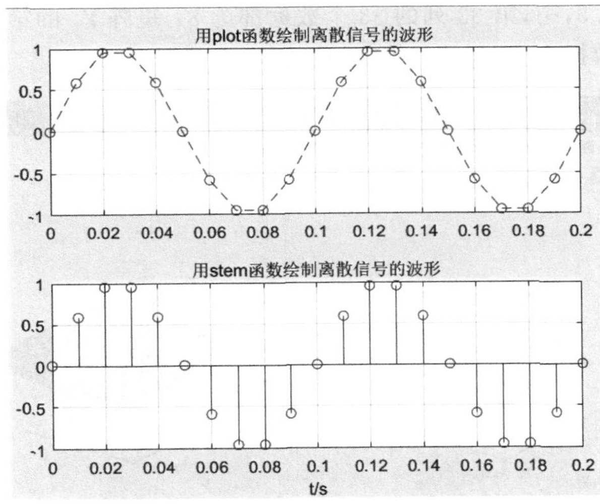

图 2-21 离散信号波形的绘制

【例 2-17】 特殊三维图形的绘制。

在三维绘图中，有一类比较基本的图形是网格(Mesh)图形，这种图形以网格的形式显示三维空间中的数据，并可以根据三维坐标中高度的不同显示不同的颜色。此外，通常还采用三维曲面图来表示三维空间内数据的变化规律，在这种图形中，对网格的区域填充了不同的颜色。

MATLAB 提供了两个基本的函数 mesh()和 surf()，可以很方便地绘制出三维网格图和三维曲面图。

```
% ex2_17.m
clc
clear
close all
[X1,Y1] = meshgrid( - 8:.5:8);
```

```
R = sqrt(X1.^2 + Y1.^2) + eps;
Z1 = sin(R)./R;
subplot(1,2,1);mesh(X1,Y1,Z1)                          %绘制三维网格图
title('三维网格图');
xlabel('x');ylabel('y');zlabel('z');
[X2,Y2,Z2] = peaks(25);
subplot(1,2,2);surf(X2,Y2,Z2);                         %绘制三维曲面图
title('三维曲面图');
xlabel('x');ylabel('y');zlabel('z');
```

程序运行结果如图 2-22 所示。程序中调用了 meshgrid()函数以产生 x 轴和 y 轴网格坐标,得到的 $\boldsymbol{X}_1$ 和 $\boldsymbol{Y}_1$ 都是 33×33 矩阵。其中,矩阵 $\boldsymbol{X}_1$ 的第 1 列的 33 个数据为−8,第 2 列的 33 个数据为−7.5,…,第 33 列的 33 个数据都为 8;矩阵 $\boldsymbol{Y}_1$ 的第 1 行的 33 个数据为−8,第 2 行的 33 个数据为−7.5,…,第 33 行的 33 个数据都为 8。

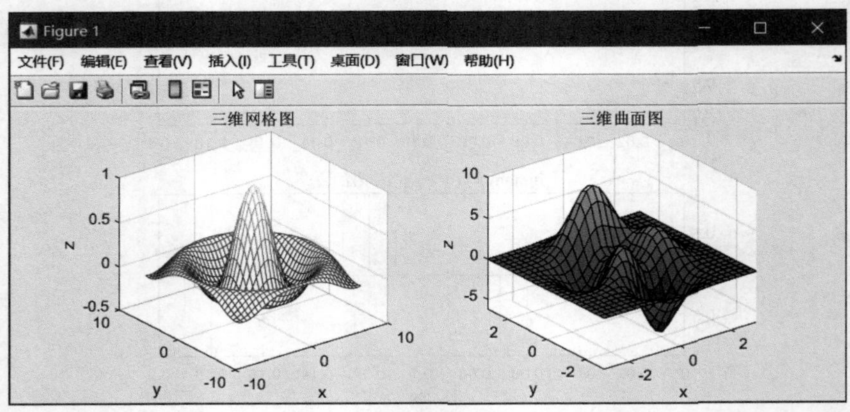

图 2-22　三维网格图和三维曲面图

然后,根据 $\boldsymbol{X}_1$ 和 $\boldsymbol{Y}_1$ 矩阵得到 33×33 矩阵 $\boldsymbol{Z}_1$,作为 z 轴网格坐标,再调用 mesh()函数,即可根据 $\boldsymbol{X}_1$、$\boldsymbol{Y}_1$ 和 $\boldsymbol{Z}_1$ 矩阵绘制出三维网格图。

程序中的 peaks()函数是两个高斯分布变量的样本函数,其作用与 meshgrid()函数类似,返回 3 个方阵 $\boldsymbol{X}_2$、$\boldsymbol{Y}_2$ 和 $\boldsymbol{Z}_2$,分别为三维曲面图的 x 轴、y 轴和 z 轴坐标矩阵。

本章习题

1. 在 MATLAB 命令行窗口输入如下命令,分析并写出命令执行后在命令行窗口显示的结果。

```
>> A = zeros(1,5);
>> B = ones(1,2)
>> C = [A,B]
```

2. 对题 1 创建的矩阵 **B** 和 **C**，试求：

length(**B**)=________，length(**C**)=________，size(**B**)=________，size(**C**,2)=________。

3. 分别用 linspace()和 logspace()函数创建如下行向量，

```
A = [1,10,100,1000,10000]
```

要求分别只能使用一条命令。

4. 已知 **A**=[ones(1,3),−1,−1;1,1,1,zeros(1,2)]，分析如下命令执行后在命令行窗口显示的结果。

```
(1) a = sum(A(1,2:5))
(2) b = sum(A(:,1))
(3) B = [A(1,4:5);A(2,3:4)]
```

5. 已知 **A**=[1,2;0,1]，**B**=[−ones(1,2);ones(1,2)]，分析如下命令执行后在命令行窗口显示的结果。

```
(1) >> A * B        (2) >> A. * B        (3) >> B^2        (4) >> B.^2
```

6. 要实现如下功能：

(1) 创建一个行向量 **X**，其中共 5 个数据，在 0～1 随机均匀分布；

(2) 求 **X** 中各数据的平方，得到向量 **Y**；

(3) 将行向量 **Y** 转换为列向量 **Z**；

(4) 求向量 **Z** 中所有数据的累加和，结果放到变量 **L** 中。

依次写出上述各功能对应的 MATLAB 命令及执行后的结果，要求每项功能对应一条命令。

7. 有如下函数定义语句：

```
function x = myfun(A)
    k = - 1;
    x1 = fun1(A);
    function B = fun1(A)
        B = A'
    end
    x = fun2(A,x1);
end
function y = fun2(A,B)
    y = A * B;
end
```

(1) 要将其保存为文件，文件名是什么？

(2) 分析并写出如下命令执行后的结果。

```
>> a = [1i - i;1 + i 0 1 - i];
>> c = myfun(a)
```

8. 分析如下程序执行后的结果，并简要总结说明程序实现的功能。

```
a = round(100 * rand(3,5))
for i = 1:size(a,1)
    b(i) = a(i,1);c(i) = a(i,1);
    j = 2;
    while j <= size(a,2)
        if a(i,j)> b(i)
            b(i) = a(i,j);
        elseif a(i,j)< c(i)
            c(i) = a(i,j);
        end
        j = j + 1;
    end
end
[b',c']
```

9. 程序代码如下：

```
t = 0:0.01:2;
x = sin(2 * pi * t);
y = 0.8 * square(2 * pi * t);
plot(t,x,'. - r',t,y,'linewidth',2);
title('正弦波和方波');
legend('正弦波','方波')
figure
subplot(2,1,1);plot(t,x);
ylabel('幅度/V')
subplot(2,1,2);plot(t,y,'- .k')
xlabel('t/s')
grid on
```

分析并手工绘制出程序执行后图形窗口的显示结果，注意所有的标注。

实践练习

1. 编制完整的 MATLAB 程序，依次实现如下功能：

(1) 创建一个行向量 ***X***，其中各数据为 1～100 的随机整数；

(2) 依次求各数据的累加和，当累加和超过 200 时，停止累加，并将此时未超过 200 的最大累加结果及对应的累加数据个数保存到行向量 ***b*** 中；

(3) 将(2)中的功能用函数实现，重新编制程序。要求函数的出口参数 ***b*** 为列向量。

2. 一阶电路系统的单位阶跃响应为 $y(t)=1-e^{-t/\tau}$，$t\geqslant 0$，编制 MATLAB 程序实现如下功能：

(1) 在同一个图形窗口绘制出当 $\tau=1s$，$\tau=2s$ 时，t 在时间范围 0～10s 内单位阶跃响应信号的波形，注意添加图形标题、x 轴标题、图形示例和网格线；

(2) 求两种情况下电路的上升时间(阶跃响应达到 0.98 所需的时间)；

(3) 将(2)中的功能用函数 t_rise()实现，并在主程序中调用，写出完整的函数定义和调用语句。

第3章 Simulink入门

Simulink 是用于动态系统和嵌入式系统的多领域仿真工具和基于模型的设计工具。对各种时变系统，包括通信、控制、信号处理、视频和图像处理系统等，Simulink 都提供了交互式图形化环境和可定制模块库来对其进行设计、仿真、执行和测试。

Simulink 提供了一个建立系统仿真模型的图形用户界面，只需单击和拖动鼠标即可实现静态和动态系统以及多速率系统的建模和仿真。构架在 Simulink 基础之上的其他产品扩展了 Simulink 多领域建模功能，也提供了用于设计、执行、验证和确认任务的相应工具。

Simulink 集成于 MATLAB 中，能够将 MATLAB 算法引入仿真模型，也能将仿真结果导出到 MATLAB 中，以便做进一步分析处理。Simulink 可以直接访问 MATLAB 大量的工具，以便进行算法研发和仿真分析、数据的可视化、批处理脚本的创建、建模环境的定制以及信号参数和测试数据的定义等。

3.1 Simulink 的工作环境

微课视频

Simulink 的工作环境包括 Simulink 编辑器（Editor）和库浏览器（Library Browser）。其中，库浏览器提供搭建仿真模型所需的各种模块（Block）；编辑器用于添加和连接模块以搭建仿真模型。

3.1.1 Simulink 编辑器

打开 Simulink 编辑器的方式有如下几种：

（1）在 MATLAB 主窗口中，单击“主页”标签下的 Simulink 按钮。

（2）在 MATLAB 主窗口中，依次单击“主页”标签下的“新建”和 Simulink Model 菜单命令。

（3）在命令行窗口输入“simulink”。

（4）在当前文件夹窗口右击，在弹出的快捷菜单中依次单击“新建”

和“模型”菜单命令，在当前文件夹中新建一个模型文件。然后，双击该模型文件，即可启动 Simulink 编辑器，同时打开该模型文件。

在上述方法中，前面 3 种方法都将首先打开如图 3-1 所示的 Simulink 开始页面(Simulink Start Page)。单击该页面 New 选项卡中的相应按钮，可以选择创建一个空的模型(Blank Model)和空的子系统(Blank Subsystem)等。此外，在该页面的 Examples 选项卡中，还提供了大量的仿真模型示例。

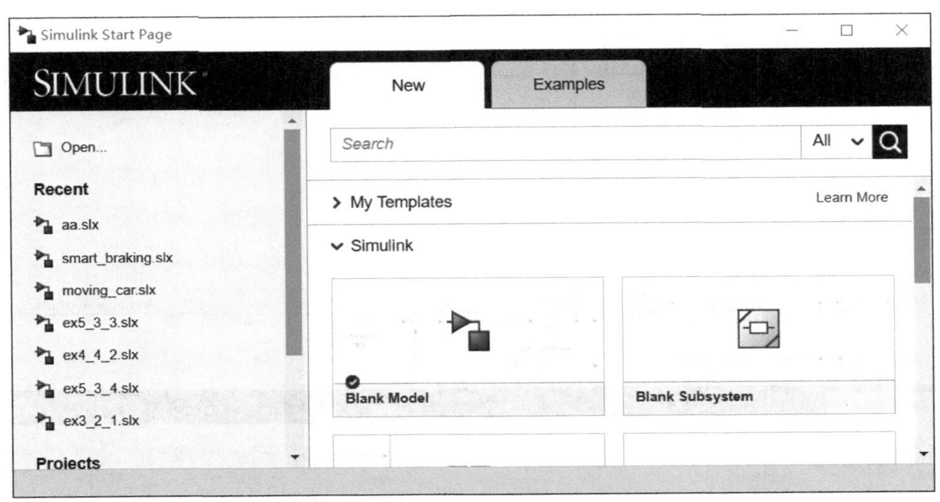

图 3-1 Simulink 开始页面

在 New 选项卡中单击某个按钮，将打开 Simulink 编辑器，如图 3-2 所示。与 MATLAB 主窗口类似，Simulink 编辑器窗口顶部有若干标签，每个标签对应不同的选项卡工具栏，工具栏中的各工具按钮根据功能分别放在不同的按钮组中。

刚启动 Simulink 时，编辑器窗口顶部有 5 个标签，从左往右依次为 SIMULATION(仿真)、DEBUG(调试)、MODELING(建模)、FORMAT(格式)和 APPS(应用程序)。在编辑区的模型中单击选中某模块，还将在最右侧出现 BLOCK(模块)标签。

单击不同的标签，将在下方显示对应的选项卡按钮组工具栏。例如，SIMULATION 选项卡中的按钮组工具栏如图 3-3 所示，根据功能将所有的按钮从左往右依次放在 FILE(文件)、LIBRARY(库)、PREPARE(预设)、SIMULATE(仿真)和 REVIEW RESULTS(结果查看)按钮组中。

最左边的 FILE 按钮组包括 New(新建)、Open(打开)、Save(保存)和 Print(打印)等按钮。每个按钮旁边都有一个下三角形，单击可以弹出下拉列表框，以进一步选择功能。例如，单击 New 按钮旁边的下三角形，在弹出的级联菜单中可以选择 Blank Model、Blank Subsystem 等。

LIBRARY 按钮组中只有一个 Library Browser 按钮，单击可以打开库浏览器。而在 SIMULATE 按钮组中，有控制仿真运行的 Run(运行)和 Stop(停止)等按钮。

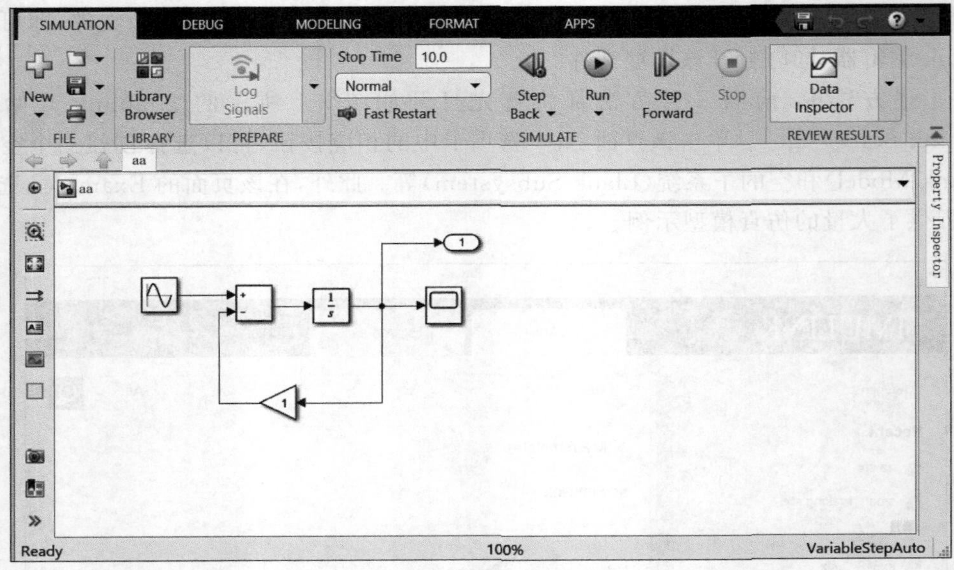

图 3-2　Simulink 编辑器窗口

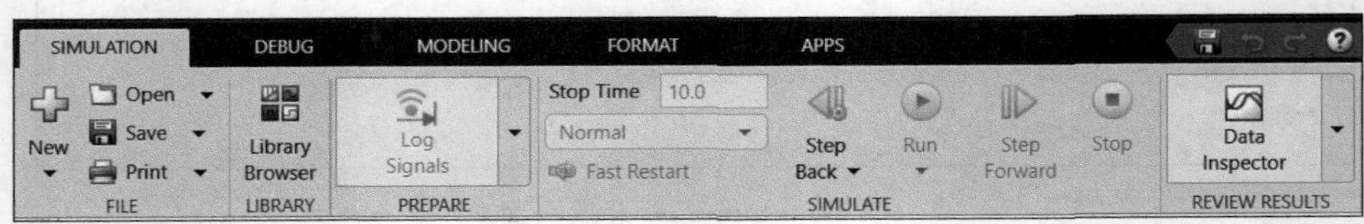

图 3-3　SIMULINK 选项卡中的工具栏

按钮组工具栏的下方是模型编辑区。编辑区左侧的选项板中提供了很多按钮，以控制仿真模型的外观并实现模型导航。例如，单击选项板中的 Zoom 按钮，再在编辑区中单击，可以将编辑区中的仿真模型图进行放大。

3.1.2　库浏览器

利用 Simulink 进行系统建模和仿真时，需要用到很多模块（Block），这些模块构成了 Simulink 的模块库。单击 Simulink 编辑器窗口中 SIMULATION 选项卡中的 Library Browser 按钮，即可打开模块库浏览器，如图 3-4 所示。

如果知道模块的名称，可以在库浏览器窗口上面的模块搜索工具栏中输入名称以搜索所需的模块。如果知道模块所属的库，也可以在库浏览器左侧的列表中找到并打开模块所属的库，然后在右侧的列表中找到所需模块。

利用库浏览器定位和查找模块，并将其添加到仿真模型中。在库浏览器左侧面板的树形结构中，最下端将显示 Recently Used Blocks，其中列出了最近使用过的模块。这对于快速添加仿真模型中所需的重复模块是非常方便的。

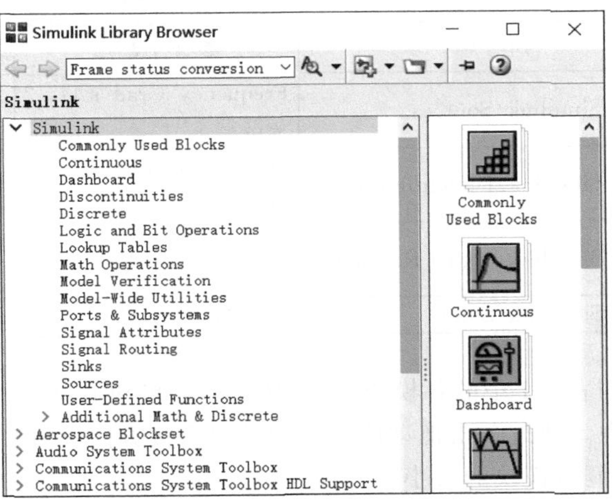

图 3-4 库浏览器

3.2 Simulink 建模与仿真的基本过程

下面通过一个简单的仿真模型说明利用 Simulink 实现系统建模和仿真的基本操作过程。

【例 3-1】 简单模型的创建。搭建如图 3-5 所示的仿真模型,实现将输入的正弦信号整形后变为周期脉冲信号,并且在同一个示波器中显示两个信号。

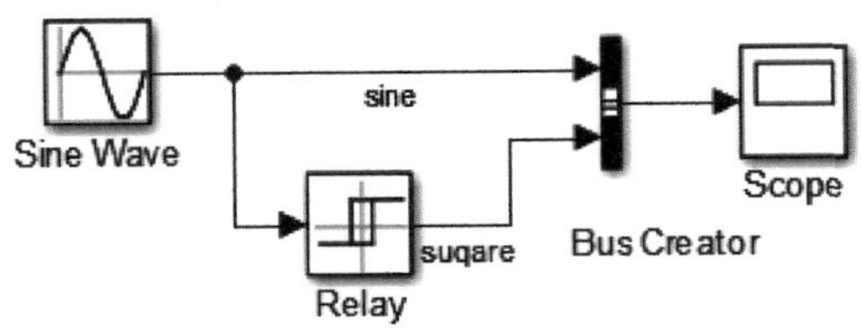

图 3-5 简单模型的创建

首先在 MATLAB 主窗口中选择当前工作文件夹,然后启动并进入 Simulink 编辑器。刚进入编辑器时,创建的空白仿真模型默认命名为 untitled. slx。单击 Save 按钮,将模型文件保存到当前工作文件夹中,并将文件命名为 ex3_1. slx。在 Simulink 中,模型文件名后缀默认为. slx,也可以是. mdl。

3.2.1 模块的调入和参数设置

例 3-1 的仿真模型一共有 4 个模块,各模块的名称及其主要参数设置如表 3-1 所示。

表 3-1　例 3-1 中模型所需模块及其参数设置

模 块 名	所 属 库	参 数 设 置	功 能
Sine Wave	Simulink/Sources	Frequency（rad/s）：2 * pi	为仿真模型产生输入正弦波信号
Relay	Simulink/Discontinuities	Output when on：1 Output when off：－1	对输入正弦波信号进行整形
Bus Creator	Simulink/Signal Routine	参数都取默认值	将多路信号合并为一路信号
Scope	Simulink/Sinks	参数都取默认值	示波器

从库浏览器中找到表 3-1 中的各模块，单击选中每个模块并拖入编辑器的合适位置，即可将模块添加到模型中。通过单击拖动或者选中模块后按方向键可以移动模块位置。单击拖动模块的边界，可以调节模块的大小。

在编辑器中双击各模块，将弹出模块的参数对话框，可以在对话框中设置各模块的参数。例如，双击 Relay 模块，打开其参数对话框如图 3-6 所示。

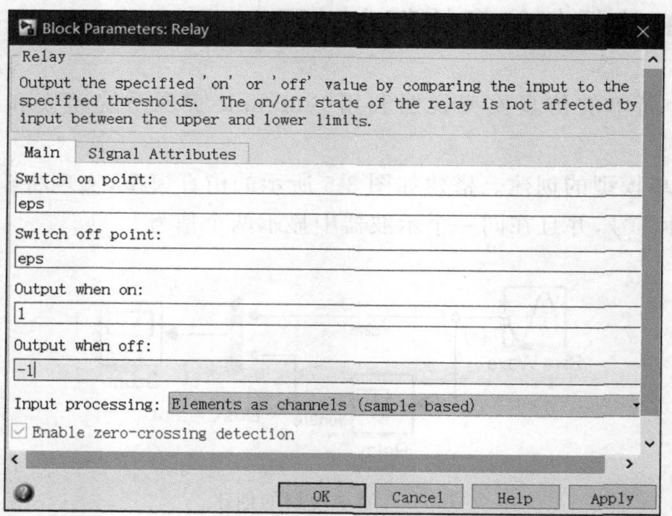

图 3-6　Relay 模块的参数对话框

注意，在 Simulink 所有模块的参数对话框中，都有对该模块功能的简单介绍。为节省篇幅，本书对模块的参数对话框都做了适当的缩放裁剪，只列出需要设置和修改的主要参数。

Relay 模块称为继电器模块，其输入与输出之间的关系具有继电特性。在参数对话框中，Switch on point 和 Switch off point 参数都设为默认值 eps，Output when on 设为默认值 1，Output when off 重新设置为－1。根据这些参数设置，当 Relay 模块的输入大于 0 和小于 0 时，继电器分别接通和断开，对应的输出分别为 1 和－1，从而实现正弦波的整形。

用同样的方法设置 Sine Wave 模块的 Frequency 参数为 2 * pi rad/s，其他参数取默认值，意味着该模块将产生并输出频率为 1Hz、幅度为 1V、初始相位为 0 的正弦波。

3.2.2 模块的连接

调入所有模块后，需要将这些模块相互连接起来以构成完整的仿真模型。大多数模块的一侧或者两侧有尖括号，其中指向模块的尖括号代表模块的输入端子，背离模块的尖括号代表输出端子。如果用线条将模块 A 的输出端子连接到模块 B 的输入端子，则表示将模块 A 输出的信号送到模块 B。

连接模块的操作有多种方法，下面列举几种典型的情况。

(1) 将光标移动到 Sine Wave 模块右侧的输出端子上，直到光标变为"十"字形。然后，单击并拖动到 Bus Creator 模块的一个输入端子，松开鼠标。此时，将在两个模块之间添加一根连线，箭头指示信号流动的方向。

在连接的过程中，Simulink 会根据需要自动对连线进行分段、转折。如果需要自行控制连线的转折点，可以在需要转折处松开一次鼠标，再按住鼠标继续拖动。

(2) 按住 Ctrl 键，依次单击 Relay 和 Bus Creator 模块，即可将这两个模块连接起来。

(3) 拖动示波器模块，当其输入端与 Bus Creator 输出端对齐时，将在两个模块之间显示一条蓝色的水平线。单击该蓝色线，即可将这两个模块连接起来。

3.2.3 运行仿真

运行仿真之前需要配置仿真参数，包括数值求解的类型、仿真起始时间和结束时间以及最大步长。这里假设所有参数都取默认值。

在 Simulink 编辑器菜单中选择 SIMULATION 选项卡中的 Run 命令，即可启动仿真运行。然后，双击 Scope 模块打开示波器窗口，其中将显示正弦波及其整形得到的周期脉冲信号，如图 3-7 所示。

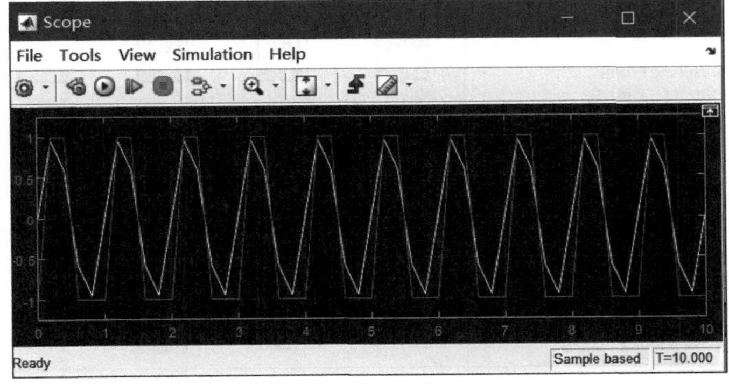

图 3-7 例 3-1 的运行结果

注意到在图 3-7 的波形图中存在如下问题：

(1) 显示的正弦波波形有失真，不是标准的正弦波；

(2) 显示图形的背景颜色为黑色，有些情况下不便于观察；

(3) 波形曲线没有纵横轴标注等。

这些问题将在后面逐一进行解释，并介绍解决办法。

3.3 Simulink 模块库和模块

在 Simulink 中，模块是搭建各种系统仿真模型的基本单位，能够实现仿真模型中某项特定的运算变换功能。通过添加模块、指定模块的行为，并用信号线将模块相互连接起来，即可创建 Simulink 仿真模型。

3.3.1 Simulink 模块库

Simulink 库浏览器中的模块库可以分为两大类，即 Simulink 基本模块和扩展模块。基本模块位于 Simulink 子库中，如图 3-8 所示，其中有 Sources(信号源模块子库)、Sinks(接收器子库)、Continuous(连续模块子库)等。扩展模块又称为应用工具箱，是针对具体专业或行业的函数包，例如通信系统工具箱(Communications Toolbox)、控制系统工具箱(Control System Toolbox)、DSP 系统工具箱(DSP System Toolbox)等。

这里首先介绍几个常用的 Simulink 基本模块子库及常用模块，各模块的功能和参数设置及其用法可以查阅 MATLAB 帮助系统，附录 B 给出了常用的基本模块速查表。

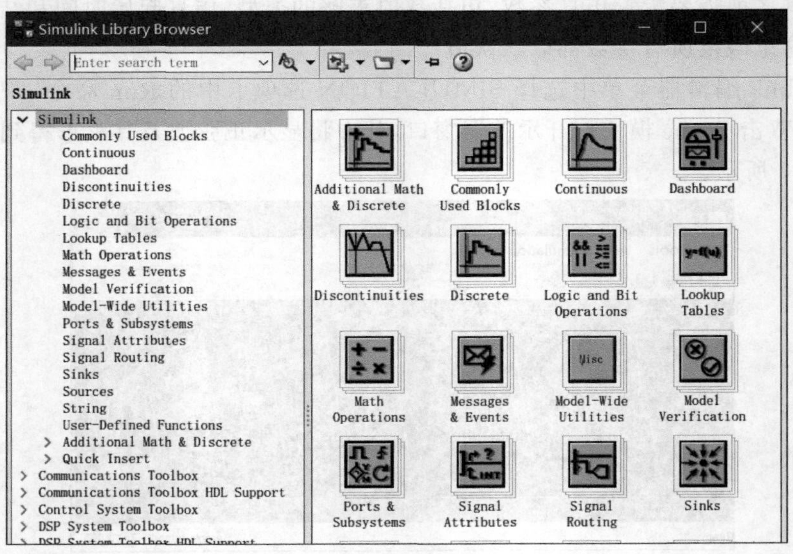

图 3-8 Simulink 模块库

1. 信号源模块子库

信号源(Sources)模块子库中的所有模块实现各种常用信号的产生,这些模块都只有输出端子,没有输入端子,一般用于为仿真模型提供输入激励信号。常用的信号源模块有

(1) Sine Wave:正弦波信号源模块;

(2) Pulse Generator:脉冲发生器模块;

(3) Constant、Step、Ramp:直流信号、阶跃信号和斜坡信号发生器模块;

(4) Signal Generator:信号发生器模块;

(5) Random Number:随机整数发生器模块;

(6) From File、From Workspace:读文件、读工作区模块,从文件或者 MATLAB 工作区读取信号数据;

(7) Clock、Digital Clock:时钟、数字时钟发生器模块。

2. 接收器模块子库

接收器(Sinks)模块子库中的所有模块用于显示模型的仿真运行结果,所有模块都只有输入端子,没有输出端子。常用的接收器模块有

(1) Display:数据显示模块,用于以数值数据的形式显示仿真运行结果,例如信号的功率、误码率等;

(2) Scope:示波器模块,用于显示信号的时间波形;

(3) To File、To Workspace:写文件、写工作区模块,将运行结果数据保存到文件和 MATLAB 工作区中指定的变量。

3. 数学运算模块子库

数学运算(Math Operations)模块子库中的所有模块用于实现典型的数学运算。常用的数学运算模块有

(1) Add、Substract、Product、Divide:实现基本的代数四则运算;

(2) Abs:求输入参数的绝对值;

(3) Gain、Slider Gain:放大器、滑动增益放大器,将输入参数乘以指定的放大倍数;

(4) Complex to Real-Imag、Complex to Manitude-Angle、Real-Imag to Complex、Manitude-Angle to Complex:实现复数实部和虚部、模和辐角之间的相互转换。

4. 逻辑和位操作模块子库

逻辑和位操作(Logic and Bit Operations)模块子库中的模块实现基本的逻辑运算和位操作,主要包括如下模块:

(1) Bit Clear、Bit Set、Bitwise Operator:二进制位复位、置位、按位操作;

(2) Logical Operator、Relational Operator、Shift Arithmetic:逻辑运算、关系运算、算

术移位；

(3) Combinatorial Logic：组合逻辑运算；

(4) Compare To Zero、Compare To Constant：过零比较器、常数比较器；

(5) Detect Change：输入信号变化检测器；

(6) Detect Rise Positive、Detect Fall Negative：上升沿过零、下降沿过零检测。

3.3.2 模块的参数设置

搭建仿真模型时，将所需模块调入模型编辑区后，需要根据仿真的系统正确设置各模块的参数。模块的参数可以是常数数值、变量或表达式等，而设置模块的参数可以通过模块的参数对话框、模型数据编辑器、属性检查器和模型资源管理器等各种方法实现。

1. 模块参数设置对话框

在仿真模型中，双击某模块，将立即弹出该模块的参数对话框，通过参数对话框可以对模块的功能进行简单了解，并对模块的参数进行设置。图 3-9 为 Simulink/Sources 子库中 Sine Wave 模块的参数对话框。

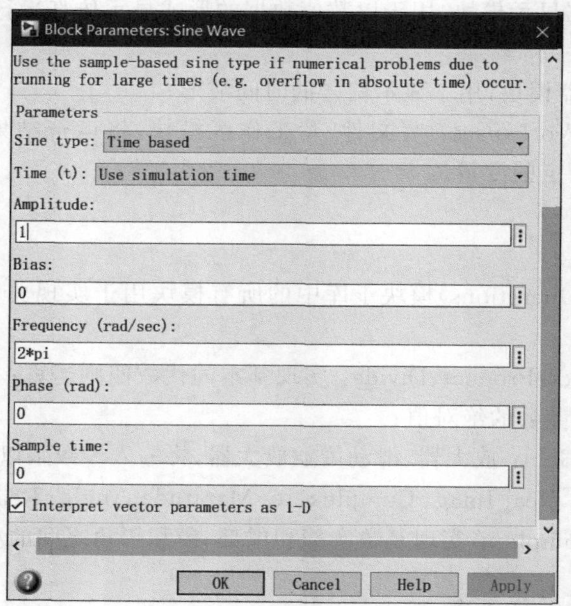

图 3-9 Sine Wave 模块的参数对话框

2. 模型数据编辑器

在 Simulink 编辑器的 MODELING 选项卡中，单击 Model Data Editor(模型数据编辑

器)按钮,将在编辑器下方显示模型数据编辑器子窗口。子窗口顶部有5个标签,单击Parameters(参数)标签,即可在下方的选项卡列表中查看和修改仿真模型中各模块的参数。

对例3-1所示的仿真模型,打开的模型数据编辑器子窗口如图3-10所示。仿真模型中共有4个模块,但只有Relay和Sine Wave模块需要设置参数,因此子窗口以列表的形式列出了这两个模块需要设置的所有参数,每个参数对应一行。单击Value(参数值)列,即可进入编辑状态,对该行参数值进行修改和设置。

利用模型数据编辑器可以集中处理仿真模型中的所有模块,不用在模型图中逐个打开对话框进行配置。

Model Data Editor

Inports/Outports | Signals | Data Stores | States | Parameters

Design

Source	Name	Value	Data Type	Min	Max
Relay	OnSwitchValue	eps			
Relay	OffSwitchValue	eps			
Relay	OnOutputValue	1			
Relay	OffOutputValue	-1			
Sine Wave	Amplitude	1			
Sine Wave	Bias	0			
Sine Wave	Frequency	2*pi			
Sine Wave	Phase	0			

图3-10 模型数据编辑器子窗口

3. 属性检查器

在Simulink编辑器的MODELING选项卡中,单击Design按钮组中的Property Inspector(属性检查器)按钮,将在编辑器右侧显示属性检查器面板。

为了检查和设置某模块的参数,在仿真模型中单击指定的模块,将在属性检查器面板中显示出该模块的参数(Parameters)、属性(Properties)和信息(Info)。例如,在例3-1的仿真模型中,单击Sine Wave时,属性检查器面板的显示如图3-11所示。

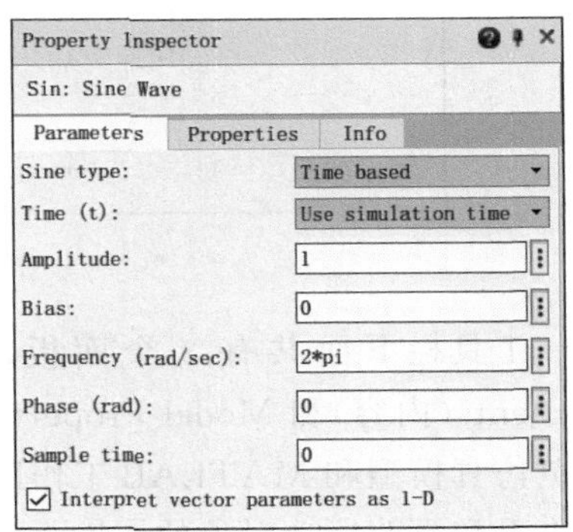

图3-11 属性检查器面板

单击该面板中的Parameters标签,立即显示出Sine Wave模块的所有参数,在对应的文本框中可以对这些参数进行设置和修改。

需要注意的是,Simulink仿真模型中所有的模块参数都可以设置为常数、变量、表达式或者MATLAB函数。例如,设置Sine Wave模块的Frequency参数为"2 * pi * f",这是一个表达式,其中f为MATLAB工作区中的一个变量。运行时,必须首先用MATLAB命令或者程序代码设置变量f的值,才能启动仿真运行。

4. 模型资源管理器

如果仿真模型比较复杂，模型中的模块比较多，利用前面介绍的方法逐一对模块进行参数设置很不方便。为此，Simulink 提供了一个模型资源管理器（Model Explorer），可以很方便地查看、修改和添加模型中的模块。

要打开模型资源管理器，可以采用如下方法：

(1) 在 Simulink 编辑器的 MODELING 选项卡中，单击 Model Explorer 按钮；

(2) 在仿真模型中，右键单击任意一个模块，然后从弹出的快捷菜单中选择 Explore 菜单命令；

(3) 在 MATLAB 命令行窗口中输入“daexplr”命令。

默认情况下，打开后的模型资源管理器窗口如图 3-12 所示。窗口顶部有一个主工具栏，其中提供了相关按钮以执行 MATLAB 和 Simulink 的相关命令，例如新建仿真模型、打开模型文件等。通过勾选 View 菜单下 Toolbars 级联菜单中的 Search Bar 菜单命令，还可以在主工具栏下方显示一个 Search（搜索）工具栏，用于执行在模型层次结构面板中所选节点（例如仿真模型）上的搜索操作。

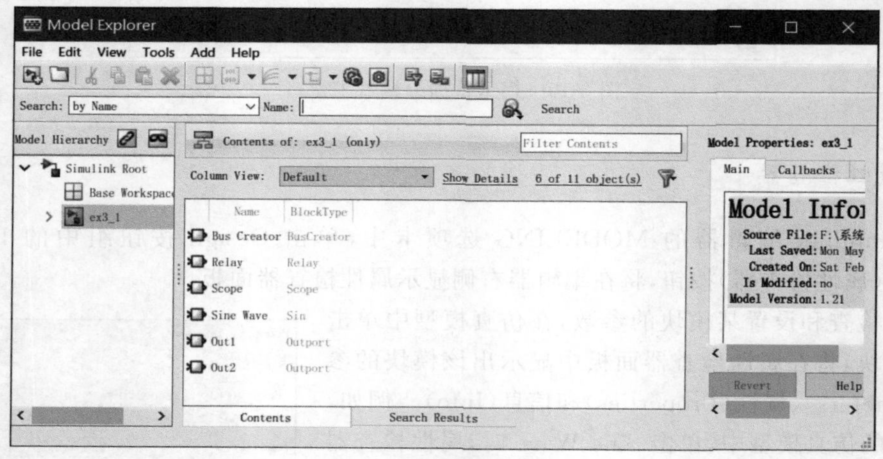

图 3-12　模型资源管理器窗口

工具栏下面共有 3 个面板，从左往右依次为 Model Hierarchy（模型层次结构）、Contents（内容）和 Model Properties（模型属性）面板。其中，模型层次结构面板用于导航和浏览仿真模型和 MATLAB 工作区，内容面板用于显示和修改模型或模块，模型属性面板用于查看和更改所选对象的属性。

1) 模型层次结构面板

模型层次结构面板以树状形式显示 Simulink 模型的层次结构，在该面板中可以快速浏览和定位模型中的指定模块。

所有的模型层次结构都以 Simulink Root 为根节点，根节点下面有很多子节点。其中，

Base Workspace 子节点表示 MATLAB 工作区，下面的各子节点代表当前打开的所有 Simulink 仿真模型。每个模型节点下面又包括 Model Workspace（模型工作区）、Configurations（模型配置）和 External Data（外部数据）节点。此外，还可能有其他子节点。例如，如果一个仿真模型中含有子系统，则将增加一个子节点代表该子系统。

在图 3-13 所示的模型层次结构面板中，根节点下面共有 3 个节点，其中 ex3_1 和 smart_braking 节点分别代表当前打开的两个仿真模型。展开 smart_braking 节点，下面的 Alert system、Proximity sensor 和 Vehicle 节点分别代表一个子系统。而 Vehicle 子节点下面又有 3 个子节点，代表其中还有 3 个更小的子系统。

由此可见，对于含有多层结构的复杂系统仿真模型，利用模型浏览器可以很方便地查看模型的层次结构，快速查找模型中的指定模块。此外，在层次结构视图中，右击某个模型或者子系统节点，可以弹出快捷菜单，单击菜单中的 Open 菜单命令，可以快速打开该节点对应的仿真模型。

2）内容面板

内容面板主要由两个选项卡构成，如图 3-14 所示。其中，Contents 选项卡用于显示在模型层次结构面板中选中节点的对象属性列表，Search Results（搜索结果）选项卡用于显示通过搜索工具栏执行搜索的结果。

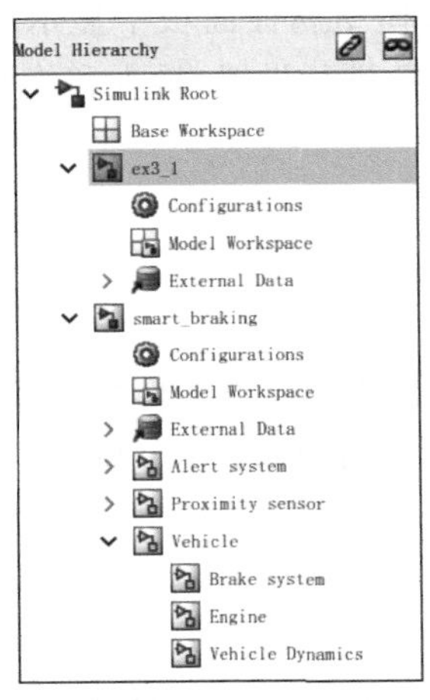

图 3-13　模型层次结构面板

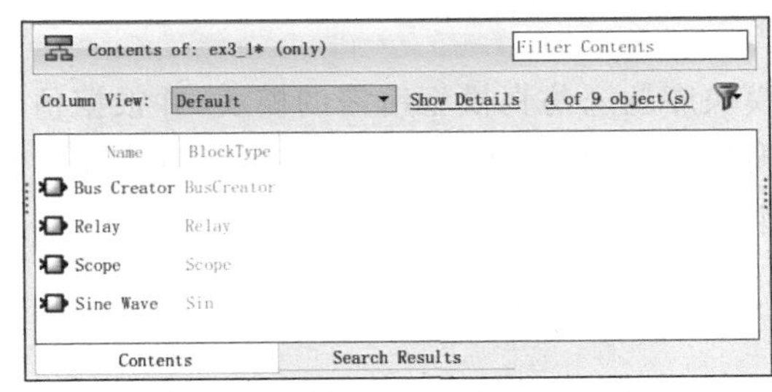

图 3-14　内容面板

在两个选项卡中，都以表格的形式显示所选节点对象或者搜索结果。表格的每行代表一个对象（模块或者子系统），而每列代表对象的一个属性，其中前两列默认为 Name（对象名）和 BlockType（模块类型）。

3）模型属性面板

使用模型属性面板可查看和更改在模型层次结构或内容面板中所选对象的属性。默认情况下，模型属性面板显示在内容面板的右侧。通过 View 菜单中的 Show Dialog Pane 菜单命令或者主工具栏中的 Dialog View 按钮可以显示或者隐藏该面板。

在模型层次结构面板中选中某个仿真模型，将在模型属性面板中显示该模型的相关信息。在内容面板中单击仿真模型中的某个模块，将在模型属性面板中显示该模块的简要介绍及所有参数，通过该面板即可对所选的模块进行参数检查和设置，如图 3-15 所示。

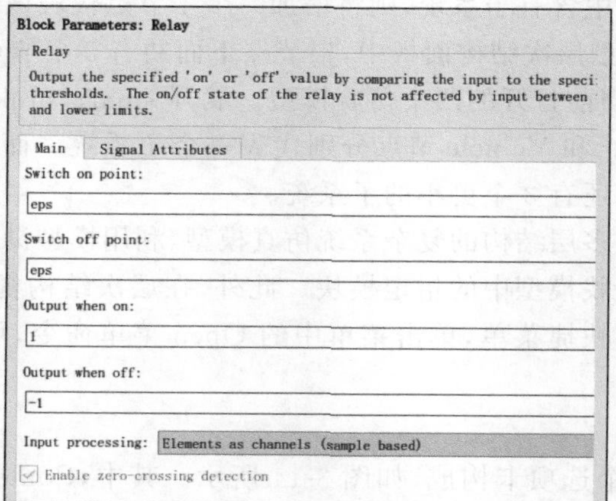

图 3-15　模型属性面板

内容面板中列出了模型中的所有模块。单击不同的模块，模型属性面板中显示的内容将同步刷新。因此，利用模型浏览器对仿真模型中各模块的参数进行设置、检查和修改是相当方便的。

3.3.3　模块的基本操作

从模块库调入仿真模型所需的模块，并根据仿真模型的需要正确设置各模块的参数，然后将各模块连接起来，即可构成系统的仿真模型。在此过程中，对模块还有一些基本操作。这里列举几种典型的操作。

1. 模块的移动和翻转

在仿真模型中单击需要移动的模块，通过鼠标拖动即可将模块移动到所需的位置。在移动过程中，与之相连接的连线也将自动随之移动。

默认情况下，所有模块的输入端子和输出端子分别位于模块图标的左侧和右侧。在连接各模块时，有时很不方便，搭建的仿真模型也不够清晰整洁。为此，可以将模块图标进行旋转、翻转等操作。具体操作方法是：右键单击模块，在弹出的快捷菜单中选择 Rotate & Flip 菜单项；该菜单项下面有若干子菜单命令，可以根据需要选择，从而实现模块的顺时针旋转 90°(Clockwise)、逆时针旋转 90°(Counterclockwise)、翻转 180°(Flip Block)和模块名翻转(Flip Block Name)等操作。

需要注意的是，将模块翻转 180°，实际上只是将模块的输入/输出端子交换，分别放到模块的右侧和左侧；而 Flip Block Name 菜单命令是将默认位于模块图标下面的模块名移动到模块图标的上方显示。

2. 模块的复制和删除

要删除已经调入仿真模型中的某个模块或者某几个模块(模块组),可以单击或者拖动鼠标选中这些模块,然后直接按 Del 键删除；也可以右击模块,在弹出的快捷菜单中选择“剪切”菜单命令。

如果一个模块或者模块组在同一个仿真模型中多次用到,可以对其进行复制操作,而不需要重复从模块库中调入。为此,选中需要复制的模块组以后,在弹出的快捷菜单中选择“复制”菜单命令即可。

3. 模块及信号线的命名

从模块库中调入的大多数模块都有名字,默认情况下模块名显示在模块图标的下方。Simulink 中对各模块的命名规则是根据调入的顺序依次命名。例如,一个仿真模型中需要 3 个 Sine Wave 模块,则根据这 3 个模块调入的顺序,依次将其命名为 Sine Wave 1、Sine Wave 2、Sine Wave 3。

为便于阅读仿真模型,直观了解各模块在仿真模型的作用和功能等,通常需要根据仿真系统的数学模型,对仿真模型中的各模块重新命名。单击模块名称(注意不是模块图标)即可进入编辑状态,通过键盘对模块进行重命名。

此外,还可以选择是否显示指定模块的名称。首先,单击模块,在 Simulink 编辑器窗口顶部将出现 BLOCK 标签；在该选项卡中单击 FORMAT 按钮组中的 Auto Name 按钮,在弹出的下拉菜单中选择 Auto Name(自动命名)、Name On(显示模块名)或 Name Off(隐藏模块名),即可隐藏或者显示模块名称。

在 Simulink 模型中,用带有箭头的线条表示信号,进而表示各模块之间的数学和连接关系。为便于区分模型中的各信号,一般根据仿真模型中各信号代表的物理意义对信号进行命名。右键单击需要命名的信号线,在弹出的菜单中选择 Properties 菜单命令,打开 Signal Properties 对话框,即可设置信号名称；也可以双击信号线直接设置。

4. 模块帮助文档的获取

前面只是简单列举了 Simulink 中常用模块的名称。在搭建仿真模型的过程中,通常需要频繁借助于帮助系统,以详细了解各模块的功能特性、使用方法以及参数设置。

获取指定模块帮助文档的常用方法有如下几种：

(1) 在 MATLAB 帮助系统页面的搜索栏中输入模块名称进入指定模块的帮助页面；

(2) 在仿真模型中右击模块,在弹出的快捷菜单中选择 Help 菜单命令,即可打开 MATLAB 帮助系统,并自动进入该模块的帮助页面；

(3) 在模块的参数对话框中,单击最下面的 Help 按钮,进入该模块的帮助页面。

3.4 Simulink 求解器

在 Simulink 中，在指定的时间范围内，以给定的时间间隔（步长，Step）计算系统的状态，这种计算模型状态的过程称为模型的求解。Simulink 提供了一组称为求解器（Solver）的程序，每个求解器都体现了求解模型的特定方法。

3.4.1 求解器的分类及选择

Simulink 中所有求解器可以分为固定步长和变步长求解器、连续和离散求解器。针对具体的仿真模型，通常需要从中选择一种合适的求解器，否则仿真精度不够，甚至仿真运行结果发生错误。

1. 求解器的分类

根据仿真模型中的状态和仿真运行时所采用的步长，可以将求解器分为连续和离散求解器、固定步长和变步长求解器。

(1) 固定步长和变步长求解器

根据仿真步长是否固定，可将求解器分为固定步长（Fixed-step）求解器和变步长（Variable-step）求解器。对固定步长求解器，在仿真运行的整个过程中，步长都保持不变。对变步长求解器，步长随仿真过程而变化。当模型的状态变化较快时，减小步长以提高精度；当模型的状态变化较慢时，适当增大步长，可避免不必要的计算步骤，减少计算开销。

(2) 连续和离散求解器

根据仿真模型中的状态是否连续，可以将求解器分为连续（Continuous）求解器和离散（Discrete）求解器。离散求解器主要用于求解纯离散模型，这种模型中没有连续状态，因此只需要计算和更新模型在每个时间步内离散状态的值。连续求解器用于求解连续系统，基于前一个时间步的状态和状态变量的导数，利用数值积分算法来计算模型在当前时间步的连续状态，并计算模型在每个时间步内离散状态的值。常用的连续求解器及其采用的数值积分算法如表 3-2 所示。

表 3-2 常用的连续求解器及其算法

类型	求解器	所用算法
固定步长	ode1	欧拉法
	ode2	改进欧拉法
	ode3	二/三阶龙格-库塔法（RK2、RK3）
	ode4	四阶龙格-库塔法（RK4）
	ode5	Dormand-Prince 法（RK5）
	ode8	Dormand-Prince 法（RK7、RK8）

续表

类　　型	求解器	所用算法
变步长	ode45	RK4、RK5，是连续系统的默认求解器
	ode23	RK2、RK3，比 ode45 效率高，但精度稍差
	de113	亚当斯算法(Adams-Bashforth-Moulton)，效率比 ode45 高
	ode15s	NDFs(Numerical Differentiation Formulas)算法，适用于刚性系统

2. 求解器的选择

对于给定的仿真模型，求解器的选择取决于系统的动态特性、求解结果的稳定性、计算速度和求解器的稳健性。理想情况下，求解器应该能够在合理的时间内解算模型。对于变步长求解器，求解结果应该在指定的容差范围内。

在实际应用中，每个求解器都不可能满足一个问题的所有需求，因此在选用时通常采用尝试迭代方法，通过比较不同求解器下的仿真运行结果，选择一种能够以最小的开销获得最优性能的求解器。

一般情况下，首先选用 auto(自动)求解器。此时，系统自动为仿真模型选择一种固定或变步长的求解器，并使其步长尽可能大，以提高仿真效率。如果使用自动求解器的仿真结果不能满足要求，再通过尝试自行选择确定一个合适的求解器。

3.4.2 求解器的参数配置

求解器的参数配置包括求解器的选择、仿真步长的设置等，这些操作主要通过求解器参数配置面板进行。

在 Simulink 编辑器中单击 SIMULATION 标签，在选项卡的 PREPARE 按钮组中选择 Model Settings 按钮，即可打开模型参数配置(Configuration Parameters)对话框。在对话框左侧列表中单击 Solver 选项，即可进入求解器参数配置面板，如图 3-16 所示。

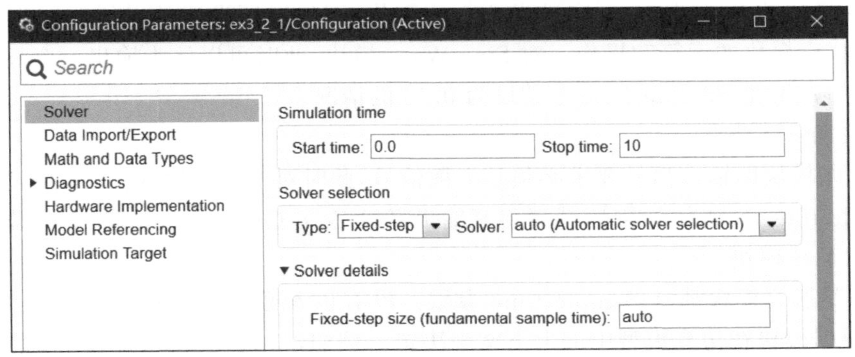

图 3-16　求解器参数配置面板

通过求解器参数配置面板主要对求解器的如下参数进行设置。

(1) 仿真时间(Simulation time):设置仿真运行的起始时间(Start time)和结束时间(Stop time),一般根据需要观察的信号波形时间范围确定。

(2) 求解器的选择(Solver selection):可以选择求解器的类型(Type)为固定步长(Fixed-step)或者变步长(Variable-step),设置求解器的名称(Solver)为ode1、ode2等。

(3) 附加选项(Additional options):选择了求解器后,还需要设置一些附加选项,例如设置仿真步长。单击面板中Solver details左侧的箭头,可以隐藏或者展开显示这些附加选项。

如果在求解器选项中选择固定步长求解器,则附加选项主要是步长(Fixed-step size);对变步长求解器,附加选项有最大步长(Max step)、最小步长(Min step)等。

默认情况下,上述附加选项都设为auto。此时,固定步长和最大步长根据仿真起始时间 t_{start} 和结束时间 t_{stop} 自动确定,即 $h_{max}=(t_s-t_e)/50$。如果由上式得到的步长不能满足要求,则可以自行设置一个合适的步长。

3.4.3 求解器步长与模块采样时间

在Simulink中,求解器的步长很大程度上取决于仿真模型中各模块的采样时间参数(Sample time),通过设置该参数可以控制模块的执行速度,确定模块输出信号的形式(连续信号或离散信号)等。

模块的采样时间可以在其参数对话框中进行设置。如果设置模块的采样时间参数为0,则将以所设置的求解器步长执行该模块对应的运算。如果设置模块的采样时间参数为非零,则求解器以该参数作为步长计算模块的输出。

例如,对Sine Wave模块,设置其Sample time参数为0,设置求解器采用固定步长求解器,仿真运行2s。运行时,将以求解器中的步长参数作为采样时间对正弦波进行采样,得到正弦波的波形如图3-17(a)所示。当求解器步长足够小时,可以近似认为得到一个连续的正弦波。

如果将模块的Sample time参数设置为非零值,则将以所设置的采样时间作为求解器的步长,以执行模块的运算和操作。对Sine Wave模块,此时可以认为输出一个离散正弦波信号。图3-17(b)是Sample time参数设为0.1s的情况。

需要注意以下两点:

(1) 有些模块的输入信号要求必须是离散信号,此时对产生该输入信号的模块,必须设置其Sample time参数为非零值,或者将其输出经过Zero-Order Hold(零阶保持器)模块采样后再送入后续模块。

(2) 不是所有模块都有Sample time参数。没有该参数的模块都有隐式采样时间,由Simulink根据模块在仿真模型中的上下文来决定。例如,Integrator(积分器)就是一种具有隐式采样时间的模块,运行时Simulink会自动将其采样时间设置为0。如果该模块的输入信号来自 Sine Wave 模块，则运行时自动以 Sine Wave 模块的 Sample time 参数作为采样时间。

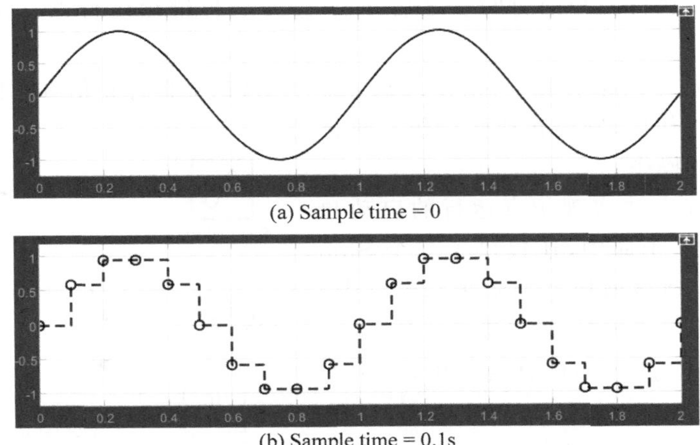

(a) Sample time = 0

(b) Sample time = 0.1s

图 3-17　Sine Wave 模块在不同采样时间和求解器步长下的输出波形

3.5　仿真运行

搭建好仿真模型并设置模块参数和求解器后，即可启动仿真运行。可以使用工具栏上的按钮实现暂停、继续和停止仿真运行。在仿真过程中，不能更改模型的结构，例如添加或删除信号线或模块等。

3.5.1　仿真运行方式

Simulink 中对仿真运行过程的控制可以采用两种方式，即通过 Simulink 编辑器中的工具按钮对仿真运行实现交互控制或者通过 MATLAB 程序代码进行程序控制。

1. 交互方式

在 Simulink 编辑器的工具栏中，提供了工具按钮实现仿真运行的交互控制。

1）启动仿真运行

单击编辑器 SIMULATATION 选项卡中的 Run 按钮，可以启动或继续执行仿真。单击 Step Back 或者 Step Forward 按钮，可以采用步进方式运行仿真。

模型的仿真运行从求解器中指定的 Start time 开始，直到指定的 Stop time 时刻结束。在仿真运行过程中，编辑器底部会显示仿真完成的百分比和当前仿真时间。

在仿真运行过程中，如果发生错误将停止仿真并显示一条消息。单击编辑器底部的诊断链接查看相应的消息，以快速准确地定位错误。

2）仿真运行的暂停和停止

在运行仿真的过程中，Run 按钮将替换为 Pause 按钮。单击该按钮，可以暂停运行仿真。暂停操作将在执行完当前时间步之后开始，恢复暂停继续运行也只在下一个时间步发生。

单击工具栏上的 Stop 按钮，可以在完成当前时间步时立即停止仿真。如果设置模型输出数据到文件或工作区，则停止或暂停仿真时将会执行输出数据的操作。

除了通过上述方法实现仿真运行的启动和停止以外，在 Sinks 子库中，还提供了一个 Stop Simulation 模块。将该模块添加到仿真模型中，则当模块的输入不等于零时，将自动停止仿真。

例如，在图 3-18 所示的仿真模型中，当仿真运行 10s 后，Relational Operator 输出为 1。将该输出送入 Stop Simulation 模块，则运行 10s 后，该模块将控制停止仿真运行，从而使 Sine Wave 模块只输出 0～10s 的正弦波形。

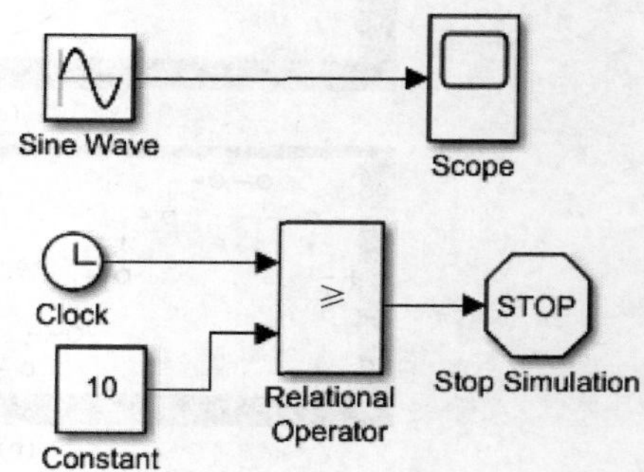

图 3-18　Stop Simulation 模块的使用

2. 程序控制方式

在 Simulink 中搭建好仿真模型并保存为.slx 文件后，可以通过在 MATLAB 命令行窗口输入命令或者在 MATLAB 程序中插入专用语句以启动仿真模型的运行，这主要通过调用 sim()函数来实现。

1）sim()函数的调用方法

在新版本的 MATLAB 中，sim()函数的一种标准调用格式为

```
simOut = sim(model,Name,Value)
```

其中，参数 model 为模型文件名，文件名必须以单引号括起来，不需要写后缀.slx；Name 和 Value 分别为仿真运行的参数。在同一条 sim()调用语句中，可以写出多个“名-值”对参数，也可以省略而采用默认的参数运行仿真。

例如，如下命令：

```
>> simOut = sim('ex3_1')
```

采用默认求解器参数运行名为 ex3_1.slx 的仿真模型文件。如下命令：

```
>> sim('ex3_1','Solver','ode15s','TimeOut',20)
```

将采用 ode15s 变步长求解器仿真运行名为 ex3_1.slx 的模型文件，运行时间为 20s。

执行上述命令后，仿真运行的结果（所有仿真输出，例如运行时间、模型的状态和信号等）将保存到一个 Simulink. SimulationOutput 对象中，并将相关信息显示在命令行窗口。例如，执行上述第一条命令后，将在命令行窗口显示如下信息：

```
simOut =
  Simulink.SimulationOutput:
                  tout: [51x1 double]
                  yout: [1x1 Simulink.SimulationData.Dataset]
  SimulationMetadata: [1x1 Simulink.SimulationMetadata]
  ErrorMessage: [0x0 char]
```

上述信息表示仿真运行后得到两个输出 tout 和 yout，其中 tout 为仿真运行的时间向量，yout 为仿真运行输出的结果。具体输出结果取决于在模型参数配置对话框中通过 Data Import/Export 面板所定义的模型时间、状态和输出，以及仿真模型中使用的 To Workspace 和 Scope 等模块。

2）sim()函数的兼容格式

要向后兼容 MATLAB R2009a 或更早版本，可以使用如下语句调用 sim()函数：

```
[T,X,Y] = sim(model)
[T,X,Y1,...,Yn] = sim(model)
```

在上述调用格式中，$\boldsymbol{T}$ 为返回的仿真运行时间向量，$\boldsymbol{X}$ 为返回的模型状态矩阵，$\boldsymbol{Y}$ 为模型的输出矩阵。矩阵 $\boldsymbol{Y}$ 中保存的是仿真模型中 Out 模块对应的信号数据。一个仿真模型中如果有多个 Out 模块，则仿真运行后将返回多个输出。此时，矩阵 $\boldsymbol{Y}$ 中的每列对应一个输出。也可以采用第二种调用格式，分别列出 $\boldsymbol{Y}_1$、$\boldsymbol{Y}_2$ 等。

3.5.2 仿真运行过程

无论是交互方式还是程序控制方式，启动仿真运行后，Simulink 将依次执行以下操作。

1. 模型编译

打开仿真模型并启动仿真运行时，将进入仿真运行的第一个阶段，即编译阶段。此时 Simulink 引擎调用模型编译器，将模型编译为可执行文件。在此阶段，编译器将执行如下操作：

（1）计算模型的模块参数表达式以确定模块的参数；

（2）确定模型没有显式指定的信号属性，例如名称、数据类型、数值类型和维度，并检查每个模块输入信号的有效性；

(3) 根据属性传播过程将源信号的属性传播到后续模块的输入端;

(4) 执行模块约简优化;

(5) 将虚拟子系统替换为子系统所包含的模块;

(6) 通过基于任务的排序确定模块的执行顺序;

(7) 对于模型中未显式指定采样时间的模块,确定其采样时间。

2. 链接

在此阶段,Simulink 引擎为工作区中的信号、状态和运行时参数等分配所需的内存,并为存储每个模块运行信息的数据结构体分配和初始化内存。

此外,在链接阶段还将创建方法执行列表,根据编译阶段确定的模块执行顺序确定仿真模型中各函数和方法的最有效调用顺序。

3. 仿真循环

在此阶段,Simulink 引擎使用编译和链接阶段提供的仿真模型信息,从仿真开始到结束的时间段内,以固定的时间间隔连续循环地计算系统的状态和输出。

仿真循环可以分为循环初始化和循环迭代两个阶段。其中,初始化在循环开始时只执行一次,以指定模型系统的初始状态和输出;循环迭代将在仿真运行的每个时间步重复执行,在每个时间步计算系统的输入、状态和输出值,并且更新仿真模型以反映计算结果。仿真结束时,将得到系统的输入、状态和输出的最终值。

在仿真循环的每个时间步,Simulink 将执行以下操作。

(1) 计算模型的输出。Simulink 引擎通过调用仿真模型的 Outputs()方法启动此步骤。模型的 Outputs()方法会自动调用模型系统的 Outputs()方法,各 Outputs()方法将按链接阶段确定的顺序依次再调用各模块的 Outputs()方法。在调用各方法的过程中,模型系统的 Outputs()方法将指向模块数据结构体及其 SimBlock 结构体的指针参数传递给每个模块的 Outputs()方法。其中,SimBlock 数据结构体指向 Outputs()方法计算模块输出所需的信息,包括输入缓冲区和其输出缓冲区的位置。

(2) 计算模型的状态。Simulink 引擎通过调用求解器来计算模型状态。如果模型只有离散状态,Simulink 将调用用户设置的离散求解器。求解器计算得到模型采样时间所需时间步的大小,然后按照链接阶段确定的顺序调用各模块的 Update()方法。如果模型只有连续状态,Simulink 引擎将调用模型的 Derivatives()方法,或者进入子时间步(微步)子循环。在子循环中,重复调用模型的 Outputs()方法和 Derivatives()方法,以便在主时间步内按连续时间间隔计算模型的输出和导数,提高状态计算的准确性。

(3) 检查模块连续状态中的不连续性。采用过零检测技术来检测连续状态中的不连续性。

(4) 计算下一个时间步对应的采样时间。

3.6 仿真数据的导出和检查

仿真数据包括仿真时间变量、模型的输入/输出信号、状态变量和数据存储日志等数据。导出仿真数据指在仿真过程中将这些数据保存到 MATLAB 工作区或 MAT 文件中，以便于检索和进一步处理。

在 MATLAB 和 Simulink 中，可以利用 Simulink/Sinks 子库中的 Scope(示波器)、To File(输出到文件)、To Workspace(输出到工作区)或者 Out(输出端子)模块实现仿真数据的导出，也可以在命令行窗口或者程序文件中通过调用 sim()函数启动仿真运行，并导出结果数据。

3.6.1 导出数据的格式

在 Simulink 中，导出的仿真数据格式可以是数组、结构体、带有时间的结构体、MATLAB 时间序列、Simulink. SimulationData. Dataset 对象、ModelDataLogs 对象等。

在模型参数配置对话框中，单击左侧列表中的 Data Import/Outport 选项，在对话框右侧将显示数据输入/输出面板，如图 3-19 所示。在该面板中，有一个 Format 下拉列表，通过下拉列表即可设置导出数据的格式，其中提供了 4 个选项，即 Array(数组)、Structure(结构体)、Structure with time(带时间的结构体)和 Dataset(数据集)。

在数据输入/输出面板中，还提供了很多复选框用于选择需要导出的数据。其中，Time 为时间向量，States 为仿真模型中的状态变量，Output 为输出变量。这 3 种数据默认分别导出到变量 tout、xout 和 yout，也可以根据需要自己重新设置变量名。

Configuration Parameters: ex3_6_1/Configuration (Active)
Search
Solver
Data Import/Export
Math and Data Types
Diagnostics
Hardware Implementation
Model Referencing
Simulation Target
Load from workspace
Input: [t, u] Connect Input
Initial state: xInitial
Save to workspace or file
Time: tout
States: xout Format: Array
Output: yout
Final states: xFinal Save final operating point
Signal logging: logsout Configure Signals to Log...
Data stores: dsmout
Log Dataset data to file: out.mat
Single simulation output: out Logging intervals: [-inf, inf]

图 3-19 数据输入/输出面板

此外，如果勾选 Single simulation output（单个仿真输出）复选框，上述 3 种数据将合并为一个数据，导出到同一个变量 out 中。

下面通过一个简单的仿真模型来介绍各种数据记录格式的区别。

【例 3-2】 导出数据的格式。搭建如图 3-20 所示的仿真模型，以观察导出仿真数据的各种记录格式。

模型中由 Add、Integrator 和 Gain 模块构成一个一阶单位负反馈系统，系统有一个状态变量 $\boldsymbol{x}$。Sine Wave 模块产生一个频率为 1Hz 的正弦波作为系统的输入 $\boldsymbol{u}$，同时由 Out1 模块导出，系统的输出 $\boldsymbol{y}$ 由 Out2 模块导出。双击 Out1 和 Out2 模块，在弹出的模块参数对话框中设置 Signal name（信号名称）参数分别为 sig1 和 sig2。

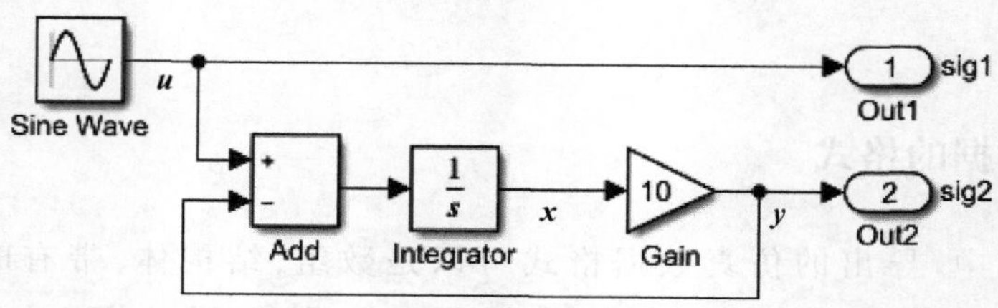

图 3-20 仿真数据的导出

1. 数组格式

在数据输入/输出面板的 Format 下拉列表中选中 Array 选项，则设置以数组格式导出数据。仿真运行后，在 MATLAB 工作区将得到 3 个变量，如图 3-21 所示。

变量 - tout

tout

51x1 double

	1	2	3	4	5
1	0				
2	0.0200				
3	0.0400				
4	0.0600				
5	0.0800				
6	0.1000				
7	0.1200				
8	0.1400				
9	0.1600				
10	0.1800				

工作区

名称 ▲	值
tout	51x1 double
xout	51x1 double
yout	51x2 double

图 3-21 以数组格式导出数据

在工作区中双击某一个变量，立即在主窗口中打开一个子窗口，在其中显示该变量中的数据。图 3-21 是双击 tout 变量后得到的结果。该变量是一个长度为 51 的列向量，共有 51 个数据，分别代表仿真运行过程中的各采样时刻。

类似地，双击 xout 和 yout 变量，在子窗口中显示这两个变量的数据如图 3-22 所示。由于该例中的仿真模型是一个一阶系统，只有一个状态变量，所以 xout 为长度等于 51 的列向量。模型中有两个输出端子，因此得到的 yout 为 51 行 2 列的数组或者矩阵，第 1 列和第

2 列分别为仿真模型中的 sig1 和 sig2(即系统输出信号 **y**)。

变量 - xout（tout、xout）51x1 double

	1	2
1	0	
2	0.0012	
3	0.0044	
4	0.0092	
5	0.0153	
6	0.0223	
7	0.0298	
8	0.0376	
9	0.0455	
10	0.0531	

变量 - yout（tout、xout、yout）51x2 double

	1	2	3
1	0	0	
2	0.1253	0.0118	
3	0.2487	0.0439	
4	0.3681	0.0923	
5	0.4818	0.1531	
6	0.5878	0.2227	
7	0.6845	0.2981	
8	0.7705	0.3764	
9	0.8443	0.4549	
10	0.9048	0.5314	

图 3-22　变量 xout 和 yout 中的数据

如果在模型参数配置对话框的数据输入/输出面板中勾选 Single simulation output 复选框，则仿真运行后，时间变量、状态变量和输出变量将合并为一个变量 out。仿真运行后，在工作区中只得到该变量。双击变量 out，在打开的子窗口中将显示该变量的属性，据此可知 out 中共有 3 个变量，其中时间变量 tout 和状态变量 xout 为长度为 51 的列向量，yout 为 51×2 数组，如图 3-23 所示。

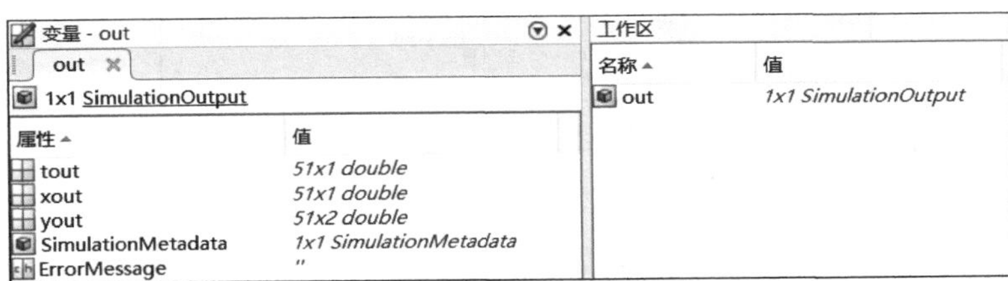

图 3-23　单个仿真结果输出

得到上述数组格式的仿真结果数据后，如果需要将这些数据进行可视化，即绘制出这些信号的波形，可以调用 plot()等绘图函数实现。

对于上述第一种情况，用如下命令：

```
>> plot(tout,yout(:,1))
```

可以绘制出模型中第一个输出信号 sig1 的波形。而用如下命令：

```
>> plot(tout,yout)
```

将同时绘制出仿真模型中两个输出信号 sig1 和 sig2 的波形。

对于第二种情况，要绘制 sig1 的波形，需要用如下命令：

```
>> plot(out.tout,out.yout(:,1))
```

如果需要同时绘制出两个信号的波形，则可用如下命令实现：

```
>> plot(out.tout,out.yout)
```

2. 结构体格式

在 Format 下拉列表中选中 Structure 选项，则设置以结构体格式导出数据。此时得到的 tout 仍然为时间向量，而状态变量 xout 和输出变量 yout 分别都是结构体，含有 time 和 signals 两个字段。其中，time 字段记录仿真时间，signals 字段是一个子结构体数组，每个子结构体对应模型中的一个输出端子。该子结构体又进一步由 4 个字段构成，即 values 字段（输出端子输出的信号数据）、dimensions 字段（输出信号的维数）、label 字段（信号标签）和 blockName 字段（输出端子模块的名称）。

对于例 3-2 中的仿真模型，仿真运行后，在 MATLAB 工作区中得到的结果如图 3-24(a)所示。双击工作区中的 yout，在中间的子窗口中显示该变量中的两个字段 time 和 signals，注意到 time 字段为空。

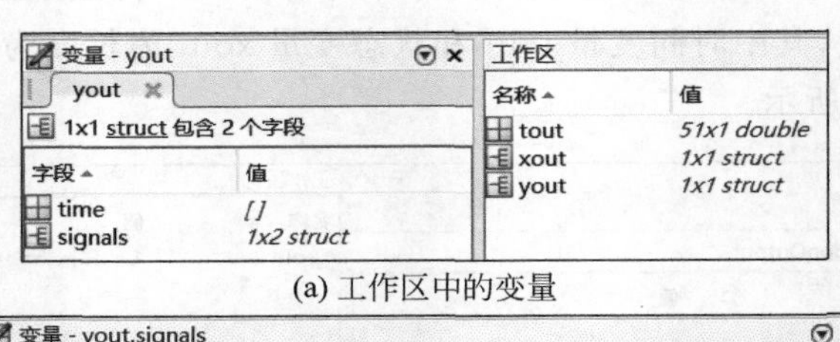

(a) 工作区中的变量

变量 - yout.signals

yout | yout.signals

yout.signals

字段	values	dimensions	label	blockName
1	51x1 double	1	'u'	'ex3_6_1/Out1'
2	51x1 double	1	'y'	'ex3_6_1/Out2'

(b) 变量结构体的格式

图 3-24　以结构体格式导出数据

字段 signals 是一个子结构体。双击该字段，窗口中将以表格的形式列出该子结构体内部的 4 个字段，如图 3-24(b)所示。由于仿真模型中有两个 Out 模块，所以有两个输出，每个输出对应表格中的一行。单击某一行中的 values 列，将以列向量的形式显示该行对应的信号 y 的数据。

对于以结构体格式输出的数据，要绘制出对应信号的波形，可以用如下命令：

```
>> plot(tout,xout.signals.values)          % 绘制状态变量的波形
>> plot(tout,yout.signals(2).values)       % 绘制 sig2 的波形
```

在 Format 下拉列表中还可以设置数据以带时间的结构体格式输出。此时，得到的状态变量和输出变量结构体中，time 字段不为空，而是保存有仿真运行过程中的采样时间。

3. 数据集格式

在 Format 下拉列表中选中 Dataset 选项，则将以数据集格式导出数据。在 MATLAB 中，数据集(Dataset)是一个 Simulink. SimulationData. Dataset 类对象，其中不仅可以保存信号数据，还有日志记录等信息。数据集中各个信号的数据可以使用 Timeseries(时间序列)或 Timetable(时间表)元素进行记录。

对于例 3-2 中的仿真模型，如果设置以数据集格式导出数据，则仿真运行后，在工作区中双击打开变量 yout，在 MATLAB 主窗口中得到的结果将如图 3-25 所示。变量 yout 中共有两行，每行都是一个 Simulink. SimulationData. Signal 类对象，对应模型中的一个输出信号。每个类对象都存储了仿真运行中的信号日志记录信息，例如 BlockPath(信号对应的模块路径)、Name(信号名称)、PortType(端子类型)和 Values(采样时间或信号数据值)等。

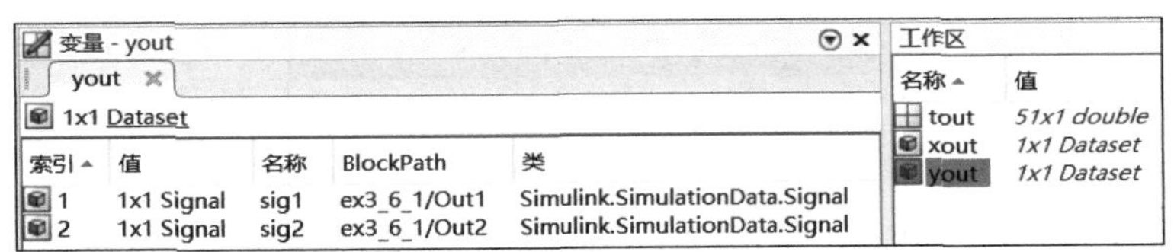

图 3-25 以数据集格式导出数据

在其中某一行双击(例如第二行)，将在 MATLAB 主窗口显示如图 3-26(a)所示的属性信息。再双击 Values 字段，在子窗口中即可查看信号 sig2 的数据，如图 3-26(b)所示。

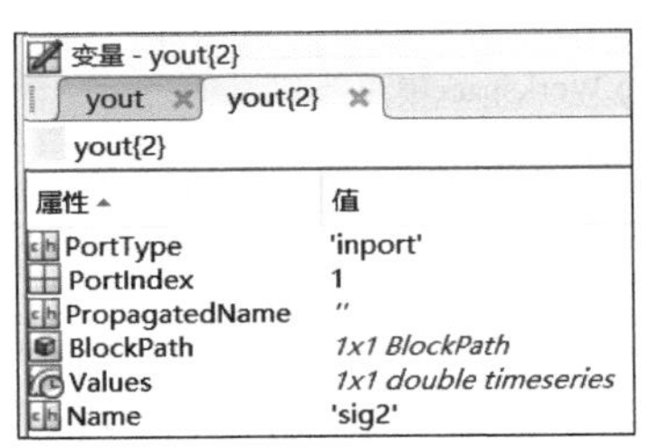

(a) 信号sig2的属性信息

yout{2}.Values

时序名称: sig2

时间	数据:1
0	0
0.0200	0.0118
0.0400	0.0439
0.0600	0.0923
0.0800	0.1531

(b) 信号sig2的数据

图 3-26 信号属性信息及其数据

得到上述数据集对象后，可以用如下命令：

```
>> plot(yout{2}.Values)
```

绘制信号 sig2 的时间波形。注意，其中使用的是大括号，而不是中括号或者小括号。

3.6.2 To Workspace 和 To File 模块

前面介绍了利用 Out 模块将仿真数据以数组、结构体或数据集的格式导出。除了 Out

模块以外，还可以利用 Simulink/Sinks 子库中的 To File 和 To Workspace 模块，将仿真数据导出到 MAT 文件或工作区。

To Workspace 模块将模块的输入信号数据写入 MATLAB 工作区。在仿真期间，模块首先将数据写入内部缓冲区，暂停仿真或仿真完成后，再将数据写入工作区。在仿真暂停或停止之前，数据不可用。如果是通过编程方式调用 sim() 函数启动仿真运行，则 To Workspace 模块将数据写入发送到调用函数的工作区，而不是 MATLAB 工作区。

To File 模块将输入信号数据写入 MAT 文件。如果仿真开始时指定的文件已经存在，模块将覆盖该文件。暂停仿真或仿真结束时，文件会自动关闭。如果仿真异常终止，To File 模块将保存在异常终止之前记录的数据。

图 3-27(a)和图 3-27(b)分别为 To Workspace 和 To File 模块的参数对话框。两个模块的大多数参数相同，而 To File 模块还需要指定保存的 MAT 文件名。

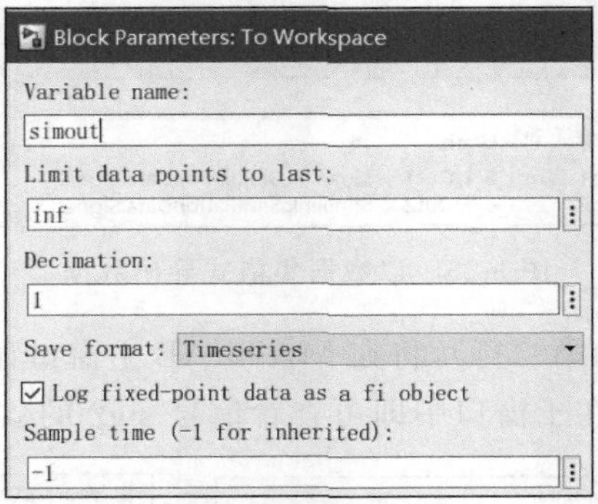

Block Parameters: To Workspace
Variable name:
simout
Limit data points to last:
inf
Decimation:
1
Save format: Timeseries
☑ Log fixed-point data as a fi object
Sample time (-1 for inherited):
-1

(a) To Workspace模块

Block Parameters: To File
File name:
untitled.mat
Variable name:
ans
Save format: Timeseries
Decimation:
1
Sample time (-1 for inherited):
-1

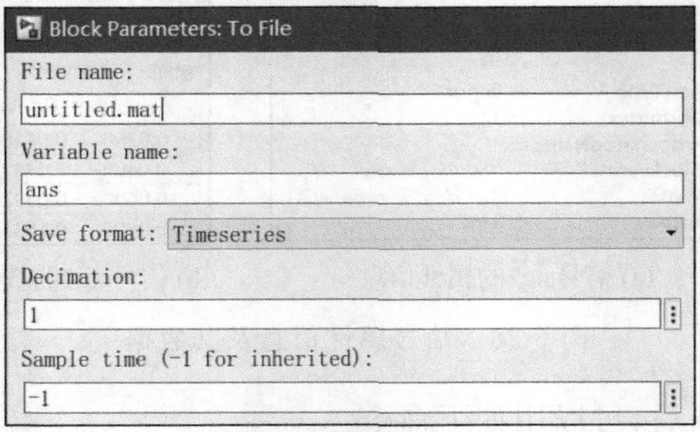

(b) To File模块

图 3-27　To Workspace 和 To File 模块的参数对话框

(1) Variable name：保存信号数据的变量名。

(2) Limit data point to last：要保存的输入采样的最大数量。如果仿真生成的数据点数大于指定的最大值，仿真将只保存最近生成的采样点数据。默认值 inf 表示写入整个仿真运行时间范围内的所有数据。

(3) Decimation：确定数据写入时间的抽取因子，默认为 1，表示保存所有采样时刻的数据。

(4) Save format：保存仿真输出的格式，可以是 Timeseries(时间序列)、Structure With Time(带时间的结构体)、Structure(结构体)或者 Array(数组)。

(5) Sample time：采样时间，默认为-1，表示采用模块输入端送入信号的采样时间。

下面结合具体的仿真模型说明上述两个模块的用法。

【例 3-3】 To Workspace 和 To File 模块的用法。搭建如图 3-28 所示的仿真模型。该模型与例 3-2 中的模型相同，只是将两个 Out 端子分别替换为 To File 和 To Workspace 模块。

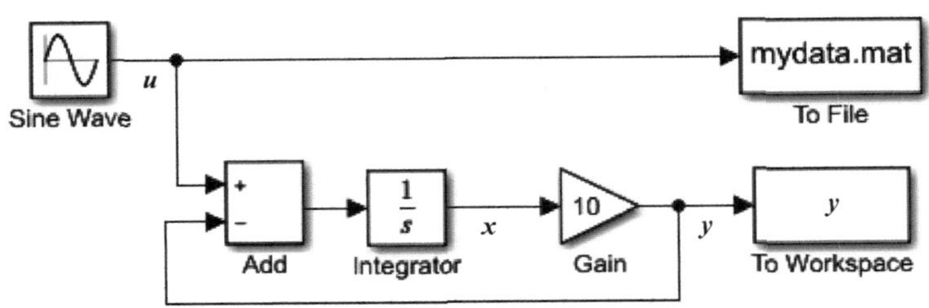

图 3-28 To Workspace 和 To File 模块的用法

1. 输出数据到工作区

在上述仿真模型中，设置 To Workspace 模块的参数 Variable name 为 **y**。运行仿真后，将在 MATLAB 工作区得到一个同名变量。

需要注意的是：

(1) 由于模型中不再有 Out 模块，所以工作区不会得到变量 yout。是否有 tout 和 xout 变量，取决于在模型参数配置对话框的数据输入/输出面板中的设置。

(2) 对于 To Workspace 模块，输出变量 **y** 的格式仍然可以是数组、结构体和时间序列。但是，具体输出格式由模块的 Save format 参数决定，而不取决于数据输入/输出面板中的设置。

(3) 在该例中，由于只有一个 To Workspace 模块，所以得到的变量 **y** 只有一列。如果有多个信号需要通过同一个 To Workspace 模块导出到工作区，可以用 Bus Creator 模块将其创建为总线信号，再送入该模块。

(4) 本例中设置 Save format 参数为 Timeseries(时间序列)，时间序列可以认为是一种特殊的数据集。对于 To Workspace 模块输出的时间序列 **y**，如果需要绘制其波形，也与前面的数据集格式有所区别。例如，对本例中的 **y**，要绘制其波形，可以用如下命令：

```
>> plot(y)
```

(5) 如果 To Workspace 模块的输入端是用 Bus Creator 模块将多个信号 sig1、sig2 等送入，并假设保存到工作区的变量 **y**，则可以用 y. sig1 等格式访问其中的各信号。

2. 输出数据到文件

在上述仿真模型中，设置 To File 模块的参数 File name（文件名）为 mydata.mat，Variable name（变量名）为 ***u***，则仿真运行后，将在当前文件夹中得到一个同名文件。在当前文件夹子窗口中双击文件名，即可在工作区中看到文件中保存的变量 ***u***。再双击该变量，可以查看该变量对应的输入信号数据，如图 3-29 所示。

图 3-29 是设置 To File 模块的参数 Save format 为 Arrays 的情况，保存的输入信号变量 ***u*** 是一个数组。与用 Out 模块导出的数组不同的是，这里得到的数组 ***u*** 维数为 2×51。其中第一行为时间向量，第二行为信号数据。

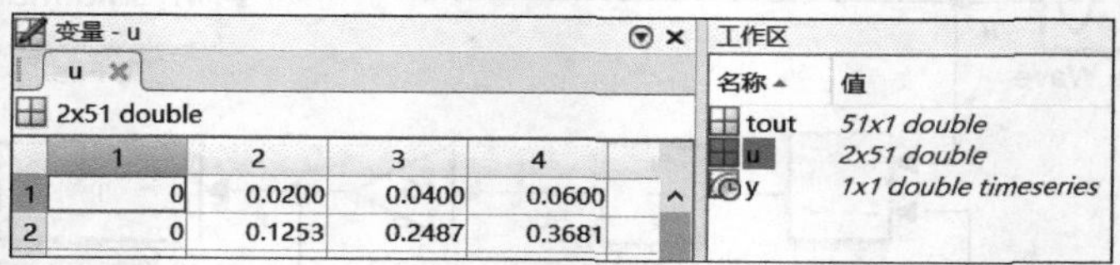

图 3-29　To File 模块导出的数据

3.6.3　仿真数据检查器

Simulink 中提供了仿真数据检查器（Simulation Data Inspector），以便采用交互方式导出和查看仿真模型中的信号数据。利用仿真数据检查器可以将多次仿真结果分别在各子图中绘制出信号波形，并对其进行综合检查比较。

可以用如下几种方法打开仿真数据检查器：

（1）在 Simulink 编辑器的 SIMULATION 选项卡中，单击 REVIEW RESULTS 按钮组中的 Data Inspector 按钮打开。

（2）单击仿真模型中的信号日志标记打开。在仿真模型中，单击需要检查的信号，然后单击 SIMULATION 选项卡的 PREPARE 按钮组中的 Log Signals（记录信号）按钮。此时，在信号线旁边将出现日志标记。单击日志标记，将打开仿真数据检查器。

打开后的仿真数据检查器窗口如图 3-30 所示。

窗口最左边是工具栏，其中有“打开”“保存”等功能按钮。窗口的右侧是图形区。窗口中部的面板中有“检查”（Inspector）和“比较”（Compare）两个标签。在“检查”选项卡中有 3 个区域，从上往下依次为工作区、存档区和属性区。

仿真数据检查器为每次仿真运行的数据创建一个运行实例，并依次命名 Run1、Run2、……每次仿真运行得到的仿真实例将显示在工作区。通过拖动可以将指定的运行实例在工作区和存档区之间移动。在存档区或者工作区右键单击某运行实例，通过弹出的快捷菜单可以将指定的运行实例进行展开、删除、重命名等操作，或者将对应的结果数据导出到 MATLAB 工作区或者文件。

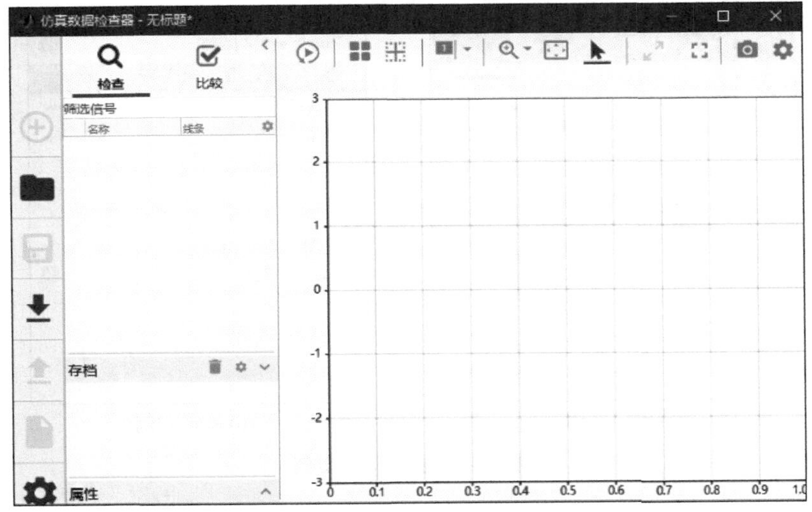

图 3-30　仿真数据检查器窗口

下面通过一个具体的仿真模型介绍数据检查器的基本使用方法。

【例 3-4】 数据检查器的使用。打开例 3-3 中的仿真模型，注意将信号 ***u***、***x*** 和 ***y*** 命名。依次单击这 3 个信号，再单击 Log Signals 按钮，将在 3 个信号旁边分别添加一个日志标记，如图 3-31 所示。最后保存模型文件。

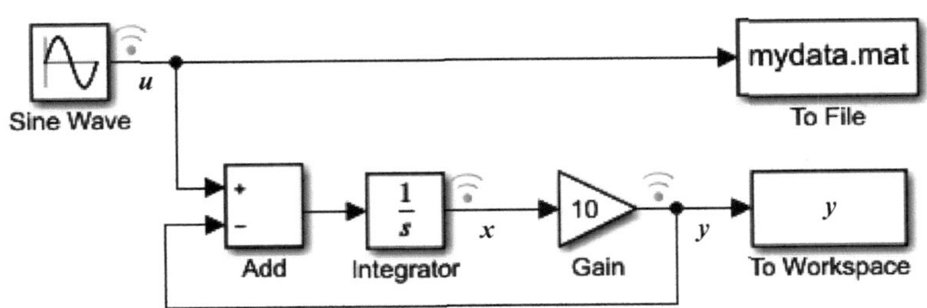

图 3-31　仿真数据检查器的使用

1．运行实例的创建

单击模型中的任何一个日志标记，即可打开仿真数据检查器窗口。此时窗口的工作区和存档区都是空白的。仿真运行结束后，在仿真数据检查器的工作区将出现第一个运行实例 Run1，如图 3-32(a)所示。在 Run1 实例下面有模型中的 3 个信号列表。单击 Run1 前面的箭头，可以展开或者收起信号列表。

将仿真模型中 Gain 模块的参数 Gain 修改为 5，再次单击运行。运行结束后，在工作区将出现第二个 Run 实例，并自动命名为 Run2。同时，原来的 Run1 实例自动移到了存档区，如图 3-32(b)所示。

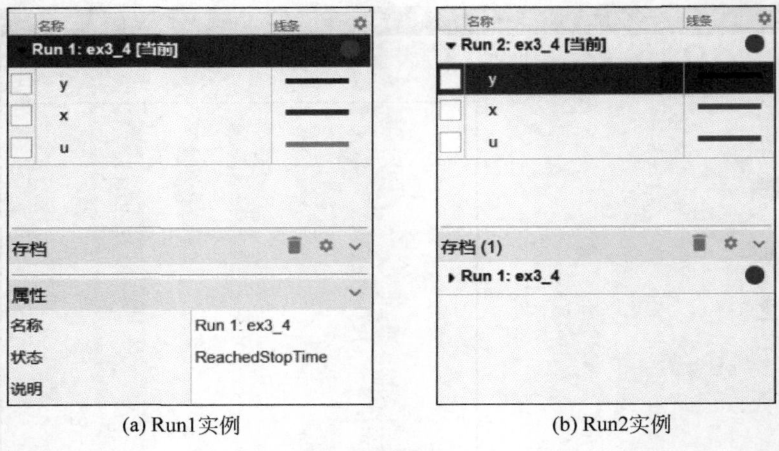

(a) Run1实例　　(b) Run2实例

图 3-32　创建 Run 实例

2. 信号波形的显示

在存档区或者工作区展开某个运行实例,再单击勾选信号前面的复选框,即可将该信号的波形显示在窗口右侧的图形区。如果同时勾选多个信号,图形区将绘制出所有被选中信号的波形。单击信号右侧的颜色条,可以设置信号波形曲线的颜色。例如,勾选存档区中 Run1 下面的 ***y*** 和 ***u***,立即在右侧的图形区显示出这两个信号的时间波形,如图 3-33 所示。

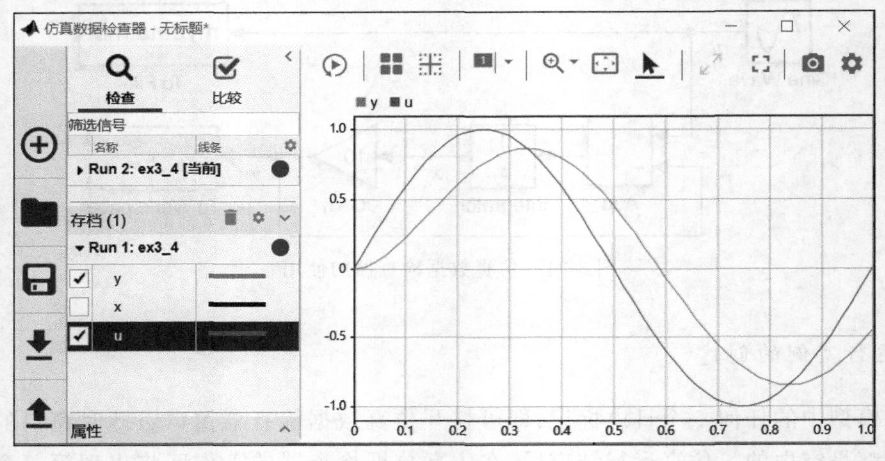

图 3-33　信号波形的显示

图形区上方提供了一个工具栏,通过工具栏上的按钮可以设置图形区中图形显示的样式(网格、背景颜色、坐标刻度、数据点标记等)、对波形进行缩放(放大、缩小、自适应等)、沿纵横坐标轴移动、设置测量游标等。

此外,还可以将图形区划分为几个子图,将多个信号分别显示在不同的子图中,并根据需要设置各子图的布局方式。单击图形区上方的布局按钮，再选择格子图合适的布局方式，即可将整个图形区按照所选布局方式进行分割，如图 3-34 所示。

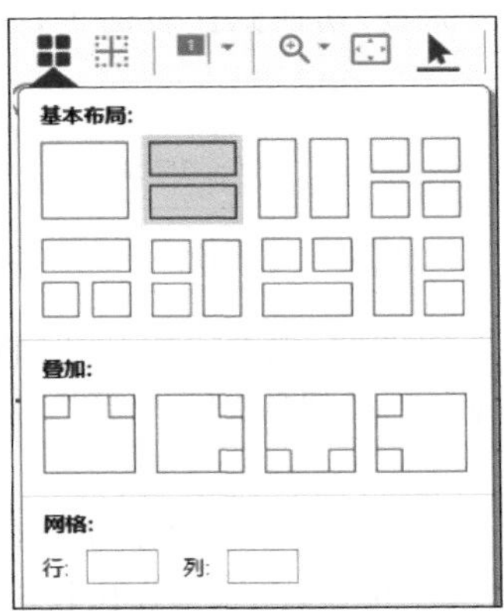

图 3-34　图形区布局方式设置

然后，单击某个子图区(选中的子图区用框线标出)，然后在左侧选择运行实例中的信号，即可将该信号显示到指定子图区。

在图 3-35 中，两个子图上下排列布局。单击第 1 个子图，然后在左侧的存档区选中信号 ***u***，则将其波形显示到该子图中。单击选中第 2 个子图，然后在存档区选择信号 ***y***，将其波形显示到该子图中。

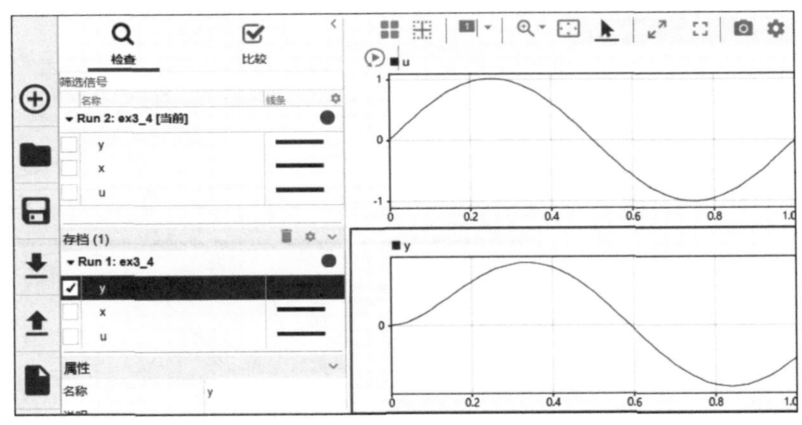

图 3-35　子图

3. 信号的比较

仿真数据检查器一个重要的功能是可以将多个信号进行比较。例如，比较系统输入、输出信号之间的关系，比较不同的系统模型和模块参数对信号的影响等。

在该例中，已经在数据检查器中得到了两个运行实例 Run1 和 Run2，两个实例对应模型中 Gain 模块的 Gain 参数分别为 10 和 5 的情况。下面介绍对这两次运行结果得到的输出信号 y 进行比较的方法。具体操作步骤如下：

（1）单击工作区上方的"比较"标签，切换到比较面板，如图 3-36 所示。

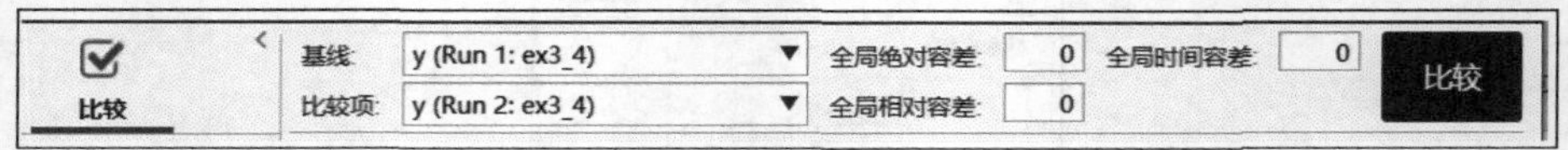

图 3-36 比较面板

（2）选择"基线"下拉列表最下面的"信号"标签，此时将列出所有运行实例中的信号。单击 Run1 实例中的信号 y（设为 y_1）。类似地，在"比较"下拉列表中选择 Run2 实例中的信号 y（设为 y_2）。

（3）在"全局绝对误差"和"全局相对误差"框中设置绝对误差和相对误差为默认值 0。

（4）单击比较面板最右侧的"比较"按钮，此时将在比较面板下方显示比较结果，如图 3-37 所示。右侧的图形区有上下两个子图，其中上面的子图显示参与比较的两个信号波形，下方的子图显示两个信号的差值（Difference）曲线。

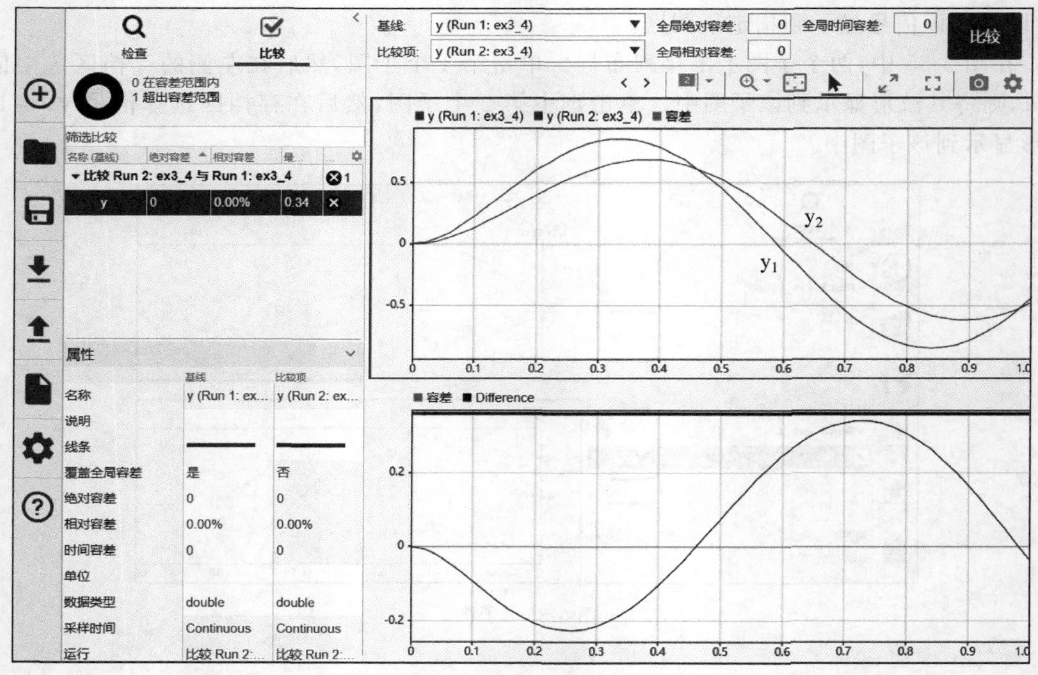

图 3-37 确定时间容差

（5）在图形区，通过游标可以测得 y_2 比 y_1 滞后约 0.04s，据此在左侧属性列表中的"基线"列设置时间容差为 0.04s。

然后，根据所设置的时间容差进行比较。此时，将在上方子图中基线信号 y_1 的波形和下方的信号差值曲线上绘制出容差带，并且在第2个子图上方将分别显示红色和绿色柱状条，如图3-38所示。图中，在0～0.16s、0.41～0.58s、0.93～1.0s为绿色柱状条，表示在这些时间范围内，两个信号之间的误差没有超出容差带；在其余时间范围内，柱状条为红色，表示两个信号之间的幅度误差超出了容差带。

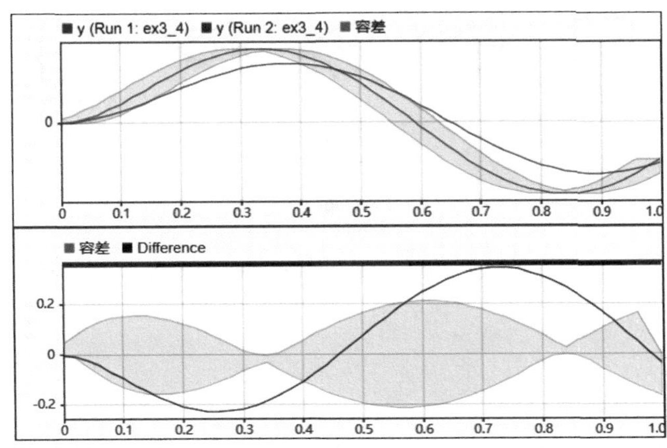

图3-38 时间容差带的设置和显示

(6) 在左侧属性列表中的"基线"列，逐渐增大绝对容差值。重新进行比较，可以观察到不同的容差带。当绝对容差设为0.35时，比较结果如图3-39所示。此时在0～1s的柱状条都显示为绿色。这说明，两个信号的幅度误差近似为0.35。

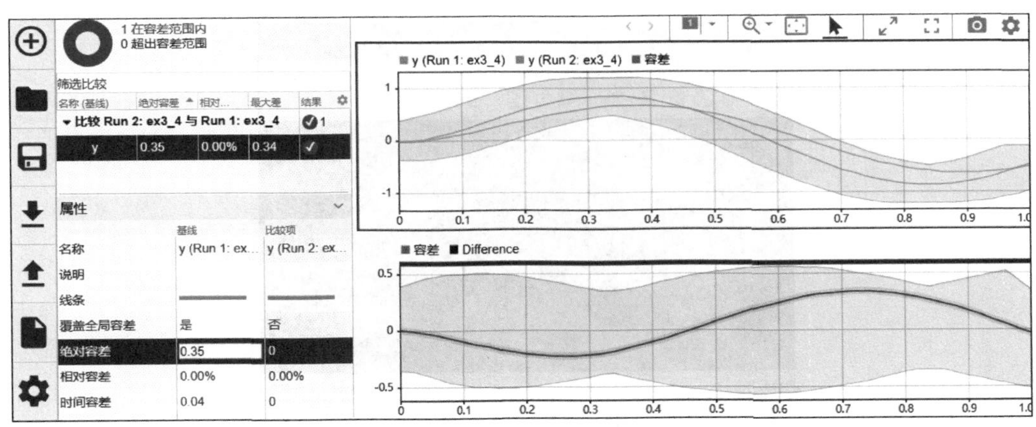

图3-39 绝对容差设为0.35时的比较结果

3.7 示波器和信号观察器

Simulink中提供了几种方法来显示和观察仿真数据，主要包括信号测试点(Signal Test Point)、信号记录(Signal Logging)、信号查看器(Signal Viewer)、示波器(Scope)和浮动示波器(Floating Scope)。这些不同的方法在仿真模型中用不同的模块和标记表示，如图 3-40 所示。在前面的仿真数据检查器中已经用到了 Signal Logging，这里继续介绍示波器和信号查看器。

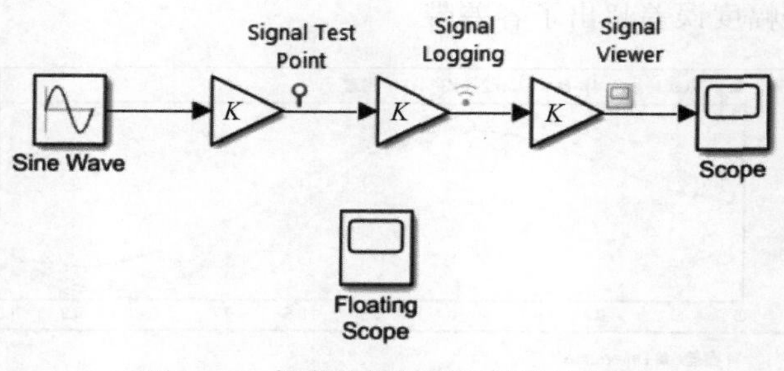

图 3-40　仿真数据显示和观察的方法

3.7.1　示波器

示波器(Scope)模块用于显示仿真过程中生成的信号波形，通过设置参数，也可以将信号的波形数据导出到工作区。

在仿真模型中双击示波器模块将打开示波器窗口，如图 3-41 所示。单击窗口中 View 菜单下的 Configuration Properties 菜单命令，可以打开示波器属性配置对话框；单击 Style 菜单命令，可以打开示波器样式设置对话框。

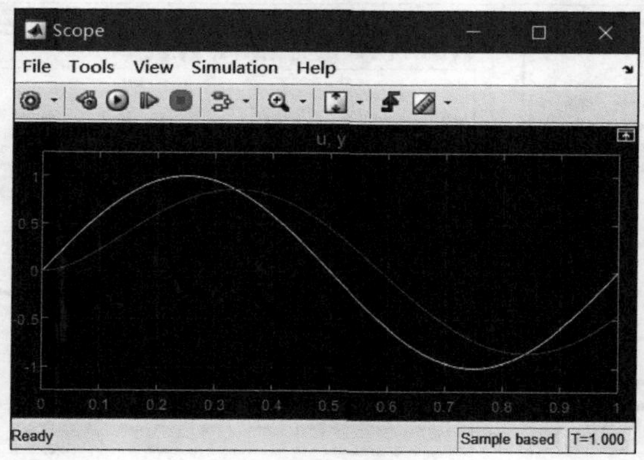

图 3-41　示波器窗口

1. 示波器属性配置

示波器属性配置对话框如图 3-42 所示，通过该对话框对示波器的属性进行设置。

(1) Open at simulation start：设置何时打开示波器窗口。默认未选中，则需要在仿真模型中双击 Scope 模块才会打开示波器窗口。如果勾选该选项，则启动仿真后自动打开示波器窗口。

(2) Number of input ports：示波器输入端子个数。默认设置为1。如果需要在同一个示波器窗口中同时对比观察多个信号，可以将该参数设置为相应的值。

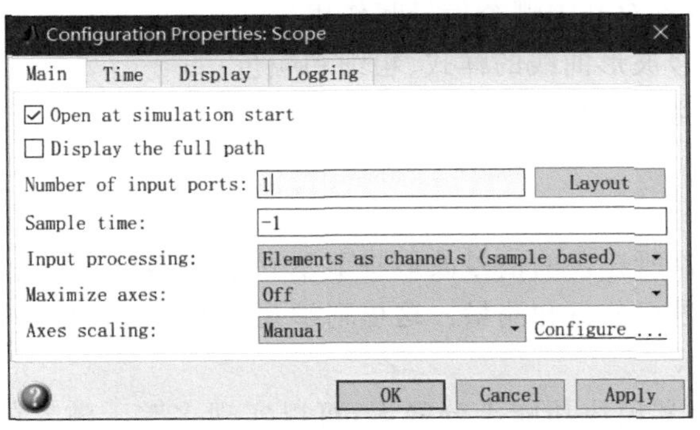

图 3-42　示波器属性设置

(3) Layout：显示画面的数量和排列方式。默认为1×1画面，即在示波器窗口中只显示一个图形。

(4) Axes scaling：指定如何设置坐标轴刻度。默认设置为Manual，表示通过Scale Y-axis Limits手工设置 y 轴刻度。如果设置为Auto，则表示在仿真过程中自动设置 y 轴刻度。单击Configure按钮，可以继续设置Scale axes limits at stop、Y-axis Data range(%)、Autoscale X-axis limits等选项。

(5) Time span和Time display offset：这两个参数位于Time选项卡中，用于设置 x 轴方向显示的时间范围。例如，如果设置两个参数分别为20和10，则示波器将显示10～30s的波形。如果将两个参数分别设为Auto和0，则默认显示由仿真时间确定的整个时间范围。

(6) Show time-axis label：勾选后，将显示时间轴标签。

(7) Title：该参数位于Display选项卡中，用于设置图形标题，即对应的信号名称。默认设置为%< SignalLabel >，表示用仿真模型中设置的信号名作为波形图名。

2. 波形显示样式设置

示波器样式(Style)设置对话框如图3-43所示，通过该对话框可以对示波器中波形的显示样式进行设置。

(1) Figure color：示波器窗口的背景颜色。

(2) Plot type：绘图类型，可以是Line(连续曲线)、Stairs(阶梯波形)、Stem(点线图)或者Auto(自动确定)。

(3) Axes colors：设置图形窗口中坐标轴的背景颜色、网格和标签的颜色。

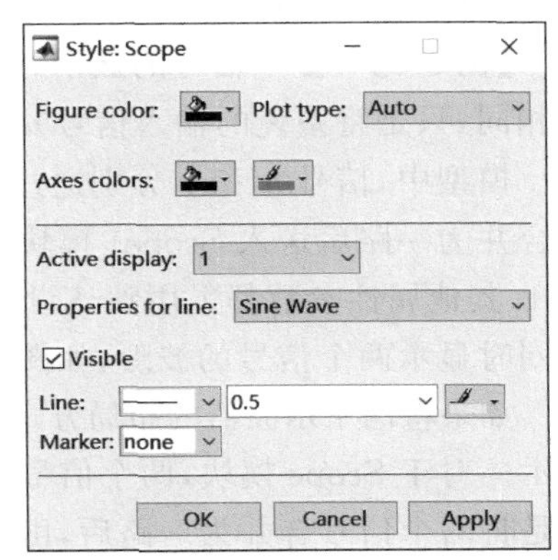

图 3-43　波形显示样式设置

(4) Active display：活动图形，指定需要设置样式的图形窗口。

(5) Properties for line：指定需要设置样式的信号波形。如果送入示波器的信号是通过 Bus Creator 等模块汇总的多个信号，则在一个图形窗口中将同时显示各信号。通过该参数可以指定后面的设置对其中哪个信号起作用。

(6) Line：设置信号波形曲线的样式、粗细和颜色。

(7) Marker：设置波形上数据点的标注样式。

3. 波形常用操作

仿真运行后，示波器所连接的信号波形将显示在示波器窗口中。可以对所显示的波形进行很多操作，也能够进行分析和测量。这里列举几种典型的操作。

1) 多个信号的显示

Simulink 中的示波器模块功能十分强大，可以实现多踪示波器的功能，在一个示波器窗口中同时显示最多 256 个信号波形。

要在同一个示波器中同时显示多个信号的波形，可以设置其属性参数 Number of input ports 为信号的个数。此时，示波器图标上将出现相应个数的端子。也可以在仿真模型中将需要显示的信号连接线直接拖到示波器模块，示波器会自动设置 Number of input ports 参数，并在图标上添加相应的输入端子。

此外，还可以将多个信号利用 Signal Routing 子库中的 Bus Creator 模块合并为一路总线信号，通过示波器的一个输入端子送入。

2) 图形窗口的布局

示波器中的图形窗口可以显示一个信号波形，也可以在同一个图形窗口中叠加显示多个信号的波形。图形窗口的个数和布局方式可以通过属性设置对话框中的 Layout 按钮进行，也可以单击窗口右侧的 Layout 按钮或者通过 View 菜单中的 Layout 菜单命令进行设置。

如果图形窗口的个数等于示波器输入端子数，则每个图形窗口按照从左往右、从上往下的顺序逐一显示各信号波形。如果图形窗口个数小于输入端子数，则多余的输入信号叠加显示在最后一个图形窗口。

【例 3-5】 多个信号的显示。搭建如图 3-44 所示的仿真模型。该模型与例 3-2 中的模型相同，只是将系统的输入信号 $\boldsymbol{u}$ 和输出信号 $\boldsymbol{y}$ 送入示波器。

模型中，信号 $\boldsymbol{u}$ 和 $\boldsymbol{y}$ 分别通过两个输入端子送入 Scope 模块，另外通过 Bus Creator 模块合并为一路后送入 Scope1 模块。两个示波器的 Number of input ports 参数分别设为 2 和 1，其他属性参数都采用默认设置，显示样式适当设置。仿真运行后，在一个图形窗口中将同时显示两个信号的波形，如图 3-45 所示。

如果将两个示波器的布局方式重新设置为 2 行 1 列，此时两个示波器中的显示如图 3-46 所示。对于 Scope 模块，两个信号分别在不同的图形窗口中显示。而对于 Scope1 模块，由于是将两个信号合并为一路后，由同一个输入端子送入，因此两个信号还是在同一个图形窗口中显示，第二个图形窗口显示为空白。

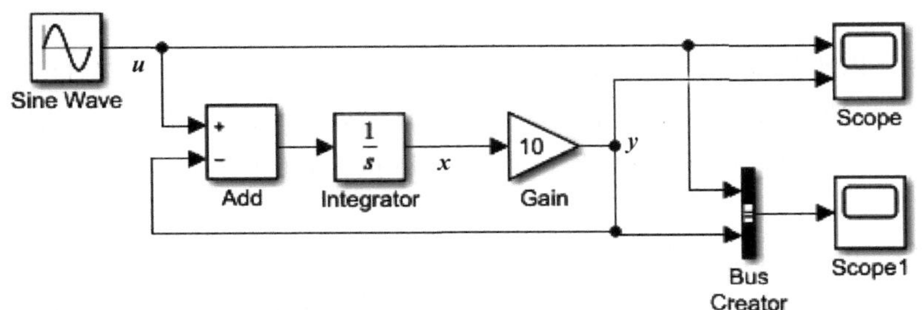

图 3-44　多个信号波形的显示

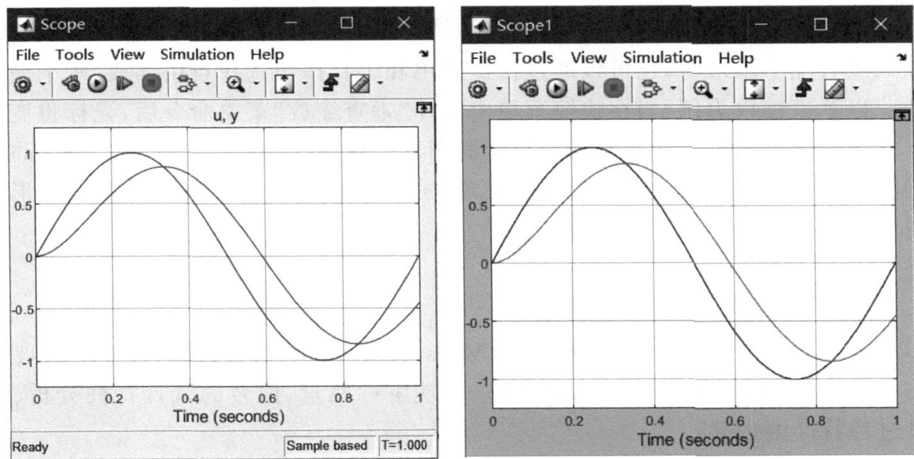

图 3-45　图形窗口的默认布局

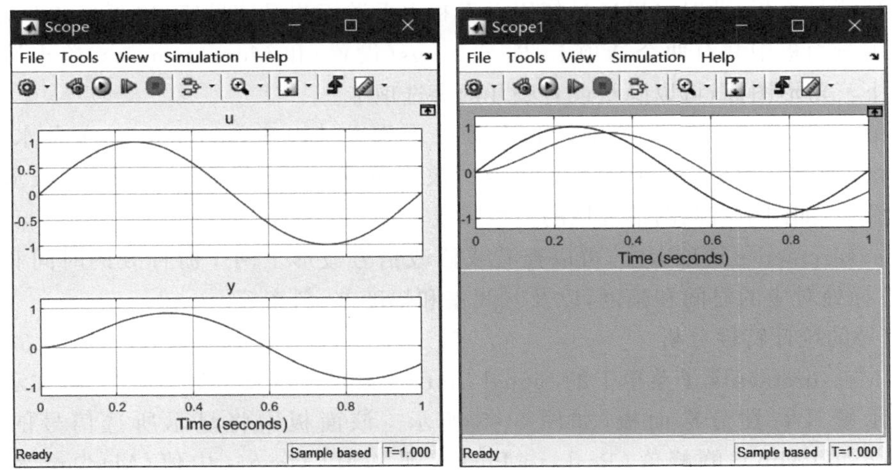

图 3-46　布局方式设为 2 行 1 列的情况

3）图形的缩放

通过示波器模块的 Axes scaling 和 Time span 可以指定 x 轴、y 轴刻度和 x 轴方向显示的时间范围。示波器会根据这两个参数的设置自动确定图形窗口中显示的图形大小和范围。除此之外，利用图形窗口上方的 Zoom 和 Scale 按钮，还可以对图形窗口所显示的图形进行缩放操作。

在工具栏中单击 Zoom 或者 Scale 按钮旁边的下拉箭头，可以在下拉列表中选择对波形进行放大（Zoom In）、缩小（Zoom Out）、y 轴方向放大（Zoom Y）、平移（Pan），或者按照 x 轴刻度范围（Scale X-axis limits）、y 轴刻度范围（Scale Y-axis limits）还原图形。单击 Zoom 按钮后，在图形区单击鼠标，即可实现图形的放大或者缩小。如果需要恢复初始图形，可以在图形区右击，在弹出的快捷菜单中单击“还原图形”菜单命令。

在放大或者缩小图形时，还可以通过快捷菜单和工具按钮选择自由缩放、水平缩放或者垂直缩放。以垂直缩放为例，当在快捷菜单中选择“垂直缩放”菜单命令后，光标将变为“工”字形状。在图形窗口将鼠标移动到需要显示的图形区域顶端（或者底端），按下鼠标左键，沿垂直方向拖动鼠标到需要显示的图形区域底端（或者顶端）。释放鼠标左键后，图形将在 y 轴方向得到放大。

4. 信号的测量和分析

在示波器窗口的 Tools 菜单中，提供了 Measurements（测量）子菜单，可以实现对图形窗口中的信号进行测量分析。具体来说，可以实现游标测量、信号的统计特性分析、峰值检测和过渡过程特性测量等。

1）游标测量

单击 Measurements 子菜单下的 Cursor Measurements 菜单命令，将在示波器窗口右侧显示游标测量面板，此时可以通过使用垂直和水平游标测量信号值，如图 3-47 所示。

游标测量面板中共有两个选项卡，即 Settings（设置）和 Measurements，单击选项卡标签左侧的下三角形图标，可以隐藏或者展开两个选项卡。

在 Settings（设置）选项卡中，可以设置屏幕游标（Screen cursors）为水平游标（Horizontal）或垂直游标（Vertical），也可设置波形游标（Waveform cursors）。波形游标一定是垂直游标，如图中右侧图形区域的两根竖线。

在 Measurements 选项卡中，可以查看或修改信号波形上两个游标处的时间和信号幅度、两个游标处对应的时间和幅度，以及时间差和幅度差、斜率等。

2）信号的统计特性分析

单击 Measurements 子菜单下的 Signal Statistics（信号统计）菜单命令，将在示波器窗口右侧显示统计特性分析面板，如图 3-48 所示。该面板中将显示所选信号的最大值（Max）、最小值（Min）、峰峰值（Peak to Peak）、平均值（Mean）、中值（Median）和有效值（RMS）等统计特性数据。

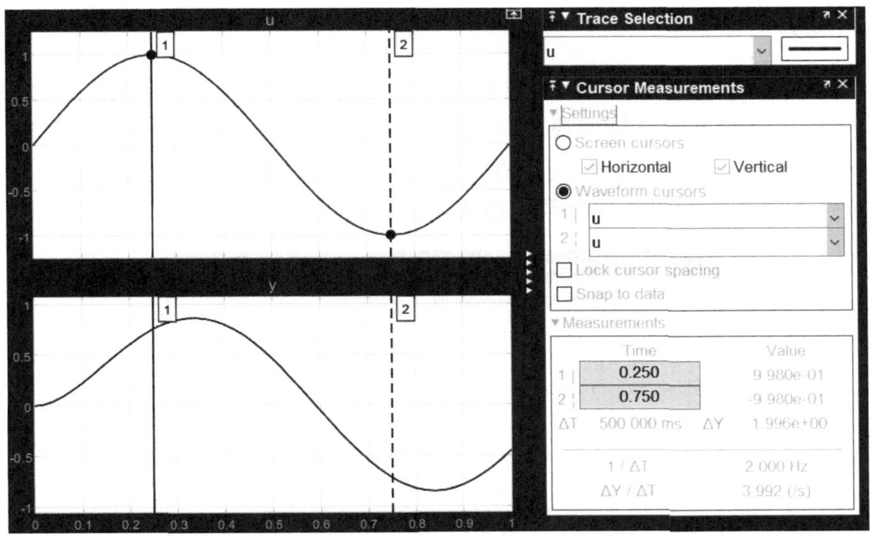

图 3-47　示波器中的游标测量面板

需要注意的是，对示波器图形窗口中的波形进行缩放操作后，统计特性数据也将随之变化。

3）过渡特性测量

单击 Measurements 子菜单下的 Bilevel Measurements（过渡特性测量）菜单命令，将在示波器窗口右侧显示过渡过程特性测量面板，通过该面板可以测量信号波形的过渡过程、超调、欠调和循环等特性。

4）峰值检测

单击 Measurements 子菜单中的 Peak Finder（峰值检测）菜单命令，将在示波器窗口右侧显示峰值检测面板，如图 3-49 所示。通过该面板可以查找信号波形的最大值，显示最大值对应的时刻等信息。

Signal Statistics

	Value	Time
Max	9.980e-01	0.240
Min	-9.980e-01	0.740
Peak to Peak	1.996e+00	
Mean	1.862e-16	
Median	-2.449e-16	
RMS	7.001e-01	

图 3-48　统计特性分析面板

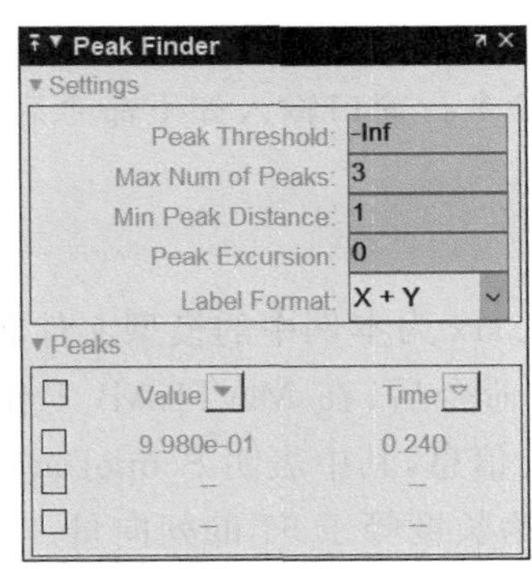

图 3-49　峰值检测面板

5. 波形数据的导出

送入示波器的信号不仅可以在示波器窗口中显示器波形，还可以将波形数据导出到MATLAB工作区。打开示波器模块的属性配置对话框，单击Logging标签，在选项卡中勾选Log data to workspace复选框，同时在Variable name编辑框中输入变量名，并在Save format下拉列表中选择希望的导出数据格式，如图3-50所示。

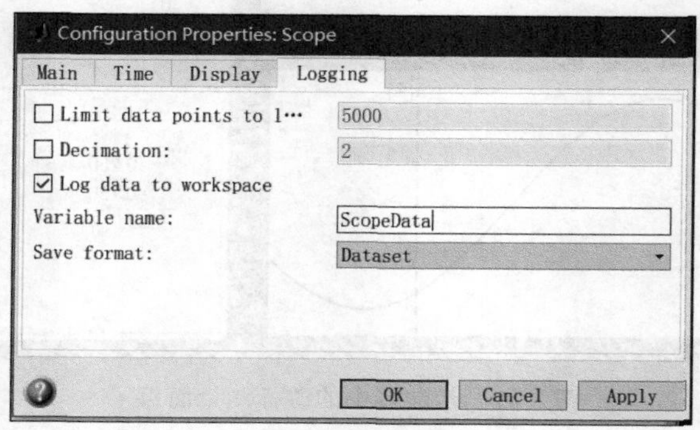

图3-50 示波器波形数据导出到工作区

用上述方法设置仿真模型中Scope和Scope1模块的参数，设置导出数据的变量名分别为ScopeData和ScopeData1，设置数据格式分别为数据集(Dataset)和数组(Array)。

完成上述设置后，启动仿真运行。运行得到的信号立即在两个示波器中显示出其波形，同时在MATLAB工作区中得到变量ScopeData和ScopeData1，此外还有时间变量tout和状态变量xout。

变量ScopeData和ScopeData1分别是数据集对象和数组，要根据这两个变量绘制出信号的波形，可以参考前面介绍的方法。这里介绍另外一种方法。

首先，在模型参数配置对话框的Data Import/Export面板中勾选Single simulation output复选框，并在右侧的编辑框中输入变量名out。该设置将使仿真模型中导出的所有数据合并为一个变量out。

然后，在命令行窗口输入如下命令启动仿真运行。

```
>> out = sim('ex3_5_1')
```

其中，ex3_5_1.slx为本例中的模型文件名。

执行上述命令后，在MATLAB工作区得到一个变量out，并且在命令行窗口显示如图3-51所示的信息，其中表明ScopeData是一个数据集对象，ScopeData1是一个51×3的矩阵，而tout为长度等于51的列向量。

在工作区中双击out变量，将在命令行窗口上方的子窗口中显示该变量的相关信息，如图3-52(a)所示。与前面介绍的以数据集和数组格式导出数据相同，通过逐级双击，可以查看数组中保存的信号数据或者数据集对象中的各索引项和属性。例如，依次双击 ScopeData、ScopeData 索引列表中第一行的 Value 列，再双击 Values 属性，得到如图 3-52(b)所示时间序列，该序列对应 Scope 模块中第一个信号的波形数据。

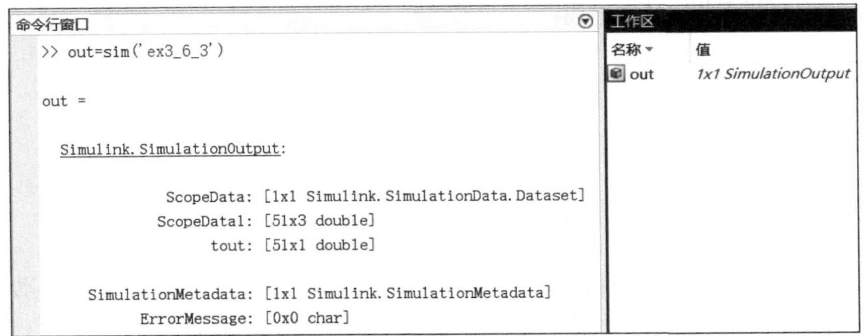

图 3-51 调用 sim()函数启动仿真运行并导出数据

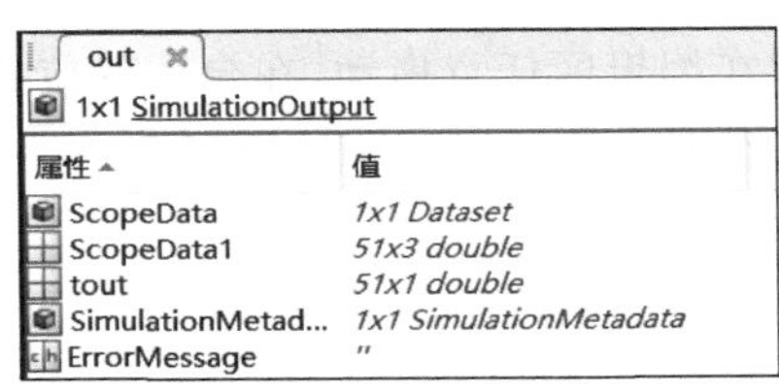

(a) 导出的数据变量

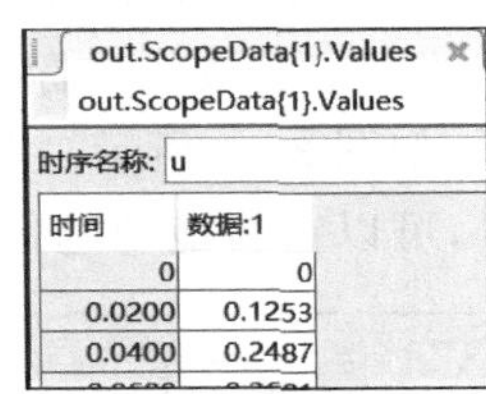

(b) 第1个信号的数据

图 3-52 out 变量的相关信息

绘制该信号的时间波形可以采用如下命令：

```
>> t = out.ScopeData{1}.Values.Time;
>> sig1 = out.ScopeData{1}.Values.Data(:,1);
>> plot(t,sig1)
```

3.7.2 浮动示波器和信号观察器

在仿真模型中也可以采用浮动示波器模块或信号查看器观测信号。与示波器模块不同的是，浮动示波器没有输入端。观测信号时，不需要将信号通过连接线送入浮动示波器和信号观察器。因此，对于复杂的仿真模型，可以极大地减少仿真模型中的信号连接线。

1. 浮动示波器

浮动示波器(Floating Scope)位于 Simulink/Sinks 库中。要使用浮动示波器时，可从该库中找到该模块，将其添加到仿真模型中。下面举例说明浮动示波器的使用方法。

【例 3-6】 浮动示波器的使用。搭建如图 3-53 所示的仿真模型。

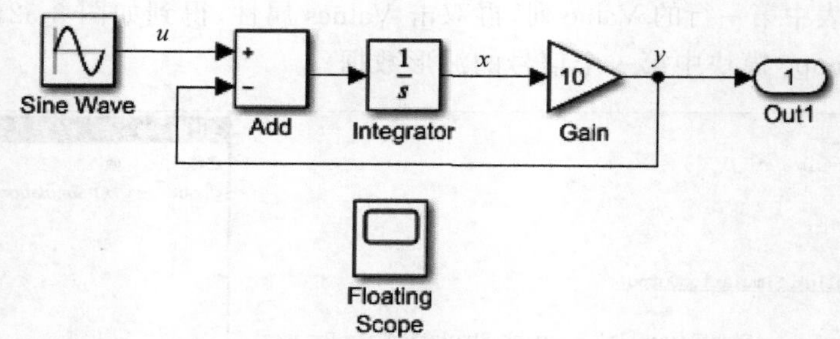

图 3-53 浮动示波器的使用

搭建好仿真模型后，首先在仿真模型中双击 Floating Scope 模块以打开浮动示波器窗口。浮动示波器窗口与普通的示波器窗口类似，不同的是，在工具栏中增加了一个 Signal Selector（信号选择器）按钮。

单击 Signal Selector 按钮，Simulink 编辑器中的模型编辑区将变为灰色。此时，光标末端将出现一个特殊的标记。按住鼠标左键在编辑区任意拖动，在合适的位置松开鼠标，将立即弹出一个对话框，如图 3-54 所示。对话框中列出了拖动区域所覆盖的所有信号。如果没有出现希望的信号，可以重新拖动选择区域。

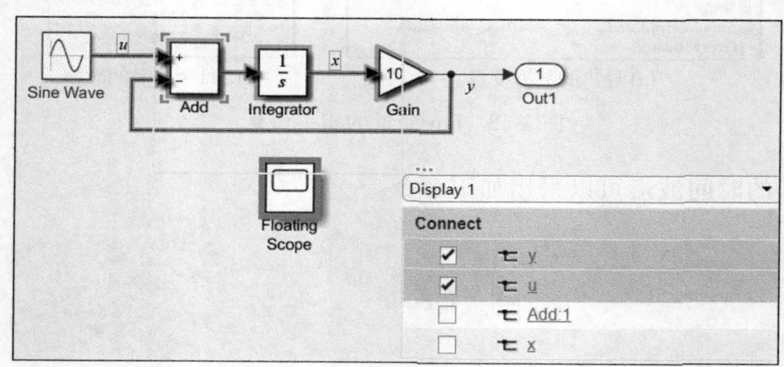

图 3-54 连接到浮动示波器的信号选择

在对话框中勾选需要连接到浮动示波器的信号。在图 3-54 中，选中了模型的输入信号 u 和输出信号 y。然后，单击模型编辑区右上角的“X”符号，即可将选中的信号添加到浮动示波器。

运行仿真，即可在浮动示波器窗口中同时显示出信号 u 和 y 的波形。

浮动示波器窗口与普通的示波器窗口类似，可以通过菜单命令或者工具按钮进行属性设置、显示样式设置等。如果需要将同一个示波器窗口划分为几个子窗口，也可以通过设置示波器窗口的布局实现。

如果要将多个信号显示到浮动示波器中不同的子窗口，需要首先设置示波器的布局方式。然后，通过拖动弹出的对话框，上方的下拉列表中将会出现与各子窗口相对应的选项，依次为 Display1、Display2 等。连接信号到浮动示波器时，首先选择需要连接到哪一个子窗口，然后再选择相应的信号，如图 3-55 所示。

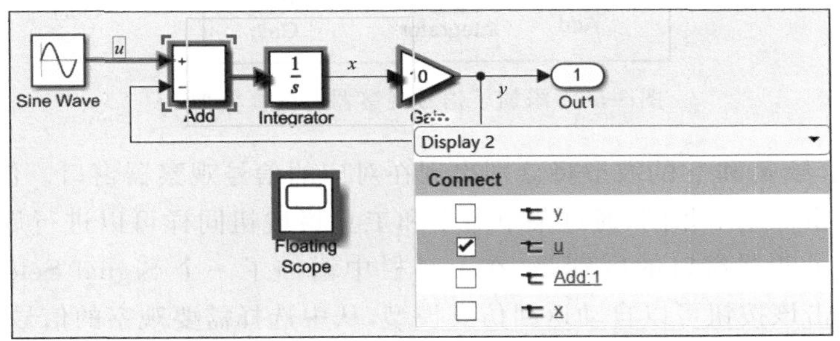

图 3-55　连接信号到浮动示波器不同的子窗口

2. 信号观察器

除浮动示波器以外，Simulink 还提供了具有类似功能的信号观察器。下面仍然通过具体例子介绍其使用方法。

【例 3-7】 信号观察器的使用。仿真模型与上例相同，但不再需要浮动示波器模块。

在仿真模型中单击需要观察的信号线 y，Simulink 编辑器窗口顶部将增加一个 SIGNAL 标签。单击 SIGNAL 选项卡 MONITOR 按钮组中的 Add Viewer，将打开如图 3-56 所示的对话框，单击 Scope，即可为所选中的信号 y 添加一个观察器，同时将立即打开观察器(Viewer)窗口，窗口自动命名为 Viewer：Scope(y)，如图 3-57 所示。

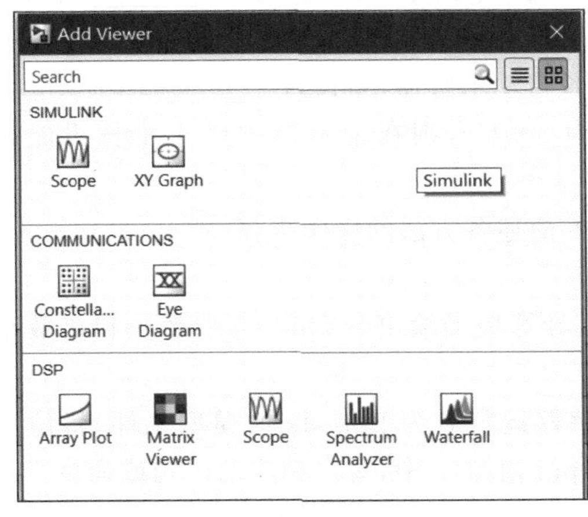

图 3-56　Add Viewer 对话框

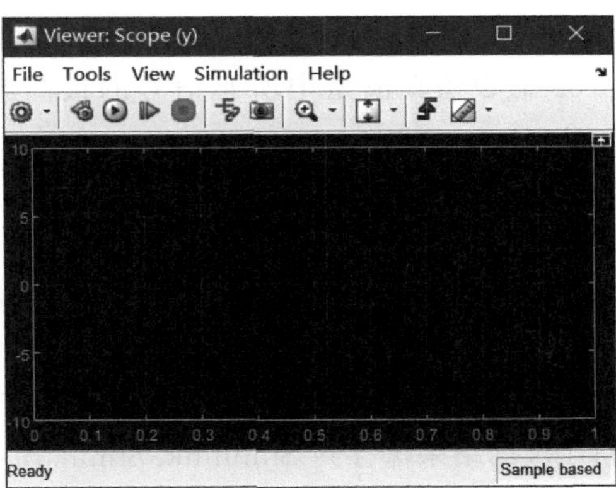

图 3-57　信号观察器窗口

用类似方法为仿真模型中的信号 u 添加观察器，将打开另一个信号观察器窗口 Viewer：Scope(u)。在仿真模型中，添加了观察器的信号 u 和 y 旁边将出现一个示波器形状的标记，如图 3-58 所示。

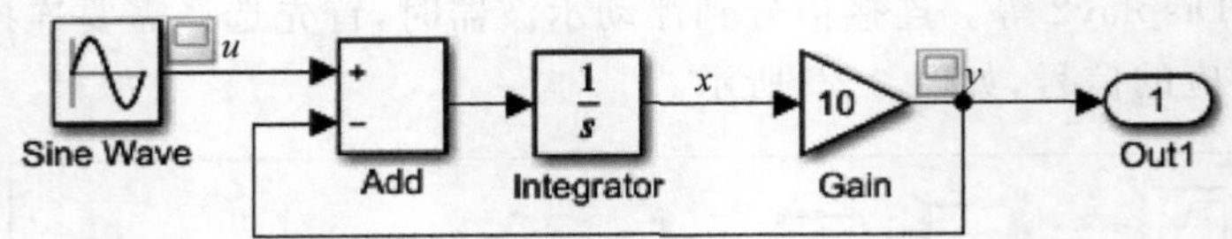

图 3-58　添加了信号观察器的仿真模型

运行仿真,信号 u 和 y 的波形将分别出现在对应的信号观察器窗口。信号观察器窗口与普通的示波器窗口基本相同,通过菜单命令和工具栏按钮同样可以进行属性和显示样式的设置。与普通示波器窗口的区别是,在工具栏中增加了一个 Signal Selector(信号选择器)按钮,通过单击该按钮可以自动返回仿真模型,从中选择需要观察的信号。

此外,如果关闭了信号观察器,可以在仿真模型中单击信号旁边的示波器标记重新打开。也可以与普通示波器一样,勾选 File 菜单中的 Open at Start of Simulation 菜单命令,以便在每次仿真运行后自动打开相应的信号观察器窗口。

本章习题

1. Simulink 的工作环境包括________和________。

2. Simulink 中的所有信号源模块都位于________库中。

3. 位于________库中的所有模块都只有输入端,没有输出端。

4. 在 Simulink 的模型浏览器中,________面板用于显示模型的树状结构视图;单击某个模型,将在________面板中显示模型中的所有模块;单击某个模块,将在________面板中显示该模块的所有参数。

5. 假设仿真运行时间为 10s,则对于固定步长自动求解器,步长为________。

6. 假设仿真模型中所有信号的最高频率为 500Hz,则在求解器中最大步长不能超过________。

7. Simulink 中设置模块参数有哪 4 种方法?简述各方法的操作步骤。

8. 简述什么是求解器及其分类。

9. 简述在仿真模型运行的仿真循环阶段,在计算模型输出状态时,连续系统和离散系统的主要区别。

10. 要通过调用 sim()函数,采用 ode45 求解器运行名为 hill.slx 的模型文件,将仿真运行 10s 的结果保存到 Simulink.SimulationOutput 对象 y 中,写出相应的语句或命令。

11. 某仿真模型中有 3 个 Out 模块,连接的信号名分别为 y_1、y_2 和 y_3,3 个信号分别以数组格式、结构体格式和数据集格式导出到 MATLAB 工作区,然后用 plot 语句将 3 个信号的波形绘制在同一个图形窗口中。假设模型参数配置对话框中的 Data Import/Outport 选项都取默认设置,分别写出相应的命令或者语句。

12. 某动态系统的 Simulink 仿真模型如题图 3-1 所示,其中 x 和 y 分别为系统的输入和输出。

(1) 分析该模型实现的系统功能。

(2) 若 Step 模块的参数取默认值,仿真运行时间为 5s,分析并粗略绘制出仿真运行后示波器上显示的 3 个信号波形。

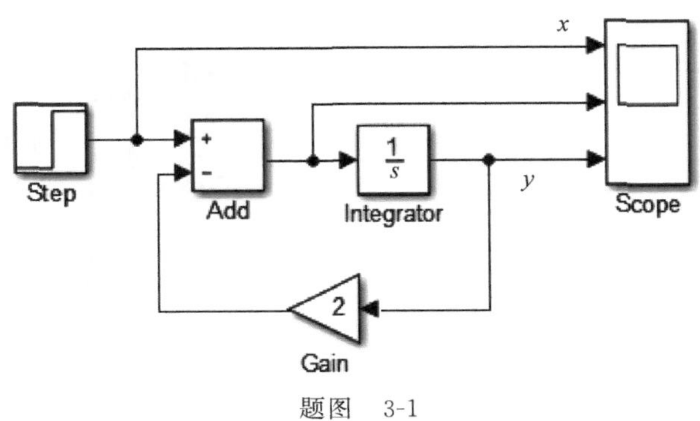

题图 3-1

实践练习

1. 搭建如题图 3-2 所示 Simulink 仿真模型,求二阶系统的单位阶跃响应。注意,设置 Step 模块的 Step time 为 0,其他参数取默认值。

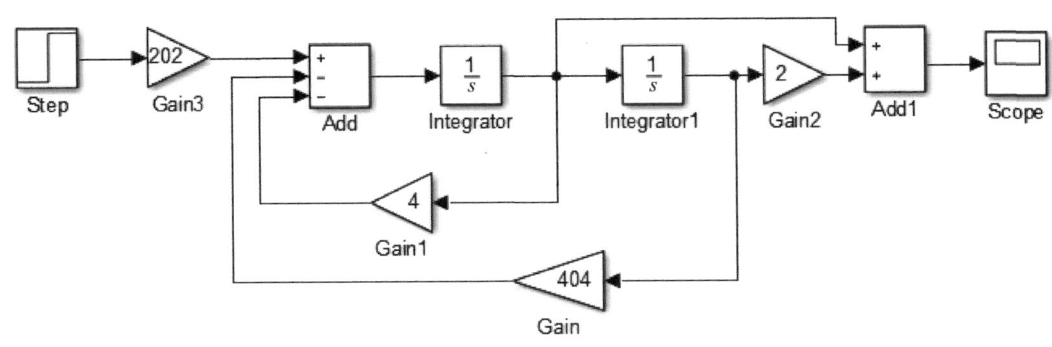

题图 3-2

要求:

(1) 选用固定步长求解器,步长设置为 0.01s,仿真运行 5s,观察运行结果;

(2) 选用变步长求解器,求解器所有参数取默认值 auto。仿真运行 5s,观察示波器上的信号波形,并与(1)中的波形进行比较。

2. 搭建仿真模型如题图 3-3 所示。模型中 Pulse Generator 模块产生幅度为 2V、周期为 1s 的单极性周期方波。在模型参数配置对话框中设置求解器为固定步长,并在 Data Import/Outport 面板中清除 Single simulation output 复选框。

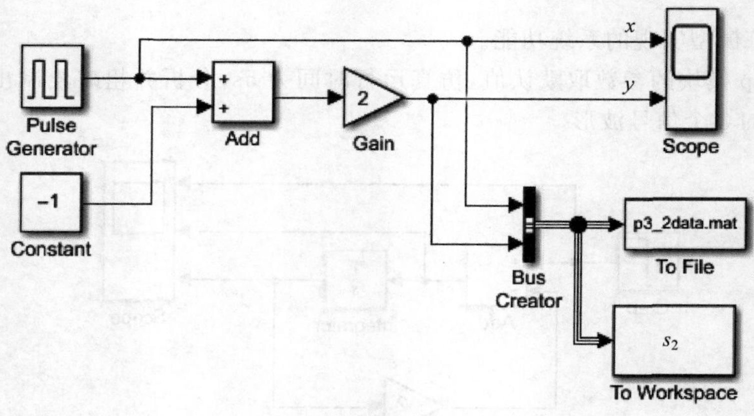

题图 3-3

要求：

（1）根据示波器上显示的信号 x 和 y 的波形，分析该仿真模型实现的功能；

（2）将信号 x 和 y 的波形数据以数组的格式保存到 MAT 文件的变量 s_1 中，然后用 plot 语句在两个子图中分别绘制其波形；

（3）将信号 x 和 y 以时间序列的格式保存到工作区的变量 s_2 中，然后用 plot 语句在两个子图中分别绘制其波形。

第4章 MATLAB/Simulink动态系统建模与仿真

系统可以分为静态系统和动态系统。在动态系统中，系统的输入、输出和状态变量随时间而变化，可以用以时间为自变量的函数来描述。根据系统输入信号、输出信号和系统内部的状态变量是连续的还是离散的，动态系统又可以分为连续动态系统和离散动态系统。

本章介绍利用 MATLAB 和 Simulink 对连续和离散动态系统进行建模和仿真的基本方法。对于动态系统不同的数学模型，建模仿真时的方法也有所区别。因此，首先简单介绍动态系统各种常用的数学模型。

4.1 动态系统的数学模型

微课视频

动态系统可以用方框图、时域方程（微分方程、差分方程）、传递函数和状态空间方程等数学模型进行描述，通常各数学模型之间存在简单的转换关系。但是，对于不同的系统，根据研究内容的不同，采用某一种数学模型可能会更加方便。

4.1.1 方框图

方框图是对系统内部组成和结构的一种图形化描述，由子系统（环节）或者基本运算单元构成。

1. 连续系统的方框图

连续系统的输入信号、输出信号和内部的状态变量都是连续信号，系统中的所有信号都随时间而连续变化，在每时每刻都有幅度定义，一般表示为以时间 t 为自变量的函数。

连续系统中的基本运算单元包括放大器、加法器、积分器等。其中，积分器对连续信号进行积分运算，从而使得系统具有记忆功能，系统的状态随时间而不断变化。

图 4-1 是一个连续动态系统的方框图。其中,"$\int$"表示积分器,圆圈代表放大器,圆圈中的数字代表放大器的放大倍数。

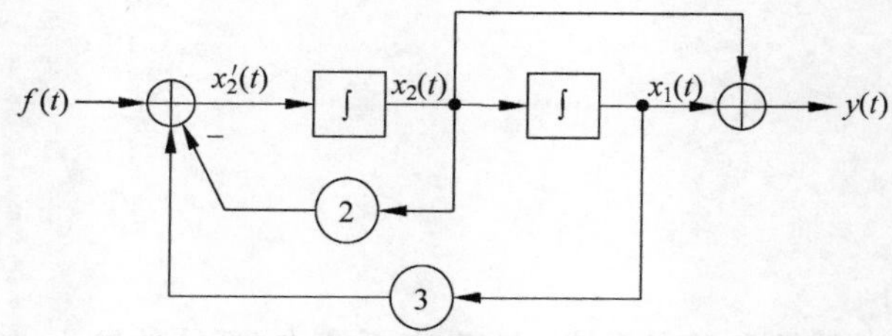

图 4-1 连续系统的方框图

对单输入单输出(Single Input and Single Output,SISO)系统,系统只有一个输入和一个输出,如图 4-1 中的 $f(t)$和 $y(t)$所示,而 $x_1(t)$和 $x_2(t)$是系统内部的状态变量。

2. 离散系统的方框图

离散系统处理的是离散信号,这种信号只在离散的时刻才有幅度定义,其时间波形表示为在横轴(时间轴)方向具有一定间隔的离散点。在离散信号的时间函数中,其自变量一般是整数变量 k,代表信号波形上离散点的序号。

离散信号不能进行微积分运算,取而代之的是差分和迭分运算,因此其方框图主要由延迟器、放大器和加法器等基本运算单元构成。

图 4-2 为一个离散系统的方框图。其中,"D"代表延迟器,实现的运算是将输入信号沿着时间轴延迟一个点。例如,延迟器的输入信号为 $x(k)$,则输出信号为 $x(k-1)$。

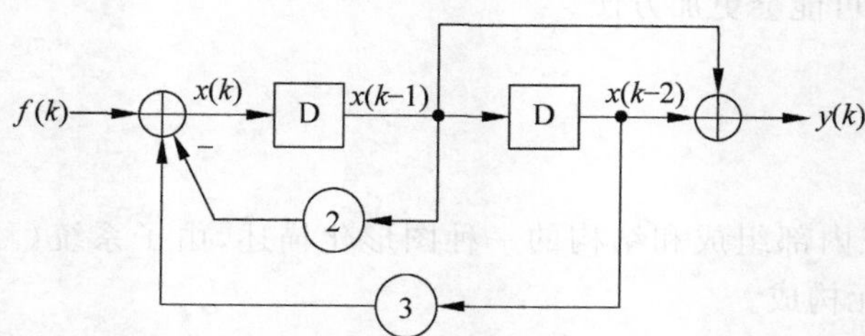

图 4-2 离散系统的方框图

4.1.2 时域方程与系统的响应

在时域,连续动态系统一般用微分方程描述其输入/输出关系。由于离散系统中的信号都是离散信号,不能进行微积分运算,因此其时域数学模型一般用差分方程来描述。

1. 时域方程

线性时不变(Linear Time-Invariant,LTI)连续 SISO 系统的时域数学模型为线性常系数微分方程,其标准形式为

$$y^{(n)}(t)+a_{n-1}y^{(n-1)}(t)+\cdots+a_1y'(t)+a_0y(t)=b_mf^{(m)}(t)+\cdots+b_1f'(t)+b_0f(t) \tag{4-1}$$

式中,n 为系统的阶数,$f(t)$为系统的输入信号,$y(t)$为系统的输出信号,$f^{(i)}(t)$和 $y^{(i)}(t)$分别表示 $f(t)$和 $y(t)$的 i 阶导数。

对于标准形式的微分方程,一般要求:

(1) 输出信号及其各阶导数项都放在方程左边,而输入信号及其各阶导数项都放在方程右边;

(2) 方程左右两边分别按照 $y(t)$和 $f(t)$的求导阶数从大到小顺序排列;

(3) 方程左边第一项系数必须化为 1;

(4) 方程各项系数都为常数,$a_i(i=n-1,n-2,\cdots,0)$和 $b_j(j=m,n-1,\cdots,0)$可能为 0,如果某项系数为 0,则方程中对应的项可以省略不写。

线性时不变离散 SISO 系统的时域特性用差分方程来描述,其标准形式为

$$y(k)+a_{n-1}y(k-1)+\cdots+a_0y(k-n)=b_mf(k)+\cdots+b_0f(k-m) \tag{4-2}$$

式中,n 为系统的阶数,$f(k)$为系统的输入信号,$y(k)$为系统的输出信号,$f(k-i)$和 $y(k-i)$分别表示将 $f(k)$和 $y(k)$延迟 i 个点。

对于实际的因果系统,一般有 $n\geqslant m$。将式(4-2)中所有的 k 替换为 $k+n$,则得到差分方程的另一种形式,即

$$y(k+n)+a_{n-1}y(k+n-1)+\cdots+a_0y(k)=b_mf(k+n)+\cdots+b_0f(k+n-m) \tag{4-3}$$

与标准形式的微分方程类似,标准形式的差分方程也要求将输出和输入序列分别放在方程的左边和右边,方程左边第一项系数必须为 1,中间各项系数可能为 0。

2. 系统的响应

一个系统至少有一个输入信号和一个输出信号,输入信号又称为激励,输出信号又称为系统的响应。在不同的输入信号作用下,系统会有不同的响应输出。在相同的输入信号作用下,数学模型不同的系统,其输出响应也各不相同。

微分方程和差分方程描述的就是系统输入信号、输出信号之间的数学关系。因此,如果已知输入信号,可以将其时间函数表达式代入方程,然后用数学的方法求解方程,即可得到系统的响应。

低阶连续系统的微分方程是低阶微分方程,可以利用数学中微分方程的求解方法进行求解,从而得到在给定输入信号和初始状态下系统的输出响应。但对于高阶系统,手工求解高阶微分方程比较困难,甚至是不可能的。

对于离散线性时不变系统,要求解其输出响应,可以根据差分方程得到输出信号与输入信号之间的递推关系,然后利用递推方法求解其输出响应序列。

【例 4-1】 差分方程的递推求解。已知某离散系统的差分方程为

$$y(k)-0.5y(k-1)=f(k)$$

系统的初始条件为 $y(-1)=1$,求在输入单位脉冲序列 $f(k)=\delta(k)$作用下系统的输出响应序列 $y(k)$,$k\geqslant 0$。

解:根据已知的差分方程可以得到如下递推关系:

$$y(k)=0.5y(k-1)+f(k)$$

由此得到如下递推结果:

$$\begin{aligned}&y(-1)=1\\&y(0)=0.5y(-1)+f(0)=0.5\times 1+1=1.5\\&y(1)=0.5y(0)+f(1)=0.5\times 1.5+0=0.5\times 1.5\\&y(2)=0.5y(1)+f(2)=0.5^2\times 1.5\\&y(3)=0.5y(2)+f(3)=0.5^3\times 1.5\\&\quad\vdots\\&y(k)=0.5y(k-1)+f(k)=0.5^k\times 1.5\end{aligned}$$

最后,得到输出响应序列为

$$y(k)=0.5^k\times 1.5,\quad k\geqslant 0$$

其波形如图 4-3 所示。

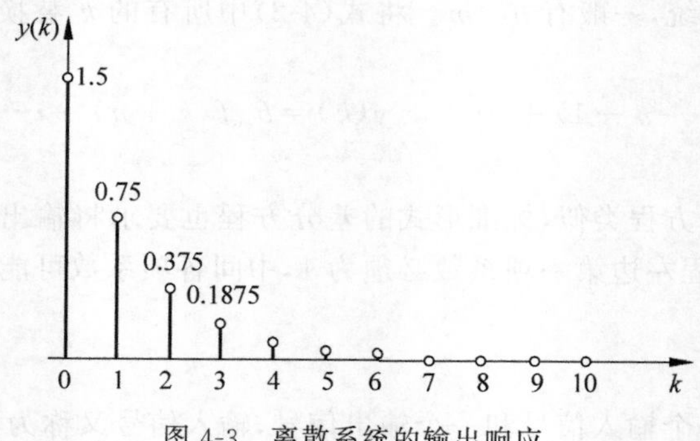

图 4-3 离散系统的输出响应

1) 零输入响应和零状态响应

在例 4-1 中,已知系统的初始状态不为零,求解得到的响应是由系统的初始条件和外加输入信号共同作用引起的,称为系统的全响应。

如果系统的初始条件为零,由外加输入作用引起的响应称为系统的零状态响应。反之,如果没有外加输入,在非零的初始条件作用下,动态系统的输出响应也会随时间而逐渐变化。此时的响应称为零输入响应。

对线性时不变系统,其全响应等于零输入响应和零状态响应的叠加。一般首先求出系

统的零输入响应和零状态响应,再直接相加得到系统的全响应。

2) 单位响应

在系统的性能分析和设计中,有几种特殊的输入信号。对于连续系统,典型的输入信号有单位冲激信号 $\delta(t)$、单位阶跃信号 $u(t)$ 和正弦信号等。对于离散系统,典型的输入信号有单位脉冲序列 $\delta(k)$、单位阶跃序列 $u(k)$ 和正弦序列等。

在上述单位冲激信号或单位脉冲序列作用下,连续或者离散系统的零状态响应称为单位冲激响应或单位脉冲响应。在单位阶跃信号(序列)作用下的零状态响应称为单位阶跃响应。单位冲激响应、单位脉冲响应、单位阶跃响应统称为系统的单位响应。

显然,单位响应是在上述给定输入信号作用下系统的零状态响应,不同的系统具有不同的单位响应。因此,单位响应也可以作为在时域对系统进行描述的一种数学模型。

3. 时域方程与方框图的相互转换

系统的方框图是对系统的一种图形化描述,在对系统进行数学建模仿真时,经常需要根据方框图求得系统的时域方程等数学模型。反之,已知系统的微分方程或者差分方程,也需要画出系统的方框图,从而便于对系统内部的结构和信号处理过程进行仿真分析。

1) 方框图转换为时域方程

下面举例说明如何根据方框图得到系统的时域方程。

【例 4-2】 已知某连续系统的方框图如图 4-1 所示,求系统的微分方程。

解:由方框图可以得到如下数学关系:

$$
\begin{aligned}
x'_1(t) &= x_2(t) \\
x'_2(t) &= f(t) - 2x_2(t) + 3x_1(t) \\
y(t) &= x_2(t) + x_1(t)
\end{aligned}
$$

则

$$
\begin{aligned}
y''(t) &= x''_2(t) + x''_1(t) = x''_2(t) + x'_2(t) \\
&= [f'(t) - 2x'_2(t) + 3x'_1(t)] + [f(t) - 2x_2(t) + 3x_1(t)] \\
&= f'(t) + f(t) - 2x'_2(t) + 3x'_1(t) - 2x_2(t) + 3x_1(t) \\
&= f'(t) + f(t) - 2[x'_2(t) + x'_1(t)] + 5x'_1(t) - 2x_2(t) + 3x_1(t) \\
&= f'(t) + f(t) - 2[x'_2(t) + x'_1(t)] + 3[x_2(t) + x_1(t)] \\
&= f'(t) + f(t) - 2y'(t) + 3y(t)
\end{aligned}
$$

整理得到系统的微分方程为

$$
y''(t) + 2y'(t) - 3y(t) = f'(t) + f(t)
$$

2) 时域方程转换为方框图

对于 n 阶连续系统,其微分方程的标准形式如式(4-1)所示。假设 $m=n-1$,则该系统的方框图可以表示为图 4-4。

在图 4-4 中,中间一条前向支路上共有 n 个积分器相级联,前后是两个加法器。各积分器的输出经过各放大器放大后一起送入左侧的加法器，与系统的输入信号 $f(t)$ 相叠加。通过上方各支路放大后一起送入右侧的加法器，叠加后得到系统的输出 $y(t)$。

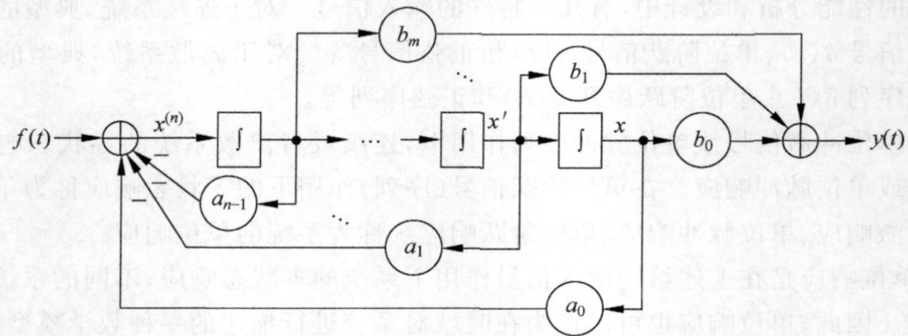

图 4-4　n 阶连续系统的方框图

方程左边和右边各项系数顺序作为下方和上方各放大器的放大倍数，注意加法器各信号输入端旁边的加减号。如果某项缺项，相当于该项系数为 0。此时，在方框图中也就没有相应的前向或者反向放大器支路。

对于 n 阶离散系统，其方框图与图 4-4 类似。只是将所有积分器替换为延迟器，方框图中所有的信号都表示为以 k 为自变量的函数即可。

【例 4-3】　已知某连续线性时不变系统的微分方程为

$$y''(t)+4y(t)=2f'(t)-5f(t)$$

画出系统的方框图。

解：这是一个二阶系统，因此方框图中有 2 个积分器。根据图 4-4 可得到该系统的方框图如图 4-5 所示。

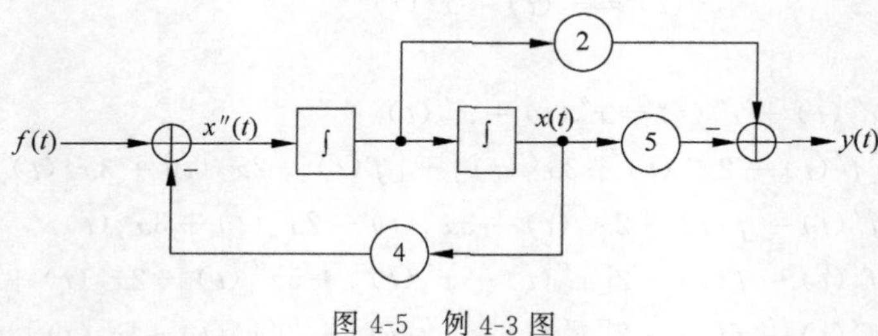

图 4-5　例 4-3 图

【例 4-4】　已知某离散系统的差分方程为

$$y(k)-0.2y(k-1)+0.8y(k-2)=f(k)-5f(k-1)$$

画出系统的方框图。

解：将已知的差分方程中所有的 k 替换为 $k+2$，则该方程等价于

$$y(k+2)-0.2y(k+1)+0.8y(k)=f(k+2)-5f(k+1)$$

据此得到系统的方框图如图 4-6 所示。

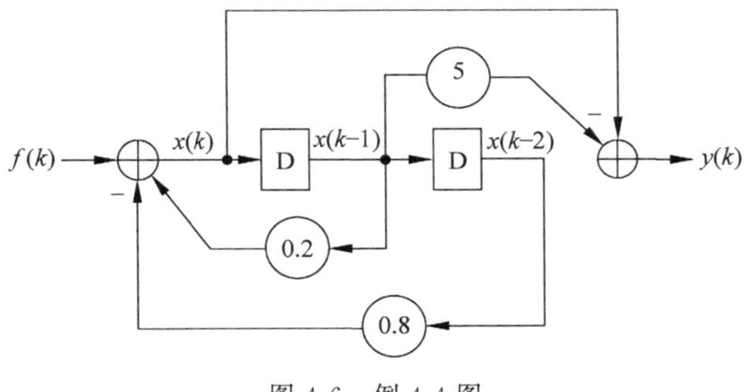

图 4-6　例 4-4 图

4.1.3　传递函数

传递函数是根据拉普拉斯变换和 Z 变换得到的在复频域中对线性时不变系统进行描述的一种数学模型。根据传递函数对系统进行复频域分析可以避免时域中的微积分运算，从而极大简化对高阶系统的分析和设计。

1．传递函数的概念

假设系统初始状态为零，对式(4-1)所示连续系统的微分方程，根据拉普拉斯变换的时域微分性质得到

$$s^nY(s)+a_{n-1}s^{n-1}Y(s)+\cdots+a_1sY(s)+a_0Y(s)=b_ms^mF(s)+\cdots+b_1sF(s)+b_0F(s)$$

这是一个代数方程，其中不再含有形式上的微积分运算，因此可以根据代数运算规则得到

$$(s^n+a_{n-1}s^{n-1}+\cdots+a_1s+a_0)Y(s)=(b_ms^m+\cdots+b_1s+b_0)F(s)$$

从而得到连续系统的传递函数为

$$H(s)=\frac{Y(s)}{F(s)}=\frac{b_ms^m+\cdots+b_1s+b_0}{s^n+a_{n-1}s^{n-1}+\cdots+a_1s+a_0} \tag{4-4}$$

类似地，假设系统初始状态为零，对离散线性时不变 SISO 系统，将式(4-2)所示差分方程两边取 Z 变换，得到

$$Y(z)+a_{n-1}z^{-1}Y(z)+\cdots+a_0z^{-n}Y(z)=b_mF(z)+b_{m-1}z^{-1}F(z)+\cdots+b_0z^{-m}F(z)$$

由此得到离散系统的传递函数为

$$H(z)=\frac{Y(z)}{F(z)}=\frac{b_m+b_{m-1}z^{-1}+\cdots+b_0z^{-m}}{1+a_{n-1}z^{-1}+\cdots+a_0z^{-n}} \tag{4-5}$$

而由式(4-3)所示的差分方程，可以类似得到离散系统传递函数的另一种形式，即

$$H(z)=\frac{b_mz^n+b_{m-1}z^{n-1}+\cdots+b_0z^{n-m}}{z^n+a_{n-1}z^{n-1}+\cdots+a_0} \tag{4-6}$$

实际上，在式(4-5)中，将分子分母多项式同时乘以 z^n，即可得到式(4-6)。

将式(4-4)、式(4-5)和式(4-6)分别与式(4-1)、式(4-2)和式(4-3)对比,可以发现系统的传递函数与其时域方程之间有简单的对应关系,相互转换是非常方便的。

例如,已知某离散系统的差分方程为

$$y(k)+0.6y(k-1)+0.8y(k-2)=f(k-1)$$

则其传递函数为

$$H(z)=\frac{z^{-1}}{1+0.6z^{-1}+0.8z^{-2}}$$

另一方面,将该差分方程中所有的 k 替换为 $k+2$,则得到如下等价的差分方程:

$$y(k+2)+0.6y(k+1)+0.8y(k)=f(k+1)$$

从而得到该系统传递函数的另一种形式为

$$H(z)=\frac{z}{z^2+0.6z+0.8}$$

不管是连续系统还是离散系统,其传递函数都是分式,分子分母都是以 s 或 z 为自变量的多项式。这里 s 为拉普拉斯算子,z 为 Z 变换算子,都是复数变量。对于线性时不变系统,分子分母多项式各项的系数都为常数。由于系统时域方程左边第一项系数一般要化为1,因此传递函数分母第一项的系数一般也都为1。

前面介绍的都是 SISO 系统,实际中系统可能会有多个输入或输出,相应地有 SIMO (Single Input and Multiple Output,单输入多输出)系统、MISO(Multiple Input and Single Output,多输入单输出)系统、MIMO(Multiple Input and Multiple Output,多输入多输出)系统。由于传递函数描述的是系统输入/输出之间的关系,因此对不同的输入和输出,传递函数也不相同。也就是说,对多输入或多输出系统,一般情况下会有多个传递函数。

2. 传递函数的零极点增益模型

系统的性能很大程度上取决于传递函数的零极点,因此在对系统进行性能分析时,通常需要得到传递函数的零极点增益模型,从而对零点和极点进行进一步分析和研究。

1) 传递函数的零点和极点

传递函数的分子和分母多项式都是关于 s 或者 z 的多项式,分别设为 $N(s)$、$D(s)$或者 $N(z)$、$D(z)$。令这些多项式等于0,分别得到代数方程,求解这些代数方程得到的根,称为传递函数的零极点。由分子多项式决定的根称为零点,由分母多项式决定的根称为极点。

【例 4-5】 已知某连续线性时不变系统的微分方程为

$$y''(t)+4y(t)=5f(t)$$

求系统的传递函数,并求出所有的零极点。

解:假设系统初始状态为零,对已知的微分方程取拉普拉斯变换得到

$$s^2Y(s)+4Y(s)=5F(s)$$

由此得到系统的传递函数为

$$H(s)=\frac{Y(s)}{F(s)}=\frac{5}{s^2+4}$$

令分母多项式等于零,得到

$$D(s)=s^2+4=0$$

解得系统传递函数的极点为 $p_{1,2}=\pm 2\mathrm{j}$。

由于该系统传递函数的分子多项式为常数,因此无零点。

2) 传递函数的零极点增益模型

将传递函数的分子和分母多项式根据零极点进行因式分解,分别表示为若干因式的乘积,即可得到传递函数的零极点增益模型。

例如,对例 4-5 所示的系统,已经求得其极点为 $p_{1,2}=\pm 2\mathrm{j}$,据此可以将传递函数的分母分解为两个因式的乘积,得到传递函数的零极点增益模型为

$$H(s)=\frac{5}{(s+2\mathrm{j})(s-2\mathrm{j})}$$

其中,$K=5$ 称为传递函数的增益。

【例 4-6】 已知某离散系统的差分方程为

$$y(k)+0.1y(k-1)-0.12y(k-2)=2f(k)-5f(k-1)$$

求系统的传递函数及其零极点增益模型。

解:由已知的差分方程得到系统的传递函数及其零极点增益模型为

$$H(z)=\frac{2-5z^{-1}}{1+0.1z^{-1}-0.12z^{-2}}=\frac{2z^2-5z}{z^2+0.1z-0.12}=\frac{2z(z-2.5)}{(z-0.3)(z+0.4)}$$

其中,$K=2$ 为传递函数的增益;零点 $z_1=2.5, z_2=0$;极点 $p_1=0.3, p_2=-0.4$。

3. 环节的串并联和反馈连接

对复杂的系统,根据功能和在系统所处的地位层次等,可以将内部所有的组成部件划分为很多小系统,称为子系统或者环节。例如,一个典型的闭环控制系统可以划分为被控对象、反馈和控制器三个子系统。

在系统内部,每个环节有自己的输入/输出信号,各环节的输入/输出信号之间相互作用,从而构成完整的大系统。根据各信号之间的相互作用关系,各环节之间有典型的三种连接关系,即串联、并联和反馈连接。

1) 串联连接

系统中,如果两个环节首尾相连,即前一个环节的输出直接作为后一个环节的输入,则称为串联连接,如图 4-7(a)所示。

图 4-7 中 $H_1(s)$和 $H_2(s)$分别为两个环节的传递函数。根据传递函数的定义容易得到

$$Y_1(s)=F(s)H_1(s)$$

$$Y(s)=Y_1(s)H_2(s)=F(s)H_1(s)H_2(s)$$

由此得到由这两个环节串联构成的系统的传递函数为

$$H(s)=H_1(s)H_2(s) \tag{4-7}$$

这说明,两个环节串联,总的传递函数为两个环节传递函数的乘积。

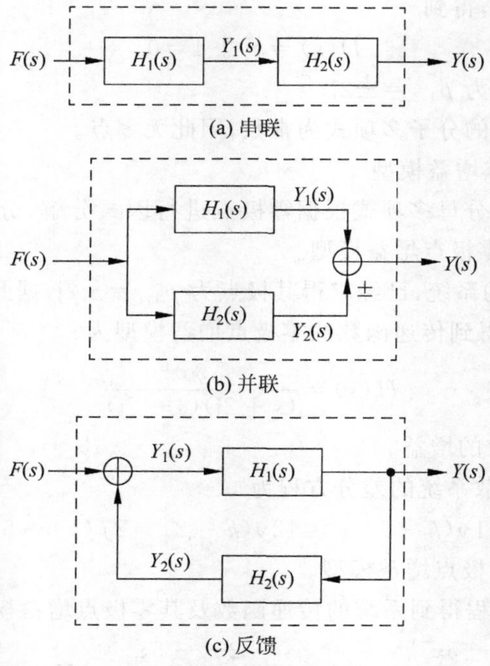

图 4-7　子系统的串联、并联和反馈连接

2）并联连接

系统中，如果两个环节的输入信号相同，输出信号直接相加减得到系统的输出，则称为并联连接，如图 4-7(b)所示。

类似地，可以推导得到并联连接构成的系统，其传递函数为

$$H(s)=H_1(s)\pm H_2(s) \tag{4-8}$$

这说明，两个环节并联，总的传递函数为两个环节传递函数的叠加。

3）反馈连接

反馈连接如图 4-7(c)所示，其中 $H_1(s)$和 $H_2(s)$分别为前向通道和反馈通道两个环节的传递函数。由图可得

$$Y(s)=[F(s)\pm Y(s)H_2(s)]H_1(s)$$

从而求得

$$Y(s)=\frac{H_1(s)}{1\mp H_1(s)H_2(s)}F(s)$$

则系统的传递函数为

$$H(s)=\frac{H_1(s)}{1\mp H_1(s)H_2(s)} \tag{4-9}$$

以上分别介绍了三种典型的连接关系。在实际系统中，可能同时存在串联、并联和反馈连接。如果已知各环节的数学模型，利用以上结论就可以很方便地得到大系统的数学模型。

下面举例说明。

【例 4-7】 如图 4-8 所示的系统由三个环节组成。已知三个环节的传递函数分别为

$$H_A(s)=\frac{1}{s+1},\quad H_B(s)=1,\quad H_C(s)=\frac{1}{s}$$

求整个系统的传递函数 $H(s)$。

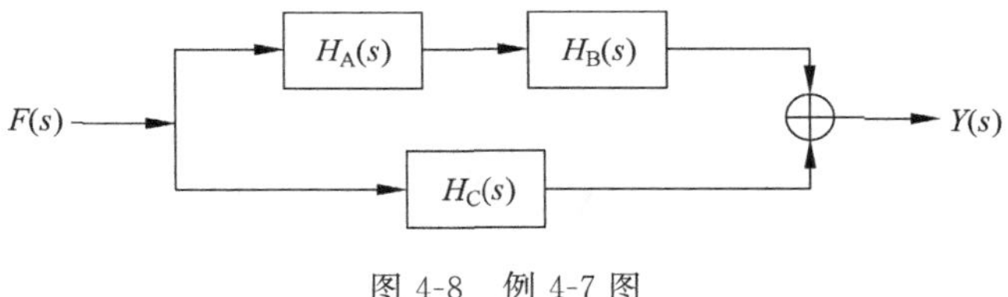

图 4-8 例 4-7 图

解：根据各环节的连接关系得到

$$H(s)=H_A(s)H_B(s)+H_C(s)$$

代入各环节的传递函数得到

$$H(s)=\frac{1}{s+1}\times 1+\frac{1}{s}=\frac{2s+1}{s(s+1)}$$

4.1.4 状态空间方程

系统的状态空间方程是基于线性代数建立在状态(State)和状态空间(State-Space)概念基础上的。状态指能够完全表征系统行为的最少一组内部变量,这些变量称为状态变量。一般来说,n 阶系统有 n 个状态变量。

1. 状态空间方程

设某连续系统有 p 个输入 $f_i(i=1,2,\cdots,p)$、q 个输出 $y_j(j=1,2,\cdots,q)$、n 个状态变量 $x_k(k=1,2,\cdots,n)$,则这些变量之间的关系可以用 n 个一阶微分方程和 q 个代数方程描述,即

$$\begin{cases} x'_1=a_{11}x_1+a_{12}x_2+\cdots+a_{1n}x_n+b_{11}f_1+b_{12}f_2+\cdots+b_{1p}f_p \\ x'_2=a_{21}x_1+a_{22}x_2+\cdots+a_{2n}x_n+b_{21}f_1+b_{22}f_2+\cdots+b_{2p}f_p \\ \quad\vdots \\ x'_n=a_{n1}x_1+a_{n2}x_2+\cdots+a_{nn}x_n+b_{n1}f_1+b_{n2}f_2+\cdots+b_{np}f_p \end{cases}$$

$$\begin{cases} y_1=c_{11}x_1+c_{12}x_2+\cdots+c_{1n}x_n+d_{11}f_1+d_{12}f_2+\cdots+d_{1p}f_p \\ y_2=c_{21}x_1+c_{22}x_2+\cdots+c_{2n}x_n+d_{21}f_1+d_{22}f_2+\cdots+d_{2p}f_p \\ \quad\vdots \\ y_q=c_{q1}x_1+c_{q2}x_2+\cdots+c_{qn}x_n+d_{q1}f_1+d_{q2}f_2+\cdots+d_{qp}f_p \end{cases}$$

上述 $n+q$ 个方程可以用矩阵表示为

$$\begin{cases} \boldsymbol{X}'=\boldsymbol{AX}+\boldsymbol{BF} \\ \boldsymbol{Y}=\boldsymbol{CX}+\boldsymbol{DF} \end{cases} \tag{4-10}$$

分别称为状态方程和输出方程，合起来称为系统的状态空间方程。

在状态空间方程中，$\boldsymbol{F}$、$\boldsymbol{X}$ 和 $\boldsymbol{Y}$ 分别为输入向量、状态向量和输出向量，一般都用列向量表示，即

$$\boldsymbol{F}=\begin{bmatrix} f_1 \\ f_2 \\ \vdots \\ f_p \end{bmatrix}, \quad \boldsymbol{X}=\begin{bmatrix} x_1 \\ x_2 \\ \vdots \\ x_n \end{bmatrix}, \quad \boldsymbol{Y}=\begin{bmatrix} y_1 \\ y_2 \\ \vdots \\ y_q \end{bmatrix}$$

方程中的 $\boldsymbol{A}$ 为 $n\times n$ 方阵，称为状态矩阵；$\boldsymbol{B}$ 为 $n\times p$ 矩阵，称为输入矩阵；$\boldsymbol{C}$ 为 $q\times n$ 矩阵，称为输出矩阵；$\boldsymbol{D}$ 为 $q\times p$ 矩阵，称为直传矩阵。各矩阵可分别表示为

$$\boldsymbol{A}=\begin{bmatrix} a_{11} & a_{12} & \cdots & a_{1n} \\ a_{21} & a_{22} & \cdots & a_{2n} \\ \vdots & \vdots & \vdots & \vdots \\ a_{n1} & a_{n2} & \cdots & a_{nn} \end{bmatrix}, \quad \boldsymbol{B}=\begin{bmatrix} b_{11} & b_{12} & \cdots & b_{1p} \\ b_{21} & b_{22} & \cdots & b_{2p} \\ \vdots & \vdots & \vdots & \vdots \\ b_{n1} & b_{n2} & \cdots & b_{np} \end{bmatrix}$$

$$\boldsymbol{C}=\begin{bmatrix} c_{11} & c_{12} & \cdots & c_{1n} \\ c_{21} & c_{22} & \cdots & c_{2n} \\ \vdots & \vdots & \vdots & \vdots \\ c_{q1} & c_{q2} & \cdots & c_{qn} \end{bmatrix}, \quad \boldsymbol{D}=\begin{bmatrix} d_{11} & d_{12} & \cdots & d_{1p} \\ d_{21} & d_{22} & \cdots & d_{2p} \\ \vdots & \vdots & \vdots & \vdots \\ d_{q1} & d_{q2} & \cdots & d_{qp} \end{bmatrix}$$

2. 微分方程到状态空间方程的转换

假设 SISO 系统的微分方程为

$$y^{(n)}+a_{n-1}y^{(n-1)}+\cdots+a_1y'+a_0y=b_0f \tag{4-11}$$

设状态变量为 $x_1=y, x_2=y', \cdots, x_n=y^{(n-1)}$，则有

$$\begin{aligned} x'_1 &= x_2 \\ x'_2 &= x_3 \\ &\vdots \\ x'_n &= y^{(n)}=-a_{n-1}x_n-\cdots-a_1x_2-a_0x_1+b_0f \end{aligned}$$

由此得到系统的状态空间方程为

$$\begin{bmatrix} x'_1 \\ x'_2 \\ \vdots \\ x'_n \end{bmatrix}=\begin{bmatrix} 0 & 1 & 0 & \cdots & 0 \\ 0 & 0 & 1 & \cdots & 0 \\ \vdots & \vdots & \vdots & \cdots & \vdots \\ -a_0 & -a_1 & -a_2 & \cdots & -a_{n-1} \end{bmatrix}\begin{bmatrix} x_1 \\ x_2 \\ \vdots \\ x_n \end{bmatrix}+\begin{bmatrix} 0 \\ 0 \\ \vdots \\ b_0 \end{bmatrix}f \tag{4-12}$$

$$y=\begin{bmatrix}1 & 0 & 0 & \cdots & 0\end{bmatrix}\begin{bmatrix}x_1\\x_2\\\vdots\\x_n\end{bmatrix}+0\cdot f \tag{4-13}$$

系统的状态方程为一组一阶微分方程。因此，上述从微分方程到状态空间方程的转换，实质上是将系统的高阶微分方程转换为一组一阶微分方程，从而便于对系统进行求解和分析。

【例 4-8】 某 SISO 二阶系统的微分方程为 $y''+4y'+104y=f$，求其状态空间方程。

解：该系统为二阶系统，有两个状态变量，设为 $x_1=y$，$x_2=y'$，则

$$x'_1=x_2$$

$$x'_2=y''=-4y'-104y+f=-4x_2-104x_1+f$$

整理得到状态空间方程为

$$\begin{bmatrix}x'_1\\x'_2\end{bmatrix}=\begin{bmatrix}0 & 1\\-104 & -4\end{bmatrix}\begin{bmatrix}x_1\\x_2\end{bmatrix}+\begin{bmatrix}0\\1\end{bmatrix}f$$

$$y=\begin{bmatrix}1 & 0\end{bmatrix}\begin{bmatrix}x_1\\x_2\end{bmatrix}$$

需要说明的是，系统的状态空间方程不是唯一的，根据选取状态变量的不同，可能会得到不同的状态空间方程。

例如，在本例中，如果设状态变量为 $x_1=y'$，$x_2=y$，则

$$x'_1=y''=-4y'-104y+f=-4x_1-104x_2+f$$

$$x'_2=y'=x_1$$

$$y=x_2$$

整理得到状态空间方程为

$$\begin{bmatrix}x'_1\\x'_2\end{bmatrix}=\begin{bmatrix}-4 & -104\\1 & 0\end{bmatrix}\begin{bmatrix}x_1\\x_2\end{bmatrix}+\begin{bmatrix}1\\0\end{bmatrix}f$$

$$y=\begin{bmatrix}0 & 1\end{bmatrix}\begin{bmatrix}x_1\\x_2\end{bmatrix}$$

3. 状态空间方程与传递函数之间的相互转换

如果已知系统的传递函数，可以先用前面介绍的方法将其转换为微分方程，再转换为状态空间方程。这里直接给出推导得到的结果。

假设系统传递函数为

$$H(s)=\frac{b_m s^m+\cdots+b_1 s^m+b_0}{s^n+a_{n-1}s^{n-1}+\cdots+a_1 s+a_0} \tag{4-14}$$

则系统状态空间方程中的 4 个矩阵分别为

$$\boldsymbol{A}=\begin{bmatrix}-a_{n-1} & -a_{n-2} & \cdots & -a_1 & -a_0\\ 1 & 0 & \cdots & 0 & 0\\ 0 & 1 & \cdots & 0 & 0\\ \vdots & \vdots & \ddots & \vdots & \vdots\\ 0 & 0 & \ddots & 1 & 0\end{bmatrix},\quad \boldsymbol{B}=\begin{bmatrix}1\\0\\0\\ \vdots\\0\end{bmatrix} \tag{4-15}$$

$$\boldsymbol{C}=[0 \quad \cdots \quad 0 \quad b_m \quad \cdots \quad b_0],\quad \boldsymbol{D}=\boldsymbol{0} \tag{4-16}$$

其中，$\boldsymbol{A}$ 为 $n\times n$ 方阵，$\boldsymbol{B}$ 为 $n\times 1$ 列向量，$\boldsymbol{C}$ 为 $1\times n$ 行向量。

反之，如果已知系统的状态空间方程，则假设系统初始条件为零，对其取拉普拉斯变换得到

$$sX(s)=\boldsymbol{A}X(s)+\boldsymbol{B}F(s)$$
$$Y(s)=\boldsymbol{C}X(s)+\boldsymbol{D}F(s)$$

由此得到系统的传递函数为

$$H(s)=\frac{Y(s)}{F(s)}=\boldsymbol{C}(s\boldsymbol{I}-\boldsymbol{A})^{-1}\boldsymbol{B}+\boldsymbol{D} \tag{4-17}$$

【例 4-9】 某 SISO 系统的传递函数为

$$H(s)=\frac{7s+4}{s^3+3s^2+5s+6}$$

求其状态空间方程。

解：根据式(4-15)和式(4-16)得到

$$\begin{bmatrix}x_1'\\x_2'\\x_3'\end{bmatrix}=\begin{bmatrix}-3 & -5 & -6\\ 1 & 0 & 0\\ 0 & 1 & 0\end{bmatrix}\begin{bmatrix}x_1\\x_2\\x_3\end{bmatrix}+\begin{bmatrix}1\\0\\0\end{bmatrix}f$$

$$y=[0 \quad 7 \quad 4]\begin{bmatrix}x_1\\x_2\\x_3\end{bmatrix}$$

【例 4-10】 已知某 SISO 系统的状态空间表达式为

$$\begin{bmatrix}x_1'\\x_2'\end{bmatrix}=\begin{bmatrix}0 & -104\\ 1 & -4\end{bmatrix}\begin{bmatrix}x_1\\x_2\end{bmatrix}+\begin{bmatrix}1\\0\end{bmatrix}f$$

$$y=[0 \quad 1]\begin{bmatrix}x_1\\x_2\end{bmatrix}$$

求系统的传递函数 $H(s)$。

解：根据式(4-17)得到系统的传递函数为

$$\begin{aligned}H(s)&=\boldsymbol{C}(s\boldsymbol{I}-\boldsymbol{A})^{-1}\boldsymbol{B}+\boldsymbol{D}=[0 \quad 1]\begin{bmatrix}s & 104\\ -1 & s+4\end{bmatrix}^{-1}\begin{bmatrix}1\\0\end{bmatrix}\\ &=[0 \quad 1]\frac{1}{s(s+4)+104}\begin{bmatrix}s+4 & -104\\ 1 & s\end{bmatrix}\begin{bmatrix}1\\0\end{bmatrix}\\ &=\frac{1}{s^2+4s+104}\end{aligned}$$

4. 离散系统的状态空间方程

前面介绍了连续系统的状态空间方程。离散系统也可以用状态空间方程来描述，不同的是，离散系统的状态方程是一组一阶差分方程。

例如，某离散系统的状态空间方程为

$$\begin{bmatrix} x_1(k+1) \\ x_2(k+1) \end{bmatrix} = \begin{bmatrix} 0 & 1 \\ 2 & 1 \end{bmatrix} \begin{bmatrix} x_1(k) \\ x_2(k) \end{bmatrix} + \begin{bmatrix} 0 \\ 1 \end{bmatrix} f(k)$$

$$y(k) = \begin{bmatrix} 4 & 1 \end{bmatrix} \begin{bmatrix} x_1(k) \\ x_2(k) \end{bmatrix} + f(k)$$

在初始状态为零时，对上述方程取 Z 变换得到

$$zX_1(z) = X_2(z)$$
$$zX_2(z) = 2X_1(z) + X_2(z) + F(z)$$
$$Y(z) = 4X_1(z) + X_2(z) + F(z)$$

联解求得

$$Y(z) = \frac{z^2 + 2}{z^2 - z - 2} F(z)$$

则系统的传递函数为

$$H(z) = \frac{Y(z)}{F(z)} = \frac{z^2 + 2}{z^2 - z - 2}$$

系统的差分方程为

$$y(k+2) - y(k+1) - 2y(k) = f(k+2) + 2f(k)$$

或

$$y(k) - y(k-1) - 2y(k-2) = f(k) + 2f(k-2)$$

4.2 时域方程的 MATLAB 求解

微课视频

离散动态系统在时域用差分方程来描述。根据差分方程可以得到递推关系，而递推关系在计算机中用循环程序是很容易实现的。

连续动态系统在时域用微分方程来描述，其中涉及连续信号的微积分运算。而计算机程序只能处理离散信号和数字信号，不能直接处理连续信号。因此仿真时，不仅需要将连续信号转换为离散信号，同时需要将连续信号的微积分转换为数值微积分，并对微分方程进行数值求解。

4.2.1 差分方程的递推求解

离散线性时不变 SISO 系统差分方程的标准形式如式(4-2)所示，根据该差分方程可以

得到递推关系

$$y(k)=-a_{n-1}y(k-1)-\cdots-a_0y(k-n)+b_mf(k)+b_{m-1}f(k-1)+\cdots+b_0f(k-m) \tag{4-18}$$

根据上述递推关系，4.1 节介绍了手工递推求解系统响应的方法。这里根据该方法编写相应的 MATLAB 程序，通过程序求解离散系统的输出响应。

【例 4-11】 差分方程的递推求解。已知某离散系统的差分方程为

$$y(k)-1.2y(k-1)+0.8y(k-2)=5f(k)+7f(k-1)$$

编写 MATLAB 程序求系统的单位阶跃响应序列 $y(k)$，$k\geqslant 0$。

解：根据已知的差分方程得到如下递推关系：

$$y(k)=1.2y(k-1)-0.8y(k-2)+5f(k)+7f(k-1)$$

据此编写 MATLAB 程序如下：

```
%ex4_11.m
N = 60;k = 1:N
f = [0 0 ones(1,N-2)]                        %产生单位阶跃序列
y(1) = 0;y(2) = 0                            %设置初始条件
for i = 3:N                                  %递推求输出响应
    y(i) = 1.2 * y(i-1) - 0.8 * y(i-2) + 5 * f(i) + 7 * f(i-1);
end
subplot(2,1,1);stem(k,f)
title('单位阶跃序列');xlabel('k');grid on
subplot(2,1,2);stem(k,y)
title('单位阶跃响应');xlabel('k');grid on
```

程序运行结果如图 4-9 所示。

注意在 MATLAB 中，矩阵和数组的下标从 1 开始。因此，在上述程序中，设置初始条件时，是将 $y(1)$和 $y(2)$设为 0，通过 for 循环递推得到的单位阶跃响应从 $k=3$ 开始输出。而标准的单位阶跃序列是从 $k=0$ 开始，其幅度跳变为1。为了与上述初始条件相对应，因此在程序中产生单位阶跃序列时，将 $k=1$ 和 $k=2$ 的两个点幅度设为 0，随后调用 ones()函数产生全 1 向量。

4.2.2 数值微积分

所谓数值微积分，指在计算机中得到微积分的数值结果，而不是解析表达式。目前常用的数值微积分方法有欧拉法、牛顿法、高斯法和龙格-库塔法等，这里重点介绍欧拉法和龙格-库塔法。

1. 欧拉法

假设以 t 为自变量的函数 $y(t)$关于 t 的导数为 $y'(t)=f(t,y)$，则在初始条件为零时，

函数 $f(t, y)$对 t 的积分等于 $y(t)$，即 $y(t)=f^{(-1)}(t, y)$。

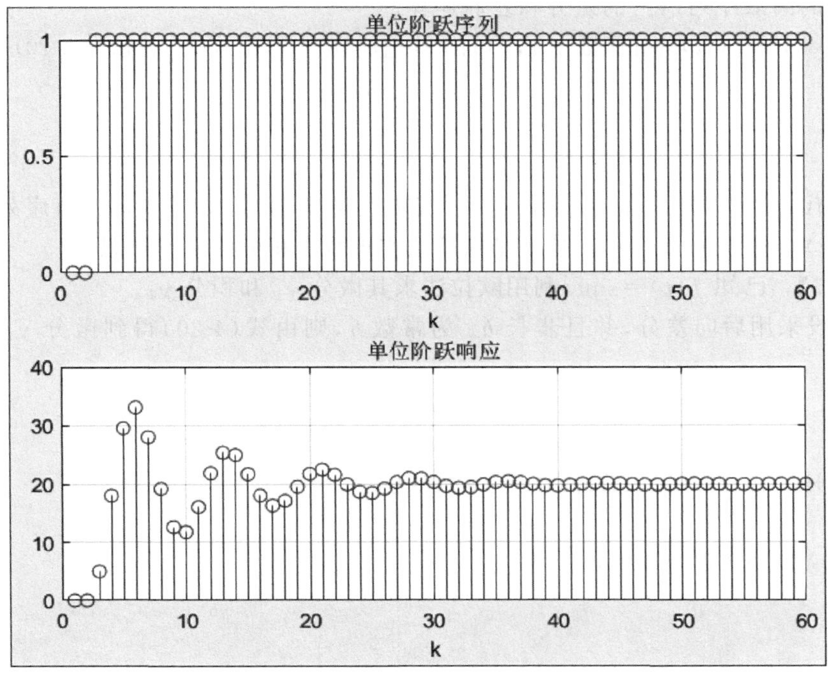

图 4-9 例 4-11 程序执行结果

根据数学上导数的定义，在 $t=t_k$ 时刻 $y(t)$的导数可近似表示为

$$y'(t)\big|_{t=t_k} \approx \frac{y(t_{k+1})-y(t_k)}{t_{k+1}-t_k}=f(t_k, y_k)$$

或

$$y'(t)\big|_{t=t_k} \approx \frac{y(t_k)-y(t_{k-1})}{t_k-t_{k-1}}=f(t_k, y_k)$$

分别简写为

$$\frac{y_{k+1}-y_k}{h_k}=f_k \tag{4-19}$$

或

$$\frac{y_k-y_{k-1}}{h_k}=f_k \tag{4-20}$$

其中，$h_k=t_{k+1}-t_k$ 或 $h_k=t_k-t_{k-1}$，称为步长。

如果已知 $y(t)$或已知其在各采样时刻的采样值序列$\{y_k\}$，利用式(4-19)和式(4-20)即可求得其导数 $f(t,y)$在各时刻的采样值序列$\{f_k\}$。当步长足够小时，由这些采样值序列即可近似得到 $y(t)$的导函数。这就是欧拉法实现数值微分的基本思想。

式(4-19)和式(4-20)中的分子分别称为前向差分和后向差分，除以步长则对应称为前向差商和后向差商。欧拉法的实质是将连续函数 $y(t)$ 的微分和求导运算转换为计算机程序能够处理的离散序列 $\{y_k\}$ 的差分和差商运算。

反之，如果已知 $y(t)$ 的导函数 $f(t,y)$ 的采样值序列 $\{f_k\}$，由式(4-19)和式(4-20)可以得到

$$y_{k+1}=y_k+h_k f_k \tag{4-21}$$

或

$$y_k=y_{k-1}+h_k f_k \tag{4-22}$$

通过循环迭代，即可得到采样值序列 $\{y_k\}$。当步长足够小时，由这些采样值序列即可近似得到 $f(t,\ y)$ 的积分函数 $y(t)$。这就是欧拉法实现数值积分的基本思想。

【例 4-12】 已知 $f(t)=\sin t$，利用欧拉法求其微分 y_1 和积分 y_2。

解：假设采用后向差分，并且步长 h_k 为常数 h，则由式(4-20)得到微分 y_1 的递推公式为

$$y_{1,k}=\frac{f_k-f_{k-1}}{h}$$

相应地，根据式(4-22)得到积分 y_2 的递推公式为

$$y_{2,k}=y_{2,k-1}+hf_k$$

据此编写 MATLAB 程序如下：

```
% ex4_12.m
h = 0.1;                                    % 设步长
t = 0:h:4 * pi;
f = sin(t);
y1(1) = 0;y2(1) = - 1;
for k = 2:length(t)
    y1(k) = (f(k) - f(k - 1))/h;            % 求微分
    y2(k) = y2(k - 1) + h * f(k);           % 求积分
end
plot(t,f,'-- ',t,y1,'- * ',t,y2,'- o');
legend('sint','数值微分','数值积分')
xlabel('t/s');title('正弦函数的数值微积分')
axis([0,4 * pi, - 1.2,1.2])
grid on
```

上述程序的运行结果如图 4-10 所示。在数值微分和数值积分信号的波形上，离散的标记点就是通过程序中的 for 循环递推得到的。这些离散点紧密排列，再用光滑的曲线连接起来，即可近似表示正弦函数的微积分结果。

在上述运算过程中，每步迭代循环中的步长都相同，称为固定步长。为了保证通过迭代循环得到的数值微积分结果达到足够高的精度，显然步长不能太大。但减小步长将增加迭代循环的次数和仿真运行时间，这可以通过采用变步长解决。

变步长的基本思想是，在函数变化比较快的时间范围内，采用足够小的步长，以保证计算精度；而在函数变化比较缓慢的时间段内，适当增大步长，以提高仿真效率。

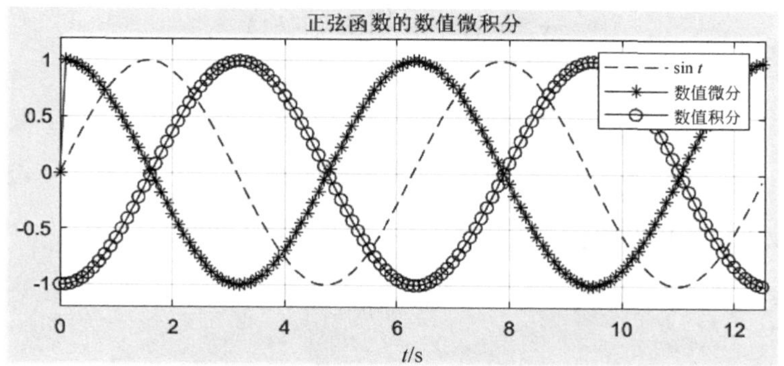

图 4-10 欧拉法求数值微积分

2. 龙格-库塔法

龙格-库塔(Runge-Kutta)法是用于数值积分和微分方程数值求解的一种重要的迭代法,由数学家卡尔·龙格和马丁·威尔海姆·库塔于 1900 年提出。该算法比较复杂,这里直接给出二阶和四阶龙格-库塔法的结论。

仍然假设已知 $y(t)$的导函数 $f(t, y)$,其采样值序列为 $f_k = f(t_k, y_k)$,要求 $f(t, y)$的数值积分得到 $y(t)$。二阶龙格-库塔法(RK2)的递推公式为

$$y_k = y_{k-1} + \frac{h}{2}(k_1 + k_2) \tag{4-23}$$

其中,

$$\begin{cases} k_1 = f(t_{k-1}, y_{k-1}) \\ k_2 = f(t_k, y_{k-1} + k_1 h) \end{cases} \tag{4-24}$$

而四阶龙格-库塔法(RK4)的递推公式为

$$y_k = y_{k-1} + \frac{h}{6}(k_1 + 2k_2 + 2k_3 + k_4) \tag{4-25}$$

其中,

$$\begin{cases} k_1 = f(t_{k-1}, y_{k-1}) \\ k_2 = f\left(t_{k-1} + \frac{h}{2}, y_{k-1} + \frac{h}{2}k_1\right) \\ k_3 = f\left(t_{k-1} + \frac{h}{2}, y_{k-1} + \frac{h}{2}k_2\right) \\ k_4 = f(t_{k-1} + h, y_{k-1} + hk_3) \end{cases} \tag{4-26}$$

下面举例说明根据上述递推公式编程实现数值积分的方法。

【例 4-13】 已知 $f(t) = \sin t$,用 RK2 法求其积分 $y(t)$,并将其与欧拉法进行对比。

解:采用 RK2 法的递推公式为

$$y_k = y_{k-1} + \frac{h}{2}(k_1 + k_2)$$

其中，

$$\begin{cases} k_1 = f(t_{k-1}, y_{k-1}) = f_{k-1} \\ k_2 = f(t_k, y_{k-1} + k_1 h) = f(t_k) = f_k \end{cases}$$

据此编写如下 MATLAB 程序：

```
% ex4_13.m
h = 0.3;
t = 0:h:4 * pi;
f = sin(t);
y1(1) = - 1;y2(1) = - 1;
for k = 2:length(t)
    y1(k) = y1(k - 1) + h * f(k - 1);                    % 欧拉法
    k1 = f(k - 1);                                       % RK2 法
    k2 = f(k);
    y2(k) = y2(k - 1) + h/2 * (k1 + k2);
end
plot(t,f,'k',t,y1,'b',t,y2,'--',...
    t, - cos(t),'-.','linewidth',2);
legend('sint','欧拉法数值积分','RK2 法数值积分','- cos(t)')
title('欧拉法和 RK2 法的比较')
xlabel('t/s');axis([0,4 * pi, - 1.2,1.2])
grid on
```

运行后同时绘制出 4 个信号的波形，如图 4-11 所示，其中 $-\cos t(t)$ 为精确的积分结果。程序设置步长为 0.3s。由波形图可以发现，在步长比较大时，RK2 法的精度比欧拉法高，积分结果(图 4-11 中的虚线)与精确结果(图 4-11 中的点画线)基本上完全重合。如果将步长减小，可以看到二者之间的误差减小。当 $h=0.1\text{s}$ 时，RK2 法和欧拉法的结果都与精确解的结果几乎完全重合，如图 4-12 所示。

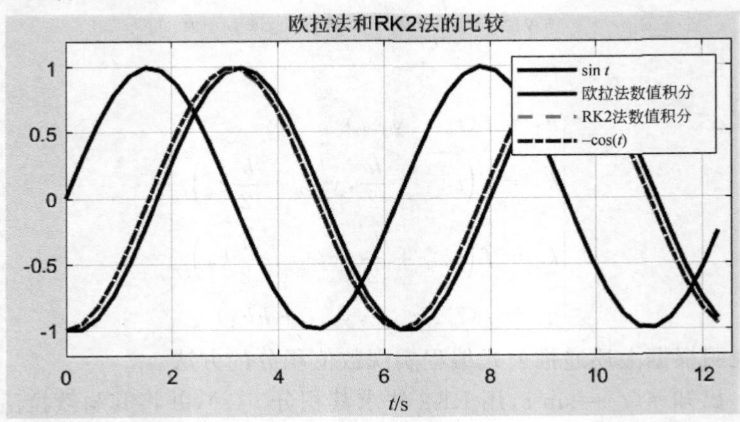

图 4-11　RK2 法和欧拉法求数值积分

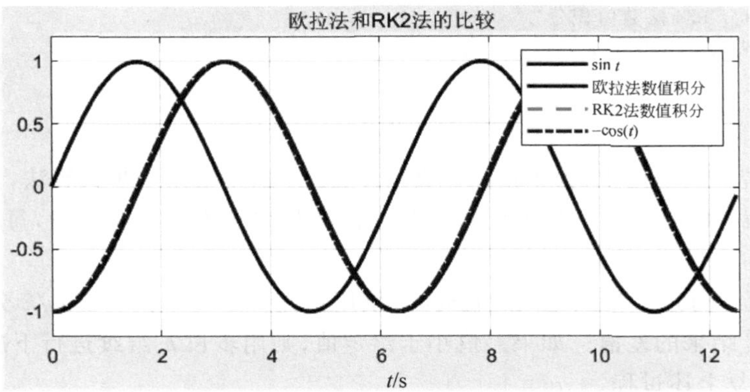

图 4-12　步长为 0.1s 的情况

【例 4-14】　已知 $f(t)=\sin t$，用 RK4 法求其积分 $y(t)$。

解：递推公式为

$$y_k = y_{k-1} + \frac{h}{6}(k_1 + 2k_2 + 2k_3 + k_4)$$

将已知的 $f(t)$ 代入式(4-26)得到

$$\begin{cases} k_1 = f(t_{k-1}, y_{k-1}) = \sin(t_{k-1}) \\ k_2 = f\left(t_{k-1} + \dfrac{h}{2}, y_{k-1} + \dfrac{h}{2}k_1\right) = \sin\left(t_{k-1} + \dfrac{h}{2}\right) \\ k_3 = f\left(t_{k-1} + \dfrac{h}{2}, y_{k-1} + \dfrac{h}{2}k_2\right) = \sin\left(t_{k-1} + \dfrac{h}{2}\right) \\ k_4 = f(t_{k-1} + h, y_{k-1} + hk_3) = \sin(t_{k-1} + h) \end{cases}$$

据此编写如下 MATLAB 程序：

```
%ex4_14.m
clc
clear
close all
h = 0.3;t = 0:h:4 * pi;
y(1) = -1;
for k = 2:length(t)
    t0 = t(k-1);
    k1 = sin(t0);
    k2 = sin(t0 + h/2);
    k3 = sin(t0 + h/2);
    k4 = sin(t0 + h)
    y(k) = y(k-1) + h/6 * (k1 + 2 * k2 + 2 * k3 + k4);
end
plot(t,sin(t),t,y,t, - cos(t),'-.','linewidth',2);
```

```
legend('sint','RK4 法数值积分','-cos(t)')
title('RK4 法求数值积分')
xlabel('t/s');axis([0,4*pi,-1.2,1.2])
grid on
```

在实际系统仿真应用中，为了提高仿真精度，RK4 通常采用变步长算法，具体步骤为：

(1) 根据信号的时间波形和系统的过渡过程将其划分为若干时间段，每时间段预先设定一个步长；

(2) 当仿真运行进入某段过渡过程时，分别用预先设定的步长 h 和 $h/2$ 分别进行计算，并求得两次计算结果的差值。如果差值小于给定值，则用步长 h 继续进行下次计算；否则，将步长减半，重复上述过程。

对于工程设计，如果容许的误差较大，例如 0.5%，则可以考虑采用固定步长算法，以减少计算量。一般经验是设置步长为 $t_c/10 \sim t_n/40$，其中 t_c 和 t_n 分别为系统单位阶跃响应的上升时间和过渡过程时间。

此外，采用 RK4 法时，步长的选择将影响计算结果的稳定性，因此应尽量采用足够小的步长，以保证计算结果是稳定的。

4.2.3 微分方程的数值求解

连续系统的微分方程中一定含有微分运算，用上述数值微积分方法实现其中的微分运算，即可将其转换为代数方程，然后用递推方法得到微分方程的数值解。下面举例说明一阶和高阶微分方程数值求解的基本方法。

1. 一阶微分方程

【例 4-15】 已知微分方程 $y'+2y=0$，设初始条件 $y_0=1$，用欧拉法编程求其数值解。

解：这是一个一阶线性常系数齐次微分方程，利用高等数学的方法可以得到该方程的精确解为

$$y=e^{-2t}, \quad t>0$$

下面用欧拉法求其数值解。根据欧拉法，将方程中的导数用后向差商表示为

$$y' \approx \frac{y_k - y_{k-1}}{h}$$

则

$$\frac{y_k - y_{k-1}}{h} = -2y_k$$

由此得到递推公式为

$$y_k = y_{k-1} - h \cdot 2y_k$$

据此编写 MATLAB 程序如下：

```
% ex4_15.m
h = 0.01;
t = 0:h:1;
y(1) = 1;                          % 初始条件
for i = 2:length(t)
    y(i) = y(i-1) - h * 2 * y(i-1);
end
plot(t, exp(-2 * t), '--',t, y);
title('欧拉法求一阶微分方程');
legend('真实解','递推解');
xlabel('t/s');grid on
```

运行结果如图 4-13 所示。由此可见,用欧拉法得到的数值解结果与精确解十分接近。

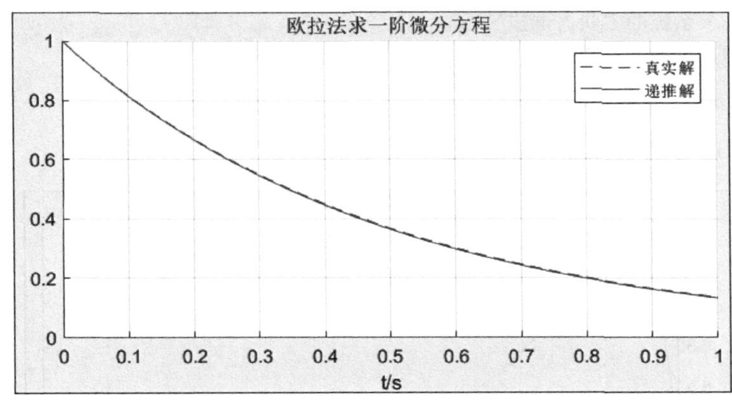

图 4-13 一阶微分方程的数值解

【例 4-16】 已知系统的微分方程为

$$y'(t)+5y(t)=4e^{-t}$$

用 RK2 法编程求在输入 $f(t)=4e^{-t}$ 作用下的零状态响应。

解:该系统零状态响应的精确解为

$$y(t)=e^{-t}-e^{-5t}, \quad t>0$$

下面用 RK2 法求其数值解。

将已知输入代入微分方程得到

$$y'(t)=-5y(t)+4e^{-t}=f(t,y)$$

则由式(4-23)得到如下递推关系:

$$y_k=y_{k-1}+\frac{h}{2}(k_1+k_2)$$

其中,由式(4-24)得到

$$\begin{cases} k_1=f(t_{k-1},y_{k-1})=-5y(k-1)+4e^{-t_{k-1}} \\ k_2=f(t_k,y_{k-1}+k_1h)=-5[y(k-1)+k_1h]+4e^{-t_k} \end{cases}$$

根据上述递推关系编写 MATLAB 程序如下：

```
%ex4_16.m
h=0.001;
t=0:h:5;
y(1)=0;
for i = 2:length(t)
    t0=t(i-1);t1=t0+h;
    k1 = -5*y(i-1)+4*exp(-t0);
    k2 = -5*(y(i-1)+h*k1)+4*exp(-t1);
    y(i) = y(i-1) +h/2 *(k1+k2);
end
plot(t,y,'k',t,exp(-t)-exp(-5*t),'--r');
title('RK2 法求系统的零状态响应')
xlabel('t/s');
grid on
```

上述程序的运行结果如图 4-14 所示。

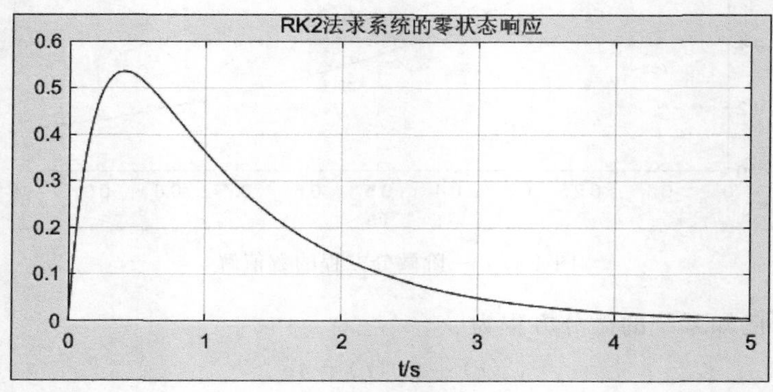

图 4-14　RK2 法求系统的零状态响应

2. 高阶微分方程

对于高阶微分方程，可以通过引入中间变量将其转换为若干一阶微分方程。对每个一阶微分方程，用上述方法求得数值解。下面举例说明。

【例 4-17】 已知微分方程 $y''+4y'+104y=0$，用 RK4 法求其数值解，已知初始条件 $y(0)=1, y'(0)=0$。

解：设中间变量 $x=y'$，则原方程转换为

$$x'+4x+104y=0$$

从而得到如下两个一阶微分方程：

$$x'=-4x-104y$$
$$y'=x$$

根据式(4-25)得到上述两个微分方程的递推关系分别为

$$x_k = x_{k-1} + \frac{h}{6}(k_{11} + 2k_{12} + 2k_{13} + k_{14})$$

$$y_k = y_{k-1} + \frac{h}{6}(k_{21} + 2k_{22} + 2k_{23} + k_{24})$$

其中，根据式(4-26)得到

$$\begin{cases} k_{11} = -4x_{k-1} - 104y_{k-1} \\ k_{12} = -4\left(x_{k-1} + \frac{h}{2}k_{11}\right) - 104\left(y_{k-1} + \frac{h}{2}k_{11}\right) \\ k_{13} = -4\left(x_{k-1} + \frac{h}{2}k_{12}\right) - 104\left(y_{k-1} + \frac{h}{2}k_{12}\right) \\ k_{14} = -4(x_{k-1} + hk_{13}) - 104(y_{k-1} + hk_{13}) \end{cases}, \quad \begin{cases} k_{21} = x_{k-1} \\ k_{22} = x_{k-1} + \frac{h}{2}k_{21} \\ k_{23} = x_{k-1} + \frac{h}{2}k_{22} \\ k_{24} = x_{k-1} + hk_{23} \end{cases}$$

据此编写如下 MATLAB 程序：

```
% ex4_17.m
clear;
close all;
clc;
h = 0.001;
t = 0:h:10;
x(1) = 0;y(1) = 1;
for i = 2:length(t)
    k11 = - 2 * x(i - 1) - 104 * y(i - 1);
    k12 = - 2 * (x(i - 1) + h/2 * k11) - 104 * (y(i - 1) + h/2 * k11);
    k13 = - 2 * (x(i - 1) + h/2 * k12) - 104 * (y(i - 1) + h/2 * k12);
    k14 = - 2 * (x(i - 1) + h * k13) - 104 * (y(i - 1) + h * k13);
    x(i)  =  x(i - 1)  + h/6  * (k11 + 2 * k12 + 2 * k13 + k14);
    k21 = x(i - 1);
    k22 = x(i - 1) + h/2 * k21;
    k23 = x(i - 1) + h/2 * k22;
    k24 = x(i - 1) + h * k23;
    y(i) = y(i - 1) + h/6 * (k21 + 2 * k22 + 2 * k23 + k24);
end
plot(t, y,'r','linewidth',2);
grid on
```

程序运行结果如图 4-15 所示。

需要注意的是，如果将步长增大，例如 $h=0.02$s，将得到如图 4-16 所示的错误结果。

出现上述问题的主要原因在于，对已知微分方程表示的二阶系统，用信号和系统理论求解得到其输出响应为衰减振荡的正弦信号，其振荡频率为 10rad/s。求其数值解时，实质上是将其通过采样转换为离散信号。因此，采样间隔(也就是步长)必须满足采样定理，最大步长不能超过 $\pi/10\approx 0.31$s。考虑用 RK4 法计算的稳定性，为确保结果正确，还需要再适当减小步长。

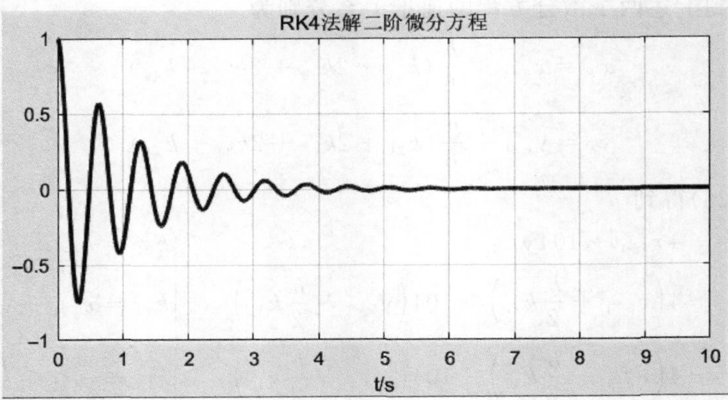

图 4-15　RK4 法求二阶微分方程

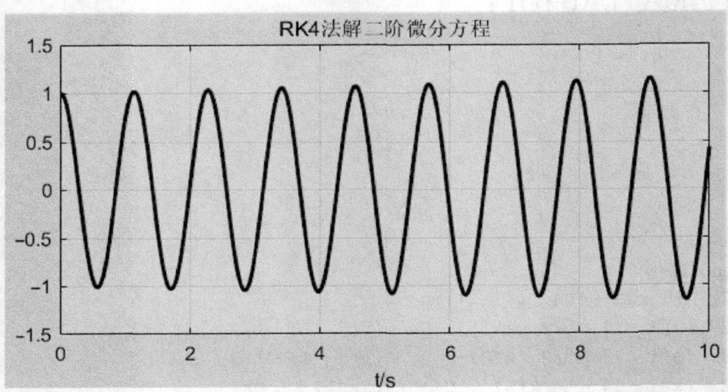

图 4-16　步长增大为 0.02s 的情况

4.2.4　微积分和微分方程求解函数

在 MATLAB 中，根据上述数值微积分和微分方程数值求解的基本原理，提供了若干相关函数。编程仿真时，既可以根据上述原理自行编程实现数值微积分和微分方程的求解，也可以直接调用这些函数来实现。

1. *差分和近似导数*

实现差分的函数为 diff()，其基本调用格式为

```
y = diff(x,n)
```

该语句实现函数 x 的 n 阶前向差分，并将数值结果保存到变量 y 中。如果 $n=1$，调用时该

参数可以省略不写，此时实现 x 的一阶前向差分。

假设 $\boldsymbol{x}$ 是长度为 m 的向量，则一阶前向差分的返回结果 $\boldsymbol{y}$ 为长度等于 $m-1$ 的向量，且

$$\boldsymbol{y}=[\boldsymbol{x}(2)-\boldsymbol{x}(1),\boldsymbol{x}(3)-\boldsymbol{x}(2),\cdots,\boldsymbol{x}(m)-\boldsymbol{x}(m-1)]$$

如果将得到的 $\boldsymbol{y}$ 再除以步长，当步长足够小时，可近似代表 $\boldsymbol{x}$ 的导数。

【例 4-18】 已知 $f(t)=\sin t$，利用 diff()函数求其导数 y。

解：MATLAB 程序如下：

```
% ex4_18.m
clear
clc
close all
h = 0.1;
t = 0:h:4 * pi;
f = sin(t);
y = diff(f)/h
t0 = t(1:length(t) - 1)
plot(t,f,'--k',t0,y,'-r','linewidth',2);
xlabel('t/s');
axis([0,4 * pi, -1.2,1.2])
title('正弦函数的近似导数')
legend('正弦函数','正弦函数的积分')
xlabel('t/s')
grid on
```

程序运行结果如图 4-17 所示。需要注意的是，函数 diff()返回的结果向量，其长度比 $\boldsymbol{x}$ 向量的长度少 1。

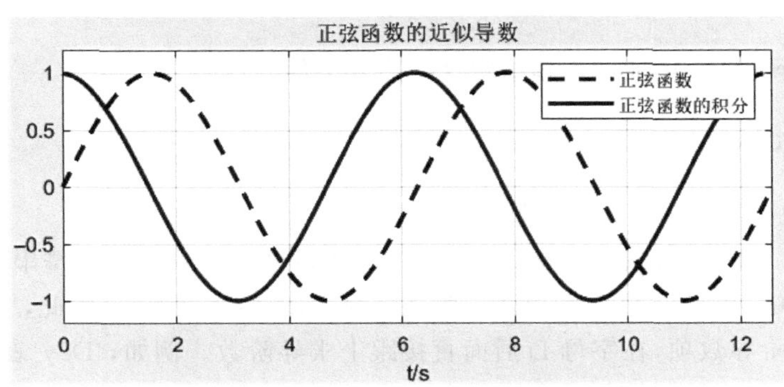

图 4-17　调用 diff()函数求导数

2. 常微分方程的求解

MATLAB 提供了 dsolve()函数用于求解常微分方程，该函数的典型调用格式为

```
S = dsolve(equ, cond)
```

其中,cond 为求解微分方程所需的边界条件,返回结果 S 为方程解的函数解析表达式。如果没有给定边界条件 cond,则求解结果为含有待定参数 C_1、C_2 等的表达式,即方程的通解。如果给定了边界条件,则返回一个确定的函数表达式。

参数 equ 给定需要求解的微分方程,可以是符号表达式(解析函数表达式)或字符串表达式。下面分别说明两种情况的用法。

1) 参数 equ 为符号表达式的情况

如果用符号表达式给定微分方程,必须用 syms 语句创建一个符号函数。在符号表达式中,用"=="表示方程中的等号,用 diff()函数表示方程中的各阶导数。例如:

```
syms y(t)
dsolve(diff(y,1) == 2 * y)
```

将求解一阶微分方程 $y'(t)=2y$。

采用这种方法给定 equ 参数,对应的边界条件 cond 可以采用类似的方程形式给定。例如:

```
syms y(t)
dsolve(diff(y,1) == t * y,y(0) == 0)
```

如果是高阶微分方程,还需要 $y'(0)=a$,$y''(0)=b$ 等边界条件,其中 a 和 b 为常数。此时需要再创建如下符号函数表达式:

```
Dy = diff(y)
D2y = diff(y,2)
```

然后在 dsolve()函数中,用如下方程给定这些边界条件。

```
Dy(0) == a, D2y(0) == b
```

2) 参数 equ 为字符串表达式的情况

参数 equ 和 cond 也可以是字符串表达式,此时必须用单引号将字符串表达式括起来。在字符串表达式中,用字母 D 表示导数。默认情况下,求导变量为 t。因此,'Dy'表示 dy/dt。对于方程中的二阶导数项,在字母 D 后面直接跟上求导阶数。例如,'D2y'表示 d^2y/dt^2。

在这种情况下,边界条件可以直接写为'y(0)=a'、'Dy(0)=b'和'D2(y)=c'等,而无须另外创建符号表达式。

【例 4-19】 已知微分方程 $y''+4y'+104y=0$,调用 dsolve()函数求解该方程,已知初始条件 $y(0)=1$,$y'(0)=0$。

解：在例 4-17 中已经用 RK4 法求得该方程的数值解。这里调用 dsolve()函数求解，得到方程解的解析表达式。完整代码如下：

```
%ex4_19.m
clc
clear
close all
syms y(t)
Dy = diff(y);
y(t) = dsolve(diff(y,2) + 4 * diff(y) + 104 * y == 0, ...
              y(0) == 1, Dy(0) == 0);
y(t) = simplify(y)
t = 0:1e-3:5;
y = subs(y,'t',t);
plot(t, y,'r','linewidth',2);
title('调用 desolve()函数解二阶微分方程');
xlabel('t/s');
grid on
```

在该程序中，采用符号表达式给定 equ 和 cond 参数。如果用字符串表达式，编写的程序如下：

```
%ex4_19_1.m
...
syms y(t)
%Dy = diff(y);                       不再需要该条语句
y(t) = dsolve('D2y + 4 * Dy + 104 * y == 0',...
              'y(0) == 1, Dy(0) == 0');
y(t) = simplify(y)
t = 0:1e-3:5;
...
```

上述两个程序执行后，将首先在 MATLAB 命令行窗口得到如下解析表达式结果：

```
y(t) =
     (exp(-2 * t) * (5 * cos(10 * t) + sin(10 * t)))/5
```

然后，调用 subs()函数，将解析表达式结果转换为数值数据，再据此绘制出微分方程解的波形，如图 4-18 所示。该结果与图 4-15 所示用 RK4 法求解的结果很接近。

最后需要注意的是，调用 dsolve()函数时，需要用到符号表达式，要求在 MATLAB 中必须安装 Symbolic Math Toolbox 工具箱。

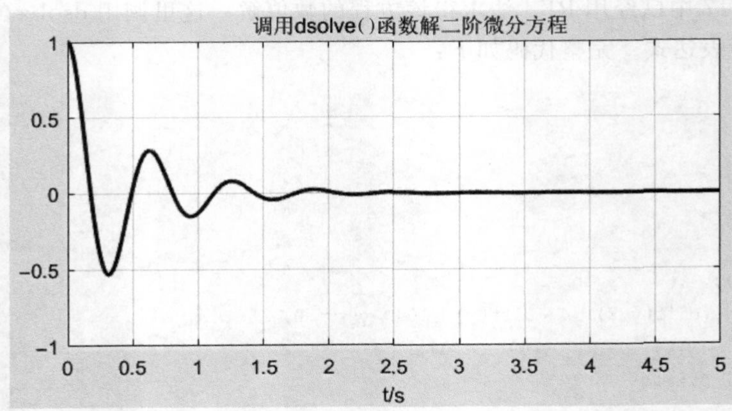

图 4-18　调用 dsolve()函数求二阶微分方程

4.3　基于方框图的动态系统建模与仿真

微课视频

连续动态系统和离散动态系统的方框图由一些基本运算单元构成，这些基本运算单元都在 Simulink 模块库中有对应的模块。因此，根据系统的方框图可以很方便地搭建其仿真模型。此外，如果已知系统的其他数学模型，可以用前面介绍的方法得到方框图，再据此搭建 Simulink 仿真模型，对系统进行仿真分析。

4.3.1　Simulink 相关模块

Simulink/Math Operations(数学运算)库提供了连续系统和离散系统方框图所需的放大器、加法器等模块。此外，在 Discrete(离散)库中提供了离散系统方框图中大量用到的 Delay(延迟器)和 Unit Delay(单位延迟器)等模块，在 Continuous(连续)库中提供了连续系统方框图中所需的 Derivative(微分器)和 Integrator(积分器)模块。

1. 延迟器模块

延迟器主要用于离散系统的方框图，因此 Simulink 中的延迟器模块都位于 Discrete 库中。表 4-1 列举了该库中所有延迟器模块及其功能。

表 4-1　延迟器模块及其功能

模 块 名	图　标	功　能
Delay	z^{-2}	按固定或可变采样周期延迟输入信号
Unit Delay	$\frac{1}{z}$	将信号延迟一个采样周期

续表

模 块 名	图 标	功 能
Tapped Delay	4 Delays	将信号延迟多个采样周期并输出所有延迟版本
Variable Integer Delay	u d z^{-d}	按可变采样周期延迟输入信号
Enabled Delay	u z^{-2}	带有使能控制输入端的延迟器
Resettable Delay	u x0 z^{-1}	带有复位输入端的延迟器

1）Delay 模块

Delay 模块将输入信号延迟一段时间后输出。该模块可以设置初始条件，实现状态存储，并可以利用外部信号重置初始条件的状态。图 4-19 为该模块的参数对话框，下面逐一介绍其中需要设置的主要参数。

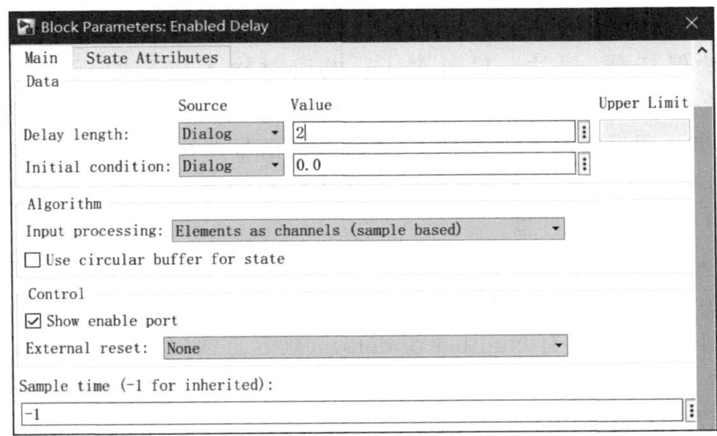

图 4-19 延迟器模块的参数设置

(1) Delay length（延迟长度）：设置延迟的时间。通过 Source 下拉列表可以选择通过对话框（Dialog）或者由外部端子（Input port）设置延迟时间。

如果在下拉列表中选择 Dialog，则需要在右侧的 Value 编辑框中输入延迟的时间。延迟时间代表模块对输入离散信号延迟的点数，必须为整数。如果输入整数为 n，则模块的图标中将显示为“z^{-n}”。如果在下拉列表中选择 Input port，则该模块成为 Variable Integer Delay（可变整数延迟器）模块。

(2) Initial condition（初始条件）：设置模块的初始条件。通过该参数右侧的下拉列表 Source 可以选择通过对话框（Dialog）或者由外部端子（Input port）设置初始条件。如果选择设置为 Input port，该模块上将增加一个初始条件输入端子。

(3) Sample time(－1 for inherited)(采样间隔)：设置模块输入信号采样时间点之间的离散间隔。默认为－1，表示采样间隔继承于输入信号，即与输入信号采样间隔相同。

2) Unit Delay 模块

Unit Delay 模块称为单位延迟模块，用于实现将输入信号延迟一个采样间隔，相当于 Delay length 参数设为 1 的 Delay 模块。图 4-20 为该模块的参数对话框，其中各参数的含义与 Delay 模块相同。

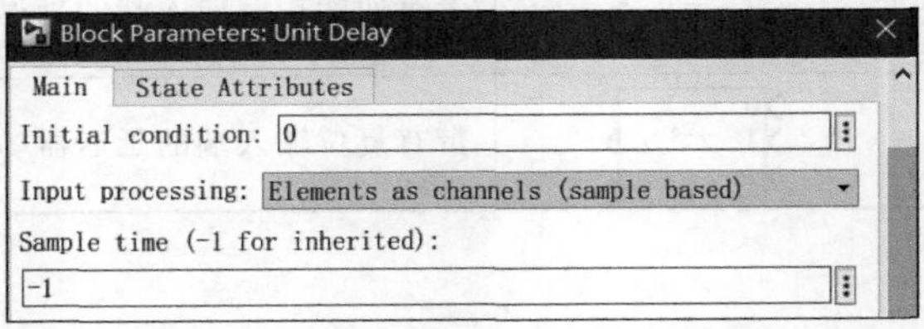

Block Parameters: Unit Delay

Main | State Attributes

Initial condition: 0

Input processing: Elements as channels (sample based)

Sample time (-1 for inherited):

-1

图 4-20　单位延迟模块的参数设置

Unit Delay 模块的输入/输出信号可以是标量，也可以是向量。如果输入为向量，模块会将向量中的所有元素保持和延迟相同的采样时间。

在 Discrete 库中，还有功能与 Unit Delay 模块类似的 Memory(存储)模块和 Zero-Order Hold(零阶保持器)模块。Unit Delay 模块对输入信号的延迟时间等于模块的 Sample time 参数值，接收并输出具有离散采样间隔的信号。而 Memory 模块将信号延迟一个主积分时间步。理想情况下，该模块接收连续的信号并在子时间步中输出固定的信号。Zero-Order Hold 模块将具有连续采样间隔的输入信号转换为具有离散采样间隔的输出信号，在仿真模型中一般用作采样器。

3) Tapped Delay 模块

Tapped Delay 模块将输入延迟指定数量的采样间隔，并将每个延迟逐一输出。与前面介绍的各延迟器不同，该模块有 Number of delays(延迟点数)和 Order output starting with 参数。其中，参数 Number of delays 必须为整数，而 Order output starting with 参数可以从下拉列表中选择设为 Oldest 或 Newest。

例如，设置 Number of delays 参数为 3 且 Order output starting with 参数设为 Newest 时，该模块将提供 3 个输出。其中，将输入信号延迟一个采样间隔得到第一个输出，延迟 2 个采样间隔得到第 2 个输出。依此类推，得到 3 个输出信号的波形如图 4-21 所示。

如果将 Order output starting with 参数重新设置为 Oldest，则 3 个输出信号的波形与图中的波形相反，即输入信号延迟一个采样间隔得到输出 3，延迟 2 个采样间隔得到输出 2，……

需要注意的是，不管 Number of delays 参数设置为多少，Tapped Delay 模块的输出端子都只有一个。为了将输出的各信号在示波器的不同子图窗口中显示，可以将模块的输出送入分路器(例如 Demux 模块)，然后将分路器的各输出分别由示波器的不同端子送入。分路器的 Number of outputs(输出端子个数)一般设置为等于 Tapped Delay 模块的 Number of delays 参数值。

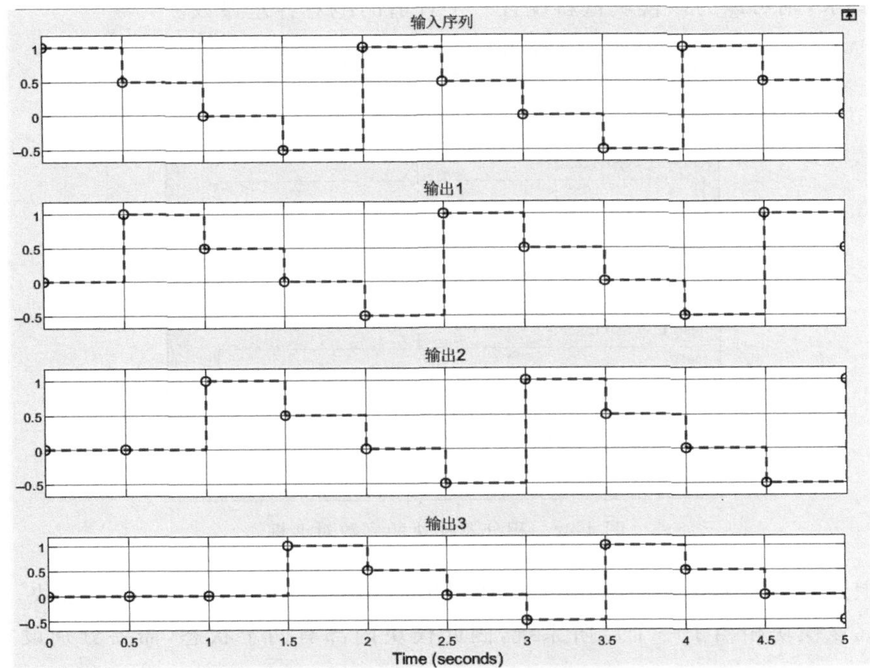

图 4-21 Tapped Delay 模块的输出波形

2. 积分器模块

积分器(Integrator)模块用于实现连续信号的积分。在 Simulink 中,将积分器模块作为具有内部状态变量的动态系统进行处理,采用数值积分方法实现积分运算。具体采用的数值积分方法可以在模型参数配置对话框中的 Solver 面板中进行设置。

图 4-22 为积分器模块的参数对话框,下面逐一介绍其中需要设置的主要参数。

(1) External reset(外部复位):将内部状态和模块的输出重置为其初始条件。该选项默认设置为 none,则运行过程中不将模块的输出和内部状态复位。如果将该选项设置为 rising、falling 或 either,则用模块外部输入信号的上升沿、下降沿或者边沿将模块复位。

(2) Initial condition source(初始条件源):选择积分初始条件的来源。如果设置该选项为 internal,则需要继续设置 Initial condition 参数作为积分的初始条件。如果设置初始条件源为 external,将在模块图标上增加一个输入端子,通过该端子外接的模块对积分器模块的初始条件进行设置。

(3) Limit output(输出限制):将模块的输出值限制在指定范围内。如果勾选该选项,则需要进一步指定积分的上限(Upper saturation limit)和下限(Lower saturation limit)。

(4) Absolute tolerance(绝对容差):设置模块计算积分的绝对容差。默认情况下,使用在求解器中所设置的绝对容差值来计算积分器模块的输出。如果求解器的绝对容差参数不能满足要求,则可以为该模块重新设置一个合适的绝对容差参数。

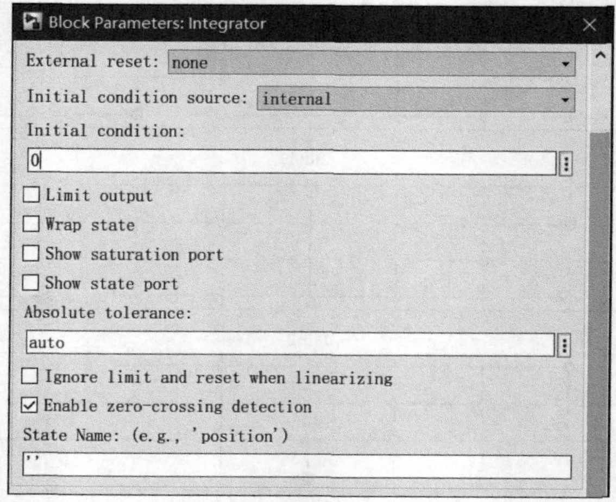

图 4-22 积分器模块的参数对话框

除了上述积分器模块外,Simulink 中还提供了 Integrator Second-Order 模块,可以实现二重积分。该模块相当于一个二阶系统,因此模块内部有两个状态,需要分别设置其初始条件。

4.3.2 离散动态系统的方框图仿真

前面介绍了离散动态系统中常用的延迟器模块。利用延迟器模块、加法器和放大器模块,即可将离散动态系统的方框图转换为 Simulink 仿真模型,也能够根据各模块代表的运算,由方框图得到运算关系,然后通过 MATLAB 编程对离散动态系统进行仿真。

1. MATLAB 编程仿真

方框图代表系统内部各状态变量与外部输入/输出信号之间的运算关系。对于离散系统,得到的将是一组递推关系。因此,根据方框图得到这些运算关系后,很容易将其转换为仿真程序。

【例 4-20】 已知某离散动态系统的方框图如图 4-23 所示,通过 MATLAB 编程仿真求其单位脉冲响应 $h(k)$。

解:在方框图中,将两个延迟器的输入分别设为 $x_1(k)$ 和 $x_2(k)$,则可以得到如下差分方程:

$$x_1(k)=x_2(k-1)$$
$$x_2(k)=f(k)-0.2x_1(k)-0.1x_1(k-1)$$
$$y(k)=0.5x_2(k)-x_1(k-1)$$

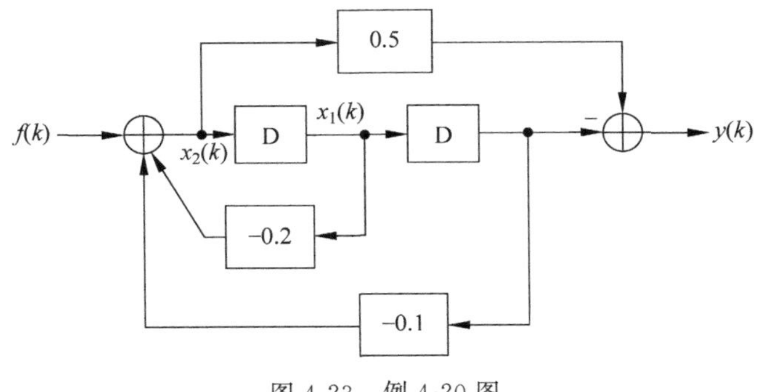

图 4-23 例 4-20 图

根据上述差分方程，即可编程递推求出各序列。为求单位脉冲响应，需要假设输入序列 $f(k)$ 为单位脉冲序列，即 $f(k)=\delta(k)$。

```
%ex4_20.m
clear
clc
close all
x1(1) = 0;x2(1) = (0);y(1) = 0;                          %设置初始条件
f = [0 1 zeros(1,8)];                                    %产生单位脉冲序列
for k = 2:10                                             %循环递推求输出响应
    x1(k) = x2(k-1);
    x2(k) = f(k) - 0.2 * x1(k) - 0.1 * x1(k-1);
    y(k) = 0.5 * x2(k) -  x1(k-1)
end
stem([1:k],y)
title('基于方框图的离散系统编程仿真')
axis([0,10,-1.2,0.6]);grid on
```

程序运行结果如图 4-24 所示。注意，由于 MATLAB 中的数组和矩阵各维的下标从 1 开始，因此程序中产生的单位脉冲序列向量 **f** 中，**f**(2)=1，其余各点幅度为 0，相当于将标准的单位脉冲序列延迟了两个点。因此，递推求得的状态变量 x_1、x_2 和输出单位脉冲响应序列 **y** 都比实际序列延迟了两个点。

2. Simulink 模型仿真

如果已知离散系统的方框图，将方框图中的放大器、加法器、延迟器分别换成相应的模块，即可得到 Simulink 仿真模型。在仿真模型中，加入信号源作为系统所需的输入信号，加入接收器模块以观察输出信号，或者将输出信号的数据导出。

【例 4-21】 同例 4-20，要求用 Simulink 模型仿真求其单位脉冲响应 $h(k)$。

解： 在已知的方框图中，将放大器用 Gain 模块实现，延迟器用 Delay 模块或者 Unit Delay 模块实现，即可得到系统的 Simulink 仿真模型，如图 4-25 所示。

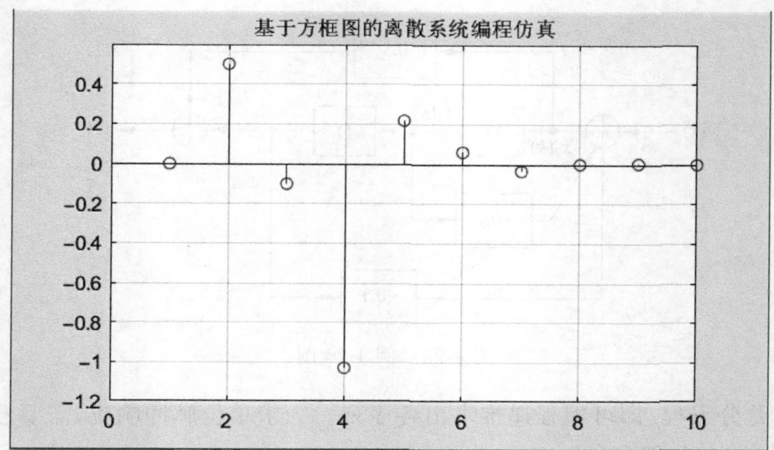

图 4-24　编程仿真结果

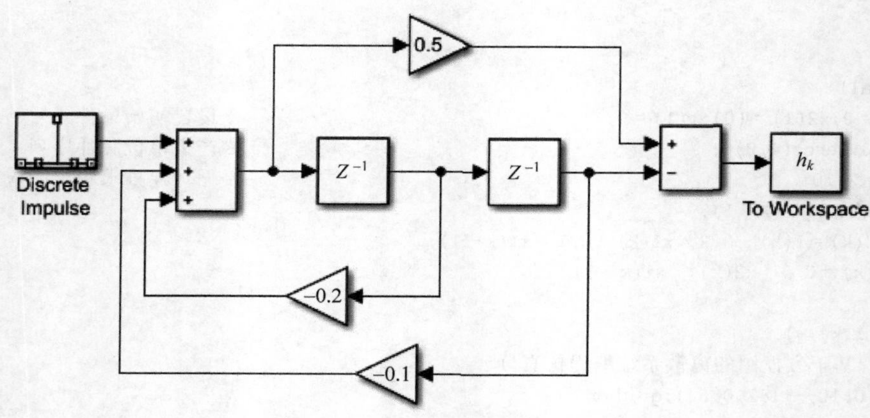

图 4-25　离散系统的仿真模型

图 4-25 中，Discrete Impulse（离散脉冲）模块位于 DSP System Toolbox/Sources 库中，用于产生单位脉冲序列作为系统的输入。为了与例 4-20 中编程仿真结果一致，设置其 Delay 参数为 2，Sample time 参数取默认值 1，表示每隔 1s 采样输出一个点。

在仿真模型中，系统的输出送入 To Workspace 模块。设置该模块的 Variable name 参数为 hk，在 Save format 下拉列表中选择 Array，则该模块将系统输出的单位脉冲响应以数组格式导出到 MATLAB 工作区中的 $\boldsymbol{h}_k$ 变量。

设置仿真运行 10s，运行结束后，将在 MATLAB 工作区得到一个 11×1 列向量 $\boldsymbol{h}_k$。在命令行窗口输入如下命令：

```
>> hk'
```

得到如下结果：

```
ans =
         0         0    0.5000   -0.1000   -1.0300    0.2160
    0.0598   -0.0336    0.0007    0.0032   -0.0007
```

这就是单位脉冲响应中各点的幅度，与图 4-24 中读出的各点幅度完全一致。

4.3.3 连续动态系统的方框图仿真

连续系统的方框图和 Simulink 仿真模型仍然代表的是系统输入信号、内部状态变量与系统输出信号之间的运算关系。因此，与离散系统类似，基于方框图也可以进行 MATLAB 编程仿真和 Simulink 模型仿真。不同的是，连续系统中对信号的积分运算在编程时应该采用数值积分方法实现。

此外，连续系统的方框图中主要包括积分器和放大器，利用 Simulink 库中提供的 Gain 模块和 Integrator 模块可以很方便地搭建出仿真模型。

1. MATLAB 编程仿真

下面举例说明根据连续系统方框图如何编写 MATLAB 程序实现仿真。

【例 4-22】 如图 4-26 所示的方框图，编写 MATLAB 程序求其单位阶跃响应。

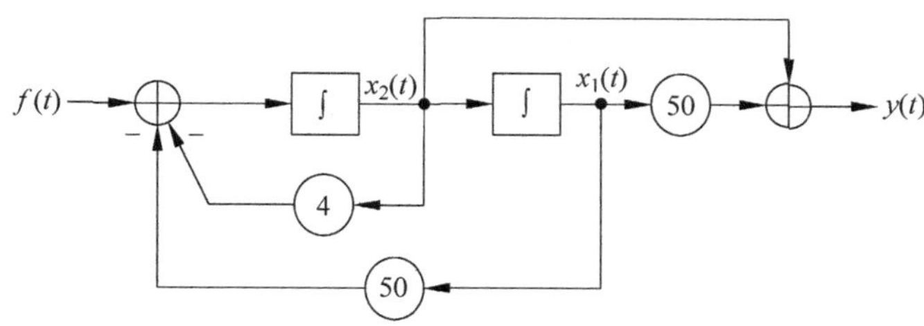

图 4-26 例 4-22 图

解：根据方框图得到如下关系：

$$x_1'(t)=x_2(t)$$
$$x_2'(t)=f(t)-4x_2(t)-50x_1(t)$$
$$y(t)=50x_1(t)+x_2(t)$$

上述 3 个方程中，前两个为一阶微分方程，最后一个是代数方程。对两个微分方程，假设采用前向差商表示其中的求导运算，则得到如下递推关系：

$$x_1(k+1)=x_1(k)+hx_2(k)$$
$$x_2(k+1)=x_2(k)+h[f(k)-4x_2(k)-50x_1(k)]$$

由第 3 个代数方程得到输出响应为

$$y(k)=50x_1(k)+x_2(k)$$

根据上述关系编写 MATLAB 程序如下：

```
% ex4_22.m
clear
clc
close all
x1(1) = 0;x2(1) = (0);                                      %设置初始条件
h = 0.01;t = 0:h:5
f = [0 ones(1,length(t) - 1)];                              %创建单位阶跃信号输入向量
for k = 1:length(t)                                         %递推求输出和状态变量
    y(k) = 50 * x1(k) + x2(k)
    x1(k + 1) = x1(k) + h * x2(k);
    x2(k + 1) = x2(k) + h * (f(k) - 4 * x2(k) - 50 * x1(k));
end
plot(t,y,'linewidth',2)                                     %绘制单位阶跃响应的波形
title('基于方框图的连续系统编程仿真')
xlabel('t/s');
grid on
```

程序运行结果如图 4-27 所示。

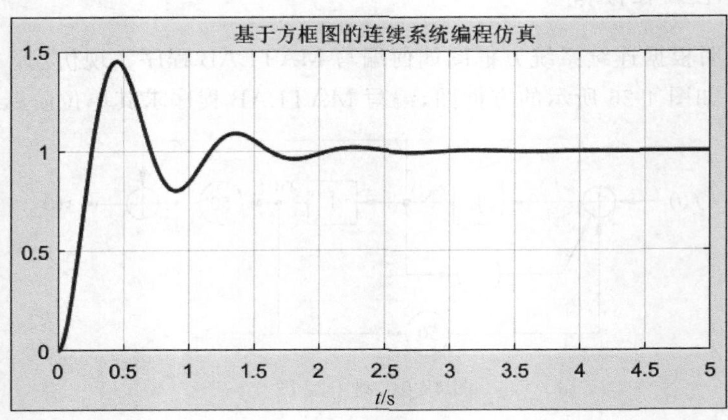

图 4-27　编程仿真结果

2. Simulink 模型仿真

下面举例说明如何根据连续系统方框图搭建 Simulink 仿真模型，并对其进行仿真分析。

【例 4-23】 同例 4-22，要求利用 Simulink 模型仿真求其单位阶跃响应。

解：将方框图中的放大器用 Gain 模块实现，积分器用 Integrator 模块实现，即可得到系统的 Simulink 仿真模型，如图 4-28 所示。

模型中，Step 模块的参数 Step time 设为 0，则在 $t=0$ 时刻产生幅度为 1V 的单位阶跃信号，作为系统的输入信号。此外，注意设置两个加法器模块的 List of signs 参数，例如设置左侧加法器的该参数为"+－－"，则其 3 个输入端子分别出现加号和减号。

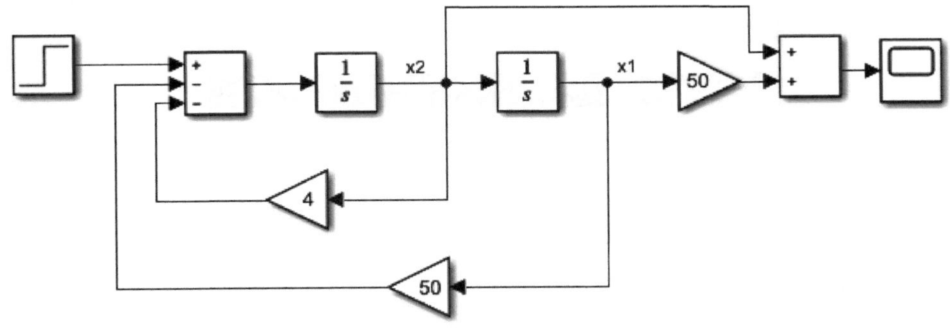

图 4-28　例 4-23 图

假设求解器采用固定步长，步长参数 Fixed-step size 设为 0.01，仿真运行 5s，运行后得到系统单位阶跃响应的波形与图 4-27 所示编程仿真结果完全相同。

4.4 基于传递函数的动态系统建模与仿真

传递函数是线性动态系统在复频域中的重要数学模型。如果已知线性系统的传递函数，可以将其转换为微分方程，然后用前面介绍的数值微积分方法进行仿真。此外，MATLAB 和 Simulink 中提供了专门的函数和模块，可以根据传递函数直接对动态系统进行仿真。

4.4.1 传递函数模块

在 Simulink/Continuous 库和 Discrete 库中，分别提供了连续系统和离散系统的传递函数模块，用于根据传递函数直接对动态系统或者动态系统中的环节进行仿真分析。

1. Transfer Fcn 模块

Transfer Fcn 模块用于实现连续系统或环节的仿真。利用该模块可以实现 SISO 系统和 SIMO 系统的仿真。该模块的参数对话框如图 4-29 所示。

(1) Numerator coefficients：分子多项式系数向量或矩阵，默认为[1]，代表传递函数分子为常数 1。

(2) Denominator coefficients：分母多项式系数行向量，默认为[1 1]，代表传递函数的分母多项式为 s+1。

(3) Absolute tolerance：用于计算模块状态所允许的绝对容差。

(4) State Name：为每个状态指定唯一名称，默认为空，可以设置为'a'、'b'、'c'等字符。

在上述参数设置中，对 SISO 系统，分子和分母多项式系数分别是一个行向量。对于有

m 个输出的 n 阶 SIMO 系统，传递函数的分母完全相同，各项系数构成一个长度为 n 的行向量，而分子多项式系数为 $m \times n$ 矩阵，矩阵中的每行对应一个输出。

Block Parameters: Transfer Fcn

Numerator coefficients:

[1]

Denominator coefficients:

[1 1]

Absolute tolerance:

auto

State Name: (e.g., 'position')

''

图 4-29　Transfer Fcn 模块的参数对话框

对于标准形式的传递函数，其分母多项式第一项系数一定为 1，因此对应的向量第一个元素一定为 1。对于实际的因果系统，传递函数分母的阶次一定不低于分子的阶次。因此，分子多项式系数矩阵中的列数一定小于或等于分母多项式向量的长度。

特别注意，在分子和分母多项式中如果有缺项，系数矩阵和向量中的对应元素一定要设为 0，而不能省略。例如，某连续系统有一个输入和两个输出，两个输出对应的传递函数分别为

$$H_1(s) = \frac{10s}{s^2 + 4s + 100}$$

$$H_2(s) = \frac{2}{s^2 + 4s + 100}$$

则必须设置该模块的分子多项式系数向量为[10 0;0 2]，分母多项式系数向量为[1 4 100]。

设置了分子和分母多项式系数向量，在该模块的图标上将显示出传递函数表达式。如果将分子和分母多项式系数矩阵设置为变量或者表达式。此时，模块图标上将显示一个分式，分子和分母分别显示为 $Y(s)$ 和 $U(s)$，如图 4-30(a)所示。

变量也可以放在括号中，作为分子分母多项式系数矩阵参数，例如设置 Numerator coefficients 参数为(a)，其中 a 为 MATLAB 工作区中的变量。此时，模块的图标将用图 4-30(b)表示。

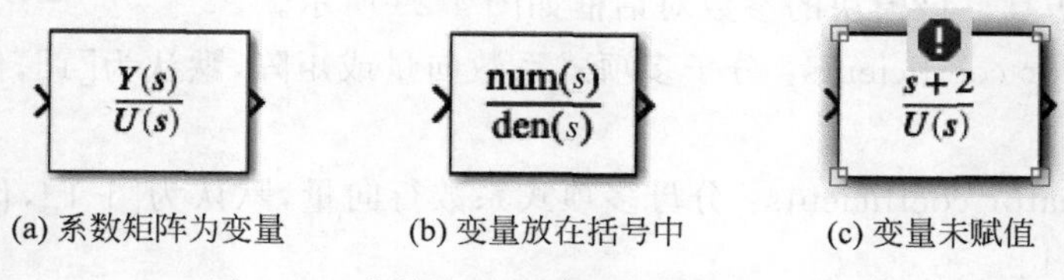

(a) 系数矩阵为变量　(b) 变量放在括号中　(c) 变量未赋值

图 4-30　参数设为变量时模块图标的显示

变量作为模块参数，为 Simulink 仿真模型与 MATLAB 程序之间的交互提供了一种手段。但是需要注意，在仿真运行之前，必须通过命令行窗口或者脚本程序为变量赋值。否

则，Transfer Fcn 模块图标上将带有阴影和一个特殊标记，如图 4-30(c)所示。鼠标移动到标记上，将提示“Unrecognized functions or variables”(无法识别的函数或变量)。

传递函数描述了系统在零初始状态时，输入和输出信号拉普拉斯变换之间的关系。因此，利用传递函数进行仿真时，Transfer Fcn 模块的初始条件预设为零。也就是说，利用该模块只能求系统的零状态响应，而不能求解系统的零输入响应和全响应。

【例 4-24】 已知连续系统传递函数为

$$H(s)=\frac{s+2}{s^2+4s+104}$$

利用 Transfer Fcn 模块仿真求解其单位阶跃响应。

解： 仿真模型如图 4-31(a)所示，其中 Transfer Fcn 模块的参数设置如图 4-31(b)所示。设置模型中 Step 模块的参数 Step time 参数为 0，设置求解器为变步长求解器，最大步长参数设置为默认值 auto，仿真运行时间为 5s。运行后得到单位阶跃响应的时间波形如图 4-32(a)所示。

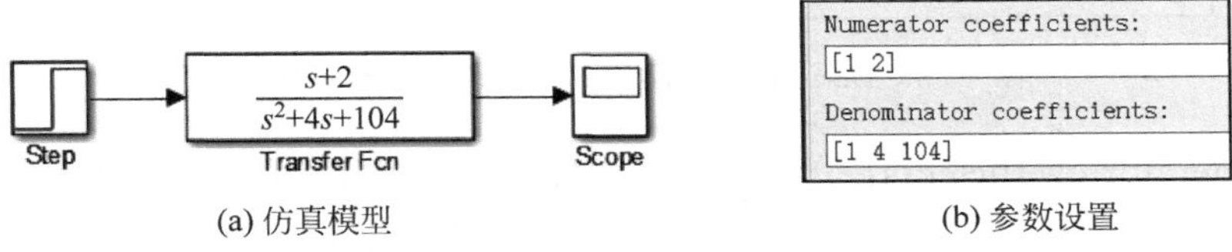

(a) 仿真模型　　(b) 参数设置

图 4-31　例 4-24 图

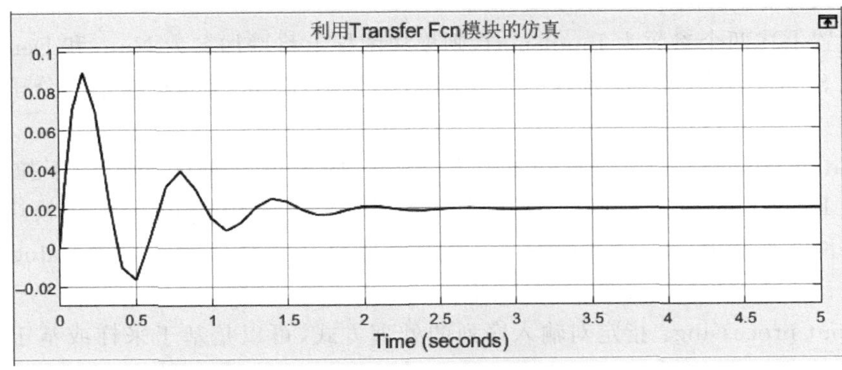

图 4-32　运行结果

由于此时步长为 5/50=0.1s，所以得到的波形不平滑。将最大步长设置为 1ms，重新运行仿真，得到单位阶跃响应的波形将变得非常平滑。

2. Discrete Transfer Fcn 模块

要对离散系统和环节进行仿真，必须使用 Discrete Transfer Fcn 模块。Discrete Transfer Fcn 模块将传递函数应用于输入的每个独立通道。Input processing 参数用于指定该模块将输入的每个列作为单个通道处理(基于帧的处理)还是将输入的每个元素作为单个通道处理(基于采样的处理)。该模块的参数对话框如图 4-33 所示。

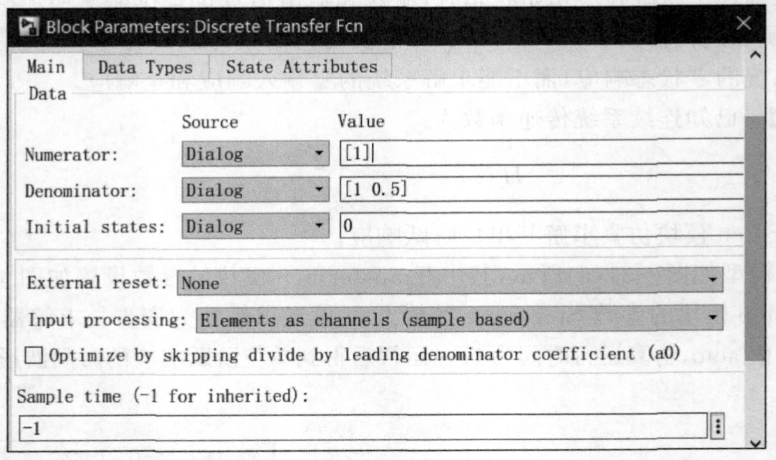

图 4-33　Discrete Transfer Fcn 模块的参数对话框

(1) Numerator coefficients：分子多项式系数向量或矩阵，可以通过对话框(Dialog)或者由输入端子(Input port)设置，默认为[1]，代表传递函数分子为常数 1。

(2) Denominator coefficients：分母多项式系数行向量，默认为[1 0.5]，代表传递函数的分母多项式为 $z+0.5$。

如果设置上述两个参数为 Input port，则模块图标上将增加名为 Num 和 Den 的输入端子。如果在 Source 下拉列表中选择 Dialog，则在右侧的 Value 编辑框中输入分子分母多项式系数矩阵。

(3) Initial condition：设置模块的初始条件。同样可以通过 Source 下拉列表选择 Dialog 或者 Input port 设置模块的初始条件。如果选择设置为 Input port，该模块上将增加一个初始条件输入端子 x0。如果该参数选择设置为 Dialog，则需要在右侧 Value 框中输入初始条件。初始条件可以为常数、向量或矩阵。一般设为常数 0。

(4) Input processing：指定对输入序列的处理方式，可以是基于采样或基于帧进行处理。如果通过下拉列表选择 Columns as channels (frame based)，则将输入信号的每列视为一个单独的通道，称为基于帧的处理方式。如果选择 Elements as channels (sample based)，则将输入信号的每个元素视为一个单独的通道，称为基于采样的处理。

(5) External reset：外部状态重置，可以选择 Rising(上升沿)、Falling(下降沿)等选项，则模块上将增加一个复位输入端子。当从该端子输入的信号出现上升沿、下降沿等时刻，将模块的内部状态复位。此时，该模块实际上成为 Resettable Delay 模块。

(6) Sample time：设置模块输入信号采样时间点之间的离散间隔。默认为−1，表示采样间隔继承于输入信号，即与输入信号采样间隔相同。

对于如下离散系统的传递函数

$$H(z)=\frac{b_m z^m+b_{m-1}z^{m-1}+\cdots+b_0}{z^n+a_{n-1}z^{n-1}+\cdots+a_0}$$

在利用 Discrete Transfer Fcn 模块实现仿真时，其分子和分母系数矩阵应分别设为 $[b_m \quad b_{m-1} \quad \cdots \quad b_0]$和$[1 \quad a_{n-1} \quad \cdots \quad a_0]$。其中，分母系数向量的第一个元素一定为 1。如果分子或分母多项式有缺项，相应元素必须设为 0，而不能省略。

【例 4-25】 已知某 SISO 离散动态系统的传递函数为

$$H(z)=\frac{0.5z^2-1}{z^2+0.2z+0.1}$$

利用 Discrete Transfer Fcn 模块仿真求其单位脉冲响应。

解：仿真模型如图 4-34(a)所示，其中 Transfer Fcn 模块参数设置如图 4-34(b)所示。

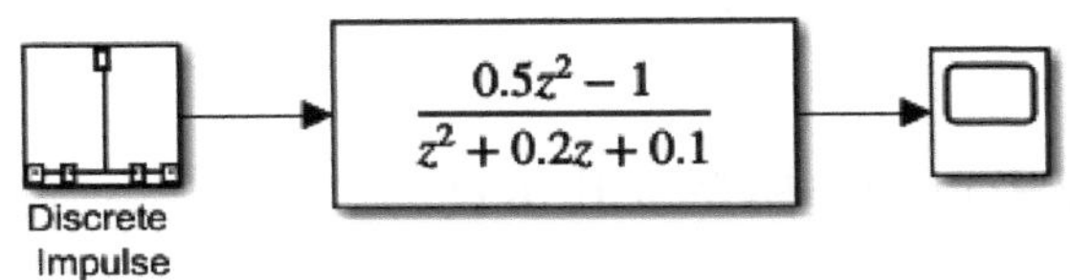

(a) 仿真模型

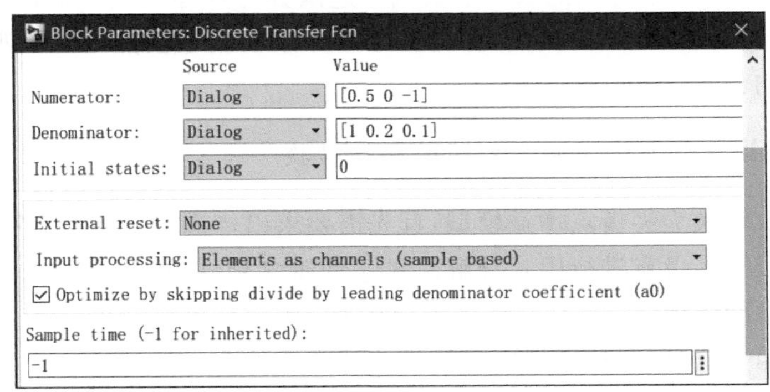

(b) 参数设置

图 4-34 例 4-25 图

图 4-34 中，Discrete Impulse 模块参数取默认值，则在仿真运行开始时刻输出幅度为 1，其他时刻幅度为 0 的单位脉冲序列，作为离散系统的输入。设置模块的 Sample time 参数为默认值 1，则表示每隔 1s 采样输出一个点。

由于是离散系统，可以将求解器设为固定步长离散求解器，Fixed-step size 参数设置为 1，仿真运行时间为 10s。运行后得到单位阶跃响应的波形如图 4-35 所示。

为了得到图 4-35 所示的离散信号的波形，注意在示波器的样式设置对话框中选择 Plot type 下拉列表中的 Stem 选项。

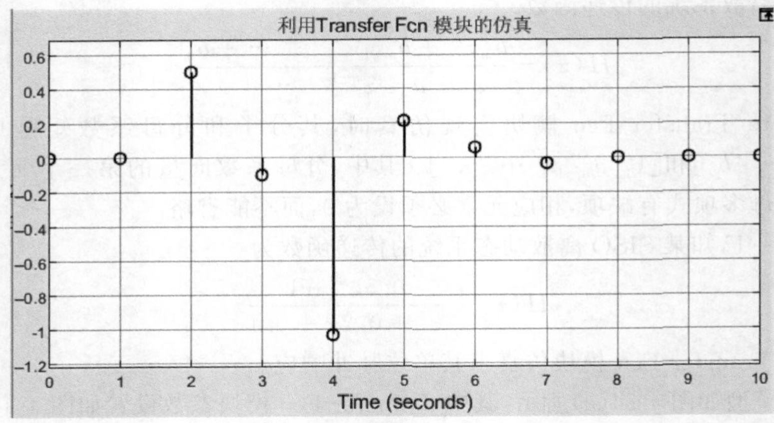

图 4-35　运行结果

4.4.2　传递函数的零极点增益模型及其仿真

MATLAB 提供了几个专用函数用于实现传递函数与其零极点增益模型之间的相互转换。这里首先介绍相关函数及其用法，在此基础上介绍根据零极点增益模型实现环节的串并联和反馈连接的仿真方法。

1. 零极点增益模型与传递函数之间的相互转换

要将传递函数转换为零极点增益模型，首先需要求出传递函数的所有零极点，然后将分子和分母多项式根据零极点进行因式分解。对于低阶多项式，可以手工求解代数方程以得到零极点。对于高阶多项式，手工求解将十分困难，甚至是不可能的。为此，MATLAB 中提供了几个专用函数，实现两种模型之间的相互转换。

1) tf2zp()函数

tf2zp()函数用于将连续系统的传递函数转换为零极点增益模型，返回传递函数所有的零点、极点和增益。其典型调用格式为

```
[z,p,k] = tf2zp(b,a)
```

其中，b 和 a 分别为传递函数的分子和分母多项式的系数向量。执行后返回传递函数所有的零点 $\boldsymbol{z}$、极点 $\boldsymbol{p}$ 和增益 k。其中，零点 $\boldsymbol{z}$ 和极点 $\boldsymbol{p}$ 为列向量，长度分别等于 m 和 n；增益 k 为标量。

假设连续系统的传递函数为

$$H(s)=\frac{b_m s^m+\cdots+b_1 s+b_0}{s^n+a_{n-1}s^{n-1}+\cdots+a_1 s+a_0}$$

则调用 tf2zp()函数之前，先构造如下向量：

$$\boldsymbol{b}=[b_m,\cdots,b_1,b_0],\quad \boldsymbol{a}=[1,a_{n-1},\cdots,a_1,a_0]$$

其中如果有缺项，对应的元素必须设为 0。

对于实际的因果系统，一定满足 $m\leqslant n$，因此向量 $\boldsymbol{b}$ 的长度不能超过 $\boldsymbol{a}$ 的长度，否则执行 tf2zp()函数时将报错。

例如，为将传递函数

$$H(s)=\frac{2s^2+3s}{s^2+0.4s+1}$$

转换为零极点增益模型，在命令行窗口输入如下命令：

```
>> b = [2 3 0];
>> a = [1 0.4 1];
>> [z,p,k] = tf2zp(b,a)
```

执行后，得到如下结果：

```
z =
         0
   - 1.5000
p =
  - 0.2000 + 0.9798i
  - 0.2000 - 0.9798i
k =
     2
```

表示传递函数的零极点增益模型为

$$H(s)=\frac{2s(s+1.5)}{(s+0.2-0.9798\mathrm{j})(s+0.2+0.9798\mathrm{j})}$$

2) tf2zpk()函数

tf2zpk()函数用于将离散系统的传递函数转换为零极点增益模型，其典型调用格式为

```
[z,p,k] = tf2zpk(b,a)
```

例如，在如下命令

```
>> [z,p,k] = tf2zpk([2 1 0],[1 0.3 0.0.02])
```

中，两个参数表示的传递函数为

$$H(z)=\frac{2z^2+z}{z^2+0.3z+0.02}=\frac{2z(z+0.5)}{(z+0.1)(z+0.2)}$$

因此，执行后得到的结果如下：

```
z =
        0
  - 0.5000
p =
  - 0.2000
  - 0.1000
k =
   2
```

如果执行如下命令：

```
>> [z,p,k] = tf2zpk([2 1],[1 0.3 0.02])
```

此时两个系数向量长度不同，MATLAB会自动在第一个向量后面填充0，使其变为[2 1 0]，从而得到完全相同的结果。

3) zp2tf()函数

连续系统和离散系统零极点增益模型到传递函数的转换都通过zp2tf()函数实现，其调用格式为

```
[b,a] = zp2tf(z,p,k)
```

其中，对于SISO系统，转换得到的传递函数分子和分母多项式系数向量 **b** 和 **a** 都为行向量，而 **z** 和 **p** 参数可以为列向量或者行向量，向量中的各元素分别表示传递函数的零点和极点。

例如，已知传递函数的零极点增益模型为

$$H(s)=\frac{2(s+3)}{s(s+1-\mathrm{j})(s+1+\mathrm{j})}$$

在命令行窗口输入如下命令：

```
>> z = - 3;
>> p = [0 - 1 + i - 1 - i];
>> k = 2;
>> [b,a] = zp2tf(z,p,k)
```

执行后，得到如下结果：

```
b =
     0     0     2     6
a =
     1     2     2     0
```

表示传递函数为

$$H(s)=\frac{2s+6}{s^3+2s^2+2s}$$

2. 根据零极点增益模型建模仿真

已知传递函数的零极点增益模型后，可以将系统的传递函数进行部分分式展开，从而将其转换为若干低阶传递函数相加或者相乘的形式。转换得到的每个低阶环节可以用一个Transfer Fcn模块表示，也可以用积分器、放大器和加法器等自行搭建仿真模型。

在得到各环节的仿真模型后，再将其进行串联、并联，即可得到整个系统的仿真模型，称为串并联法仿真。

【例4-26】 已知系统的传递函数为

$$H(s)=\frac{6}{(s+1)(s+2)(s+3)}$$

分别搭建串联法和并联法的仿真模型。

解：已知传递函数已经是零极点增益模型，串联法需要将其再转换为若干分式的乘积，得到

$$H(s)=6\times\frac{1}{s+1}\times\frac{1}{s+2}\times\frac{1}{s+3}$$

该式表示3个一阶环节的串联，各环节分别用一个加法器、一个积分器模块和一个放大器模块实现，然后将各环节串联起来得到整个系统的仿真模型，如图4-36(a)所示。

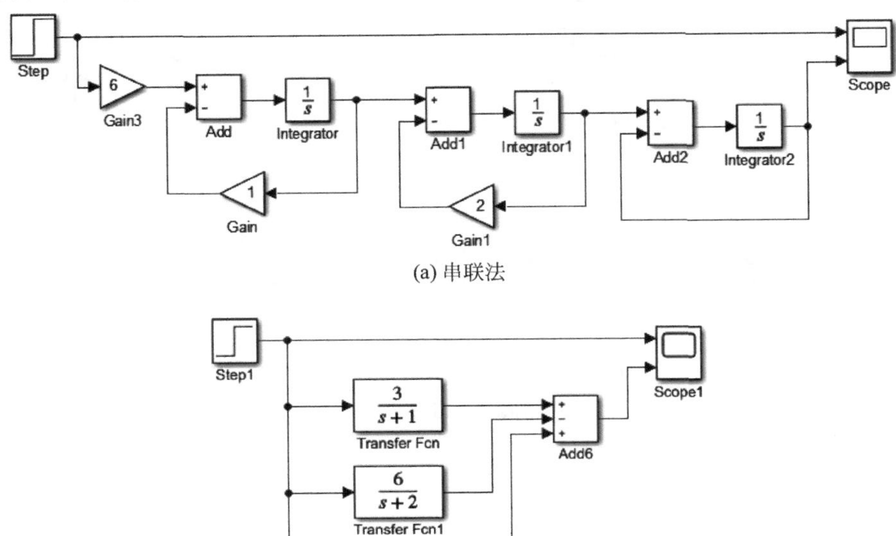

(a) 串联法

(b) 并联法

图4-36 例4-26图

并联法需要将传递函数进行部分分式展开，得到

$$H(s)=\frac{3}{s+1}-\frac{6}{s+2}+\frac{3}{s+3}$$

该式表示 3 个一阶环节的并联，这里将每个环节分别用一个 Transfer Fcn 模块表示，3 个模块的输出再用加法器模块合并相加，得到整个系统的输出，由此得到并联法仿真模型，如图 4-36(b)所示。

如果传递函数具有复数零极点，也可以用上述方法建立其仿真模型，此时模型中对应放大器的 Gain 参数将为复数。考虑到复数的零点或者极点一定共轭成对出现，也可以将共轭的复数零点或者极点对应的两个因式合并为一个二次多项式。在分解时，得到一个二阶系统，再用两个积分器实现即可。

【例 4-27】 已知系统的传递函数为

$$H(s)=\frac{104s+205}{(s+1)(s^2+4s+104)}$$

用并联法搭建其仿真模型。

解：该传递函数中有两个共轭的复数极点，即 $p_1=-2+10\mathrm{j}$，$p_2=-2-10\mathrm{j}$。为了避免出现复数，将已知传递函数分解为

$$H(s)=\frac{1}{s+1}-\frac{s-101}{s^2+4s+104}$$

从而得到系统的并联法仿真模型，如图 4-37 所示。

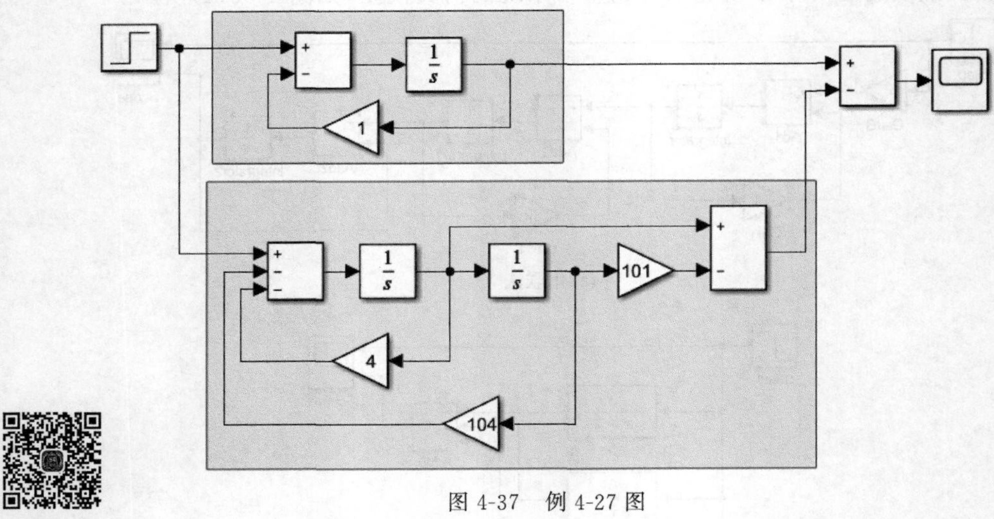

微课视频

图 4-37　例 4-27 图

4.5　基于状态空间方程的动态系统建模与仿真

前面介绍了状态空间方程及其与其他数学模型之间相互转换的方法，这里继续介绍如何根据状态空间方程进行 MATLAB 编程和 Simulink 建模仿真。首先介绍几个与状态空

间方程相关的数学模型转换函数。

4.5.1 相关转换函数

在 MATLAB 中，提供了几个函数用于实现状态空间方程与传递函数及其零极点增益模型之间的相互转换，下面分别进行介绍。

1. 状态空间方程与传递函数之间的转换函数

MATLAB 中，函数 tf2ss()和 ss2tf()用于实现传递函数与状态空间方程之间的相互转换。

1) tf2ss()函数

tf2ss()函数将传递函数转换为状态空间方程，其调用格式为

```
[A,B,C,D] = tf2ss(b,a)
```

其中，$\boldsymbol{b}$ 和 $\boldsymbol{a}$ 分别为传递函数分子和分母多项式的系数矩阵，$\boldsymbol{A}$、$\boldsymbol{B}$、$\boldsymbol{C}$ 和 $\boldsymbol{D}$ 为状态空间方程中的 4 个矩阵。

假设 n 阶连续 SISO 系统的传递函数为

$$H(s)=\frac{b_m s^m+\cdots+b_1 s+b_0}{s^n+a_{n-1}s^{n-1}+\cdots+a_1 s+a_0}$$

则调用 tf2ss()函数时，先构造如下行向量 $\boldsymbol{a}$ 和 $\boldsymbol{b}$：

$$\boldsymbol{a}=\begin{bmatrix}1 & a_{n-1} & \cdots & a_1 & a_0\end{bmatrix},\quad \boldsymbol{b}=\begin{bmatrix}b_m & b_{m-1} & \cdots & b_1 & b_0\end{bmatrix}$$

调用 tf2ss()函数后，得到状态空间方程中的 4 个矩阵分别为

$$\boldsymbol{A}=\begin{bmatrix}-a_{n-1} & -a_{n-2} & \cdots & -a_1 & -a_0\\ 1 & 0 & \cdots & 0 & 0\\ 0 & 1 & \cdots & 0 & 0\\ \vdots & \vdots & \ddots & \vdots & \vdots\\ 0 & 0 & \cdots & 1 & 0\end{bmatrix},\quad \boldsymbol{B}=\begin{bmatrix}1\\0\\0\\ \vdots\\0\end{bmatrix}$$

$$\boldsymbol{C}=\begin{bmatrix}0 & \cdots & 0 & b_m & \cdots & b_0\end{bmatrix},\quad \boldsymbol{D}=\boldsymbol{0}$$

其中，$\boldsymbol{A}$ 为 $n\times n$ 方阵，$\boldsymbol{B}$ 为 $n\times 1$ 列向量，$\boldsymbol{C}$ 为 $1\times n$ 行向量。

例如，已知系统的传递函数为

$$H(s)=\frac{2s+1}{s^2+0.5s+0.8}$$

在 MATLAB 命令行窗口依次输入如下命令：

```
>> b = [2 1];
>> a = [1 0.5 0.8];
>> [A,B,C,D] = tf2ss(b,a)
```

则得到如下执行结果：

```
A =  -0.5000    -0.8000
      1.0000         0
B = 1
    0
C = 2   1
D = 0
```

2) ss2tf()函数

ss2tf()函数将状态空间方程转换为传递函数，其调用格式为

```
[b,a] = ss2tf(A,B,C,D)
```

对 n 阶 SISO 系统，$\boldsymbol{A}$ 为 $n\times n$ 方阵，$\boldsymbol{B}$ 和 $\boldsymbol{C}$ 分别为长度等于 n 的列向量和行向量。如果给定的参数不满足此要求，调用 ss2tf()将报错。

函数的返回结果 $\boldsymbol{b}$ 和 $\boldsymbol{a}$ 长度都为 n。若得到的传递函数分子多项式阶数 m 小于分母多项式阶数 n，则向量 $\boldsymbol{b}$ 中前面 $n-m$ 个数据为 0。

【例 4-28】 已知系统的状态空间方程中的各矩阵分别为

$$\boldsymbol{A}=\begin{bmatrix}-0.5 & -0.8\\ 1 & 0\end{bmatrix},\quad \boldsymbol{B}=\begin{bmatrix}1\\0\end{bmatrix},\quad \boldsymbol{C}=[2\quad 1],\quad \boldsymbol{D}=\boldsymbol{0}$$

编程求其传递函数。

解：MATLAB 程序如下：

```
%ex4_28.m
clc
clear
A =[-0.5 -0.8; 1   0];
B = [1 0]';
C = [2 1];
D=0;
[b,a] = ss2tf(A,B,C,D)
```

执行结果如下：

```
b =
     0          2          1
a =
    1.0000    0.5000    0.8000
```

表示系统的传递函数为

$$H(s)=\frac{2s+1}{s^2+0.5s+0.8}$$

下面再举一个 SIMO 系统的例子。

【例 4-29】 已知系统的状态空间方程中的各矩阵分别为

$$A=\begin{bmatrix}0&1&0\\0&0&1\\1&-4&-5\end{bmatrix},\quad B=\begin{bmatrix}1\\2\\1\end{bmatrix},\quad C=\begin{bmatrix}1&0&0\\1&2&1\end{bmatrix},\quad D=\begin{bmatrix}1\\2\end{bmatrix}$$

编程求其传递函数。

解：根据已知的矩阵可以判断这是一个 3 阶系统，有一个输入和两个输出，因此应该得到两个传递函数。两个传递函数具有相同的分母多项式，但分子多项式各不相同。因此，分母多项式系数仍然为行向量，但分子多项式系数为 2×3 矩阵。

实现上述转换的完整程序如下：

```
% ex4_29.m
clc
clear
A = [0 1 0;0 0 1;1 -4 -5];
B = [1 2 1]';
C = [1 0 0;1 2 1];
D = [1 2]';
[b,a] = ss2tf(A,B,C,D)
```

执行后，在 MATLAB 命令行窗口得到如下结果：

```
b =
    1.0000    6.0000   11.0000   14.0000
    2.0000   16.0000   30.0000   17.0000
a =
    1.0000    5.0000    4.0000   -1.0000
```

上述结果表示该系统的两个传递函数分别为

$$H_1(s)=\frac{s^3+6s^2+11s+14}{s^3+5s^2+4s-1},\quad H_2(s)=\frac{2s^3+16s^2+30s+17}{s^3+5s^2+4s-1}$$

2. 状态空间方程与零极点增益模型之间的转换函数

MATLAB 中还提供了另外两个函数 zp2ss()和 ss2zp()，实现状态空间方程与传递函数零极点增益模型相关的转换，这两个函数的调用格式为

```
[A,B,C,D] = zp2ss(z,p,k)         %零极点增益模型转换为状态空间方程
[z,p,k] = ss2zp(A,B,C,D)         %状态空间方程转换为零极点增益模型
```

下面举例说明这两个函数的用法。

【例 4-30】 将传递函数的零极点增益模型

$$H(s)=\frac{s-3}{(s+1)(s+4)}$$

转换为状态空间方程。

```
%ex4_30.m
clc
clear
z=3;                        %零点
p=[-1 -4];                  %极点向量(可以是行向量或者列向量)
k=1;                        %增益
[A,B,C,D]=zp2ss(z,p,k)
```

执行结果：

```
A =  -5     -2
      2      0
B =   1
      0
C =   1.0000    -1.5000
D =   0
```

【例 4-31】 已知某离散系统的传递函数为

$$H(z)=\frac{2}{1+0.3z^{-1}+0.02z^{-2}}$$

将其转换为状态空间方程。

解：已知传递函数等价于

$$H(z)=\frac{2z^2}{z^2+0.3z+0.02}$$

据此编写如下程序：

```
%ex4_31.m
clc
clear
b=[2 0 0];
a=[1 0.3 0.02];
[A1,B1,C1,D1]=tf2ss(b,a)                        %方法 1
[z,p,k]=tf2zpk(b,a);
[A2,B2,C2,D2]=zp2ss(z,p,k)                      %方法 2
```

上述程序演示了两种方法实现从传递函数到状态空间方程的转换，即分别调用 tf2ss()和 zp2ss()函数实现转换。在调用 zp2ss()函数之前，先用 tf2zpk()函数将传递函数转换为零极点增益模型。

两种方法得到的结果分别如下：

```
A1 =
  - 0.3000   - 0.0200
    1.0000         0
B1 =
     1
     0
C1 =
  - 0.6000   - 0.0400
D1 =
     2
A2 =
  - 0.3000   - 0.1414
    0.1414         0
B2 =
     1
     0
C2 =
  - 0.6000   - 0.2828
D2 =
     2
```

由上述结果可以发现，两种方法转换得到的状态空间方程不一样，这说明系统的状态空间方程不是唯一的。可以验证，如果由得到的两种状态空间方程再转换为传递函数，得到的传递函数是相同的。

4.5.2 基于状态空间方程的仿真

如果已知系统的状态空间方程，可以利用 Continuous 库中的 State-Space 模块和 Discrete 库中的 Discrete State-Space 模块直接实现动态系统的仿真，也可以利用积分器等模块自行搭建仿真模型。此外，还可以根据欧拉法和龙格-库塔法等，编程求出状态方程和状态变量的数值解，再根据输出方程得到输出变量。

1. MATLAB 编程仿真

对于离散系统，状态方程为一组一阶差分方程，很容易编写递推程序求解得到系统的状态变量，再由输出方程得到系统的输出响应。

对于连续系统，状态方程为一组一阶微分方程。进行 MATLAB 编程仿真时，首先用差商表示微分方程中的求导运算，从而将状态方程转换为递推关系。利用递推关系求出所有状态变量后，再根据输出方程求出系统的输出响应。

【例 4-32】 已知离散系统的状态空间方程为

$$\begin{bmatrix} x_1(k+1) \\ x_2(k+1) \end{bmatrix} = \begin{bmatrix} -0.3 & -0.02 \\ 1 & 0 \end{bmatrix} \begin{bmatrix} x_1(k) \\ x_2(k) \end{bmatrix} + \begin{bmatrix} 1 \\ 0 \end{bmatrix} f(k)$$

$$y(k)=[-0.6\quad -0.04]\begin{bmatrix}x_1(k)\\x_2(k)\end{bmatrix}+2f(k)$$

编写 MATLAB 程序求其单位阶跃响应。

解：MATLAB 程序如下：

```
%ex4_32.m
clc
clear
close all
x1(1) = 0;x2(1) = 0;                              %状态变量设初始条件为 0
N = 10;
n = 1:N;
f = [0 ones(1,N-1)]
for k = 1:N
    y(k) = -0.6 * x1(k) - 0.04 * x2(k) + 2 * f(k);
    x1(k+1) = -0.3 * x1(k) + f(k);
    x2(k+1) = x1(k);
end
subplot(2,1,1);stem(n,f)
title('离散系统状态空间方程的求解')
xlabel('k');ylabel('单位阶跃序列');
axis([0,11,-0.2,1.2])
grid on
subplot(2,1,2);stem(n,y)
xlabel('k');ylabel('单位阶跃响应');
axis([0,11,-0.2,2.2]);grid on
```

程序运行结果如图 4-38 所示。

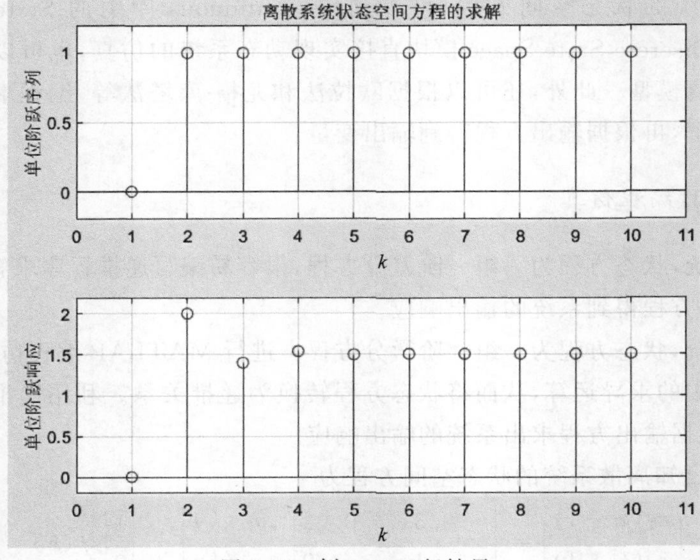

图 4-38　例 4-32 运行结果

【例 4-33】 已知系统的状态空间方程为

$$\begin{bmatrix} x'_1 \\ x'_2 \end{bmatrix} = \begin{bmatrix} -0.5 & -0.8 \\ 1 & 0 \end{bmatrix} \begin{bmatrix} x_1 \\ x_2 \end{bmatrix} + \begin{bmatrix} 1 \\ 0 \end{bmatrix} f$$

$$y = \begin{bmatrix} 2 & 1 \end{bmatrix} \begin{bmatrix} x_1 \\ x_2 \end{bmatrix}$$

用欧拉法编程进行仿真,求系统的单位阶跃响应。

解:系统的状态方程和输出方程分别为

$$x'_1 = -0.5x_1 - 0.8x_2 + f$$

$$x'_2 = x_1$$

$$y = 2x_1 + x_2$$

将状态方程中的导数用前向差分表示,得到递推公式为

$$x_1(k+1) = x_1(k) + h[-0.5x_1(k) - 0.8x_2(k) + f(k)]$$

$$x_2(k+1) = x_2(k) + hx_1(k)$$

$$y(k) = 2x_1(k) + x_2(k)$$

据此编写如下 MATLAB 程序:

```
% ex4_33.m
clc
clear
close all
h = 0.01;t = 0:h:25;
N = length(t);
x1(1) = 0;x2(1) = 0;
f = ones(1,N);
for k = 1:N
    y(k) = 2 * x1(k) + x2(k);
    x1(k + 1) = x1(k) + h * ( - 0.5 * x1(k) - 0.8 * x2(k) + f(k));
    x2(k + 1) = x2(k) + h * x1(k);
end
plot(t,y,'r','LineWidth',2)
xlabel('t/s');grid on
```

2. State-Space 和 Discrete State-Space 模块

在 Simulink/Continuous 库中,提供了 State-Space 模块用于根据状态空间方程对连续系统进行建模仿真。在 Simulink/Discrete 库中提供了 Discrete State-Space 模块实现离散系统的仿真。

上述两个模块的参数对话框类似,主要需要设置状态空间方程中的 4 个矩阵。对于有 m 个输入、r 个输出的 n 阶离散系统,共有 n 个状态变量,则 $\boldsymbol{A}$ 必须是 $n \times n$ 矩阵,$\boldsymbol{B}$ 必须是

$n\times m$ 矩阵，$\boldsymbol{C}$ 必须是 $r\times n$ 矩阵，$\boldsymbol{D}$ 必须是 $r\times m$ 矩阵。

不管所仿真的系统有多少个输入和输出信号，这两个模块都只有一个输入端和一个输出端。为了接入所有的输入信号，可以用 Bus Creator（总线创建器）模块将所有输入信号合并后，再送入 State-Space 模块。而在模块的输出端，可以利用 Demux（分接器）模块将各输出信号分开。

【例 4-34】 已知离散系统的状态空间方程为

$$\begin{bmatrix} x_1(k+1) \\ x_2(k+1) \end{bmatrix} = \begin{bmatrix} 1 & 1 \\ -0.2 & -0.6 \end{bmatrix} \begin{bmatrix} x_1(k) \\ x_2(k) \end{bmatrix} + \begin{bmatrix} 0 & 1 \\ 1 & 0 \end{bmatrix} \begin{bmatrix} f_1(k) \\ f_2(k) \end{bmatrix}$$

$$\begin{bmatrix} y_1(k) \\ y_2(k) \end{bmatrix} = \begin{bmatrix} 1 & 0 \\ 0 & 1 \end{bmatrix} \begin{bmatrix} x_1(k) \\ x_2(k) \end{bmatrix} + \begin{bmatrix} 0.1 & 0 \\ 0 & 1 \end{bmatrix} \begin{bmatrix} f_1(k) \\ f_2(k) \end{bmatrix}$$

其中，输入 $f_1(k)$为单位阶跃序列，$f_2(k)$为单位脉冲序列，利用 Discrete State-Space 模块搭建 Simulink 模型，求系统在零初始条件下的两个输出序列 $y_1(k)$和 $y_2(k)$。

解：搭建的 Simulink 仿真模型如图 4-39 所示。其中，设置 Step 模块的 Sample time 为 1s，Step time 为 0s，在仿真运行的开始即输出单位阶跃序列。Discrete Impulse 模块的参数设置为默认值。

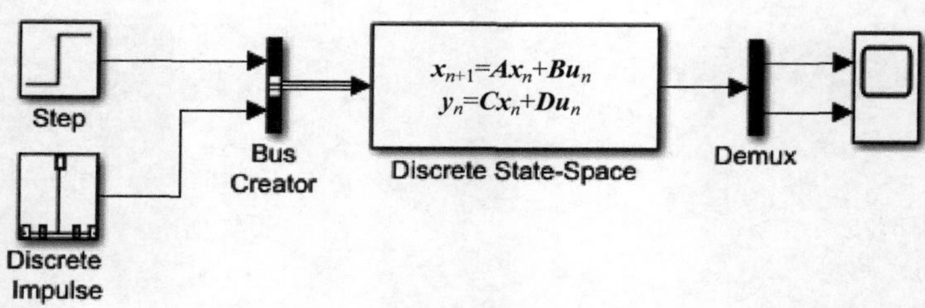

图 4-39　MIMO 系统的仿真模型

根据已知的状态空间方程，设置模型中 Discrete State-Space 模块的参数如图 4-40 所示。运行仿真结束后在示波器上得到两个输出信号 $y_1(k)$和 $y_2(k)$的波形如图 4-41 所示。

【例 4-35】 已知某连续系统的状态空间方程为

$$\begin{bmatrix} x_1' \\ x_2' \end{bmatrix} = \begin{bmatrix} 0 & 1 \\ -100 & -10 \end{bmatrix} \begin{bmatrix} x_1 \\ x_2 \end{bmatrix} + \begin{bmatrix} 0 \\ 100 \end{bmatrix} f$$

$$y = \begin{bmatrix} 1 & 0 \end{bmatrix} \begin{bmatrix} x_1 \\ x_2 \end{bmatrix}$$

利用 State-Space 模块建立系统仿真模型，并求在正弦波作用下的零状态响应。

解：搭建如图 4-42(a)所示的仿真模型。模型中正弦信号源取默认值，产生角频率为 20π rad/s 的连续正弦波作为输入信号。

设置模型中 State-Space 模块的参数如图 4-42(b)所示。另外，注意设置求解器的最大步长为 1ms。仿真运行 5s，示波器上得到系统的零状态响应如图 4-43 所示。

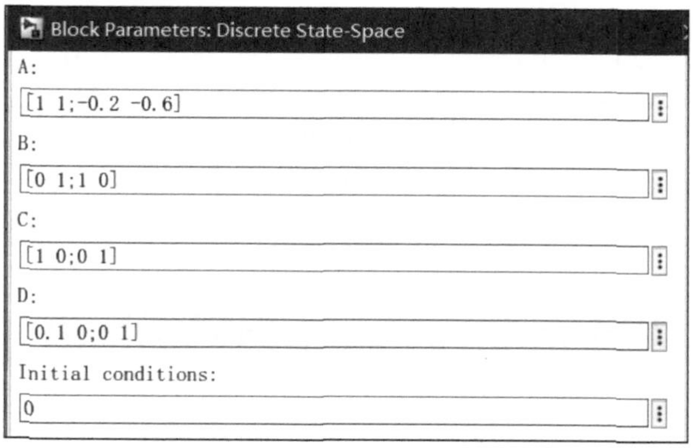

Block Parameters: Discrete State-Space

A:

[1 1;-0.2 -0.6]

B:

[0 1;1 0]

C:

[1 0;0 1]

D:

[0.1 0;0 1]

Initial conditions:

0

图 4-40　MIMO 系统的仿真

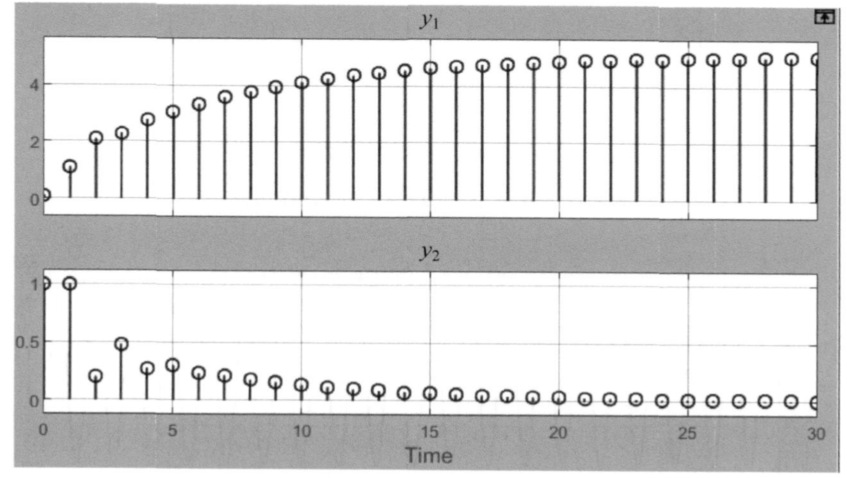

图 4-41　MIMO 系统的响应

3. 基于基本运算单元的 Simulink 仿真

系统的状态方程为一组一阶微分方程或差分方程，描述的是 n 个状态变量的一阶导数或者差分与系统输入信号之间的关系。因此，根据状态空间方程，可以很方便地用基本运算单元实现系统建模和仿真。

对于连续系统，一般做法是：假设系统阶数为 n，则仿真模型中将有 n 个积分器；设第 i 个积分器的输出信号为一个状态变量 $x_i(i=1,2,\cdots,n)$，则有 n 个状态变量；然后，根据状态空间方程中 4 个矩阵描述的状态变量与系统输入、输出信号之间的关系，将各积分器的输入输出相连接，并用放大器和加法器模块将各状态变量进行放大和叠加，即可得到系统的仿真模型。

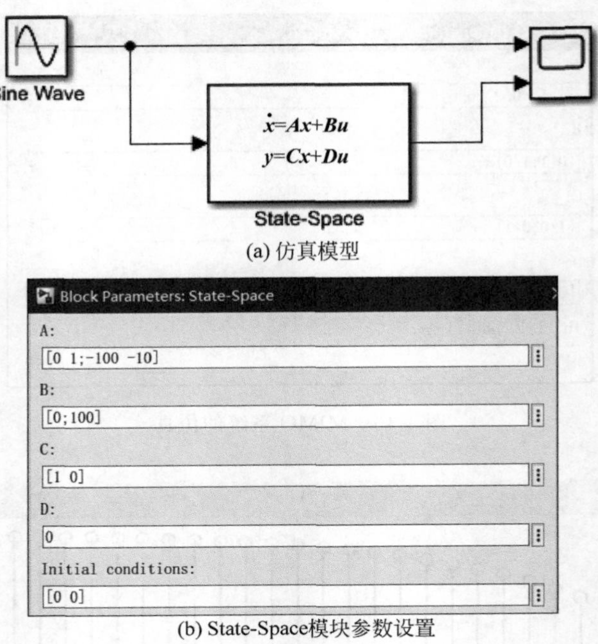

(a) 仿真模型

(b) State-Space模块参数设置

图 4-42　连续系统的状态空间方程仿真

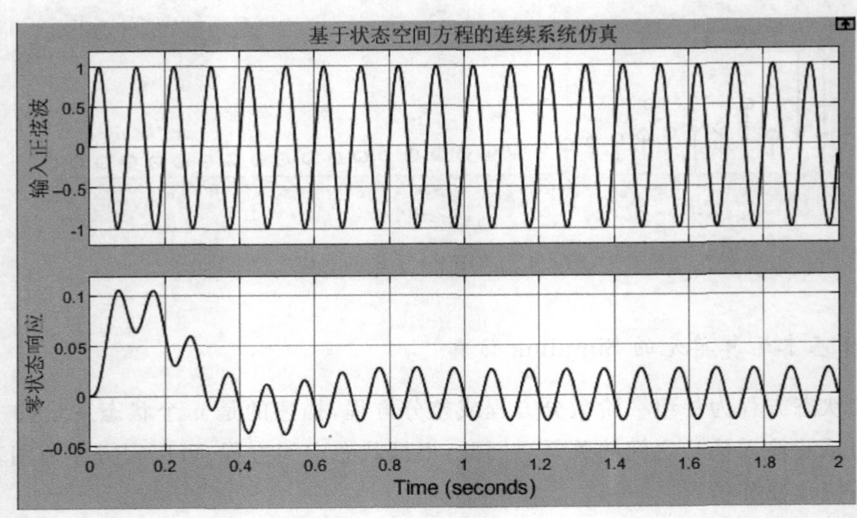

图 4-43　例 4-35 运行结果

类似地，对于离散系统，一般假设延迟器的输出信号为状态变量，然后用同样的方法将各积分器、放大器和加法器连接起来，构成离散系统的仿真模型。

【例 4-36】 已知系统状态空间方程中的 4 个矩阵分别为

$$\boldsymbol{A}=\begin{bmatrix}-0.5 & -0.8\\ 1 & 0\end{bmatrix},\quad \boldsymbol{B}=\begin{bmatrix}1\\0\end{bmatrix},\quad \boldsymbol{C}=\begin{bmatrix}2 & 1\end{bmatrix},\quad \boldsymbol{D}=\boldsymbol{0}$$

利用基本运算单元搭建仿真模型，求解当初始状态 $x_1(0)=1, x_2(0)=0$ 时，系统在单位阶跃信号作用下的响应。

解：根据上述方法，利用积分器模块搭建的仿真模型如图 4-44 所示。为了对比，模型中同时用 State-Space 模块直接实现该系统。

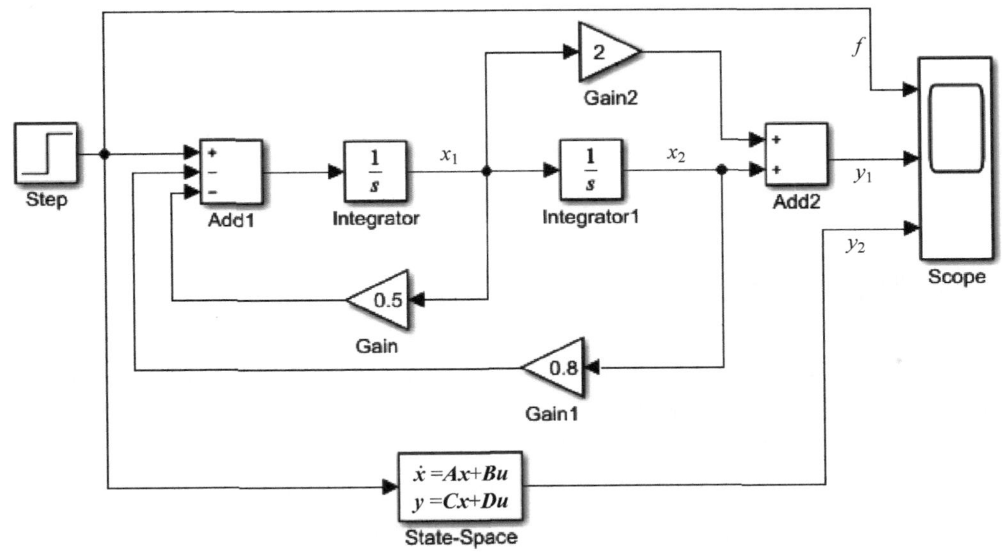

图 4-44　例 4-36 仿真模型

根据第一个状态方程，在仿真模型中用 Add1 模块将方程右边 3 项对应的信号相叠加。同时，设 Integrator1 模块的输出信号为状态变量 x_2，则其输入为 x_2'。因此，根据第二个状态方程，将 Integrator 模块输出的状态变量 x_1 直接与 Integrator1 模块的输入相连接。

类似地，根据系统的输出方程将两个积分器模块的输出分别放大 2 倍和 1 倍再用 Add2 模块相加，即得到系统的输出信号 y_1。

设置 Step 模块的 Step time 为 0s，其他参数取默认值。另外，根据题目已知的初始条件，应将两个积分器模块的 Initial condition 参数分别设为 1 和 0。而相应地将模型中的 State-Space 模块参数 Initial conditions 参数设为[1,0]。

求解器选用变步长连续求解器，最大步长设为 0.01s，仿真运行时间 25s。仿真运行后，得到系统输入信号 f 和输出信号 y_1、y_2 的波形如图 4-45 所示。

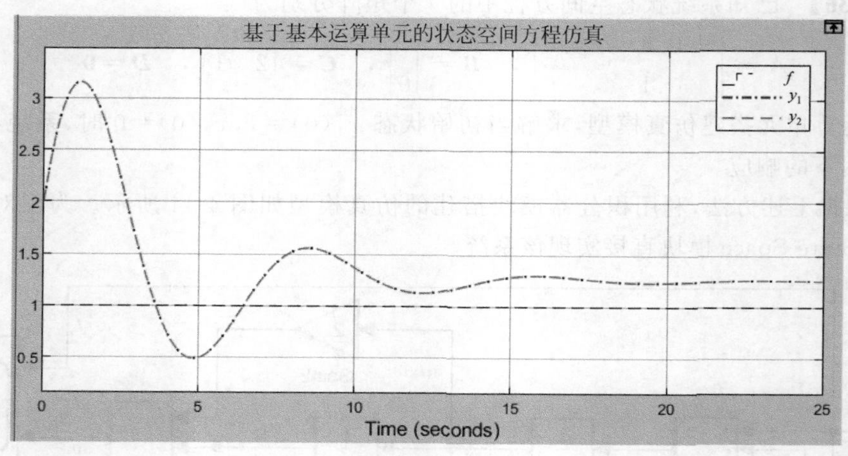

图 4-45　例 4-36 运行结果

4.6　模型对象及其编程仿真

微课视频

在 MATLAB 编程进行系统的建模和仿真过程中，将传递函数和状态空间方程等数学模型统称为模型对象(Model Object)。模型对象可以认为是一个专门的数据容器，它以结构化的方式封装动态系统的模型数据和其他属性。通过模型对象可以将被仿真的线性系统视为单一实体，利用 MATLAB 编程的方法对系统进行建模仿真，求解系统的响应，对系统进行性能分析等。

4.6.1　模型对象的创建

模型对象可以根据系统的传递函数或者状态空间方程进行创建，相应地称为传递函数模型对象和状态空间模型对象。

1. 传递函数模型对象的创建

传递函数模型对象通过调用 tf()或 zpk()函数实现，两个函数分别根据传递函数或者传递函数的零极点增益模型创建模型对象。

1) tf()函数

tf()函数用于根据传递函数的分子分母多项式系数创建传递函数模型对象，并有如下两种基本调用格式：

```
sys = tf(num,den)
sys = tf(num,den,ts)
```

上述两种格式分别用于创建连续系统和离散系统的传递函数模型对象。其中，参数 num 和 den 分别为传递函数的分子多项式系数矩阵和分母多项式系数向量；t_s 为采样间隔，一般设置为－1，表示创建的模型对象采样时间继承于输入信号。

例如，在命令行窗口输入如下命令：

```
>> b = 1;
>> a = [2,3,4];
>> sys = tf(b,a)
```

执行后，将得到如下连续系统的传递函数模型对象：

```
sys =
          1
  ---------------
  2 s^2 + 3 s + 4
Continuous - time transfer function.
```

例如，

```
>> num = [2 0];
>> den = [4 0 3 -1];
>> sys = tf(num,den, - 1)
```

执行后，将得到如下离散系统的传递函数模型对象：

```
sys =
         2 z
  ---------------
  4 z^3 + 3 z - 1
Sample time: unspecified
Discrete - time transfer function.
```

2) zpk()函数

zpk()函数用于根据连续或者离散系统传递函数的零极点增益模型来创建传递函数模型对象，其基本调用格式为

```
sys = zpk(z,p,k)
sys = zpk(z,p,k,ts)
```

其中，参数 $\boldsymbol{z}$、$\boldsymbol{p}$ 和 k 分别为传递函数的零点行向量、极点行向量和增益标量；t_s 为采样间隔，一般设置为－1，表示创建的模型对象采样时间继承于输入信号。

例如，如下命令：

```
>> h = zpk([1 2], [1 - i 1 + i 2], -2)
```

执行后,创建得到的传递函数模型对象为

```
h =
      -2 (s-1) (s-2)
   ----------------------
   (s-2) (s^2 - 2s + 2)
Continuous - time zero/pole/gain model.
```

2. 状态空间模型对象的创建

状态空间模型对象根据系统的状态空间方程进行创建,主要通过调用 ss()函数实现。为连续系统和离散系统创建状态空间模型对象时,函数 ss()的调用格式分别为

```
sys = ss(A,B,C,D)
sys = ss(A,B,C,D,ts)
```

其中,t_s 为采样间隔,一般设置为-1,表示创建的模型对象采样时间继承于输入信号。

例如,如下命令:

```
>> A = [-1.5, -2;1,0];
>> B = [0.5;0];
>> C = [0,1];
>> D = 0;
>> sys = ss(A,B,C,D)
```

执行时,将根据已知的 4 个矩阵创建一个连续系统的状态空间模型对象,得到如下结果:

```
sys =
  A =
         x1    x2
   x1  -1.5   -2
   x2     1    0
  B =
        u1
   x1  0.5
   x2    0
  C =
       x1  x2
   y1   0   1
  D =
       u1
   y1   0
Continuous - time state - space model.
```

其中，x_1、x_2 为系统的两个状态变量，u_1 为系统的输入，y_1 为系统的输出。这是一个连续 SISO 系统。

类似地，如下命令：

```
>> A = [-7,0;0,-10];
>> B = [5,0;0,2];
>> C = [1,-4;-4,0.5];
>> D = [0,-2;2,0];
>> ts = 0.2;
>> sys1 = ss(A,B,C,D,ts)
```

执行时，将创建一个离散系统状态空间模型对象 sys1，得到如下结果：

```
sys1 =
   A =
          x1    x2
   x1    -7      0
   x2     0    -10
   B =
        u1  u2
   x1    5   0
   x2    0   2
   C =
          x1     x2
   y1      1     -4
   y2     -4     0.5
   D =
        u1   u2
   y1    0   -2
   y2    2    0
  Sample time: 0.2 seconds
 Discrete-time state-space model.
```

3. 两种模型对象之间的相互转换

利用 tf()、zpk()函数可以创建传递函数模型对象，而利用 ss()函数可以创建状态空间方程模型对象。在实际应用中，还需要在程序中实现这两种模型对象之间的相互转换。

实现各种模型对象之间的相互转换，仍然是通过调用上述函数实现。不同的是，调用这些函数时，其入口参数为模型对象，转换结果也为模型对象。

例如，对前面创建的离散系统状态空间模型对象 sys1，如下命令将转换得到该系统的传递函数模型对象。

```
>> tf(sys1)
```

执行后得到如下结果：

```
ans =
  From input 1 to output...
         5
   1:  -----
       z + 7

       2 z - 6
   2:  -------
        z + 7
  From input 2 to output...
       - 2 z - 28
   1:  ---------
        z + 10
          1
   2:  ------
       z + 10

Sample time: 0.2 seconds
Discrete - time transfer function.
```

由于该离散系统有两个输入、两个输出，因此一共得到 4 个传递函数模型对象。而如下命令：

```
>> zpk(sys1)
```

将得到零极点增益形式的传递函数模型对象，其执行结果如下：

```
ans =
  From input 1 to output...
         5
   1:  -----
       (z + 7)
       2 (z - 3)
   2:  -------
        (z + 7)
  From input 2 to output...
       - 2 (z + 14)
   1:  ---------
        (z + 10)
         1
   2:  ------
       (z + 10)
Sample time: 0.2 seconds
Discrete - time zero/pole/gain model.
```

4.6.2 模型对象的编程仿真

利用函数 tf()、zpk()和 ss()创建的模型对象，可以在 MATLAB 程序中对其做进一步的分析和处理，例如求该模型对象代表的连续或离散系统的响应等。

在 MATLAB 中，提供了 step()和 impulse()函数，用于根据模型对象求解系统的单位响应。

1. step()函数

step()函数用于求解或者绘制模型对象所代表的系统的单位阶跃响应，其基本调用格式有如下两种：

```
[y,t] = step(sys,t)
step(sys,t)
```

其中，sys 为模型对象；t 为求解单位阶跃响应所需的时间向量，可以省略。

在第一种调用格式中，函数返回两个参数 y 和 t 分别为系统的输出向量和时间向量。第二种调用格式没有返回值，执行后直接在图形窗口绘制单位阶跃响应的时间波形。

例如，如下命令：

```
>> t = 0:0.001:5;
>> sys = tf([10 -5],[1,4,104]);
>> y = step(sys,t);
>> plot(t,y)
```

首先创建了一个时间向量 t，代表仿真运行时间为 5s，步长为 0.001。第二条命令创建模型对象，其传递函数为

$$H(s)=\frac{10s-5}{s^2+4s+104}$$

然后，调用 step()函数求解得到系统的单位阶跃响应，再根据 y 和 t 向量绘制出时间波形。

2. impulse()函数

impulse()函数用于求解或者绘制连续系统的单位冲激响应和离散系统的单位脉冲响应，其基本调用格式和用法与 step()相同。下面举例说明。

【例 4-37】 已知某离散系统传递函数的零点为 1，极点为 0.2 和 −0.4，增益为 2，编写 MATLAB 程序求解系统的单位脉冲响应，并绘制其波形。

解：程序如下：

```
%ex4_37.m
clc
clear
close all
k = 0:20;
sys = zpk(1,[0.2 -0.4],2,1)
y = impulse(sys,k)
stem(k,y)
title('利用模型对象求离散系统的单位脉冲响应')
xlabel('t/s'); grid on
```

在上述程序中，k 为时间向量，对于离散系统，也就是输入/输出序列中各点的序号。因此，步长（采样间隔）为 1，运行时间为 20s。

然后，由于已知的是传递函数的零极点和增益，因此调用 zpk()函数创建模型对象。其中，第 4 个参数设为 1，与时间向量 k 的采样间隔相同。

在得到模型对象变量 sys 以后，调用 impulse()函数求解系统的单位脉冲响应，再调用 stem()函数绘制其时间波形。

上述程序运行后，将在命令行窗口得到如下结果：

```
sys =
         2 (z-1)
  ---------------
  (z-0.2) (z+0.4)
Sample time: 1 seconds
Discrete-time zero/pole/gain model.
y =
         0
    2.0000
   -2.4000
    0.6400
    …
```

并且在图形窗口中绘制出单位脉冲响应的波形如图 4-46 所示。

4.6.3 模型对象的串并联

系统中的各环节仍然是系统，也可以创建为模型对象。此时，为了构成大系统，需要将各环节进行串并联和反馈连接。为此，MATLAB 中提供了 series()、parallel()和 feedback()这 3 个函数，实现这些变换。

上述 3 个函数的基本调用格式分别为

```
sys = series(sys1,sys2)          %串联
sys = parallel(sys1,sys2)        %并联
sys = feedback(sys1,sys2)        %反馈连接
```

其中,sys1 和 sys2 为两个环节的模型对象,必须同时为连续或者离散子系统。对离散子系统,两个环节模型对象的采样间隔必须相同。在 feedback()函数中,sys1 为前向通道环节,sys2 为反馈通道环节。

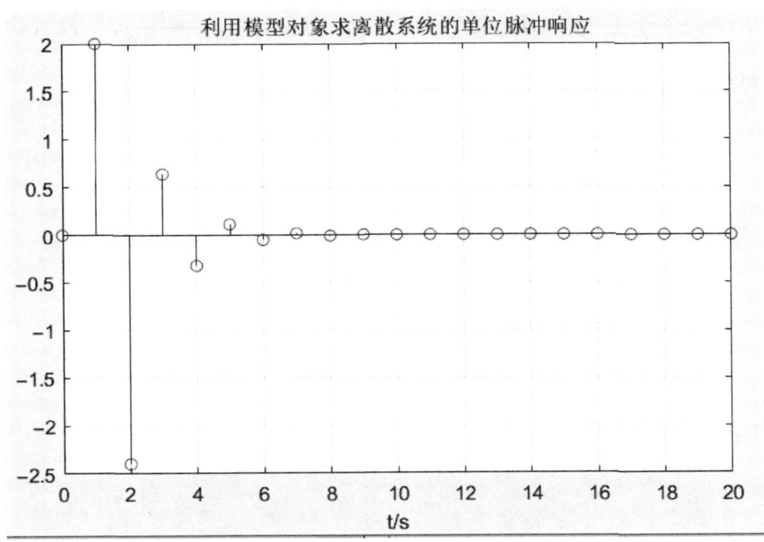

图 4-46 利用模型对象求解系统的单位脉冲响应

【例 4-38】 已知前向支路和反馈支路环节的传递函数分别为

$$G(s)=\frac{5s+1}{s^2+2s+5},\quad H(s)=\frac{5(s-1)}{s+4}$$

求反馈连接后大系统的传递函数 $H_0(s)$。

解:MATLAB 程序如下:

```
% ex4_38.m
clc
clear
G = tf([5,1],[1,2,5]);
H = zpk(1, - 4,5);
H0 = feedback(G,H)
```

执行上述程序后,在 MATLAB 命令行窗口得到如下结果:

```
H0 =
          5 (s + 4) (s + 0.2)
  -----------------------------------
  (s + 31.24) (s^2 - 0.2394s + 0.4802)
Continuous - time zero/pole/gain model.
```

实际系统中,可能存在更多的环节,各环节之间同时存在各种连接关系,以构成更加复杂的系统。下面举例说明如何逐级合并,求解大系统的传递函数。

【例 4-39】 已知系统内部各环节的连接关系如图 4-47 所示,其中,

$$H_1(s)=\frac{5s+1}{s^2+2s+5},\quad H_2(s)=\frac{1}{s+4},\quad H_3(s)=\frac{1}{s+10},\quad H_4(s)=5$$

求反馈连接后大系统的传递函数 $G(s)$ 及其单位冲激响应。

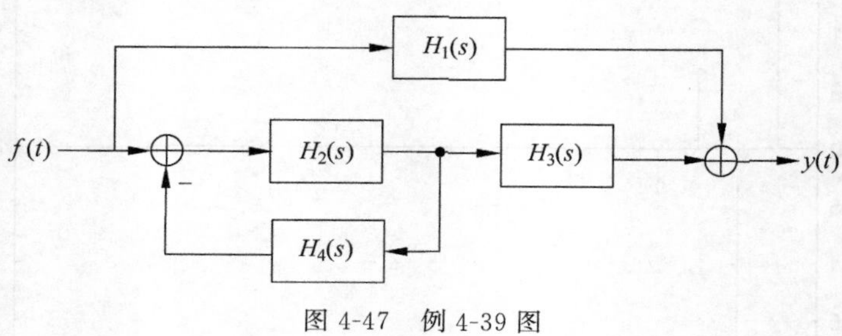

图 4-47 例 4-39 图

解:MATLAB 程序如下:

```
%ex4_39.m
clc
clear
close all
H1 = tf([5 1],[1 2 5]);                    %创建 4 个环节模型对象
H2 = zpk([], - 4,1);
H3 = zpk([], - 10,1);
H4 = zpk([],[],5);
G1 = feedback(H2,H4);                      %逐级连接构成大系统
G2 = series(G1,H3);
G = parallel(H1,G2)
t = 0:0.01:10;
impulse(G,t)                               %求解并绘制单位冲激响应的波形
grid on
```

运行后,在命令行窗口得到如下结果:

```
G =
   5 (s + 0.2107) (s + 8.216) (s + 10.97)
   ----------------------------------
    (s + 9) (s + 10) (s^2 + 2s + 5)
Continuous - time zero/pole/gain model.
```

同时创建一个图形窗口,在其中显示大系统的单位冲激响应,如图 4-48 所示。

需要说明的是,除了调用上述 series()和 parallel()函数实现两个环节的串并联以外,还可以用运算符“*”和“+”“-”直接实现环节的串并联。例如,本例中在创建了各环节的模

型对象后，可以用如下语句直接得到大系统的传递函数：

```
G = H1 + feedback(H2,H4) * H3
```

或者

```
G = H1 + H2/(1 + H2 * H4) * H3
```

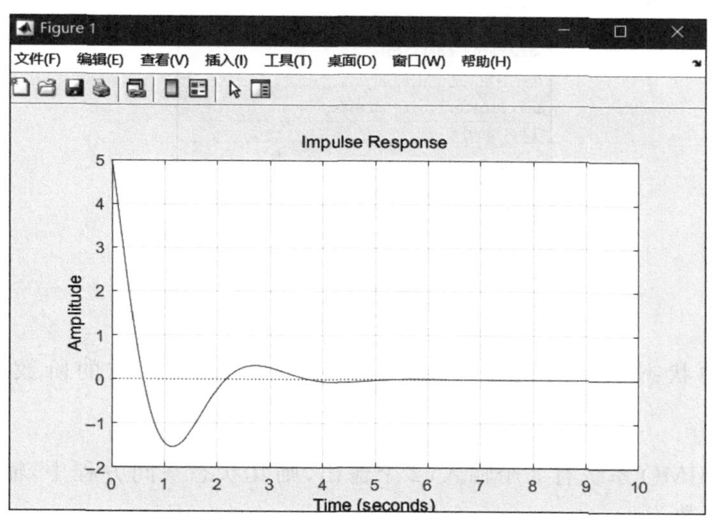

图 4-48　例 4-39 运行结果

本章习题

1. 一般情况下，n 阶连续系统的方框图中有 n 个________器；n 阶离散系统的方框图中有 n 个________器。

2. 已知某离散线性时不变系统的输入和输出分别为 $f(k)$和 $y(k)$，传递函数为

$$H(z)=\frac{Y(z)}{F(z)}=\frac{z(z-2)}{z^2-0.04}$$

则其差分方程为________。

3. 已知某连续系统的输入和输出分别为 $f(t)$和 $y(t)$，传递函数的零极点增益模型为

$$H(s)=\frac{Y(s)}{F(s)}=\frac{10(s-2)}{(s+5)(s+2)}$$

则该系统的微分方程为________。

4. 已知某连续系统传递函数的零点 $z_1=0, z_2=10$，极点 $p_{1,2}=-2\pm 10\mathrm{j}, p_3=-5$，增益 $K=2$，则该系统的传递函数为________。

5. 用欧拉法和 RK2 法求数值积分时，在相同仿真精度时，采用________法可以加快仿真运行速度。

6. 已知某连续系统的传递函数为 $H(s)=\dfrac{s-1}{s^2+100}$，则用 Transfer Fcn 模块进行仿真时，其分母和分子多项式的系数矩阵参数应分别设为________和________。

7. 用 Transfer Fcn 模块对某连续 SISO 系统进行仿真时，模块的参数设置如题图 4-1 所示，则该系统的传递函数为________。

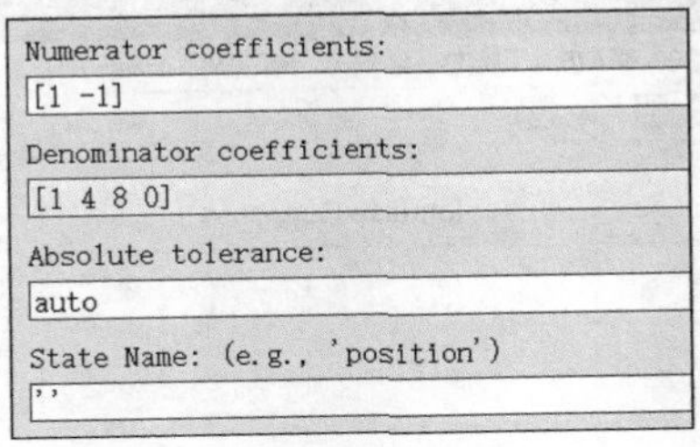

```
Numerator coefficients:
[1 -1]
Denominator coefficients:
[1 4 8 0]
Absolute tolerance:
auto
State Name: (e.g., 'position')
''
```

题图 4-1

8. 某系统的状态空间方程中，$\boldsymbol{C}=\begin{bmatrix}1 & 0 & -1\\ 0 & 0 & 2\end{bmatrix}$，则该系统的阶数为________，有________个输出。

9. 某 5 阶 MIMO 系统有 3 个输入、2 个输出，则其状态空间方程中，输入矩阵 $\boldsymbol{B}$ 的行数为________，列数为________。

10. 已知某连续系统的传递函数为

$$H(s)=\frac{Y(s)}{F(s)}=\frac{10(s-2)}{s(s+5)(s+2)}$$

其状态空间方程中的状态矩阵为 $\boldsymbol{A}=\begin{bmatrix}a & b & c\\ 1 & 0 & 0\\ 0 & 1 & 0\end{bmatrix}$，输出矩阵 $\boldsymbol{C}=[0\ \ d\ \ e]$，则其中 $a=$________，$b=$________，$c=$________，$d=$________，$e=$________。

11. 已知某 SISO 系统的状态空间表达式为

$$\begin{bmatrix}x'_1\\ x'_2\end{bmatrix}=\begin{bmatrix}0 & 1\\ 1 & -4\end{bmatrix}\begin{bmatrix}x_1\\ x_2\end{bmatrix}+\begin{bmatrix}0\\ 1\end{bmatrix}f$$

$$y=[1\ \ -1]\begin{bmatrix}x_1\\ x_2\end{bmatrix}$$

（1）手工推导系统的传递函数 $H(s)$。

（2）利用 MATLAB 验证结果，请写出相关的命令。

12. 已知 $f(t)=\mathrm{e}^{-2t}$，根据欧拉法编写 MATLAB 程序，求其导数 $y_1(t)=f'(t)$ 和积分 $y_2(t)=f^{(-1)}(t)$ 的数值解。

(1) 分别给出求 $y_1(t)$和 $y_2(t)$的递推公式。

(2) 给出完整的程序代码。

13. 已知微分方程 $y'+2y=10e^{-4t}$,写出用 RK2 法求其数值解时的递推公式,并编写 MATLAB 程序求 y 的数值解,已知初始条件 $y(0)=-1$。

14. 某连续系统的仿真模型如题图 4-2 所示,其中 f 和 y 分别为系统的输入和输出。

(1) 求该系统的传递函数 $H(s)$及其零极点增益表达式。

(2) 将传递函数转换为零极点增益模型,写出 MATLAB 相关命令。

(3) 将零极点增益模型转换为传递函数,写出相关命令。

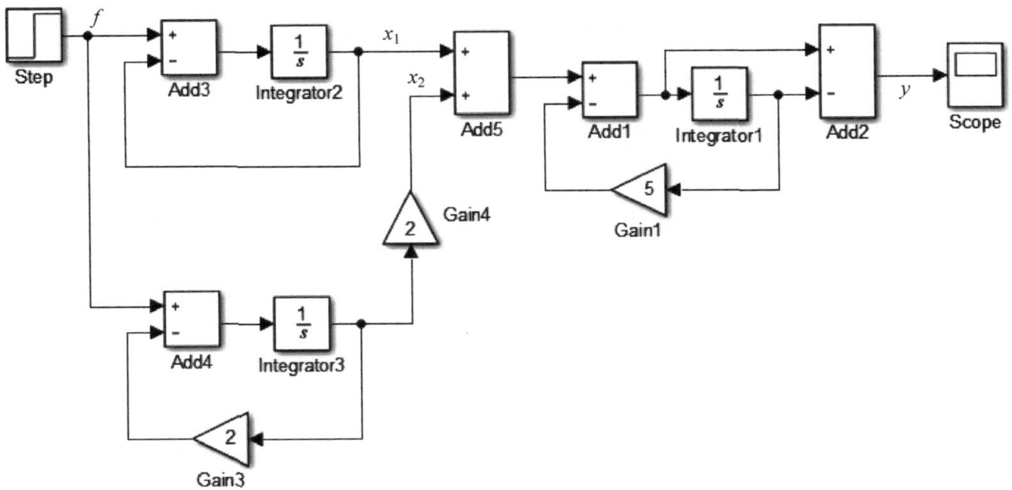

题图 4-2

15. 已知某连续系统状态空间方程中的 4 个矩阵分别为

$$\boldsymbol{A}=\begin{bmatrix}0 & -6\\1 & -4\end{bmatrix},\quad \boldsymbol{B}=\begin{bmatrix}2\\0\end{bmatrix},\quad \boldsymbol{C}=[0 \quad 0.5],\quad \boldsymbol{D}=0$$

(1) 手工推导写出该系统的微分方程,假设输入和输出变量分别为 u 和 y。

(2) 调用 ss2tf()函数求系统的传递函数,写出相关命令及执行结果。

实践练习

1. 下面是一个二阶离散系统的仿真程序:

```
xn = [0 0 ones(1,10)];
y(1) = 0;y(2) = 0;
for i = 3:10
```

```
    y(i) = 0.6 * y(i-1) - 0.08 * y(i-2) + xn(i);
end
stem(y)
title('二阶离散系统的单位阶跃响应')
grid on
```

(1) 观察程序的运行结果。

(2) 将该系统换为用基本运算单元构成的方框图仿真模型实现,要求运行结果与上述结果完全相同,并以数组的形式保存到工作区的变量 y_1 中,注意正确设置各模块和求解器的参数。

(3) 根据 y_1 变量绘制系统单位阶跃响应的时间波形,给出相关命令。

2. 已知系统的传递函数为 $H(s)=\dfrac{-s+1}{(s+2)(s+5)}$。

(1) 搭建串联法仿真模型,求系统的单位阶跃响应。

(2) 搭建并联法仿真模型,求系统的单位阶跃响应。

3. 已知用 State-Space 模块实现某连续系统时的参数设置如题图 4-3 所示。

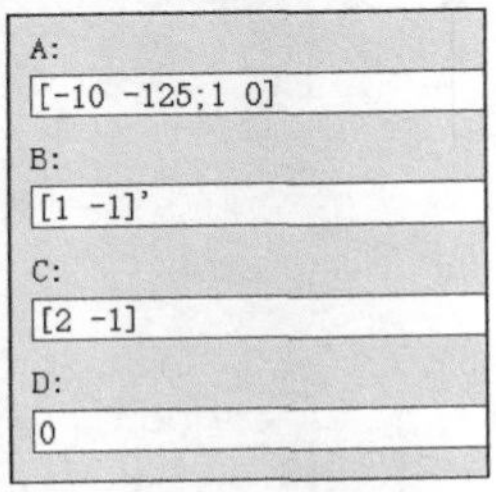

A:
[-10 -125;1 0]
B:
[1 -1]'
C:
[2 -1]
D:
0

题图 4-3

(1) 要得到系统传递函数及其零极点增益模型,依次写出所有命令,并观察执行结果。

(2) 利用基本运算单元搭建仿真模型,并仿真求解系统的单位阶跃响应,用浮动示波器显示其波形。

4. 已知某连续 SISO 系统状态空间表达式中的 4 个矩阵分别为

$$\boldsymbol{A}=\begin{bmatrix}0 & -109\\1 & -6\end{bmatrix},\quad \boldsymbol{B}=\begin{bmatrix}200\\0\end{bmatrix},\quad \boldsymbol{C}=[0\quad 0.5],\quad \boldsymbol{D}=\boldsymbol{0}$$

分别用 State-Space 模块、积分器模块、Transfer Fcn 模块搭建系统的仿真模型,求其单位阶跃响应。

第5章 子系统与S函数

规模较大的系统都包含大量的各种模块。如果将所有模块都直接显示在同一个 Simulink 模型窗口,将显得拥挤杂乱,不便于分析调试和仿真建模。为此,Simulink 提供了子系统用于将若干功能模块组合在一起,用一个模块来替代,从而简化模型。

此外,MATLAB 中还提供了 S 函数,以便用户根据需要对 Simulink 模块库进行扩充,实现模块的定制。

子系统和 S 函数是 MATLAB/Simulink 系统建模仿真的高级技术,本章将介绍子系统的基本概念、分类及创建方法,以及 S 函数的概念和编写方法。

5.1 子系统的基本概念

微课视频

子系统(Subsystem)是用单个子系统模块替换的一组模块。利用子系统模块可以创建多层次结构模型,使功能相关的模块集中在一起,有助于减少仿真模型窗口中显示的模块个数。当仿真模型比较大并且复杂时,通过将模块分组为不同的子系统,可以极大地简化仿真模型的布局。

此外,需要仿真的实际系统可能本身就是由若干不同的环节构成,例如一个基本的点到点通信系统可以划分为 3 个环节,即发送端、接收端和信道。在建模仿真时,可以将这 3 个环节分别用一个子系统实现。

5.1.1 子系统的分类

在 Simulink 中,所有子系统分为两大类:虚拟子系统和非虚拟子系统。

1. 虚拟子系统

虚拟子系统(Virtual Subsystem)为仿真模型提供图形层次结构,在仿真模型中用细边框表示。虚拟子系统不影响执行。在执行模型仿真运行之前，Simulink 首先将子系统进行扩展，类似于 C 语言或 C++语言中的宏。

2. 非虚拟子系统

在仿真模型中，非虚拟子系统（Nonvirtual Subsystem）用粗边框模块表示。执行仿真时，非虚拟子系统被视为一个单元（原子模块）。

在 Simulink 中，非虚拟子系统又分为条件子系统和控制流子系统。

在条件子系统中，子系统的执行取决于输入控制信号。只有当输入控制信号满足指定的条件，例如触发、使能、函数调用、某个操作发生时，才执行子系统。

根据控制信号控制作用的不同，条件子系统又分为如下几种。

(1) 使能子系统（Enabled Subsystem）：当控制信号为正时才执行的子系统。当控制信号过零（从负方向到正方向）时启动执行。只要控制信号保持为正，就继续执行。

(2) 触发子系统（Triggered Subsystem）：当发生触发事件时执行。触发事件可以发生在触发信号的上升沿或下降沿，可以是连续的，也可以是离散的。

(3) 使能触发子系统（Enabled and Triggered Subsystem）：当触发事件发生同时控制信号为正时，触发和启动子系统执行。

控制流子系统（Control Flow Subsystem）是通过控制流模块启动，在当前时间步骤内执行一次或多次的子系统。其中，控制流模块实现控制逻辑，类似于编程语言中的流程控制语句，例如 if-then 语句、switch 语句、while 语句、do-while 语句和 for 语句。根据控制逻辑的不同，又分为动作子系统和循环迭代子系统等。

5.1.2 虚拟子系统的创建和基本操作

Simulink 模型编辑器中提供了多种方法以创建虚拟子系统，创建得到的虚拟子系统还可以重新还原，对子系统还可以进行各种操作等。

1. 子系统的创建

虚拟子系统具体有如下 3 种典型的创建方法。

1) 利用 Subsystem 模块创建

在仿真模型中放置一个 Subsystem 模块，该模块位于 Ports & Subsystems 库中。然后双击打开该模块，将构成子系统的模块放置到其中，并相互连接起来。可以根据需要放置若干输入端子(In1)和输出端子(Out1)模块，这两个模块都在 Ports & Subsystems 库中。

2) 利用 MULTIPLE 选项卡创建

如果仿真模型已经搭建好，要将其中的某些模块组合为一个子系统，可以利用 Simulink 模型编辑器中的相关按钮创建虚拟子系统。

在仿真模型中选中需要构成子系统的所有模块，在 Simulink 模型编辑器中将出现 MULTIPLE 选项卡，该选项卡中的 Create 按钮组如图 5-1 所示，分别实现虚拟子系统

(Create Subsystem)、原子子系统(Atomic Subsystem)、使能子系统(Enabled Subsystem)、触发子系统(Triggered Subsystem)和函数调用子系统(Function-call Subsystem)的创建。

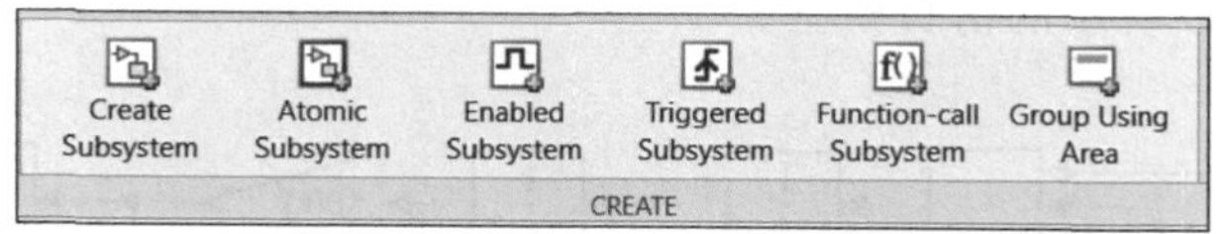

图 5-1　MULTIPLE 选项卡下的 Create 按钮组

为了将选中的模块创建为子系统，只需单击 Create Subsystem 按钮。然后，被选中的所有模块及相互之间的连接信号线将合并为一个名为 Subsystem 的模块。

3）通过快捷菜单创建

在仿真模型中选中需要构成子系统的所有模块后，右键单击，在弹出的快捷菜单中选择 Create Subsystem from Selection 菜单命令。然后，原来被选中的那些模块将被一个子系统模块替代，并自动添加上必要的输入端子和输出端子(In * 和 Out *)，各端子模块及其名称上显示的数字代表端子的编号。

【例 5-1】 已知二阶电路的微分方程为

$$y''(t)+10y'(t)+1000y(t)=1000f(t)$$

将其创建为一个子系统，并添加相关模块，观察该电路的单位阶跃响应。

方法 1：

(1) 向仿真模型中添加一个 Subsystem 模块，双击打开该模块，在其中搭建如图 5-2(a) 所示的模型。注意，双击打开时，子系统内部已经存在 In1 和 Out1 模块，并且这两个模块直接连接，表示子系统默认的功能是将从 In1 模块送入的信号由 Out1 模块直接输出。

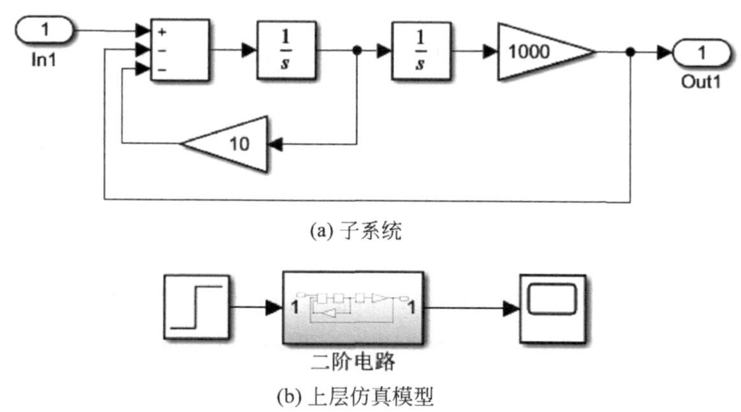

(a) 子系统

(b) 上层仿真模型

图 5-2　例 5-1 方法 1 图

(2) 单击编辑区左上角的 Navigate Up to Parent 按钮，返回上层模型窗口。双击 Subsystem 名，将该子系统重新命名为“二阶电路”。

(3) 在上层模型中添加一个 Step 模块和一个 Scope 模块，并分别与前面创建的子系统的输入端子和输出端子相连接，得到如图 5-2(b)所示的仿真模型。

方法 2：

(1) 搭建如图 5-3 所示的仿真模型。

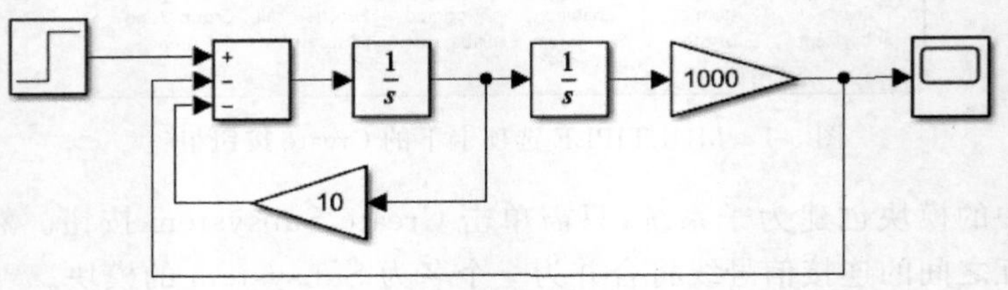

图 5-3　例 5-1 方法 2 图

(2) 按住鼠标左键，拖动选中除 Step 模块和 Scope 模块以外的所有模块。此时，屏幕显示需要创建为子系统的所有模块，如图 5-4 所示。

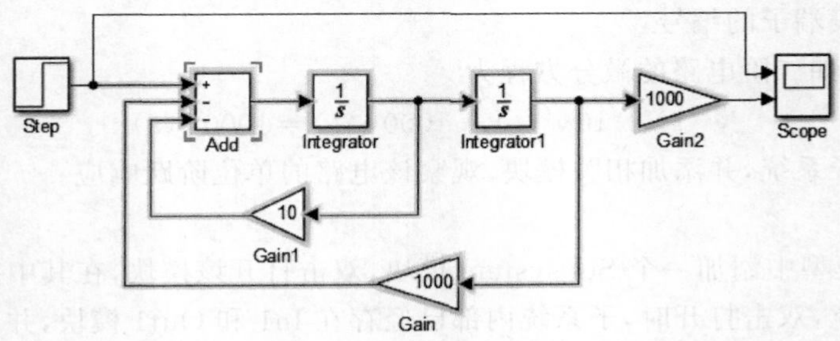

图 5-4　选中多个模块

(3) 右键单击选中的任一模块，在弹出的菜单中选择 Create Subsystem from Selection，即可将所有这些模块创建为子系统。

(4) 在原来的模型中，所有被选中的模块及其连线替换为一个 Subsystem 模块。单击模块名，将其修改为合适的子系统名称。

2. 子系统的展开

将仿真模型中的某些模块创建为子系统后，整个仿真模型成为两级层次结构，即上层模型和下层子系统。在上层模型中，双击 Subsystem 模块，可以进入子系统内部。在子系统内部模型中，单击模型编辑区左上角的 Navigate Back 和 Navigate Up to Parent 按钮，可以返回上层模型。

在上层模型中，单击 Subsystem 模块，将在 Simulink 编辑器窗口顶部出现 SUBSYSTM BLOCK 选项卡。在该选项卡的 COMPONENT 按钮组中，单击 Expand 按钮，则可以将被选中的子系统模块重新展开，使整个仿真模型变为一层结构。例如，在例 5-1 中，选中 Subsystem 模块后，单击 Expand 按钮，则整个仿真模型如图 5-5 所示。

在展开后得到的仿真模型中,原来位于子系统内部的所有模块将用一个阴影方框包围。单击该方框(注意不要选中其中模块),按 Del 键可以将该方框删除。也可以通过鼠标拖动选中这些模块,然后通过 MULTIPLE 选项卡 Create 按钮组中的 Group Using Area 将这些模块重新用阴影框包围。

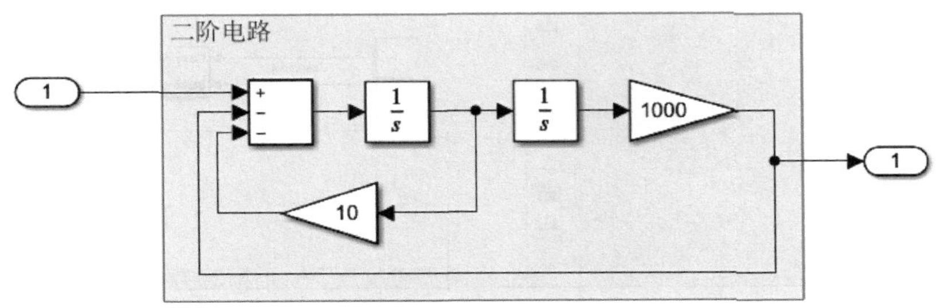

图 5-5　子系统的展开

一个子系统也能够通过复制在仿真模型中被多次使用。具体复制步骤是:右键单击某子系统,在弹出的快捷菜单中选择 Copy 命令,然后在仿真模型中任意空白位置右键单击,再一次弹出快捷菜单,选择 Paste 命令,即可将被选中的子系统进行复制。如果在一个仿真模型中有若干功能相同的模块需要多次使用,通过这种方法可以极大地提高建模效率。

5.1.3　模型浏览器

对于复杂的仿真模型,利用上述方法可以创建多层结构。此时,在搭建、检查、修改和调试仿真模型的过程中,需要逐层打开子系统,这将是非常烦琐的。为此,Simulink 编辑器提供了模型浏览器(Model Browser)。

利用模型浏览器,可以在层次结构模型中实现导航,确定模块在层次结构所处的位置和层次,或者直接打开指定层次的子系统模型。

要打开模型浏览器,可以在 Simulink 模型编辑区左侧的选项板中,单击最下面的 Hide/Show Model Browser(隐藏/打开模型浏览器)按钮。此时,将在选项板左侧显示一个导航栏,导航栏中显示模型的分层视图以及编辑区中的仿真模型在层次结构中所处的层次,如图 5-6 所示。再次单击该按钮,可关闭导航栏。

模型浏览器面板采用树形结构显示模型的层次结构。在图 5-6 中,树形结构的根节点为 smart_braking,这是顶层仿真模型的文件名。根节点下面有 3 个子节点,从上往下依次为 Alert system、Proximity sensor 和 Vehicle,代表该仿真模型中共有 3 个子系统。

单击节点名称左侧的箭头,可以展开该子节点,继续查看该子节点对应子系统的下层模型。例如,图 5-6 中展开了 Vehicle 节点,可以看到下面还有 Brake system、Engine 和 Vehicle Dynamic 三个子节点。

单击某个子节点名称,将在右侧的模型编辑区立即显示该子系统的内部模型。

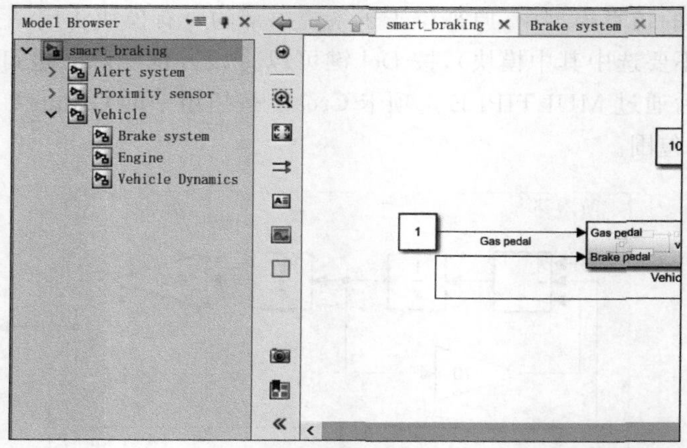

图 5-6 模型浏览器面板

5.2 条件子系统

微课视频

条件子系统属于非虚拟子系统，常用的条件子系统有使能子系统、触发子系统和触发使能子系统，这些子系统都在 Simulink/Ports & Subsystem 库中利用不同的模块实现。

5.2.1 使能子系统

使能子系统是在控制信号为高电平期间才被执行的子系统；当控制信号从高电平翻转为低电平后，将停止子系统的执行。

1. Enabled Subsystem 模块

使能子系统通过 Enabled Subsystem 模块实现。该模块的图标和内部模型如图 5-7 所示。与由 Subsystem 模块创建的虚拟子系统一样，使能子系统内部有一个输入端 In1 和一个输出端 Out1。此外，增加了一个 Enable(使能)模块，对应该子系统模块图标上的使能控制输入端，用于从该端子接收外部送来的使能控制信号。

如果控制信号为低电平，使能子系统将不会执行。在此期间，子系统输出信号的状态可以通过 Out1 模块的参数进行设置。图 5-8 为 Out1 模块参数对话框。

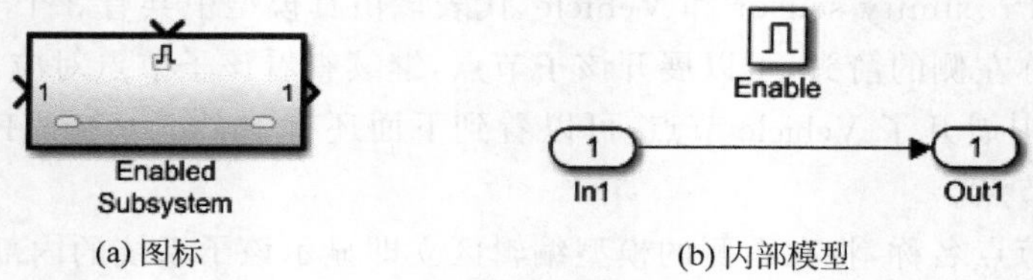

(a) 图标　　(b) 内部模型

图 5-7 Enabled Subsystem 模块

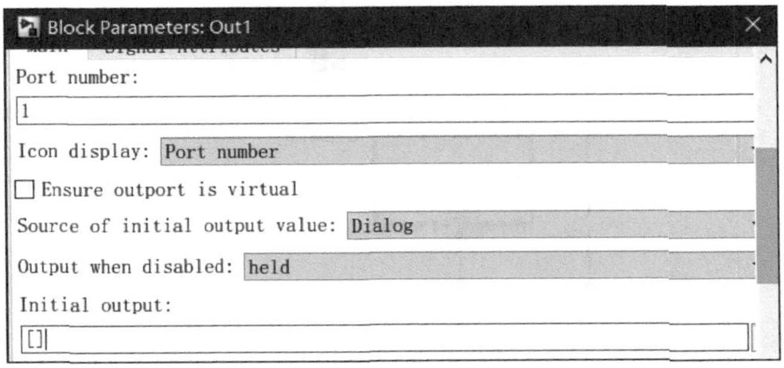

图 5-8 使能子系统内部 Out1 模块的参数对话框

与普通的 Out1 模块相比，使能子系统内部的 Out1 模块增加了如下 3 个参数：

(1) Output when disabled：设置当子系统禁止执行时对应输出端子的输出状态，可以选择 held(保持)或者 reset(复位)。当选择 held 时，当控制信号从高电平变为低电平后，端子的输出状态将保持不变；当选择 reset 时，端子的输出将复位为初始状态。

(2) Initial output：指定端子输出的初始值或端子复位时的状态。

(3) Source of initial output value：指定初始输出值的来源。如果通过下拉列表选择 Dialog(对话框)选项，则指定初始输出值等于 Initial output 参数的设置值；选择 Input signal，则指定从输入信号继承初始输出值。

2. 使能子系统的创建

创建使能子系统，将 Enabled Subsystem 模块从 Ports & Subsystems 库中拖入模型编辑区即可。双击进入该模块对应的子系统内部，即可根据需要修改内部模型，实现仿真模型指定的功能。下面举例说明。

【例 5-2】 创建如图 5-9 所示的仿真模型。在该仿真模型中，有两个使能子系统，内部都采用默认结构，当控制信号有效时，将输入的正弦信号直接输出。

设置模型中 Sine Wave 模块产生 2Hz 正弦波，其他参数取默认值。设置 Pulse Generator 模块产生幅度为 1V、周期为 1s、宽度为 50%的周期方波脉冲。

第一个子系统输出的波形如图 5-10 中的第二个波形所示。在脉冲的每个高电平期间，输出相同时间范围内一个周期的正弦波。在脉冲的低电平期间，输出保持为 0。

第二个子系统的控制信号是由来自于同一个脉冲发生器输出的周期方波经过反向而得到的。因此，在方波为低电平期间，该子系统的控制信号为高电平，子系统输出该时间范围内一个周期的正弦波。

与第一个子系统不同的是，设置第二个子系统内部 Out1 模块的 Output when disabled 参数为 reset，并且设置 Initial output 参数为−1。因此，在方波为高电平期间，第二个子系统禁止执行，其输出端被复位，输出恒定的−1。

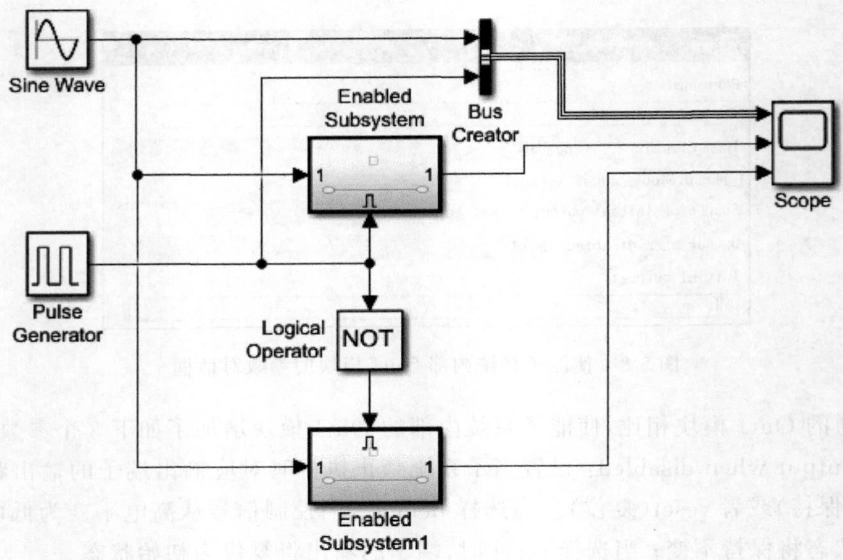

图 5-9　使能子系统仿真模型

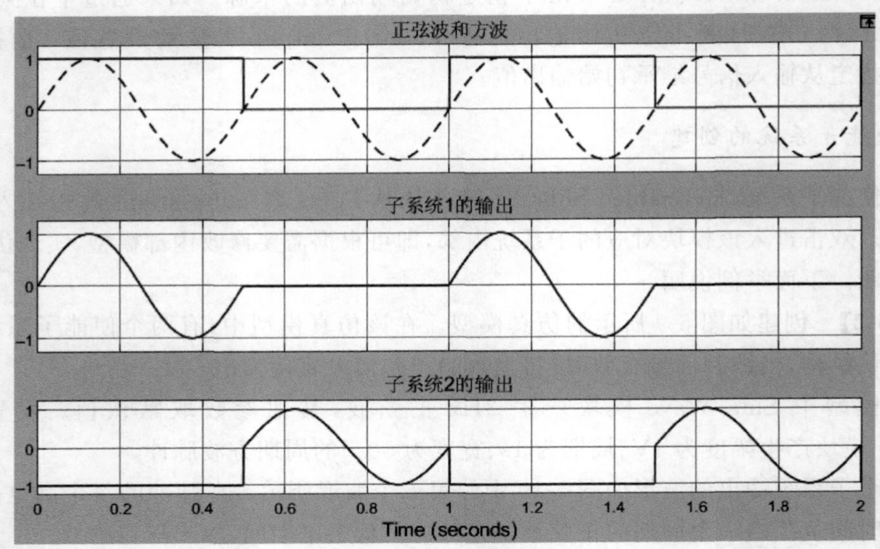

图 5-10　例 5-2 模型的运行结果

5.2.2　触发子系统

使用触发子系统可以实现微机系统中来自 I/O 硬件的中断和异常或错误处理请求等过程的建模和仿真。与使能子系统类似,触发子系统也有一个控制输入,以决定子系统是否执行。不同的是，触发子系统是在控制输入的跳变时刻触发执行，在两次触发之间保留前一次触发的输出值。控制输入可以选择是上升沿触发、下降沿触发或者双边沿触发。此外，触发子系统不能在执行时重置模块状态。

1. Triggered Subsystem 模块

触发子系统一般使用 Triggered Subsystem 模块实现，图 5-11 为其图标和内部模型。在内部模型中，默认仍然有一个输入端模块 In1 和一个输出端模块 Out1，分别对应该模块图标上的输入端子和输出端子。此外，内部另外有一个 Trigger（触发）模块，用于接收从模块的控制端子送入的触发控制信号。

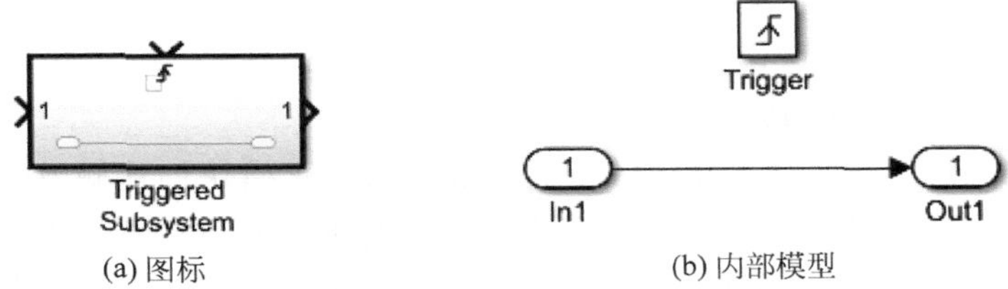

(a) 图标　　(b) 内部模型

图 5-11　Triggered Subsystem 模块

图 5-12 是 Trigger 模块的参数对话框。在参数对话框中，通过 Trigger type（触发类型）下拉列表可以选择 rising（上升沿）、falling（下降沿）、either（边沿）或者 function-call（函数调用）触发。在子系统中，Trigger 模块图标上会显示不同的符号，以直观表示触发类型，如图 5-13 所示。

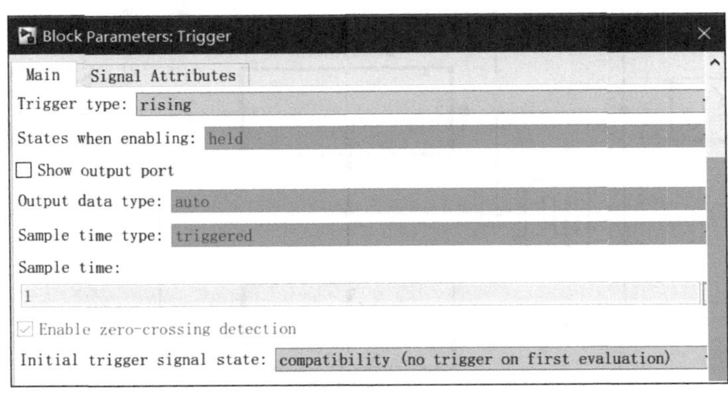

图 5-12　Trigger 模块的参数对话框

(a) 上升沿触发　(b) 下降沿触发　(c) 边沿触发　(d) 函数调用触发

图 5-13　不同触发类型时端子的符号

对于上升沿、下降沿和边沿触发，模块的参数 States when enabling（触发时的状态）固定设置为 held（保持）。因此，在触发时刻，模块的状态将保持为当前值。如果选择触发类型为 function-call，则 States when enabling 参数还可以设为 reset 或 inherit，分别表示重置模块状态值和继承函数调用上层模型的 held 或 reset 设置。

参数 Sample time 用于指定 Trigger 模块所在子系统的时间间隔。如果子系统的实际调用速率与此参数指定的时间间隔不同，Simulink 将报错。当触发类型设置为上升沿、下降沿和边沿触发时，该参数固定设置为 1。

2. 触发子系统的创建

创建触发子系统的基本方法是向仿真模型中添加一个触发子系统模块 Triggered Subsystem。然后，双击打开该模块，根据需要设置其中 Trigger 模块和 In1、Out1 模块的参数，并添加实现子系统功能的其他模块。

此外，也可以利用 Ports & Subsystem 库中的 Trigger 模块创建触发子系统。该模块与 Triggered Subsystem 模块子系统内部的 Trigger 模块功能和参数设置完全相同。利用该模块创建触发子系统时，首先利用 Subsystem 模块创建虚拟子系统，然后向其中添加 Trigger 模块。此时，在原来的虚拟子系统图标上将出现一个触发符号，并且自动添加一个触发输入端子，从而成为一个触发子系统。

【例 5-3】 搭建如图 5-14 所示的触发子系统仿真模型，运行观察波形。

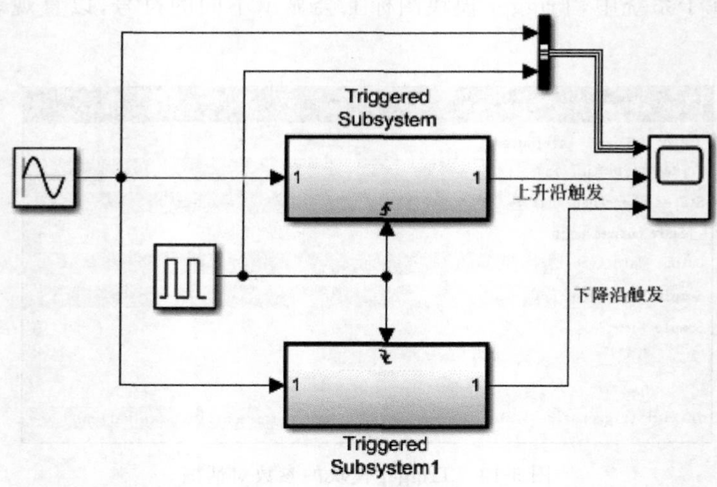

图 5-14 触发子系统仿真模型

模型中，两个触发子系统的触发控制信号分别设置为上升沿和下降沿。Pulse Generator 模块产生频率为 1Hz 的方波脉冲，作为两个触发子系统的触发控制信号。

运行后，示波器上的波形如图 5-15 所示。在方波脉冲的每个上升沿和下降沿时刻，两个子系统分别输出当前正弦信号的幅度，并且每个触发时刻的输出都保持到下一个触发时刻。读者可以将该图与图 5-10 所示的使能子系统的输出波形进行对比,以便清楚地理解触发子系统和使能子系统的区别。

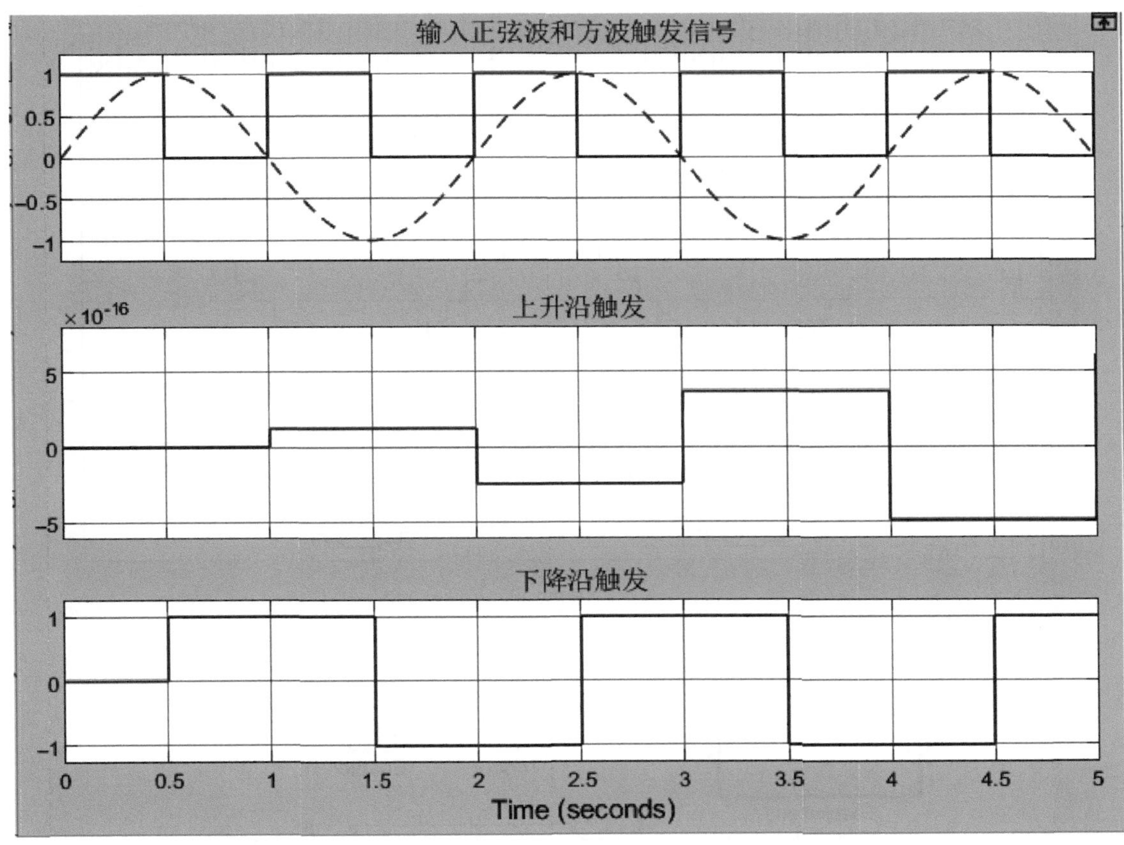

图 5-15　例 5-3 运行结果 1

在该例中,如果设置触发控制方波信号的频率足够高,例如频率提高到 100Hz,此时的运行结果如图 5-16 所示。由此可见,该仿真模型可以实现零阶保持器的功能,从而对实际系统中的采样过程进行建模仿真。

5.2.3　使能触发子系统

使能触发子系统是上述两种条件子系统的综合,用 Enabled and Triggered Subsystem 模块实现。该模块的图标及子系统内部模型如图 5-17 所示,其中同时有 Trigger 模块和 Enable 模块,这两个模块的参数设置与上述两种子系统相同。当使能控制输入端输入的使能控制信号保持为高电平时,在触发输入控制信号的每个上升沿或者下降沿,子系统将当前时刻的输入由输出端子输出。相邻两个触发时刻之间,子系统输出保持不变。在使能控制信号为低电平期间，不管触发输入信号是否有跳变，子系统的输出都保持不变或者复位。

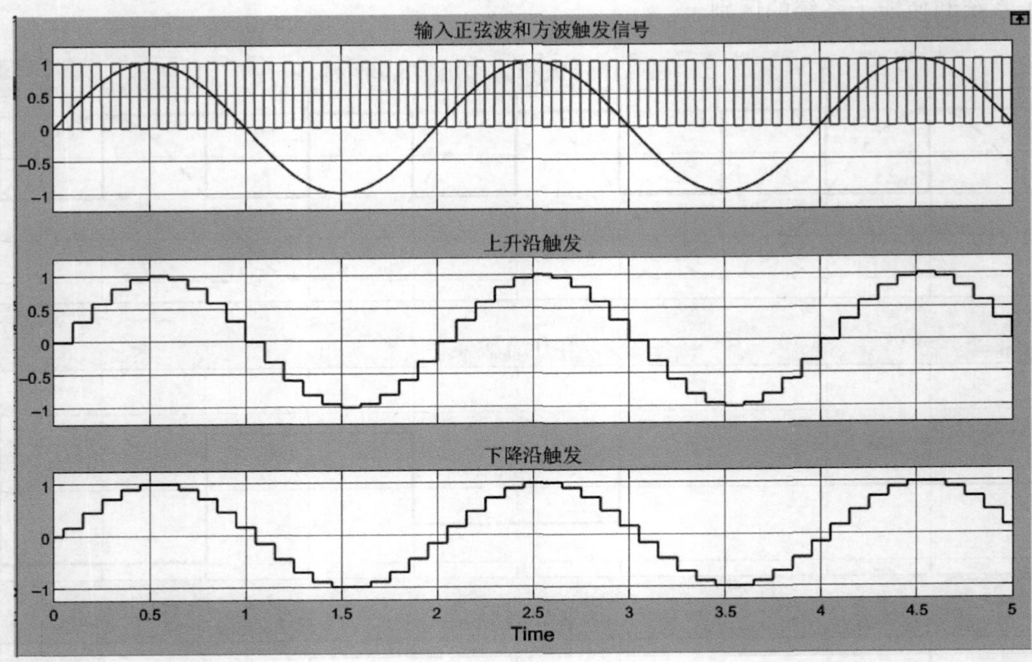

图 5-16　例 5-3 运行结果 2

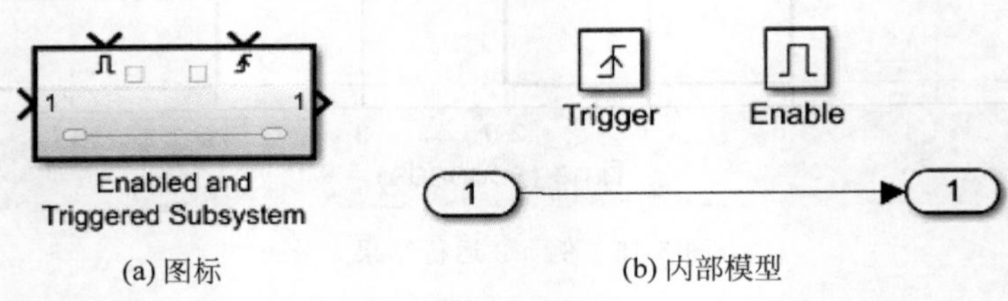

(a) 图标　　(b) 内部模型

图 5-17　Enabled and Triggered Subsystem 模块

下面举例说明该模块的用法。

【例 5-4】　搭建如图 5-18 所示的使能触发子系统仿真模型，运行后观察波形。

在图 5-18 所示的顶层模型中，两个脉冲发生器 Pulse Generator 和 Pulse Generator1 模块产生的周期方波脉冲分别作为子系统模块 Enabled and Triggered Subsystem 的使能输入和触发输入。设置两个脉冲发生器模块的 Period 参数分别为 1s 和 0.1s。

使能触发子系统内部采用如图 5-17(b)所示的默认结构，其中 Out1 模块的参数 Output when disabled 设置为 reset，Initial condition 参数设置为 0。仿真运行后，示波器上显示的波形如图 5-19 所示。在使能控制信号为高电平期间，每个触发控制信号的上升沿输出正弦波当前时刻的幅度，并保持到下一个触发时刻。在使能控制信号为低电平期间，子系统的输出复位为 0，并保持到使能控制信号重新变为高电平。

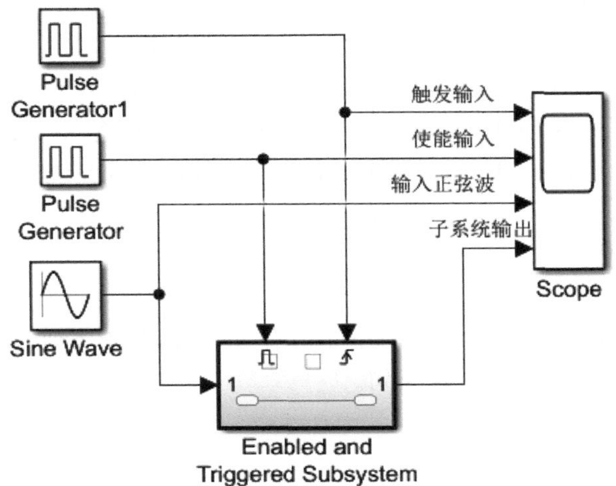

图 5-18　使能触发子系统仿真模型

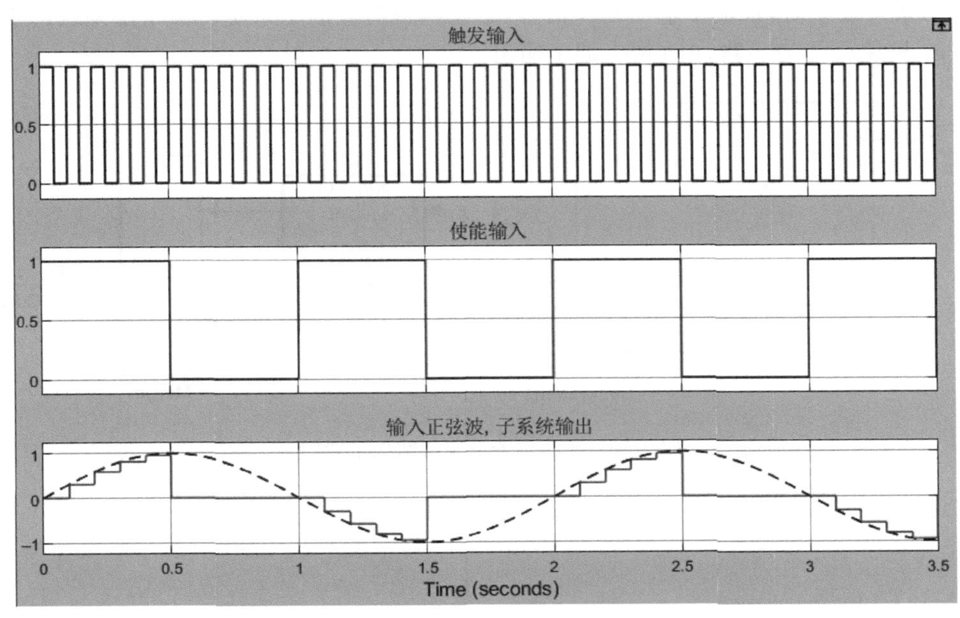

图 5-19　例 5-4 运行结果

5.3　控制流子系统

控制流子系统(Control Flow Subsystem)是另外一种典型的非虚拟子系统。这种子系统通过专门的控制流模块启动,在当前时间步骤执行一次或多次。其中,控制流模块可以是

If、Switch Case、While Iterator 或 For Iterator 模块，用于实现执行流程的控制，类似于编程语言中的 if-then、switch-case、while-do 和 for 流程控制语句。

在控制流子系统中，用 If Action Subsystem 和 Switch Case Action Subsystem 模块实现的控制流子系统又称为动作子系统（Action Subsystem），含有 While Iterator 的 While Iterator Subsystem 和含有 For Iterator 的 For Iterator Subsystem 又统称为循环迭代子系统。

5.3.1 动作子系统

动作子系统包括 If 动作子系统和 Switch 动作子系统，分别类似于 MATLAB 和 C 语言编程中的 if-then-else 和 switch-case 语句。

1. If 动作子系统

一个典型的 If 动作子系统结构如图 5-20 所示。图中，If 模块的输入 u_1 决定该模块两个输出端子的状态，每个输出端子分别接到不同的 If Action Subsystem 模块。当 If 模块某个端子的条件成立时，该端子输出触发信号，触发执行对应的子系统。两个子系统的输出通过 Merge 模块合并为一路，由 Out1 端子输出。

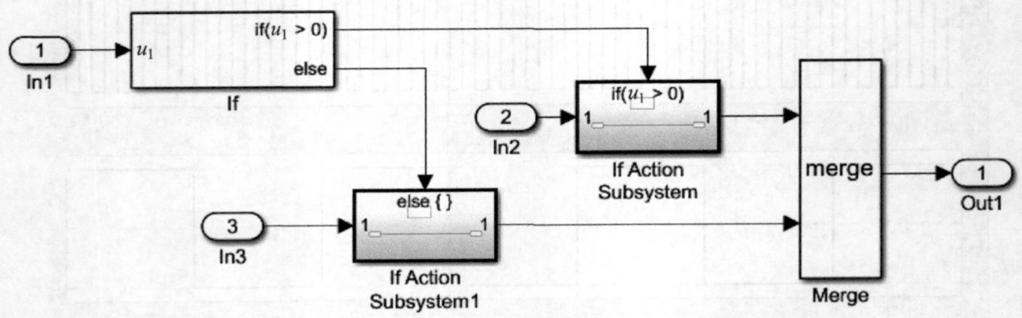

图 5-20　If 动作子系统的结构示意图

上述过程可以用如下程序流程表示：

```
if (u1 > 0) {
    If Action Subsystem 1;
}
else {
    If Action Subsystem 2;
}
```

1）If 模块及其参数设置

在 If 动作子系统中，If 模块起控制作用。该模块的参数对话框如图 5-21 所示，不同的参数设置将决定 If 模块图标的显示。

（1）Number of inputs：设置If模块输入信号的个数，这些信号用于确定if-else流程中的条件。

（2）If expression：设置if条件的表达式，此表达式将显示在If模块图标中if输出端口的旁边。表达式只能包含关系运算符，不允许使用算术运算符，表达式中不能包含数据类型表达式，也不能引用除double和single以外其他数据类型的工作区变量。

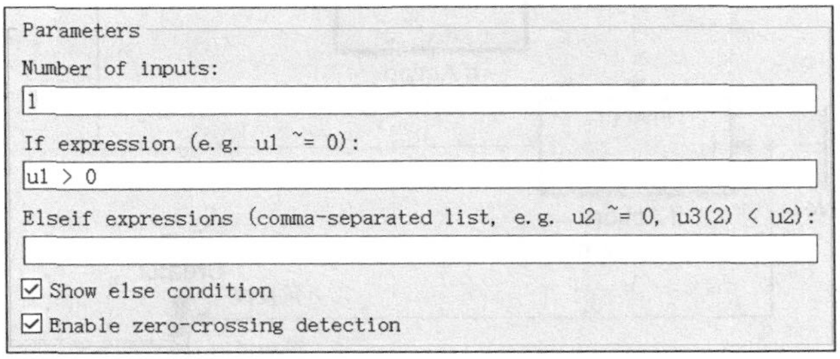

Parameters
Number of inputs:
1
If expression (e.g. u1 ~= 0):
u1 > 0
Elseif expressions (comma-separated list, e.g. u2 ~= 0, u3(2) < u2):

☑ Show else condition
☑ Enable zero-crossing detection

图5-21 If模块的参数对话框

（3）Elseif expressions：设置if-else语句中的elseif条件表达式，可以用逗号分隔列出多个条件。这些表达式将在模块上出现对应的若干个输出端，各输出端都命名为“elseif(条件表达式)”。

（4）Show else condition：控制是否在If模块图标上显示else输出端。

2）If动作子系统的创建

为了创建If动作子系统，将If模块添加到当前仿真模型中，并根据需要设置其参数。同时，分别创建各If Action Subsystem，向其中添加实现具体功能的模块。然后，将各子系统的Action Port输入端子与If模块上相应的if、else或elseif输出端相连接。注意，启动仿真运行后，这些连接线将变为虚线。

【例5-5】 搭建如图5-22所示的If动作子系统仿真模型。

模型中，信号发生器(Signal Generator)模块输出频率为10Hz、幅度为1V的锯齿波(Sawtooth)，作为If模块的u_1。

If模块的参数设置如图5-23所示。根据图中的设置，模块图标上显示一个输入端和3个输出端。3个输出端分别作为If Action Subsystem、If Action Subsystem1和If Action Subsystem2模块的控制输入。

3个If动作子系统的内部结构如图5-24所示。在If Action Subsystem和If Action Subsystem1内部，将原来的In1模块替换为Constant模块，分别设置其Constant value参数为1和−1。If Action Subsystem2的内部结构保持不变，即In1模块直接与Out1模块相连接。在仿真模型中，Sine Wave模块产生2Hz的正弦波，送入该子系统。

此外，3个子系统内部Out1模块的参数Output when disabled都设置为reset，参数Initial condition都设置为0，则当子系统没有触发执行时，通过Out1端子输出为0。3个子系统的输出最后通过Add模块相加，得到总的输出，送入示波器。

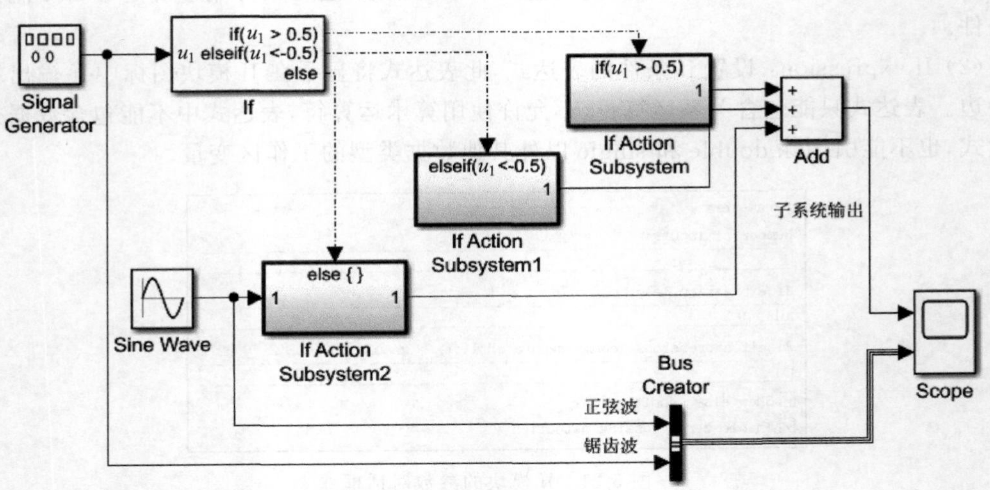

图 5-22　例 5-5 仿真模型

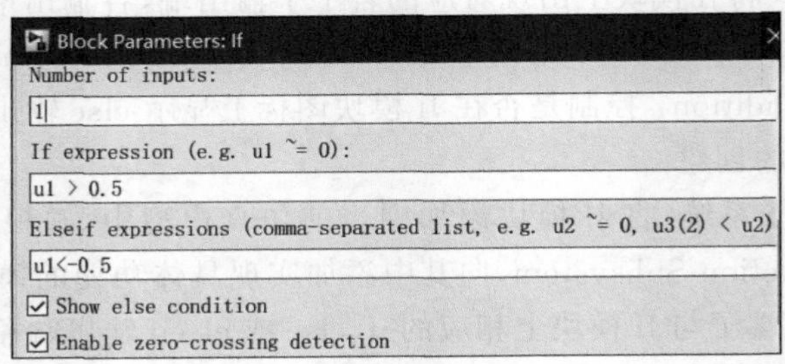

图 5-23　If 模块参数设置

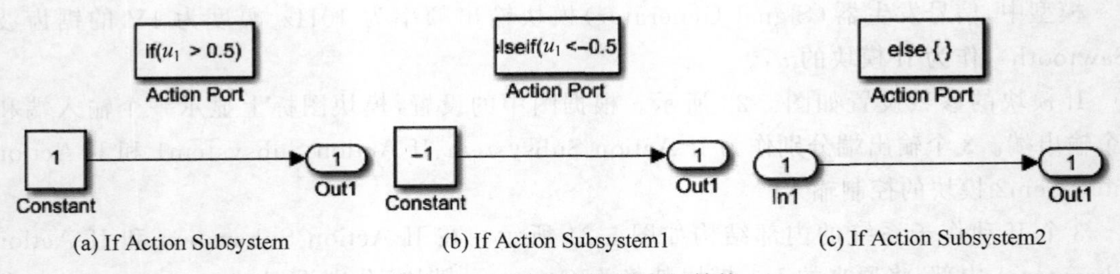

(a) If Action Subsystem　(b) If Action Subsystem1　(c) If Action Subsystem2

图 5-24　If 动作子系统内部结构

运行后示波器上的时间波形如图 5-25 所示。在 0～0.15s 期间，锯齿波幅度大于 0.5，因此子系统输出 1V；在 0.47～0.63s 期间，锯齿波幅度小于－0.5，因此子系统输出－1；在 0.15～0.47s 期间，锯齿波幅度位于－0.5～0.5，因此输出该时间范围内的正弦波。

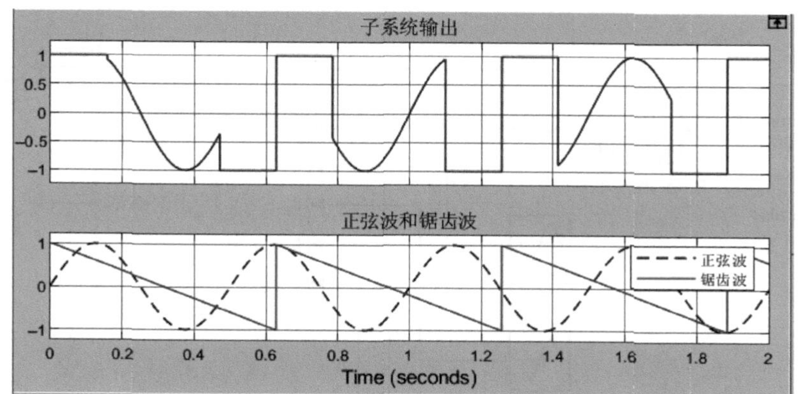

图 5-25　例 5-5 运行结果

2. Switch 动作子系统

Switch 动作子系统用 Switch Case 模块和 Switch Case Action Subsystem 模块实现，其连接示意图如图 5-26 所示。

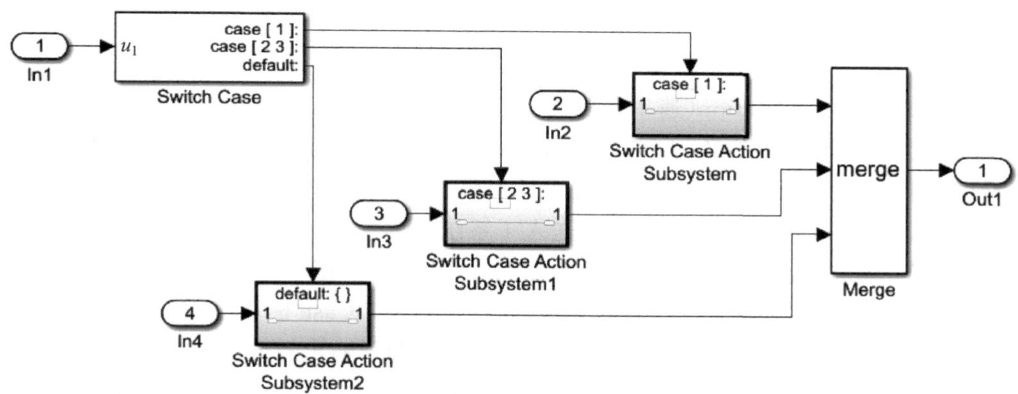

图 5-26　Switch 动作子系统的结构示意图

图 5-26 中，Switch Case 模块只有一个输入端子，根据输入 u_1 的取值决定其 3 个输出端子的状态，每个输出端子分别接到不同的 Switch Case Action Subsystem 模块。当 Switch Case 模块某个端子的条件成立时，该端子输出触发信号，触发执行对应的子系统。

下面举例说明 Switch 动作系统的创建和使用方法。

【例 5-6】 搭建如图 5-27 所示的 Switch 动作子系统仿真模型。

模型中，Random Integer Generator（随机整数发生器）模块位于 Communications Toolbox/Comm Sources/Random Data Sources 库中，设置其 Set size 参数为 4，Sample time 参数为 0.5，其他参数取默认值。根据这些参数设置，该模块产生 0～3 的均匀分布的随机整数，输出的每个整数（又称为代码或码元）保持 0.5s 的时间。

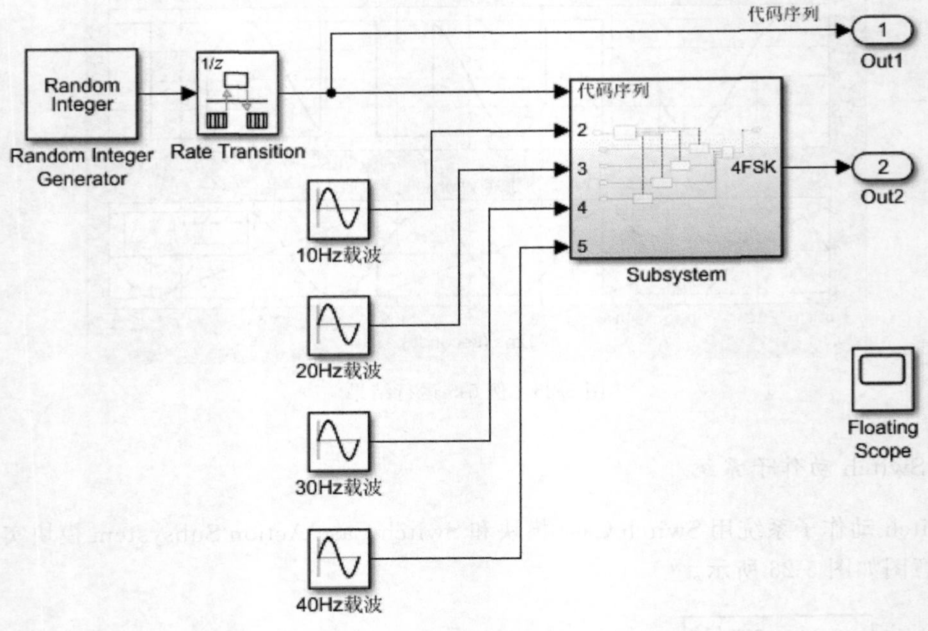

图 5-27　例 5-6 仿真模型

模型中的 Rate Transition(速率转换器)位于 Simulink/Signal Attributes 库中,设置其 Output port sample time 参数为 1e-3,则将 Random Integer Generator 模块输出整数序列的采样速率提高到 1kHz,再输出到后面的子系统。4 个 Sine Wave 模块分别产生频率为 10Hz、20Hz、30Hz 和 40Hz 的正弦波,也送入子系统。

模型中的 Subsystem 模块为虚拟子系统,其内部结构如图 5-28 所示,其中共有 5 个输入端子模块。从 In1 端子输入的整数代码序列送入 Switch Case 模块,该模块的参数设置如图 5-29 所示。当输入整数为 0、1 和 2 时,模块相应的端子输出有效的触发控制信号,控制执行相连接的 Switch Case Action Subsystem。当输入整数为 3 时,default 端子输出有效的控制信号,控制执行 Switch Case Action Subsystem3。最后,4 个子系统的输出通过 Merge 模块合并为一路,由 Out1 端子输出。

在图 5-27 中,Rate Transition 模块输出的代码和由虚拟子系统 Subsystem 输出的信号分别由两个 Out1 端子送出。注意到该模型中还用到了一个浮动示波器 Floating Scope 模块,以显示两个信号波形。双击打开该模块,在打开的浮动示波器窗口中,按照第 3 章介绍的方法对其属性、布局和显示样式等进行设置,并选择需要送到示波器显示的信号。

运行后在浮动示波器中得到信号波形如图 5-30 所示。在运行结果波形中,随机整数发生器以 0.5s 的间隔依次输出代码序列 00231……整个仿真模型输出的 4FSK 波形对应每个不同的代码,输出不同频率的正弦波。这就是通信中称为 4FSK 的调频信号,因此该仿真模型实现了 4FSK 调制。

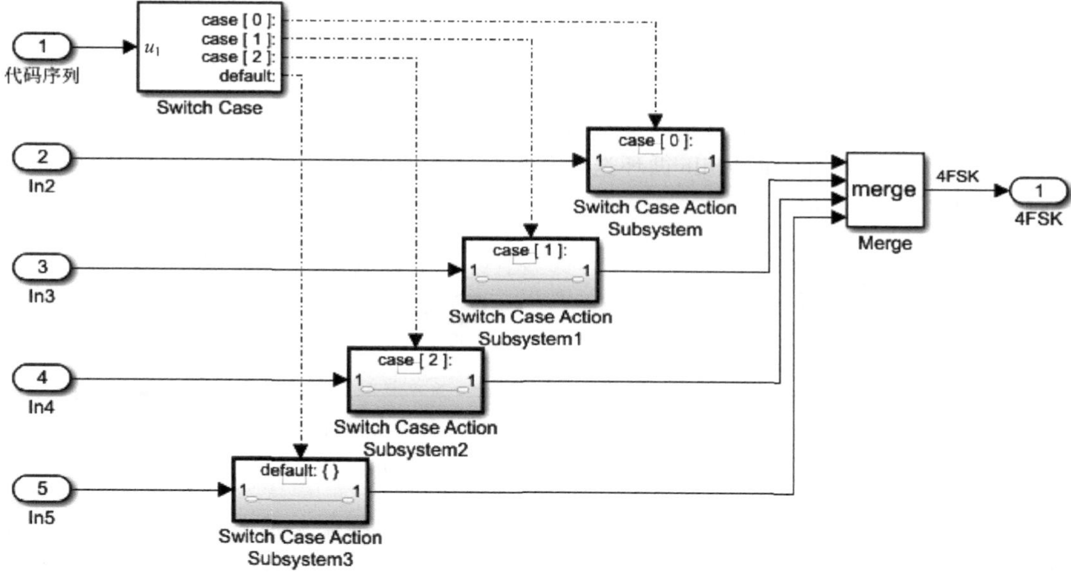

图 5-28　图 5-27 中的 Subsystem 虚拟子系统

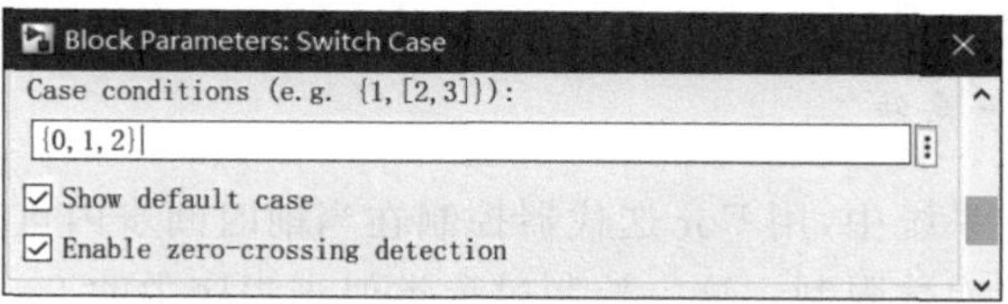

图 5-29　Switch Case 模块参数设置

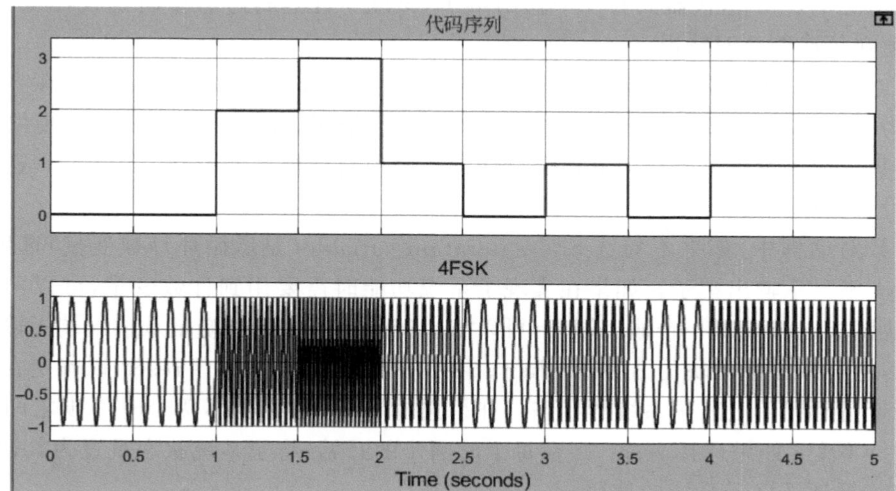

图 5-30　例 5-6 运行结果

5.3.2 循环迭代子系统

循环迭代子系统在每个仿真步内重复执行指定的次数，主要包括 For 循环迭代子系统（For Iterator Subsystem）和 While 循环迭代子系统（While Iterator Subsystem）。两种子系统内部结构如图 5-31 所示。

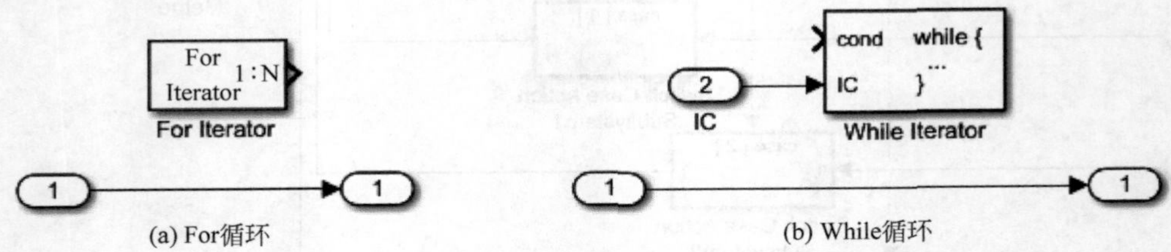

图 5-31 循环迭代子系统内部结构

与前面的各种子系统类似，循环迭代子系统默认都有一个输入端子 In1 和一个输出端子 Out1，实现子系统具体功能的模块放在输入/输出端子之间。不同的是，循环迭代子系统内部分别还有一个 For Iterator（For 迭代器）或 While Iterator（While 迭代器）模块，对子系统循环执行的次数进行控制。

1. For 循环迭代子系统

在 For 循环迭代子系统中，用 For 迭代器控制在当前时间步内重复执行子系统，直到迭代变量超过指定的迭代次数限制。这一控制过程类似于程序中的 for 循环。

1）For 迭代器模块

默认情况下，For 迭代器只有一个输出端子，该端子在运行过程中将迭代器变量（计数变量）的值在每次循环时输出。

图 5-32 为 For 迭代器的参数对话框。如果设置 Iteration limit source（迭代限制值的来源）参数为 external（外部），则模块上将出现一个输入端子，通过该端子由外部模块设置循环迭代次数。如果设置该参数为 internal（内部），则由对话框中的 Iteration limit（迭代限制值）参数设置循环次数。

在参数对话框中，如果不勾选 Show iteration variable（显示循环计数变量）选项，则迭代器图标上不显示输出端子。如果在实现子系统功能时需要用到计数变量，可以勾选该选项，则模块图标上将出现一个输出端子，可以将运行过程中的计数变量从输出端子输出。

此外，还可以设置模块的 States when starting 参数为 held 或者 reset，以确定在相邻的两个仿真运行时间步之间子系统的状态。如果选择 held，则在相邻两个时间步之间子系统的状态保持不变；如果选择 reset，则在每个时间步的开始，将子系统状态重置为其初始值。

2）For 循环迭代子系统的使用

下面举例说明 For 循环迭代子系统的创建和使用方法。

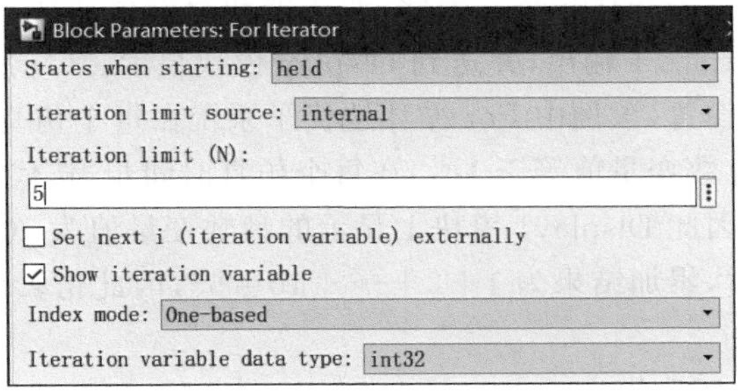

Block Parameters: For Iterator
States when starting: held
Iteration limit source: internal
Iteration limit (N):
5
☐ Set next i (iteration variable) externally
☑ Show iteration variable
Index mode: One-based
Iteration variable data type: int32

图 5-32　For 迭代器的参数设置

【**例 5-7**】 搭建如图 5-33 所示的仿真模型。

图 5-33(a)为顶层仿真模型。其中，Constant 模块产生常数 10，通过端子 1 送入 For Iterator Subsystem 模块。子系统的两个输出分别送到两个 Display(数值显示器)模块。

在图 5-33(b)所示的 For 循环迭代子系统中，除了子系统内部默认的一个输出端子 Out1 以外，另外增添了一个输出端子 Out2。

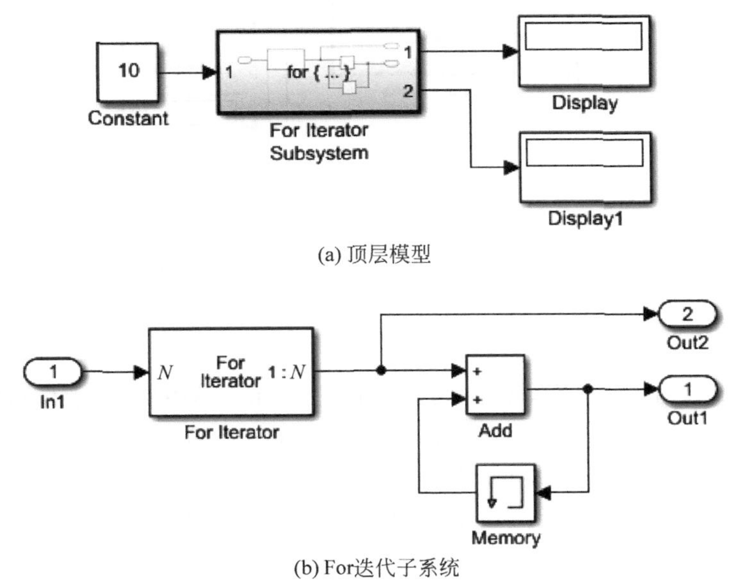

图 5-33　例 5-7 仿真模型

设置迭代器模块 For Iterator 的 States when starting 参数为 reset，则在仿真运行的每个时间步开始，将迭代器的循环计数变量复位为零。设置迭代器的 Iteration limit source 参数为 external(外部)，并将模块的输入端子与子系统的 In1 端子相连接，则顶层模型中 Constant 模块输出的常数 10 由该端子送入迭代器，作为循环迭代次数。

迭代器的计数变量值一方面由 Out2 端子送出子系统，并送到顶层模型中的 Display1 模块显示。另一方面，计数变量值还送到 Add(加法器)模块。模型中的 Memory(存储)模块将其输入保持并延迟一个迭代循环。因此,加法器和存储模块实现循环迭代计数变量值的累加,累加结果由 Out1 端子输出,并送到 Display 模块显示。

根据仿真模型中的设置,该例中 For 循环迭代子系统在每个仿真时间步共循环执行 10 次。因此仿真运行后,计数变量值等于 10。在每个仿真时间步,迭代器的计数变量值都从 1 开始,递增到 10 结束。因此 Display1 模块上显示的计数变量值为 10。每次循环,将计数值进行累加。循环 10 次后,累加结果为 1＋2＋…＋10＝55,因此仿真模型中 Display 模块上显示结果为 55。

3）仿真时间步与循环迭代步

在例 5-7 中,求解器设置为默认的变步长求解器,仿真时间步取为默认的 auto。在每个仿真时间步(称为主时间步)内,For 循环迭代子系统共循环执行 10 次,每次执行称为一个循环迭代步。由此可见,一个主时间步内会有很多循环迭代步。

为了进一步体会主时间步和循环迭代步的关系,下面举例说明。

【例 5-8】 搭建如图 5-34 所示的仿真模型。

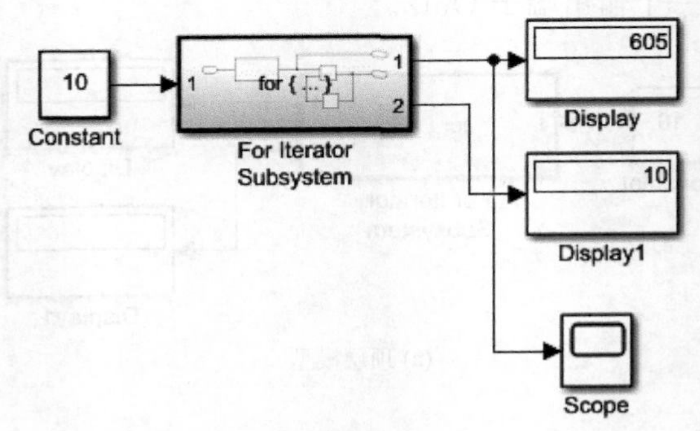

图 5-34 例 5-8 仿真模型

与例 5-7 相比,该例的仿真模型中只是增加了一个示波器模块,用于显示仿真运行的每个主时间步的累加和。此外,For Iterator Subsystem 内部结构与图 5-33(b)相同。

在本例中,将迭代器 For Iterator 模块的 States when starting 参数重新设置为 held,则在仿真运行的每个主时间步开始,For 循环迭代子系统的输出值将保持为上一个主时间步结束时的值。例如,在第一个主时间步结束时,子系统输出累加结果 55。在第二个主时间步开始,子系统输出保持为 55,而计数变量的值从 1 开始重新递增计数。每个循环迭代步,将计数值 1～10 重新累加到该主时间步开始的累加和中。因此,到第二个时间步结束时,计数变量的值变为 55＋(1＋2＋…＋10)＝110。

设置求解器为固定步长求解器,步长为 0.5s,仿真运行 5s。运行后示波器上显示的波形如图 5-35 所示。图中的每个小圈代表对应主时间步内的累加结果。根据步长和仿真运行时间可知,主时间步共执行了 11 次。在每个主时间步内,累加结果增加 55。因此,仿真运行结束后,累加结果达到 55×11＝605,该结果同时显示在仿真模型中的 Display 模块上。

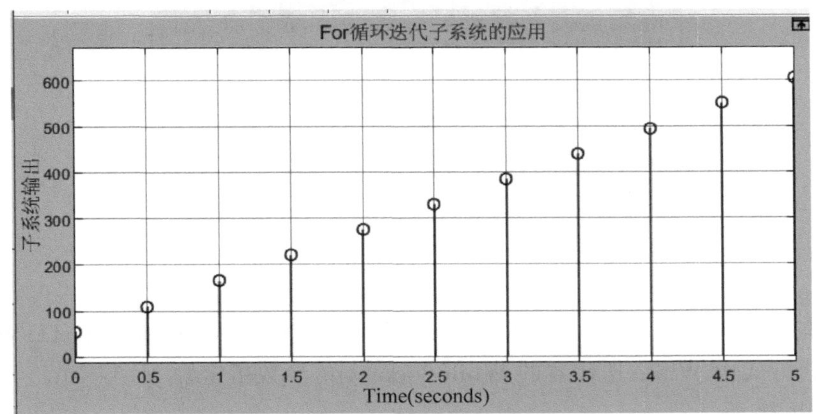

图 5-35　例 5-8 运行结果

注意在运行结束后，Display1 模块上仍然显示 10，代表在每个主时间步内，For 迭代器中的计数变量从 1 递增到 10。但是，在循环迭代步中，计数变量值的递增变化是无法用示波器等模块观察到的。

2. While 循环迭代子系统

在 While 循环迭代子系统中，用 While 迭代器模块控制输入条件的取值为 true 或 1 时，才在当前时间步中重复执行 While 循环迭代子系统。这一控制过程类似于程序中的 while 循环和 do while 循环。

1）While 迭代器

默认情况下，While 迭代器有两个输入端子，没有输出端子。其中，cond（条件）端子用于输入逻辑条件信号，逻辑条件信号的数据类型和取值可以是逻辑值 true(1)和 false(0)，也可以是数值，其中任何非零的整数或者负数表示 true，而 0 表示 false。由于子系统在主时间步内不是通过外部触发的，因此设置逻辑条件的模块必须位于子系统内。

IC（初始条件）端子用于设置 While 循环的初始逻辑条件。在每个时间步的开始，如果 IC 端子输入 false 或者 0，则子系统在时间步内不执行；如果由 IC 输入 true 或者非零值，则子系统开始执行，并且只要 cond 信号为 true 就继续重复执行。

图 5-36 为 While 迭代器的参数对话框，其中设置的参数主要有

(1) Maximum number of iterations：指定在一个时间步内允许的最大迭代次数。该参数可以设为任意的整数，默认设为－1，表示只要 cond 信号为 true，则允许任意迭代次数。

(2) Show iteration number port：设置是否在迭代器图标上显示迭代次数输出端子。如果勾选该选项，则可以通过该输出端子输出循环次数计数值，计数值从 1 开始，每次循环递增 1。

(3) While loop type：可以选择 while 或者 do-while，默认为 while。

Block Parameters: While Iterator

Maximum number of iterations (-1 for unlimited): 5

While loop type: while

States when starting: held

Show iteration number port

Output data type: int32

图 5-36　While 迭代器的参数设置

2）While 循环的两种方式

与其他高级语言类似，While 循环迭代子系统可以实现 While 循环和 Do-while 循环，两种循环迭代方式由 While 迭代器的 While loop type 参数指定。

（1）While 循环

在 While 循环方式中，While 迭代器模块有两个输入端，即 cond 和 IC，其中产生 cond 逻辑条件的模块必须位于子系统内部，而产生 IC 信号的信源必须在 While Iterator Subsystem 模块的外部。因此，对应的 While Iterator Subsystem 模块有两个输入端和一个输出端，其图标如图 5-37(a)所示。

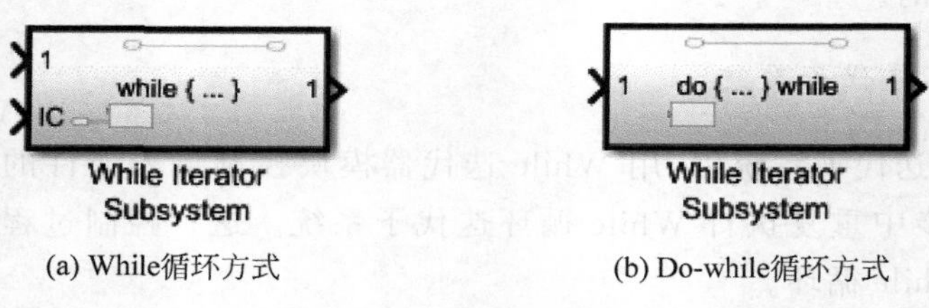

(a) While循环方式　　(b) Do-while循环方式

图 5-37　While Iterator Subsystem 模块的图标

在每个主时间步的开始，如果 IC 输入为 true，则在 cond 输入为 true 时重复执行子系统。只要 cond 输入为 true 且迭代次数小于或等于 Maximum number of iterations 参数指定的最大迭代次数，此过程就会在时间步内继续执行；否则停止子系统的执行。如果通过 IC 端子输入为 false，则也将停止执行子系统。

（2）Do-while 循环

在这种循环方式中，While 迭代器模块只需要一个输入 cond，不需要 IC 端子设置 While 循环的初始逻辑条件。因此，在设置 While 迭代器的 While loop type 为 do-while 时，要将迭代器内部原来的 IC 端子删除。此时，对应的 While Iterator Subsystem 模块只有一个输入端和一个输出端，其图标如图 5-37(b)所示。

在每个主时间步中，当 cond 输入为 true 时，则重复执行子系统。只要 cond 输入为 true，且迭代次数小于或等于 Maximum number of iterations 设置的最大迭代次数，此过程就会一直继续执行，直到 cond 输入变为 false，或者迭代次数超过最大迭代次数。

3）While 循环迭代子系统的使用

下面举例说明 While 和 Do-while 循环迭代子系统的创建和使用方法。

【例 5-9】 搭建如图 5-38 所示的仿真模型。

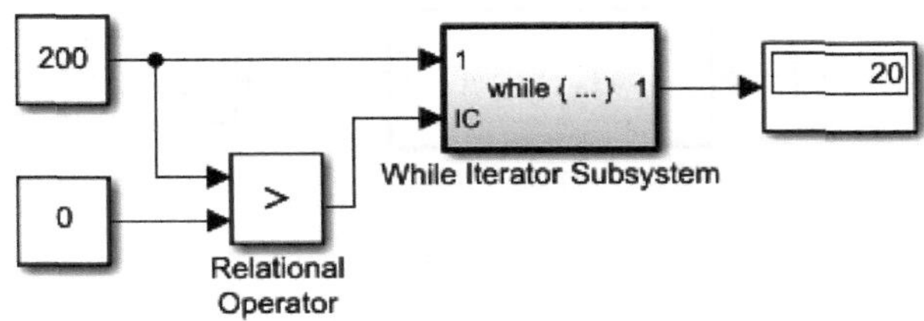

(a) 顶层模型

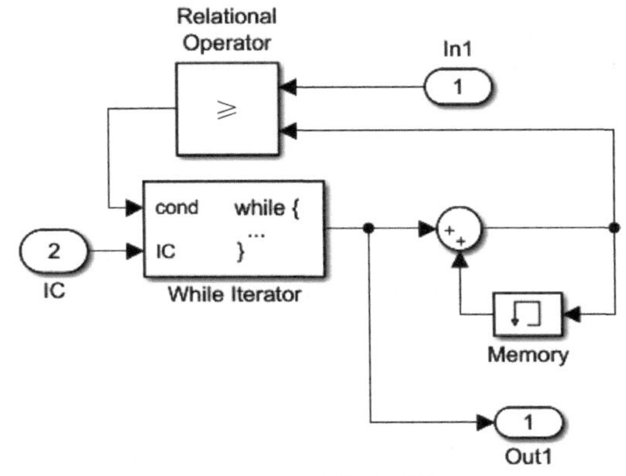

(b) While迭代子系统

图 5-38 例 5-9 仿真模型

图 5-38(a)为顶层仿真模型，其中 Constant 模块产生常数 200，通过端子 1 送入 While Iterator Subsystem。同时，用 Relational Operator 模块将常数 200 和 0 进行比较，输出逻辑值 true，作为 While 迭代子系统的初始条件，由 IC 端子送入子系统。子系统的输出送到 Display 模块，以显示运行结果。

在图 5-38(b)所示的 While 迭代子系统中，勾选了 While Iterator 模块的 Show iteration number port 参数，因此模块有一个输出端。通过该输出端输出的计数变量值由加法器和存储模块进行累加。累加结果与由 In1 端子输入的常数 200 进行比较。如果累加结果未超过 200，则 Relational Opertor 模块输出 true；否则输出 false。

迭代器模块的 IC 端与子系统的 IC 输入端直接相连，因此顶层模型中的 Relational Opertor 模块输出恒定的逻辑值 true 输入迭代器，作为迭代器的初始条件。由于该条件在仿真运行过程中恒为 true，因此迭代器控制子系统重复执行内部的累加运算。当累加结果超过 200 时，迭代器的 cond 端子输入 false，此时停止循环迭代和子系统的执行。

根据上述分析，该例中的仿真模型实现了从 1 开始连续整数的累加运算，直到累加结果超过 200 时，停止累加。在重复执行子系统的过程中，计数变量的值不断从迭代器的输出端子输出，再由子系统的 Out1 端子输入顶层模型中的 Display 模块。当累加结果刚超过 200 时，Display 模块将显示总共执行的循环次数。

【例 5-10】 搭建如图 5-39 所示的仿真模型。

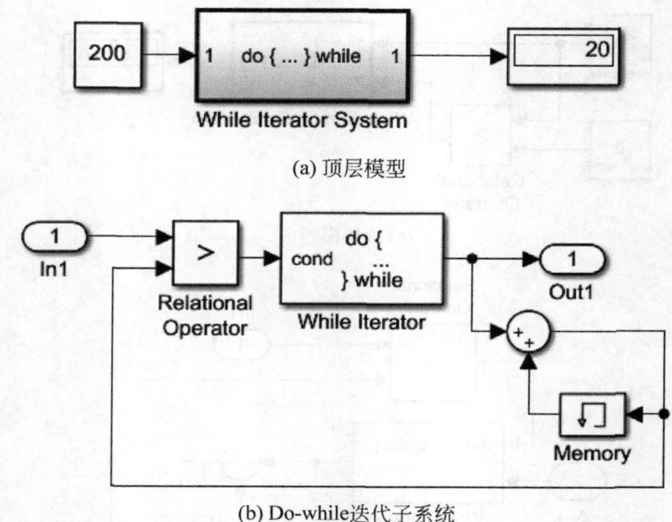

(a) 顶层模型

(b) Do-while迭代子系统

图 5-39 例 5-10 仿真模型

该例实现的功能与例 5-9 相同，只是改为用 Do-while 循环迭代方式来实现。

为此，需要设置 While 迭代器的 While loop type 参数为 do-while，另外注意勾选 Show iteration number port，并确保 Output data type 参数为 double。

由于设置 While loop type 参数为 do-while，因此迭代器及迭代子系统都不再有 IC 端子。在顶层模型中，常数 200 直接输入子系统，与加法器和存储模块构成的累加器累加的结果进行比较。只要累加结果没有超过 200，则送入迭代器的 cond 条件一直为 true，因此累加器就不断将迭代器输出的计数变量值进行累加。

当累加结果超过 200 时，cond 条件变为 false，此时迭代器控制停止执行子系统中的累加运算。累加的次数由子系统的 Out1 端子输出到 Display 模块显示。

5.4 子系统的封装

微课视频

封装(Mask)指为子系统或者自定义模块创建自定义的外观、接口逻辑和隐藏数据等。通过封装可以隐藏子系统的内部结构，使子系统像一个普通的模块一样，具有自己的描述、参数和帮助文档；通过封装，还可以在模块上显示有意义的图标，为封装模块提供自定义对话框，以便获取内部模块的指定参数，提供便于识别的自定义描述，用 MATLAB 代码对参数进行初始化等。

5.4.1 封装编辑器

子系统的封装是通过封装编辑器(Mask Editor)实现的，利用封装编辑器，可以创建和自定义模块封装。可以用如下方法打开封装编辑器：

(1) 在 Simulink 编辑器窗口的 MODELING 选项卡中，单击 COMPONENT 按钮组中的 Create Model Mask 按钮。

(2) 在仿真模型中选中需要封装的子系统模块，并在 Simulink 编辑器窗口的 SUBSYSTEM BLOCK 选项卡的 MASK 按钮组中，单击 Create Mask 按钮。

(3) 右键单击需要封装的子系统模块，在弹出的快捷菜单中依次选择 Mask 和 Create Mask 菜单命令。

(4) 如果需要对已经封装的子系统的封装进行修改，先选中子系统模块，然后在 SUBSYSTEM BLOCK 选项卡的 MASK 按钮组中，单击 Edit Mask 按钮。

打开的封装编辑器对话框如图 5-40 所示。

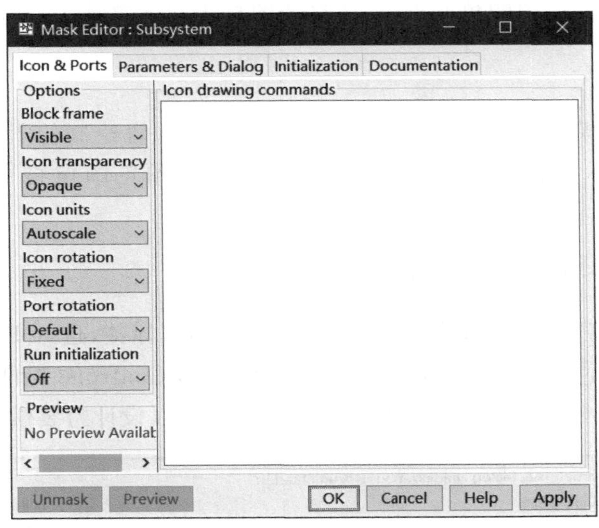

图 5-40 封装编辑器

封装编辑器对话框顶部是 4 个标签，每个标签对应的选项卡分别定义不同的封装功能。其中，Icon & Ports(图标和端子)选项卡用于创建模块封装图标，Parameters & Dialog(参数和对话框)选项卡用于设计封装对话框，Initialization(初始化) 选项卡使用 MATLAB 代码对封装模块进行初始化，Documentation(文档)选项卡用于添加有关模块封装的说明和帮助。

封装编辑器对话框左下角有两个按钮，即 Unmask(解除封装)和 Preview(预览)，右下角是 4 个常规的窗口按钮。

1. Icon & Ports 选项卡

单击封装编辑器对话框顶部的 Icon & Ports 标签，进入 Icon & Ports 选项卡，如图 5-40 所示。该选项卡主要包括 3 个面板，即 Options(选项)、Icon drawing commands(图标绘制命令)和 Preview(预览)。

1) Options 面板

Options 面板中提供了各种选项,以指定封装图标的属性,包括 Block frame(模块边框)是否可见、Icon transparency(图标的透明度)、Icon units(绘制图表所用的坐标系)、Icon rotation(图标是否旋转)、Port rotation(封装模块的端口是否旋转)、Run Initialization(是否允许运行时初始化图标)。

2) Icon drawing commands 面板

Icon drawing commands 面板中主要是一个编辑框,在其中可以输入各种绘图命令以绘制模块图标。常用的命令有 plot(在封装图标上绘制由一系列点连接而成的图形)、text(在封装图标上的特定位置显示文本)、image(在封装图标上显示 RGB 图像)、color(更改后续封装图标绘制命令的绘图颜色)、disp(在封装图标上显示文本)、dpoly(在封装图标上显示传递函数)等。

3) Preview 面板

该面板用于显示模块封装图标的预览。只有当封装包含绘制的图标时,模块封装预览才可用。当添加图标绘制命令并单击 Apply 按钮时,预览图像将得到刷新,并显示在 Preview 面板中。

2. Parameters & Dialog 选项卡

单击封装编辑器对话框顶部的 Parameters & Dialog 标签,进入 Parameters & Dialog 选项卡,如图 5-41 所示。该选项卡主要包括 3 个面板,即 Controls(控件)、Dialog box(对话框)和 Property editor(属性编辑器)。利用这 3 个面板可以设计封装模块的参数对话框。

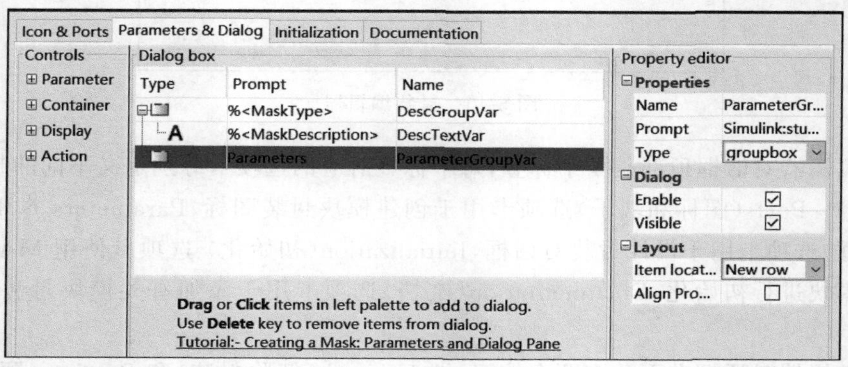

图 5-41 Parameters & Dialog 选项卡

1) Controls 面板

控件(Controls)是在模块封装以后的参数对话框中,用户可与之交互以添加或处理模块参数和数据的元素。在该面板中,提供了四大类控件,即 Parameters(参数)、Container(容器)、Display(显示)和 Action(动作)。

Parameters 控件是参与仿真的用户输入，包括 Edit（编辑框）、Check box（复选框）、Popup（下拉列表框）、Combo box（组合框）、Radio button（单选按钮）、Slider（进度条）等。

Container 控件是用于对上述控件进行布局排列组合的容器，例如 Panel（面板）、Table（表格）等。

Display 控件主要有 Text（文本框）、Image（图像框）、Text area（文本区）、Listbox control（列表）和 Tree control（树形）。

Action 控件主要有 Hyperlink（超链接）和 Button（按钮）两个控件。

2）Dialog box 面板

将上述对话框控件从 Controls 面板拖入 Dialog box 面板中，即可利用层次结构为封装模块创建参数对话框。

在 Dialog box 面板中，共有 3 个字段，即 Type（类型）、Prompt（提示）和 Name（名称）。其中，Type 字段显示对话框控件的类型和编号，Prompt 字段显示对话框控件的提示文本，Name 字段将自动填充，用于唯一地标识对话框控件。

在 Dialog box 面板中，为封装模块参数对话框添加的每个控件将占一行，其中 Parameter 控件以浅蓝色背景显示，而 Display 控件和 Action 控件以白色背景显示。

3）Property editor 面板

利用 Property editor 面板可以查看和设置指定控件的属性。在 Dialog box 面板中单击选中某一个控件，将在 Property editor 面板中显示该控件的所有属性，可以在此对指定属性进行修改和设置。

3. Initialization 选项卡

单击封装编辑器对话框顶部的 Initialization 标签，进入 Initialization 选项卡，如图 5-42 所示。该选项卡有两个面板，即 Dialog variables（对话框变量）和 Initialization commands（初始化命令）。

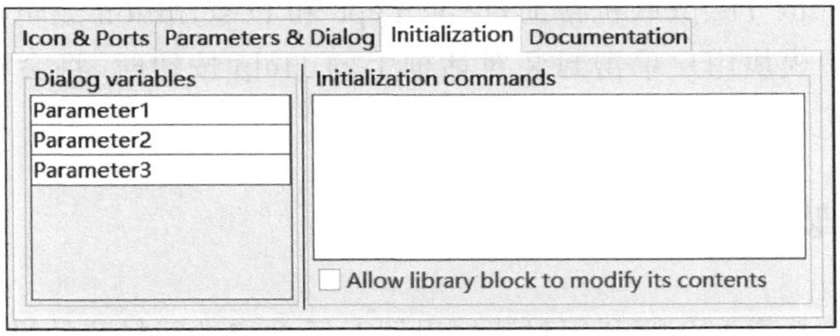

图 5-42 Initialization 选项卡

利用 Initialization 选项卡可以添加用于初始化封装模块的 MATLAB 命令。打开模型时，Simulink 会查找位于模型顶层的可见封装模块。仅当这些可见的封装模块具有图标绘制命令时，Simulink 才对这些模块执行初始化命令。

4. Documentation 选项卡

Documentation 选项卡如图 5-43 所示。在该选项卡中，可以定义或修改封装模块的类型、为封装模块添加说明和帮助文本。

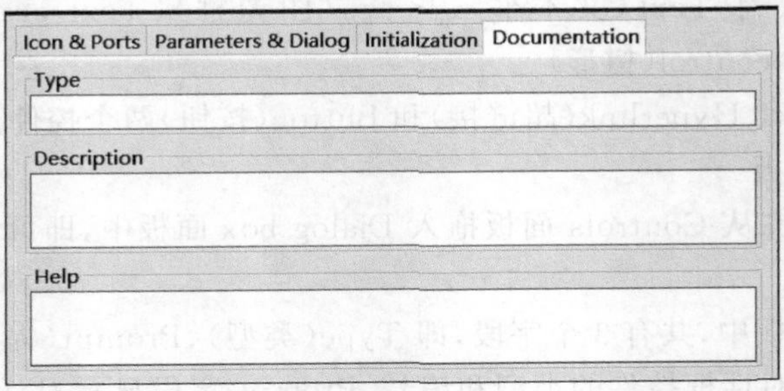

图 5-43 Documentation 选项卡

该面板主要由 3 个编辑框构成，即 Type(封装类型)、Description(描述说明)和 Help(帮助文档)。

1) 封装类型 Type

封装类型是显示在封装编辑器中的模块分类。当 Simulink 显示封装编辑器对话框时，它会为封装类型添加后缀 mask。要定义封装类型，可以在 Type 字段中输入类型。文本可以包含任何有效的 MATLAB 字符，但不能包含换行符。

2) 描述说明 Description

封装描述说明是描述模块的用途或功能的简要帮助文本。要定义封装说明，可以在 Description 编辑框中输入说明。文本可以包含任何合法的 MATLAB 字符。Simulink 会自动进行换行，也可以使用回车键强制换行。

3) 帮助文档 Help

封装模块的 Online Help(联机帮助)提供 Type 和 Description 编辑框所提供信息之外的其他信息。当封装模块用户单击封装对话框上的 Help 按钮时，将会在一个单独的窗口中显示此信息。

5.4.2 子系统封装步骤

下面通过具体仿真模型介绍利用封装编辑器对子系统进行封装的操作步骤。

【例 5-11】 子系统的封装。

首先新建仿真模型，向其中放置一个 Subsystem 模块和一个正弦波信号源模块 Sine Wave、一个示波器模块 Scope，如图 5-44(a)所示。再双击 Subsystem 模块，打开子系统，搭建子系统内部模型，如图 5-44(b)所示。注意修改各模块的名称。

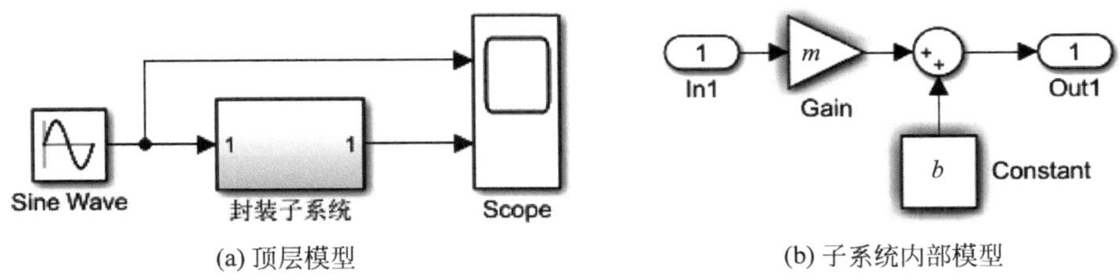

(a) 顶层模型　　(b) 子系统内部模型

图 5-44　例 5-11 仿真模型

设置 Sine Wave 模块的参数为默认值，子系统内部 Gain 和 Constant 模块的 Gain 和 Constant value 参数分别设为变量 m 和 b。由于此时这两个变量尚未赋值，因此两个模块都用有阴影的边框表示，并且 Simulink 编辑器中将给出提示信息。先忽略该提示信息。

1. 设计封装模块的参数对话框

在封装编辑器的 Parameters & Dialog 选项卡左侧面板中，单击 Parameter 下面的 Edit（文本框）两次，从而在中间的 Dialog box 面板中添加两个控件，每个控件占一行。

在刚添加的两个控件中，分别单击 Prompt 列和 Name 列，输入两个控件对应的参数提示和参数名。其中，参数提示可以任意设置为能够反映控件对应的模块参数的意义的字符串，参数名分别设为 m 和 b，必须与仿真模型中 Gain 和 Constant 模块的参数完全相同。设置完成后，选项卡中对话框面板的显示如图 5-45 所示。

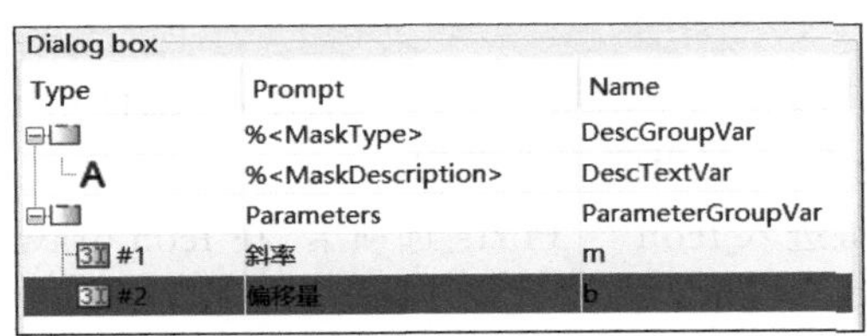

图 5-45　添加控件

在对话框面板选中某一行，在右侧的 Property editor 面板中将列出该行控件的属性。在 Value 文本框中设置参数的默认值。这里假设参数 m 和 b 的默认值分别设为 1 和 0，如图 5-46 所示。

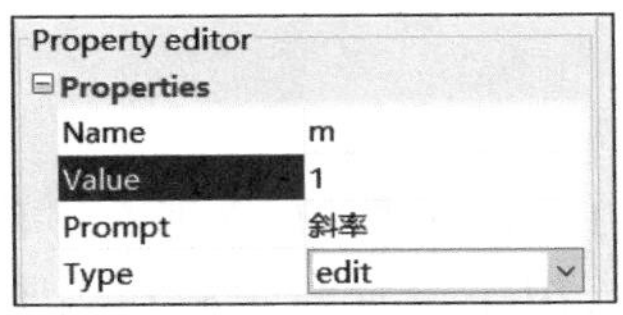

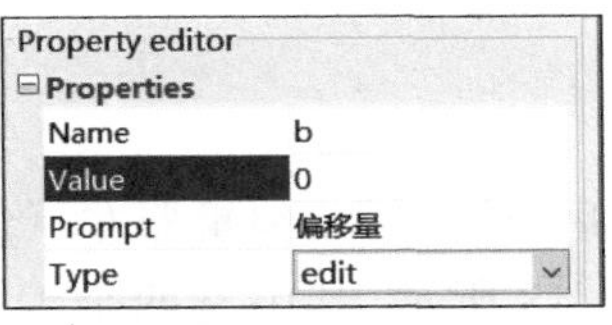

图 5-46　设置控件参数的默认值

2. 添加描述和帮助

在封装编辑器的 Documentation 选项卡中设置封装模块参数对话框中所需要的一些描

述和帮助信息，如图 5-47 所示。

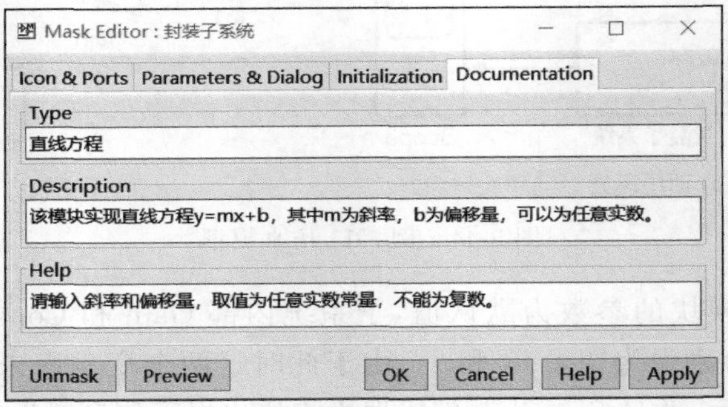

图 5-47　添加帮助和描述

3. 为封装模块添加图标

Simulink 模块库中的所有模块都有专用的图标，模块调入仿真模型后，能够根据其功能在图标上显示形象直观的图案。例如，Sine Wave 模块图标上显示一条正弦波形曲线，Scope 模块图标上显示一个示波器屏幕。

通过封装，也可以在自己创建的子系统模块图标上得到类似的显示效果。以本例中的仿真模型为例，其中的 Subsystem 模块实现直线方程，可以在图标上显示一条具有一定斜率和偏移量的直线。

首先创建一个图片文件，在其中绘制一个二维坐标，在坐标系中绘制一条直线。然后将文件命名为"直线方程.jpg"，放在当前文件夹中。

在封装编辑器中，单击进入 Icon & Ports 选项卡，在 Icon drawing commands 面板中输入如下绘图命令：

```
image('直线方程.jpg')
```

其中参数为已创建的图片文件名。

在 Icon & Ports 选项卡中输入上述命令后，将立即在左侧的 Preview 面板中给出图标图案的预览效果。

4. 效果预览

完成上述设置后，单击封装编辑器左下角的 Preview 按钮，立即在屏幕上弹出封装模块参数对话框，如图 5-48 所示，其中有两个编辑框，用于设置封装模块内部的两个参数。并且，两个编辑框中都有默认值 1 和 0。

单击图 5-48 所示参数对话框中的 Help 按钮，将打开浏览器，其中显示封装模块的帮助信息，如图 5-49 所示。

预览完成后，单击封装编辑器中的 OK 按钮或者 Apply 按钮，关闭预览效果对话框和封装编辑器，回到顶层仿真模型。此时，可以发现在 Subsystem 模块的左下角增加了一个灰色向下的粗箭头，如图 5-50(a)所示，表示该模块对应的子系统已经进行了封装。

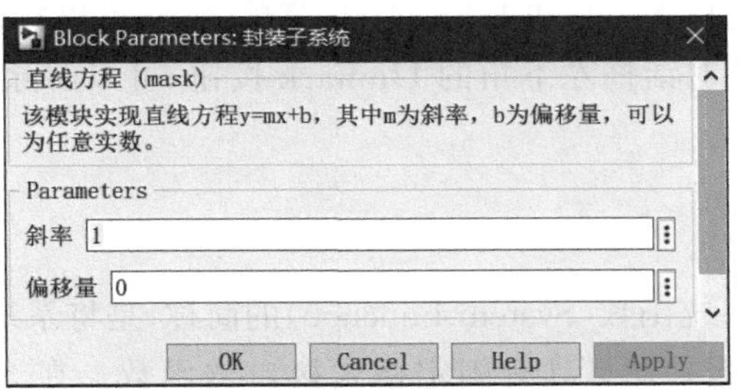

图 5-48 参数对话框预览效果

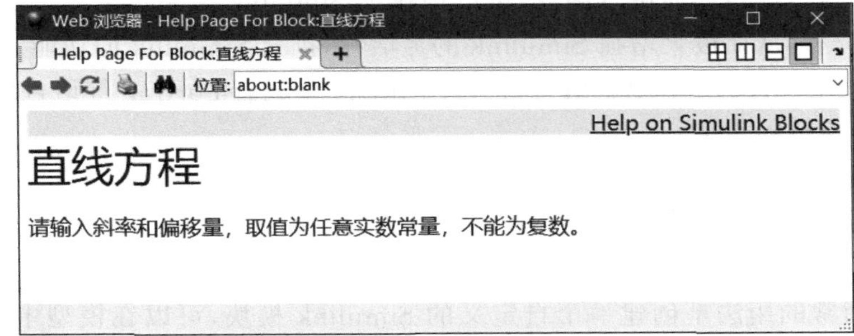

图 5-49 模块的帮助信息

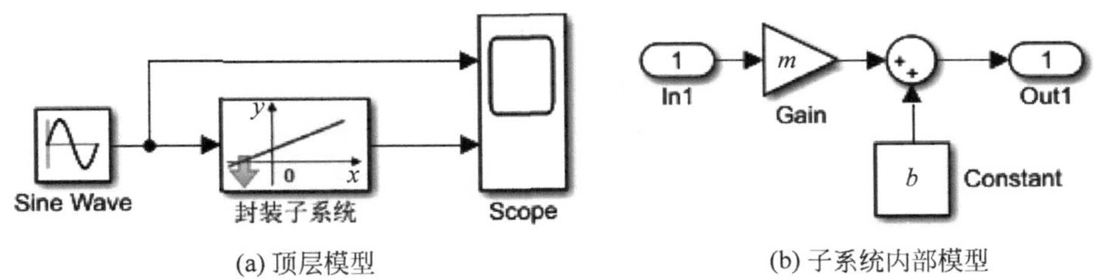

图 5-50 封装后的仿真模型

右击“封装子系统”模块，在弹出的快捷菜单中依次选择 Mask 和 Look Under Mask 菜单命令，可以打开子系统。可以看到子系统内部的 Gain 和 Constant 模块不再有阴影和错误提示，如图 5-50(b)所示，因为两个模块的参数已经分别具有默认值 1 和 0。

5.4.3 对封装模块的操作

封装后的子系统模块，其图标的左下角将出现一个箭头。与普通的模块一样，双击该模块，将弹出封装模块的参数对话框。对没有封装的子系统模块，双击时将打开该子系统的内部模型，可以对子系统内部结构和内部各模块的参数等进行检查修改。

封装后，如果需要修改子系统的内部模型，可以在封装模块上右击，在弹出的快捷菜单中依次选择 Mask 和 Look Under Mask 菜单命令。

如果在弹出菜单中选择 Mask 和 Edit Mask 菜单命令，可以打开封装编辑器，对封装进行修改。单击封装编辑器对话框左下角的 Unmark 按钮，可以解除封装。

5.5 S函数

微课视频

S函数是系统函数(System Function)的简称，是将系统数学方程与 Simulink 可视化模型联系起来并且具有固定格式接口的函数。在 Simulink 中，一切可视化模型(例如 Simulink 库中的所有模块)都是基于S函数实现的。

通过编写和使用S函数，可以构建出 Simulink 模块难以搭建或搭建过程过于复杂的系统模型，从而极大增强 Simulink 的灵活性，扩充 Simulink 的功能。

S函数可以用 MATLAB 语言编写，也可以用 C、C++或者 Fortran 等语言编写。通过编译后，可以提高执行的速度。

5.5.1 S函数的基本概念

S函数最通常的用法是创建一个自定义的 Simulink 模块，可以在模型中多次使用，只需要在每次使用时改变其参数即可。

Simulink 模型中的每个模块都包括输入变量 u、输出变量 y 和内部状态变量 x。输出变量 y 是输入变量 u、状态变量 x、仿真时间 t 和模块参数的函数，可以表示为

$$\begin{aligned} y &= f_0(t,x,u) && \text{(输出)} \\ x'_c &= f_d(t,x,u) && \text{(导数)} \\ x_{d,k+1} &= f_u(t,x_c,x_{d,k},u) && \text{(更新)} \end{aligned} \tag{5-1}$$

其中，$x_{d,k}$ 和 $x_{d,k+1}$ 分别表示第 k 和 $k+1$ 个时间步内的离散状态。

模块内部的状态可能是连续状态 x_c 或离散状态 x_d。在 Simulink 中，这些状态构成状态向量 $\boldsymbol{x}=[x_c;x_d]$，其中连续状态 x_c 和离散状态 x_d 分别占据状态向量的第一行和第二行。对于没有状态的模块，$\boldsymbol{x}$ 是一个空向量。

在仿真运行的特定阶段，Simulink 反复调用仿真模型中的每个模块，以执行计算输出、更新离散状态或者计算导数等任务。此外，还包括在仿真运行的开始和结束时，执行初始化任务和结束操作。模型完整的仿真运行过程可以参考 3.5 节。

在编写S函数的过程中，通常涉及如下基本概念。

1. 直接馈通

直接馈通指模块的输出或者可变采样时间直接受控于输入端子的输入值。正确设置直接馈通，将影响模型中各个模块的执行顺序。

一般情况下，只要S函数满足如下条件，就认为其直接馈通。

(1) 输出变量 y 是输入变量 u 的函数。

(2) S函数是可变采样时间的函数，并且计算下一个采样时刻需要使用输入变量 u。

例如，放大器模块的输出可以表示为

$$y=ku$$

其中，u 为输入，k 为放大倍数。该式表示模块的输出是输入的简单代数关系，即该模块内部具有输入到输出之间的直接馈通。

再例如，积分器模块具有一个内部状态 x，其输出与输入的关系可以表示为

$$y=x$$
$$x'=u$$

执行时，先根据输入变量 u 确定状态变量 x 的导数，再计算 x 的积分而得到输出变量 y。输入/输出之间通过内部状态 x 联系起来，从而使得积分器模块内部没有直接馈通。

2. 动态维矩阵

S函数可以支持任意个数的输入参数，而输入参数的个数同时决定了模块连续状态、离散状态和输出的个数。在这种情况下，当仿真运行开始后，实际的输入参数个数是通过计算驱动S函数的输入向量的长度来动态确定的。

S函数模块只能有一个输入端子。如果需要接收多个输入参数，并且输入参数的具体个数是不确定的，就可以将其设置为宽度是动态可变的。S函数会自动按照合适宽度的输入端子来调用对应的模块。

3. 采样时间

S函数中提供了如下多种采样时间选项，以便在执行时具有高度的灵活性。

(1) 连续采样时间：适用于具有连续状态或者非过零采样的S函数，其输出在每个微步(子时间步)上变化。

(2) 连续微步固定采样时间：适用于需要在每个主时间步上执行，但在微步内不发生变化的S函数。

(3) 离散采样时间：适用于内部只有离散状态的S函数，此时可以定义一个采样时间来控制Simulink何时调用该S函数模块，也可以定义一个偏移量以实现采样时间的延迟。

(4) 可变采样时间：采样时间变化的离散采样时间，在每步仿真的开始都需要计算下一次采样时间。

(5) 继承采样时间：没有专门采样时间特性的S函数，可以根据其所连接的输入或输出模块确定采样时间，或者将采样时间设置为仿真模型中所有模块的最短采样时间。

5.5.2 S函数的实现方法和一般结构

S函数可以利用 Level-1 MATLAB 语言、Level-2 MATLAB 语言、C MEX 文件、S-Function Builder 或代码生成工具实现，不同的实现方法得到的 S 函数具有类似的结构。

1. S函数的实现方法

在各种实现方法中，Level-1 MATLAB语言为 MATLAB 提供了与 S 函数 API 最小组件之间进行交互的简单接口，Level-2 MATLAB 语言提供了更为丰富的 S 函数 API 接口，并且支持代码生成。对于缺乏 C 语言编程经验的 MATLAB 编程人员，特别是不需要为含有 S 函数模块的模型生成代码时，可以考虑采用 Level-2 MATLAB 语言实现 S 函数。

C MEX 文件 S 函数提供了编程方面最大的灵活性，可以通过 C MEX 手工实现算法，或者编写 S 函数包装器调用现有的 C 语言、C++语言或 Fortran 语言代码。手工编写一个新的 S 函数需要了解 S 函数 API，如果想为 S 函数生成嵌入式代码，还需要了解目标语言编译器(TLC)。

如果需要为含有 S 函数模块的仿真模型生成代码，可以选用 Level-2 MATLAB 语言或者 C MEX 文件实现 S 函数。如果选用 Level-2 MATLAB 实现，则还需要为 S 函数编写 TLC 文件。如果需要加快仿真运行速度，可以用 C MEX 文件实现 S 函数。

S-Function Builder 是实现 S 函数编程的一种图形用户界面，对于不熟悉 C MEX S 函数的编程人员，可以用 S-Function Builder 生成 S 函数，或者向 S 函数导入已有的 C 语言或 C++语言代码，而无须与 S 函数 API 交互。S-Function Builder 也可以产生 TLC 文件，以便于自动生成嵌入式代码。

代码生成工具是一组 MATLAB 命令，用于将普通的 C 语言或 C++语言代码导入 S 函数。与 S-Function Builder 一样，代码生成工具能生成 TLC 文件。

限于篇幅，这里着重介绍用 Level-1 MATLAB 语言实现 S 函数的相关知识。

2. S函数的一般结构

在 MATLAB 安装文件夹的子文件夹/toolbox/simulink/blocks 中，提供了实现 Level-1 MATLAB S 函数的模板文件 sfuntmpl. m。该模板文件中包括一个顶层函数和一组局部函数框架，这些局部函数称为回调方法，每个回调方法对应一个特定的标志(flag)。顶层函数根据标志调用这些回调方法，由回调方法执行仿真过程中 S 函数所需的实际操作任务。

附录 C 给出了模板文件 sfuntmpl. m 的完整代码。下面对其做一些必要的解释。

1) 顶层函数

模板文件中的顶层函数声明语句为

```
function [sys,x0,str,ts,simStateCompliance] = sfuntmpl(t,x,u,flag)
```

其中，sfuntmpl是S函数的名称，flag为调用功能标志，t是仿真时间，x和u分别为模块的内部状态和输入变量。

在模型的仿真运行过程中，Simulink不断重复调用S函数，并自动设置flag标志以指示在当前调用S函数时需要执行的具体操作，flag标志的取值与调用的回调方法之间的对应关系如表5-1所示。

表5-1　flag标志与回调方法

flag	回调方法	执行的任务
0	mdlInitializeSizes()	定义S函数模块的基本特性，包括采样时间、连续状态和离散状态的初始值、数组大小等
1	mdlDerivatives()	计算连续状态变量的导数
2	mdlUpdate()	更新离散状态、采样时间和主时间步
3	mdlOutputs()	计算S函数的输出
4	mdlGetTimeOfNextVarHit()	以绝对时间计算下一个采样时刻，该方法只用于在mdlInitializeSizes()方法中指定了一个可变离散采样时间的情况
9	mdlTerminate()	执行所需的仿真结束操作

执行S函数后，将返回一个输出向量，其中包括如下元素：

(1) sys：通用返回参数，其返回值取决于flag标志。例如，flag=3，则sys返回结果为S函数的输出。

(2) x_0：初始状态值。当flag=0时，返回S函数模块的初始值。对于flag的其他取值，该返回值无效。

(3) str：预留参数，一般设为空矩阵，即写为[]。

(4) t_s：采样时间和偏移量。该参数返回值有两列，分别保存采样时间和偏移量。

(5) simStateCompliance：指定保存和恢复仿真运行时处理模块的方法。

在模板文件的顶层函数中，除了上述声明语句和注释以外，主要有如下代码：

```
switch flag,
  case 0,
    [sys,x0,str,ts,simStateCompliance] = mdlInitializeSizes;
  case 1,
    sys = mdlDerivatives(t,x,u);
  case 2,
    sys = mdlUpdate(t,x,u);
  case 3,
    sys = mdlOutputs(t,x,u);
  case 4,
    sys = mdlGetTimeOfNextVarHit(t,x,u);
  case 9,
```

```
    sys = mdlTerminate(t,x,u);
  otherwise
    DAStudio.error('Simulink:blocks:unhandledFlag',...
                   num2str(flag));
end
```

上述代码利用 switch-case 语句，根据调用 S 函数时入口参数 flag 的取值，分别调用后面的回调方法。

2）回调方法

在模板文件中，除了上述顶层函数内的 switch-case 语句外，还有所有回调方法的框架。这里首先介绍 mdlInitializeSizes()方法。

回调方法 mdlInitializeSizes()实现 S 函数模块的初始化，包括定义 S 函数模块的基本特性，包括采样时间、连续状态和离散状态的初始值、数组大小等。该方法的完整代码如下：

```
function [sys,x0,str,ts,simStateCompliance] = mdlInitializeSizes
  sizes = simsizes;
  sizes.NumContStates  = 0;
  sizes.NumDiscStates  = 0;
  sizes.NumOutputs     = 0;
  sizes.NumInputs      = 0;
  sizes.DirFeedthrough = 1;
  sizes.NumSampleTimes = 1;
  sys = simsizes(sizes);
  x0 = [];
  str = [];
  ts  = [0 0];
  simStateCompliance = 'UnknownSimState';
```

方法中的第一条语句调用 simsizes()函数创建一个空的 sizes 结构，之后需要用相关信息对结构中的各字段赋值，其中主要包括如下字段：

（1）sizes. NumContStates：连续状态变量的个数；

（2）sizes. NumDiscStates：离散状态变量的个数；

（3）sizes. NumOutputs：输出变量的个数；

（4）sizes. NumInputs：输入变量的个数；

（5）sizes. DirFeedthrough：直接馈通标志；

（6）sizes. NumSampleTimes：采样时间的个数。

在上述方法的代码中，对这些字段都设了默认值。在实现 S 函数时，可以根据需要修改和重新设置这些字段的值。在完成 sizes 结构的初始化后，需要重新调用 simsizes()函数，将上述初始化信息传递给向量 sys，以供 Simulink 仿真运行时访问。

除了完成向量 sys 的上述初始化以外，在 mdlInitializeSizes()方法中还需要设置状态变

量的初始值 x_0，设置 str 为空矩阵，设置采样时间向量 t_s 等。大多数情况下，这些初始值取默认值即可。

5.5.3 静态和动态系统的S函数实现

静态系统中没有状态变量，只有输入和输出，典型的就是 Simulink 库中的各种信号源模块以及实现各种代数运算的模块。动态系统中含有状态变量，并且一般情况下，状态变量的个数等于系统阶数。对于离散动态系统，其输入、输出和状态变量都是离散信号；对于连续动态系统，其输入、输出和状态变量都是连续信号。

由于这些特点，用 S 函数实现上述各种系统时，实现的方法稍微有所区别。

1. 静态系统的 S 函数实现

由于没有状态变量，因此用 S 函数实现静态系统时，不需要计算和更新状态，也就不需要使用 mdlDerivatives()和 mdlUpdate()回调方法，只需要调用 mdlOutputs()回调方法，计算得到输出。下面举例说明。

【例 5-12】 用 S 函数实现一次函数运算，即 $y=au+b$，其中 a 和 b 是 S 函数的两个参数，u 和 y 分别为 S 函数模块的输入和输出。

实现方法和操作步骤如下：

(1) 打开模板文件 sfuntmpl. m，将文件重新命名为 sfun1. m，并保存到当前文件夹中。同时将其中的函数声明修改为 sfun1，并在顶层函数入口参数列表末尾添加两个入口参数 a 和 b。

(2) 在 mdlInitializeSizes()回调方法中，设置输入和输出变量的个数都为 1，即修改如下两条语句：

```
sizes.NumOutputs       = 1;
sizes.NumInputs        = 1;
```

(3) 将 mdlOutputs()回调方法作如下修改：

```
function sys = mdlOutputs(t,x,u)
    sys = a * u + b;
```

做完上述设置后，S 函数创建完毕。为了使用所创建的 S 函数，继续作如下操作。

(4) 新建仿真模型文件，向其中添加一个 S-Function 模块，该模块位于 Simulink/User-Defined Functions 库中。

(5) 双击 S-Function 模块，打开其参数对话框，如图 5-51 所示。在 S-function name 文本框中输入前面创建的 S 函数名 sfun1，并在 S-function parameters 文本框中输入两个参数 a 和 b。这两个参数也就是在所创建的 S 函数中，除了 t、x 和 u 等参数以外，另外增加的两个参数。两个参数之间用逗号分隔。

设置完 S-Function 模块的参数后，单击 OK 按钮，在仿真模型中，该模块图标上将显示 S 函数的名称 sfun1。

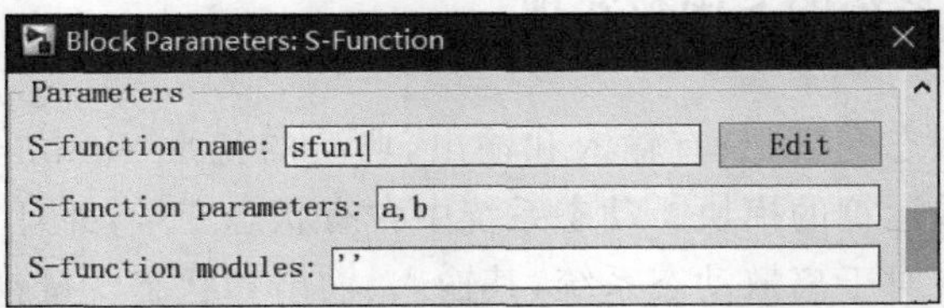

图 5-51　S-Function 模块的参数对话框

(6) 向仿真模型中另外添加一个 Sine Wave 模块和一个 Scope 模块，得到完整的仿真模型，如图 5-52 所示。其中，Sine Wave 模块的参数都取默认值。

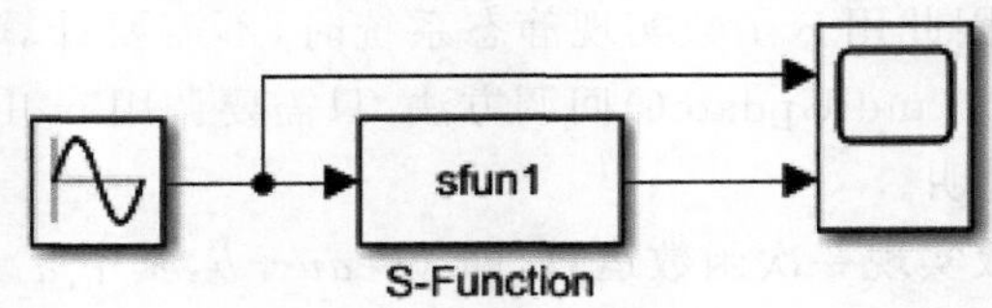

图 5-52　例 5-12 仿真模型

(7) 在 MATLAB 命令行窗口输入如下命令：

```
>> a = 2;
>> b = -1;
```

上述命令的作用是为 S-Function 模块及其 S 函数中的入口参数 a 和 b 赋值。

(8) 仿真运行，在示波器上观察运行结果，如图 5-53 所示。

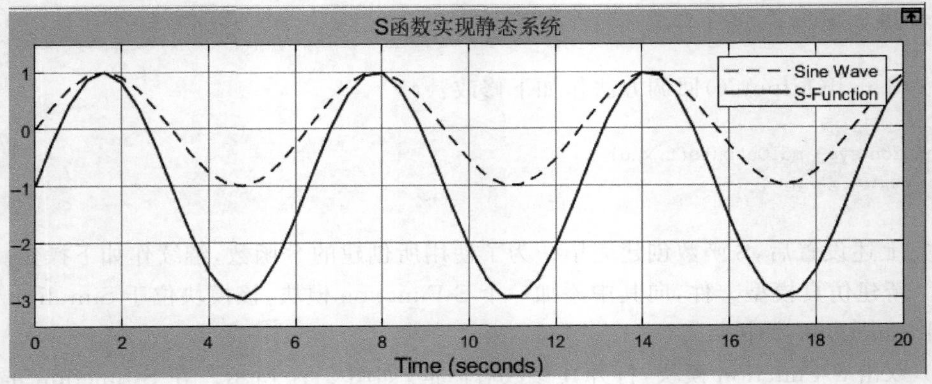

图 5-53　例 5-12 运行结果

2. 离散动态系统的S函数实现

离散动态系统中只有离散状态变量,没有求导运算。在系统的状态空间方程中,状态方程反应的是状态变量的递推关系,输出方程中也只是简单的代数运算。因此用S函数实现时,只需要用到 mdlUpdate()和 mdlOutputs()方法。

【例 5-13】 已知一个离散 SISO 系统的传递函数为

$$H(z)=\frac{2z+1}{z^2+0.5z+0.8}$$

用S函数实现该系统,并求其单位脉冲响应。

实现方法和操作步骤如下:

(1) 打开模板文件 sfuntmpl. m,将文件重新命名为 sfun2. m,并保存到当前文件夹中。同时将其中的函数声明修改为 sfun2,并在顶层函数入口参数列表末尾添加两个入口参数 a 和 b。

(2) 根据 MATLAB 中提供的标准模板,用S函数实现动态系统时,需要已知系统的状态空间方程。本例中已知的是系统的传递函数,因此在顶层函数 switch-case 语句之前添加如下语句:

```
[A,B,C,D] = tf2ss(b,a);
```

该语句调用 tf2ss()函数将由矩阵 ***b*** 和 ***a*** 指定的传递函数转换为状态空间方程,得到状态空间方程中的4个矩阵。

(3) 在所有的回调方法中,将上述状态空间方程中的4个矩阵增添为入口参数,例如:

```
case 2,
    sys = mdlUpdate(t,x,u,A,B,C,D);
```

(4) 该离散系统是一个二阶 SISO 系统,因此分别有一个输入变量、一个输出变量和两个离散状态变量。据此将 mdlInitializeSizes()回调方法中的相关语句作如下修改:

```
sizes.NumDiscStates        = 2;
sizes.NumOutputs           = 1;
sizes.NumInputs            = 1;
sizes.DirFeedthrough       = 1;
x0   = zeros(sizes.NumDiscStates,1);              %状态变量初始化
ts   = [-1 0];                                    %设置采样时间继承于模块的输入
```

(5) 将 mdlUpdate()和 mdlOutputs()回调方法做如下修改:

```
function sys = mdlUpdate(t,x,u,A,B,C,D)
    sys = A*x+B*u;
function sys = mdlOutputs(t,x,u,A,B,C,D)
    sys = C*x+D*u;
```

(6) 新建仿真模型如图 5-54 所示。在 S-Function 模块的参数对话框中设置 S-function name 为 sfun2,并在 S-function parameters 文本框中输入两个参数 a 和 b。

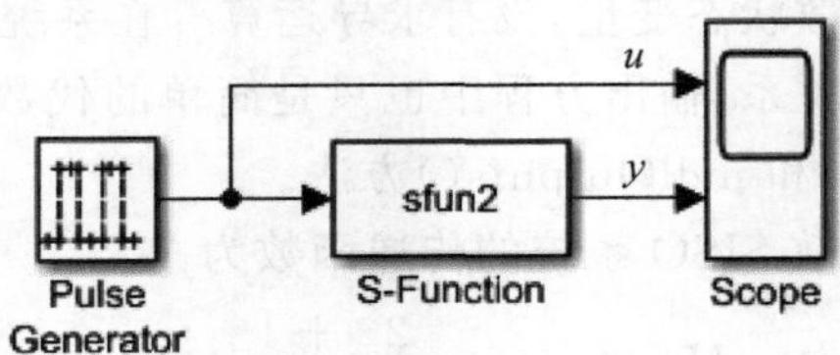

图 5-54　例 5-13 仿真模型

此外,设置模型中 Pulse Generator 模块的参数如图 5-55 所示,则该模块以 0.1s 的采样间隔产生周期为 5s、宽度为 0.1s 的离散周期脉冲序列。

Block Parameters: Pulse Generator

Pulse type: Sample based

Time (t): Use simulation time

Amplitude:

1

Period (number of samples):

50

Pulse width (number of samples):

1

Phase delay (number of samples):

0

Sample time:

0.1

图 5-55　Pulse Generator 模块的参数设置

(7) 在命令行窗口输入如下命令:

```
>> b = [2 1];
>> a = [1 0.5 0.8];
```

执行后,得到矩阵 $\boldsymbol{b}$ 和 $\boldsymbol{a}$,作为上述 S-Function 的参数。

(8) 启动仿真运行,立即在示波器上得到波形,如图 5-56 所示。

3. 连续动态系统的 S 函数实现

连续动态系统中有连续的状态变量,状态空间方程中的状态方程是一组一阶微分方程。分析求解时,需要先用数值微积分算法进行求导运算,得到状态变量。再根据输出方程得到系统的输出变量。因此,在执行过程时,需要在微步中反复调用 S 函数中的 mdlDerivatives() 回调方法执行求导运算。

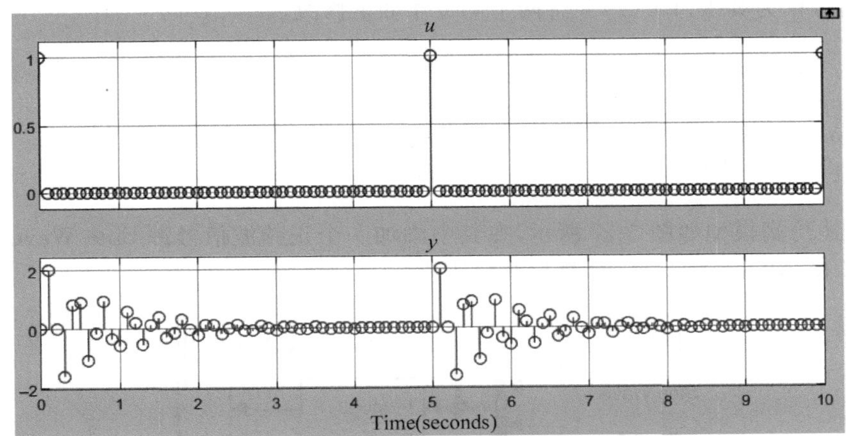

图 5-56　例 5-13 运行结果

【例 5-14】 已知连续系统的状态方程系数矩阵为

$$\boldsymbol{A}=\begin{bmatrix}-0.09 & -0.01\\ 1 & 0\end{bmatrix},\quad \boldsymbol{B}=\begin{bmatrix}1 & -7\\ 0 & -2\end{bmatrix},\quad \boldsymbol{C}=\begin{bmatrix}0 & 2\\ 1 & -5\end{bmatrix},\quad \boldsymbol{D}=\begin{bmatrix}-3 & 0\\ 1 & 0\end{bmatrix}$$

用 S 函数实现该系统。

实现方法和操作步骤如下：

(1) 打开模板文件 sfuntmpl. m，将文件重新命名为 sfun3. m，并保存到当前文件夹中，同时将其中的函数声明修改为 sfun3。

(2) 在顶层函数的 switch 语句之前，输入已知的 4 个系数矩阵。

```
A = [ - 0.09  - 0.01;1 0];
B = [1  - 7;0  - 2];
C = [0 2;1  - 5];
D = [ - 3 0;1 0];
```

(3) 由已知的状态空间方程分析得知，该连续系统有 2 个输入和 2 个输出，并且有 2 个状态变量。因此，在 mdlInitializeSizes()回调方法中，修改如下 3 条语句，指定该系统的连续状态变量、输出变量和输入变量都为 2。

```
sizes.NumContStates   = 2;
sizes.NumOutputs      = 2;
sizes.NumInputs       = 2;
```

并且，将 x0 语句修改为

```
x0   = zeros(2,1);
```

(4) 在 mdlDerivatives()和 mdlOutputs()两个函数的调用和声明中，将状态空间方程中的 4 个矩阵作为其入口参数，并将两个函数作如下修改：

```
function sys = mdlDerivatives(t,x,u,A,B,C,D)
    sys  =  A * x + B * u;
function sys = mdlOutputs(t,x,u,A,B,C,D)
    sys  =  C * x + D * u;
```

(5) 新建仿真模型如图 5-57 所示，在其中添加一个正弦波信号源 Sine Wave 和一个随机数发生器 Random Number，参数都取默认值。

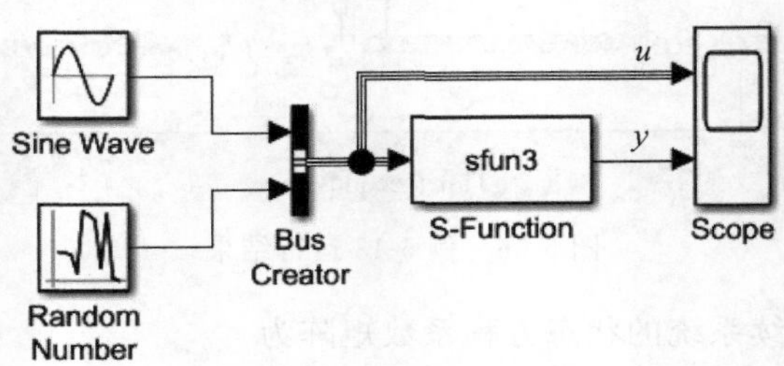

图 5-57　例 5-14 仿真模型

注意，用 Bus Creator 模块将两个输入合并为一路输入 S-Function 模块。S-Function 模块的参数对话框中输入刚创建的 S 函数名，另外两个参数保持默认值。

(6) 仿真运行，示波器上的波形显示如图 5-58 所示。

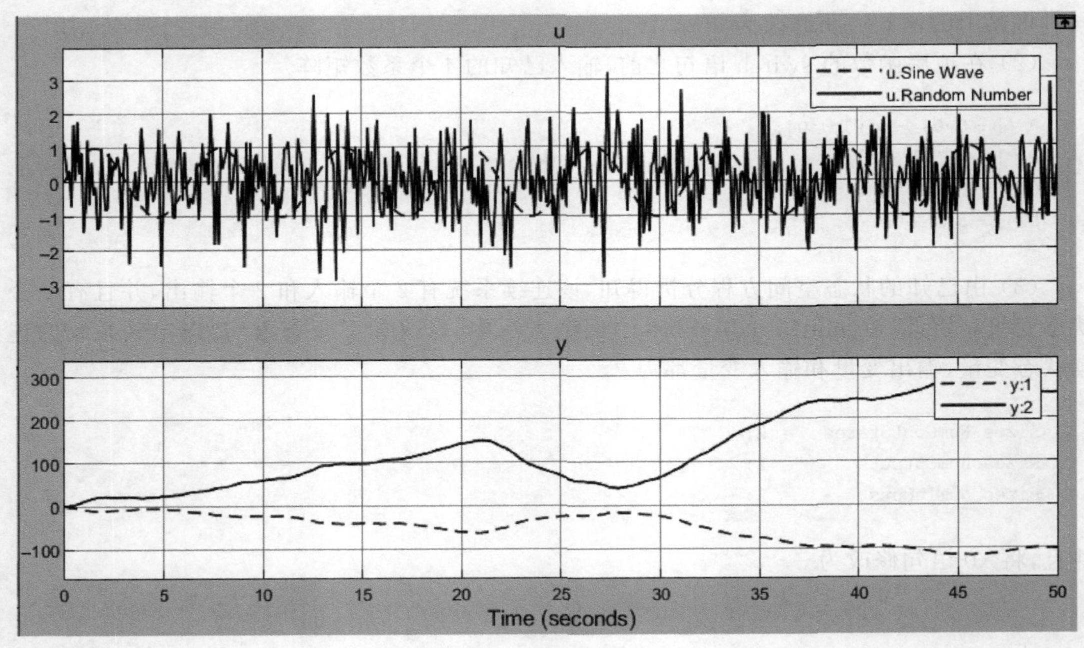

图 5-58　例 5-14 运行结果

5.5.4 S函数模块的封装

在例5-12和例5-13中，实现两个系统的S函数都需要a和b两个参数。在仿真运行之前，必须先为这两个参数赋值，否则运行时将报错。为此，可以将S函数模块进行封装。

与子系统一样，通过封装可以使S函数模块与普通模块一样，在搭建仿真模型时设置所需的参数，然后直接启动运行。S函数模块的封装方法也与前面介绍的子系统封装方法完全一样。下面结合例5-13说明封装步骤。

【例5-15】 仿真模型同例5-13，要求对其中的S-Function模块进行封装。

具体封装步骤如下：

(1) 在仿真模型中右击S-Function模块，在弹出的快捷菜单中依次单击Mask和Create Mask菜单命令，打开封装编辑器对话框。

(2) 进入Parameters & Dialog选项卡，在Controls控件中单击Edit两次，添加两个编辑框控件，将两个控件的Prompt和Name属性按图5-59进行设置。注意，在右侧的Property editor面板中设置这两个参数的默认值都为[1]。

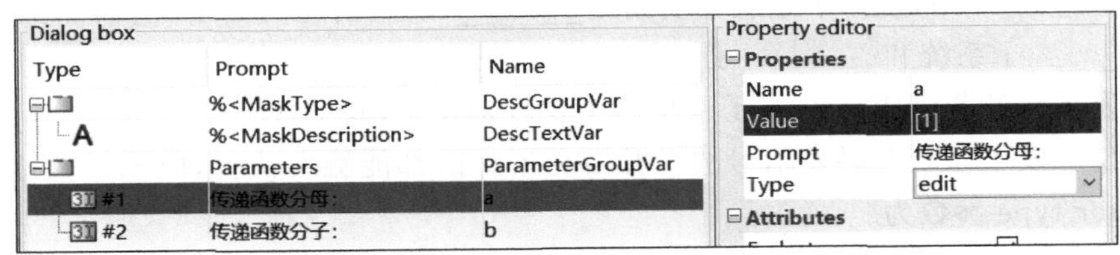

图5-59 添加控件

(3) 在Documentation选项卡中，自行输入相关的描述和帮助信息，如图5-60所示。然后，单击封装编辑器左下角的Preview按钮，预览封装后的参数对话框效果。如果效果不满意，返回封装编辑器修改。

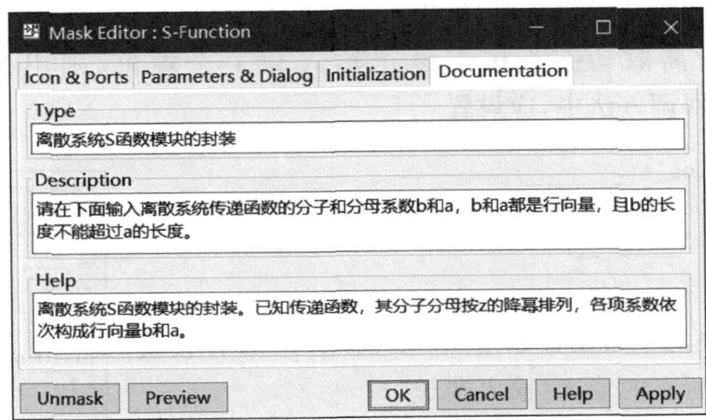

图5-60 添加描述信息和帮助文档

(4) 回到仿真模型,双击 S-Function 模块,在打开的参数对话框中输入传递函数分母多项式和分子多项式系数矩阵,与例 5-13 完全相同,如图 5-61 所示。仿真运行,观察运行结果也与例 5-13 完全一致。

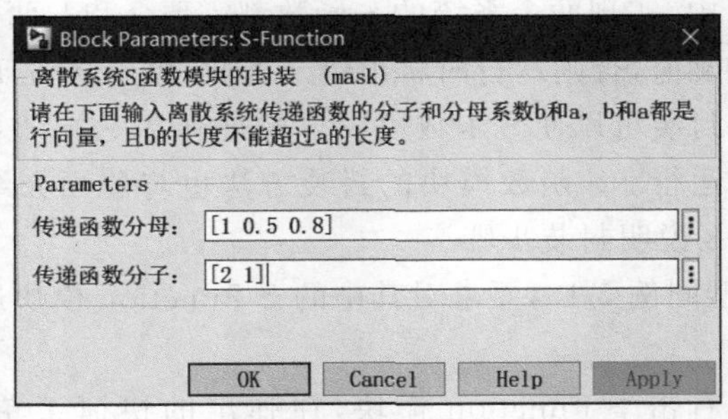

图 5-61 封装后的 S 函数模块参数对话框

本章习题

1. 在 Simulink 中,虚拟子系统主要指用________模块创建的子系统,而非虚拟子系统又分为________子系统和________子系统。

2. 触发子系统与 Subsystem 子系统的主要区别在于,其中含有一个________模块。

3. 要使触发子系统在触发信号的上升沿和下降沿都能触发执行,应该设置 Trigger 模块的 Trigger type 参数为________。

4. 一个 If 动作子系统包括一个________模块和若干个 If Action Subsystem 模块。

5. If Action Subsystem 内部有一个________模块,用于接收来自外部 If 模块的条件。

6. 用 S 函数实现静态系统时,只需要用到________和________两个回调方法。

7. 用 S 函数实现离散动态系统时,系统的状态方程放在________回调方法中,输出方程放在________回调方法中。

8. 用 S 函数实现连续动态系统时,状态方程放在________回调方法中。

9. 已知某 3 阶离散动态系统有 2 个输入和 1 个输出,则用 S 函数实现时,在 mdlInitializeSizes()回调方法中,应设置

```
sizes.NumContStates = ________;
sizes.NumDiscStates = ________;
sizes.NumOutputs = ________;
sizes.NumInputs = ________.
```

10. 已知 If 模块的参数设置如题图 5-1 所示,画出 If 模块的图标,图上要标出所有的输入/输出端子。

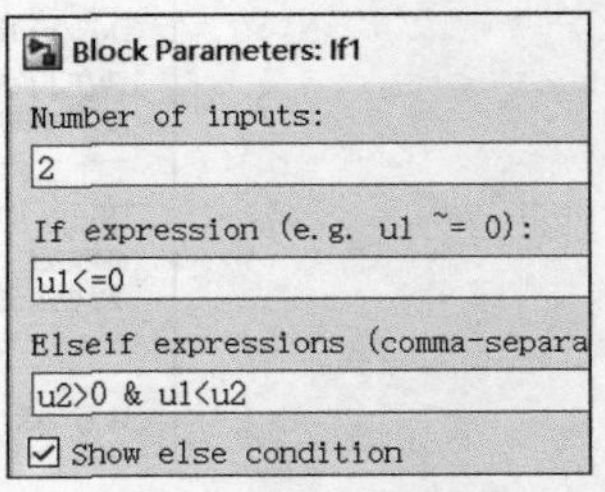

题图 5-1

11. 简述对于封装和未封装的子系统模块,双击后的操作有何区别。

实践练习

1. 搭建如题图 5-2 所示的仿真模型。

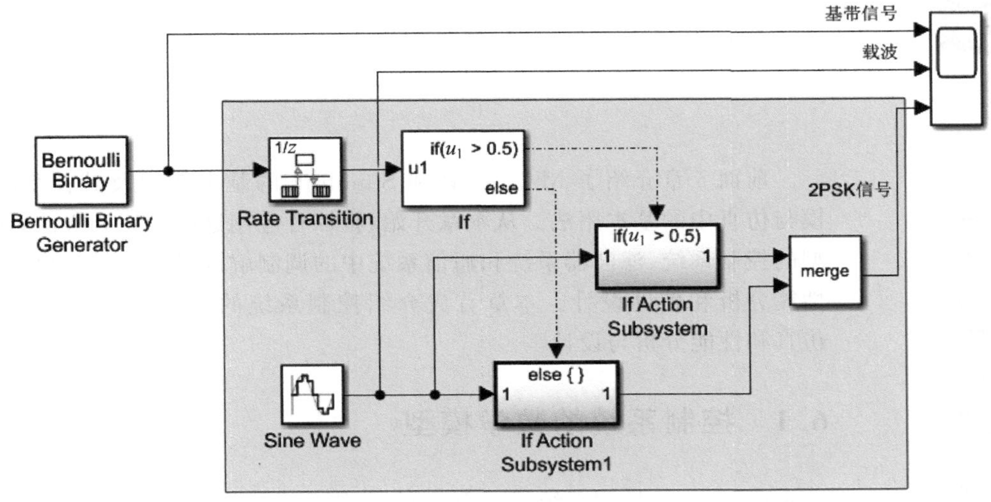

题图 5-2

其中，Bernoulli Binary Generator 模块的 Sample time 参数设为 0.1s(即码元速率为 10 baud)，Sine Wave 模块的 Frequency 参数设为 40π rad/s，Sample time 和 Rate Transition 模块的 Output port sample time 参数设置相同，为 1ms。其他模块的参数取默认值。

(1) 仿真运行，观察基带信号、载波和 2PSK 信号的波形。

(2) 将仿真模型中阴影方框内的部分创建为子系统。

(3) 要求将 Sine Wave 模块的 Frequency 参数设为变量 2 * pi * f_c，其中变量 f_c 单位为 Hz；Sine Wave 模块的 Sample time 参数和 Rate Transition 模块的 Output port sample time 参数都设为 $1/f_s$，其中变量 f_s 单位为 Hz。为(2)中的子系统创建如题图 5-3 所示的封装对话框。

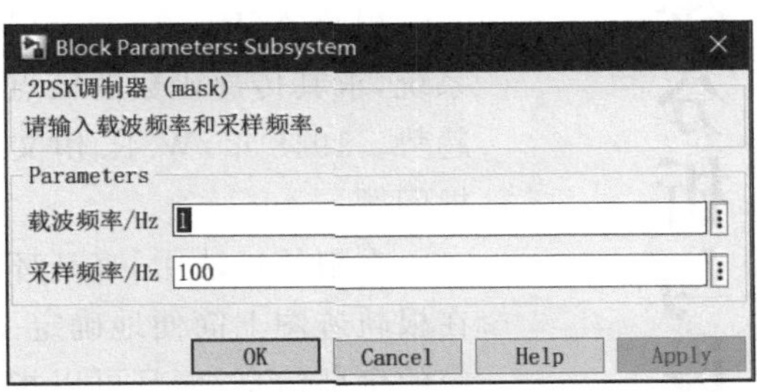

题图 5-3

2. 用 S 函数实现连续动态系统，并求其单位阶跃响应。已知系统传递函数的零极点增益模型为

$$H(s)=\frac{10(s+100)}{(s+5+\mathrm{j}10\pi)(s+5-\mathrm{j}10\pi)}$$

要求不能用手工进行任何计算，所有功能都用代码实现。

第6章 MATLAB/Simulink控制系统分析与设计

前面5章介绍了MATLAB和Simulink的基本知识及其在系统建模与仿真中的基本用法。从本章开始，将综合应用这些知识和方法，对典型的控制系统、滤波器系统和通信系统中的调制解调过程进行建模仿真、性能分析和辅助设计。本章首先介绍控制系统的MATLAB/Simulink仿真和性能分析与设计。

6.1 控制系统的数学模型

微课视频

控制系统属于典型的动态系统，对于线性时不变的控制系统，仍然可以采用第4章介绍的方框图和时域方程、传递函数、状态空间方程等数学模型进行描述。根据所采用的数学模型的不同，可以分别在时域和频域采用各种不同的方法对系统性能进行分析，对控制系统进行计算机辅助设计等。

本节在第4章的基础上，对控制系统分析和设计常用的数学模型作一些补充介绍，在后续章节再详细介绍MATLAB/Simulink中如何对控制系统进行建模和仿真分析设计。

6.1.1 零极点与根轨迹

根轨迹(Root Locus)与系统传递函数的零极点密切相关。对于高阶系统，求其传递函数的极点需要大量的反复计算，并且无法直观看出影响趋势。1948年，W. R. 伊文思提出了根轨迹法，解决了闭环特征方程的求根问题。

在根轨迹法中，当开环增益或其他参数改变时，对应的闭环极点均可在根轨迹图上简便地确定。根轨迹图不仅可以直接给出闭环系统时间响应的全部信息，而且可以指明开环零极点应该怎样变化才能满足给定的闭环系统的性能指标要求。

1. 系统的零极点图

系统传递函数的零点和极点是传递函数的自变量 s 的一些特殊取值，一般情况下为复数，可以在复平面上用相应的点来表示，该复平面通常称为 s 平面。将系统的所有零点在 s 平面上用"○"表示、所有极点用"×"表示，这样的复平面称为系统的零极点图。

例如，已知某系统的传递函数为

$$H(s)=\frac{s(s-1)}{(s+1)(s^2+4s+5)}$$

其零点为 $z_1=0, z_2=1$，极点为 $p_1=-1, p_2=-2+\mathrm{j}, p_2=-2-\mathrm{j}$。据此得到系统传递函数的零极点图如图 6-1 所示。

2. 根轨迹

一个典型的闭环负反馈控制系统的结构如图 6-2 所示，其闭环传递函数为

$$G_B(s)=\frac{Y(s)}{F(s)}=\frac{G(s)}{1+G_k(s)} \tag{6-1}$$

其中，$F(s)$和 $Y(s)$分别为系统的输入和输出，$G(s)$为前向通道传递函数，$H(s)$为反馈通道传递函数，$G_k(s)$称为开环传递函数，且

$$G_k(s)=\frac{B(s)}{E(s)}=G(s)H(s) \tag{6-2}$$

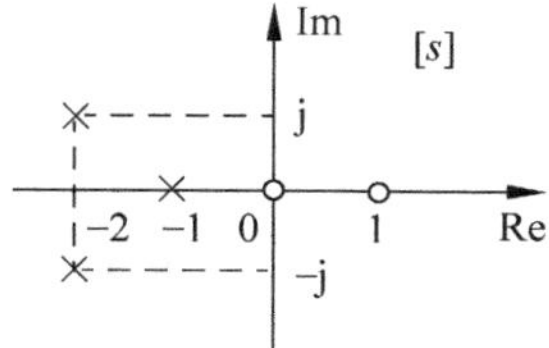

图 6-1 系统的零极点图

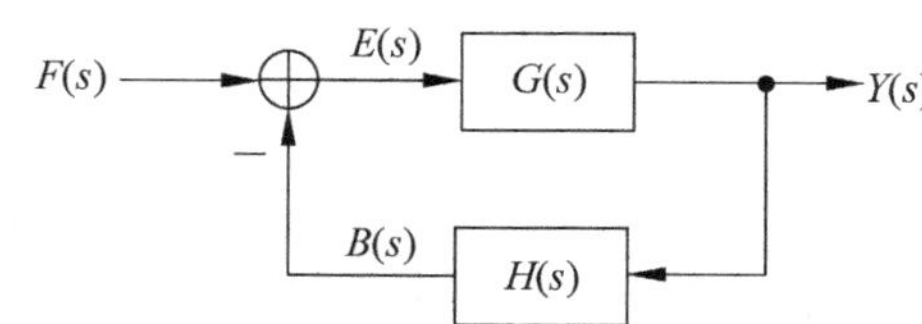

图 6-2 闭环负反馈控制系统的基本结构

对于连续控制系统，开环传递函数和闭环传递函数的分子和分母都是关于 s 的多项式，因此都存在零极点，分别称为开环零极点和闭环零极点。

假设开环系统传递函数的零极点增益模型为

$$G_k(s)=K\frac{(s-z_1)(s-z_2)\cdots(s-z_m)}{(s-p_1)(s-p_2)\cdots(s-p_n)} \tag{6-3}$$

其中，K 为开环增益，$z_j(j=1,2,\cdots,m)$和 $p_i(i=1,2,\cdots,n)$分别为开环零点和开环极点。

根据式(6-1)，闭环极点是满足如下方程的所有 s 的取值，即

$$1+G_k(s)=0$$

将式(6-3)所示开环传递函数代入上式得到

$$K\frac{(s-z_1)(s-z_2)\cdots(s-z_m)}{(s-p_1)(s-p_2)\cdots(s-p_n)}=-1 \tag{6-4}$$

该式称为根轨迹方程。由此可见，系统的闭环极点与开环零极点和开环增益都有关。当开环零极点给定后，闭环极点将随开环增益而变化。系统的根轨迹就是开环增益从0～+∞变化时，闭环极点在复平面（又称为 s 平面）上变化的轨迹。

3. 绘制根轨迹的条件

在式(6-4)中，自变量 s 和所有开环零极点通常情况下都是复数。假设开环增益为正实数，对该式两边分别取模和相角得到

$$\frac{\prod_{j=1}^{m} |(s-z_j)|}{\prod_{i=1}^{n} |(s-p_i)|}=\frac{1}{K} \tag{6-5}$$

$$\sum_{j=1}^{m}\angle(s-z_j)-\sum_{i=1}^{n}\angle(s-p_i)=(2k+1)\pi,\quad k\ \text{为整数} \tag{6-6}$$

式(6-5)和式(6-6)是根轨迹上所有闭环极点应该满足的条件，分别称为模值条件和相角条件。根据这两个条件可以完全确定 s 平面上的根轨迹和根轨迹上每个极点对应的 K 的取值。

下面举例说明。假设图 6-2 中，$G(s)=1/s$，$H(s)=K$，则系统的开环和闭环传递函数分别为

$$G_k(s)=G(s)H(s)=\frac{K}{s}$$

$$G_B(s)=\frac{1/s}{1+K/s}=\frac{K}{s+K}$$

由此求得开环极点 $p=0$，没有开环零点，也可以认为开环零点等于无穷大，即位于 s 平面的无穷远处。闭环极点为 $p_1=-K$。当实数 $K=0$～$+\infty$时，p_1 从 0 开始减小到$-\infty$。在 s 平面上，也就是从开环极点开始，沿着实轴向左移动到无穷远处。因此，s 平面上实轴的负半轴就构成了该系统的根轨迹，如图 6-3 所示。

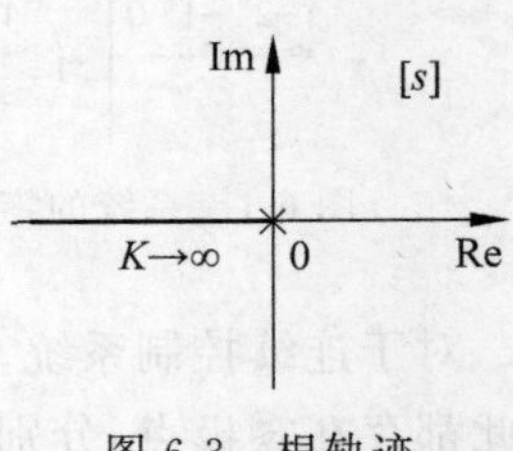

图 6-3　根轨迹

6.1.2　频率特性

对于线性时不变系统，在输入正弦信号作用下，其稳态输出响应为同频率的正弦信号，但输出正弦波的振幅和相位将随输入正弦波的频率而变化。也就是说，输出信号的振幅和相位是关于输入正弦波频率的函数。对于给定的输入正弦波，其幅度和相位为常数，因此其稳态输出正弦波的幅度与输入正弦波的幅度之比也是输入正弦波频率的函数，称为系统的幅频特性，输出正弦波与输入正弦波相位之差称为系统的相频特性。

显然，幅频特性反映了正弦信号通过系统时幅度上的放大倍数，而相频特性反映了系统对输入正弦波在相位或时间上的延迟，二者合起来称为系统的频率特性。一般将幅频特性作为模，相频特性作为相角，从而借助于复变函数将系统的频率特性统一表示为

$$G(j\omega) = |G(\omega)| e^{j\varphi(\omega)} \tag{6-7}$$

其中，ω 为输入正弦波的角频率，$|G(\omega)|$ 为幅频特性，$\varphi(\omega)$ 为相频特性。

频率特性是在频域对系统进行分析时所采用的一种重要数学模型。如果已知输入正弦波的频率、幅度和相位，根据频率特性即可方便地求解系统的稳态响应。

1. 频率特性与传递函数的关系

线性时不变系统同时具有频率特性和传递函数，对同一个系统，二者之间的转换关系为

$$G(s) = G(j\omega)\,|_{j\omega = s}, \quad G(j\omega) = G(s)\,|_{s = j\omega} \tag{6-8}$$

式(6-8)表示的含义为：对于连续系统，其传递函数和频率特性分别以 s 和 $j\omega$ 为自变量。二者除了自变量不同以外，函数表达式完全一样。因此，在实际应用中，只需要作自变量替换，即可在二者之间相互进行转换。

例如，已知系统的频率特性为

$$G(j\omega) = \frac{10}{-\omega^2 + 10j\omega + 100} = \frac{10}{(j\omega)^2 + 10j\omega + 100}$$

则该系统的传递函数为

$$G(s) = G(j\omega)\,|_{j\omega = s} = \frac{10}{s^2 + 10s + 100}$$

2. 频率特性的图形描述

系统的频率特性是根据傅里叶变换得到的，一般情况下为复变函数，而幅频特性和相频特性都是以 ω 为自变量的实函数。因此，在绘制频率特性曲线时，通常将幅频特性和相频特性的波形分别绘制在两个二维坐标中，称为幅频特性曲线和相频特性曲线，合称为频率特性曲线。

例如，某系统的频率特性曲线如图 6-4(a)所示。根据该频率特性曲线可以作如下分析：当 $\omega = 2\text{rad/s}$ 时，幅频特性和相频特性曲线的高度分别为 0.5 和 $-\pi/3$，表示在角频率为 2rad/s 的输入正弦信号作用下，系统的稳态输出正弦波的幅度放大 0.5 倍，相位滞后 $\pi/3$rad，时间延迟 $(\pi/3)/2 = \pi/6$s。系统输入和稳态响应输出正弦波波形如图 6-4(b)所示。

除了上述频率特性曲线以外，还广泛用到 Nyquist(奈奎斯特)图、Bode(伯德)图和 Nichols(尼克尔斯)图等。

1) Nyquist 图

Nyquist 图又称为幅相频率特性曲线，是在复平面上用极坐标形式表示系统的频率特

性。给定频率特性中自变量的一个取值，将得到一个复数，在复平面上可以用一个向量表示，向量的长度表示频率特性的模，而相角表示频率特性的相位。当自变量 $\omega=0\sim+\infty$时，所有向量的端点在复平面上构成连续的轨迹曲线，这就是 Nyquist 图。

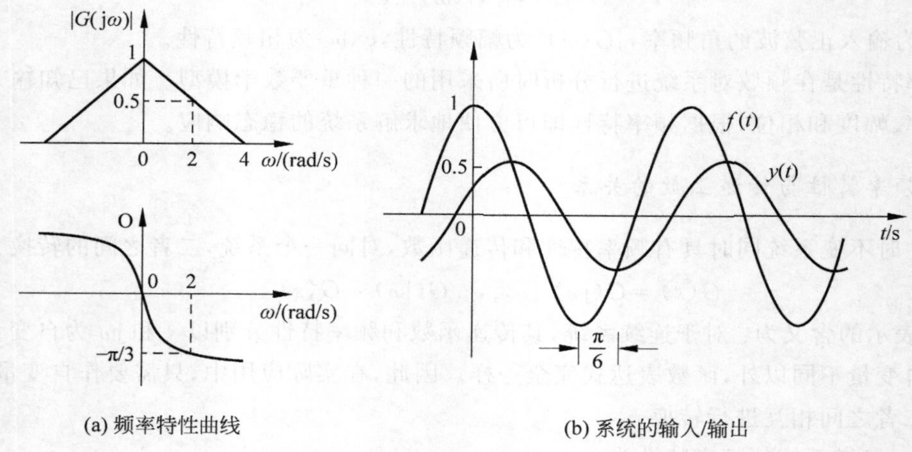

图 6-4　频率特性的物理含义

2）Bode 图

Bode 图又称为对数频率特性曲线，在 Bode 图中采用半对数坐标，横轴采用对数刻度表示频率特性的自变量 ω，而纵轴采用线性刻度。

每个 Bode 图由两张图构成，分别为对数幅频特性曲线图和对数相频特性曲线图。其中，对数幅频特性曲线的纵坐标为幅频特性的分贝值，即 $L(\omega)=20\lg|G(\mathrm{j}\omega)|$，而对数相频特性曲线的纵坐标仍然表示相频特性 $\varphi(\omega)$。

3）Nichols 图

Nichols 图又称为对数幅相频率特性曲线，是由对数幅频特性和对数相频特性曲线合并得到的。在 Nichols 图中，横轴表示相频特性的取值，纵轴表示对数幅频特性的取值。与 Nyquist 图一样，频率特性中的自变量 ω 为一个参变量。

例如，已知某系统的传递函数为

$$H(s)=\frac{s+100}{s+20}$$

则其频率特性为

$$H(\mathrm{j}\omega)=H(s)\big|_{s=\mathrm{j}\omega}=\frac{\mathrm{j}\omega+100}{\mathrm{j}\omega+20}$$

相应的 Bode 图、Nyquist 图和 Nichols 图如图 6-5 所示。注意，在 Nyquist 图轨迹上标有箭头，表示频率特性的自变量 ω 增加的方向。

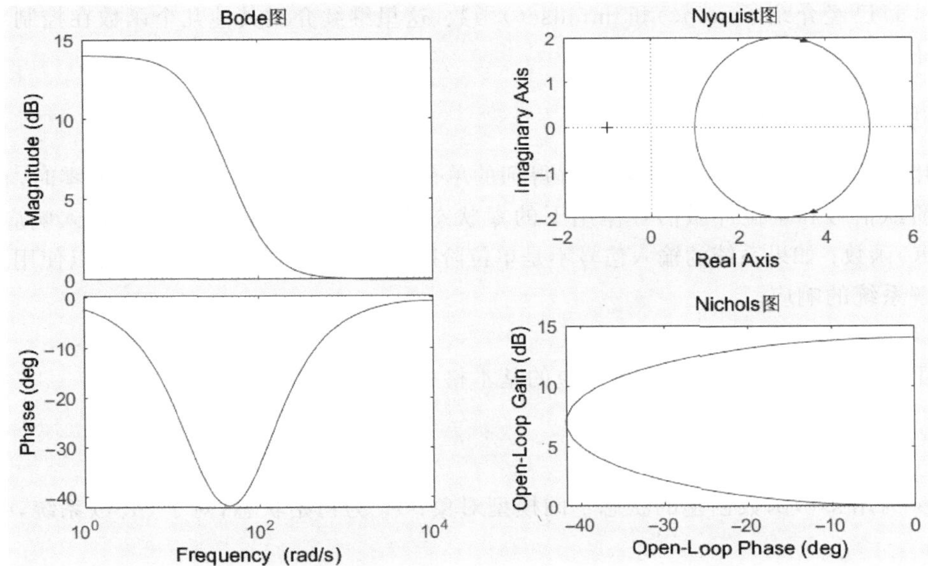

图 6-5　频率特性的图形描述

6.2　控制系统的分析

微课视频 1

对于给定的控制系统，最基本的分析任务包括系统的时域分析、频域分析、系统响应特性的分析等。此外，大多数控制系统都是闭环系统，都存在稳定性问题，可以在时域或者频域，根据不同的数学模型分析系统的稳定性。

微课视频 2

6.2.1　时域分析

微课视频 3

时域分析主要是对控制系统的各种时域响应进行求解，并进一步分析各种响应特性。例如，求解系统的单位响应，并据此分析系统的超调量、调节时间等。MATLAB 中提供了若干函数，实现各种响应的求解和性能分析，其中常用的函数如表 6-1 所示。

表 6-1　常用的时域分析函数

分　类	函　数	功　能
时域响应的求解	step()	动态系统单位阶跃响应的求解和波形绘制
	impulse()	动态系统单位脉冲响应的求解和波形绘制
	lsim()	动态系统在任意输入作用下时间响应的求解
	gensig()	产生 lsim()函数所需的测试输入信号
	initial()	基于状态空间方程的零输入响应的求解
时域特性分析	stepinfo()	上升时间、调节时间和其他阶跃响应特性分析
	lsiminfo()	计算动态系统的线性响应特性

第 4 章已经介绍了 step()和 impulse()函数，这里继续介绍其他几个函数在控制系统时域分析中的应用。

1. 时域响应的求解

利用 step()和 impulse()函数求解得到的单位响应，指系统在初始状态为零时，在特定的单位阶跃信号和单位冲激信号作用下的零状态响应。如果要求系统的零输入响应，可以用 initial()函数；如果系统的输入信号不是单位阶跃信号或者单位冲激信号，可以使用 lsim()函数求解系统的响应。

1）零输入响应的求解

调用 initial()函数求解零输入响应的基本格式为

```
[y,t,x] = initial(sys,x0)
```

其中，sys 为用 ss()函数创建的状态空间模型对象；x_0 为初始状态，对于 SISO 系统，必须为列向量。

函数执行后，返回零输入响应 y、状态向量 $\boldsymbol{x}$ 和时间向量 $\boldsymbol{t}$。如果调用时没有给定返回值，则打开图形窗口绘制零输入响应的时间波形。

根据定义，零输入响应与系统的输入信号无关。因此求解零输入响应时，只需要已知系统状态空间方程中的状态矩阵 $\boldsymbol{A}$ 和输出矩阵 $\boldsymbol{C}$，而不需要输入矩阵 $\boldsymbol{B}$ 和直传矩阵 $\boldsymbol{D}$。在调用 ss()函数创建状态空间模型对象时，将 $\boldsymbol{B}$ 和 $\boldsymbol{D}$ 矩阵设为空矩阵即可。

下面举例说明。

【例 6-1】 已知系统的状态空间方程中的矩阵为

$$\boldsymbol{A}=\begin{bmatrix}-5 & -6\\ 1 & 0\end{bmatrix},\quad \boldsymbol{C}=[0\quad 1]$$

系统的初始状态为 $x_1(0)=0.5, x_2(0)=0$，求系统的零输入响应 $y_x(t)$。

解：MATLAB 程序如下：

```
%ex6_1.m
clc
clear
close all
A=[-5 -6;1 0];
C=[0 1];
x0=[0.5;0];
sys=ss(A,[],C,[]);
initial(sys,x0)
title('系统的零输入响应')
grid on
```

程序运行结果如图 6-6 所示。

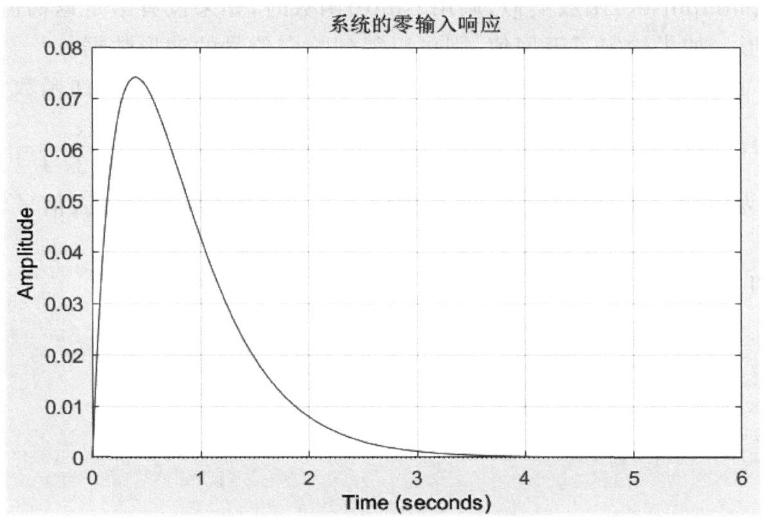

图 6-6　系统的零输入响应

特别强调，调用 initial()函数求解零输入响应时，模型对象必须用 ss()函数根据系统的状态空间方程来创建，而不能是用 tf()或 zpk()函数创建的传递函数模型对象。此时，求解零输入响应所需的初始条件向量 $\boldsymbol{x}_0$ 中，各元素的取值分别与状态空间方程中的各状态变量相对应。

2）任意输入作用下零状态响应的求解

为了求任意输入作用下的响应，首先需要产生输入信号和时间向量，这可以通过普通的 MATLAB 命令或者语句直接产生，也可以调用 gensig()函数实现。函数 gensig()可以产生周期的正弦波、方波或者脉冲波，其基本调用格式为

```
[u,t] = gensig(type,tau,Tf,Ts)
```

其中，参数 type 可以设为'sin'、'square'或者'pulse'，以指定产生正弦波、方波还是周期的脉冲波；tau 为输出信号的周期；T_f 为信号持续的时间；T_s 为采样间隔。

在 gensig()函数的返回值中，u 为产生的输入信号，$\boldsymbol{t}$ 为由 T_f 和 T_s 确定的时间向量。调用该函数产生的三种周期信号，其幅度都为 1。对于周期脉冲波，参数 T_s 同时决定了脉冲的宽度。

得到输入信号向量后，为求解 u 作用下系统的响应，直接将 u 和 $\boldsymbol{t}$ 作为 lsim()函数的入口参数即可。函数 lsim()的基本调用格式为

```
[y,t,x] = lsim(sys,u,t)
```

其中，sys 为系统的传递函数或者状态空间模型对象，u 为系统的输入信号，$\boldsymbol{t}$ 为时间向量。

与 step()和 impulse()函数类似，调用 lsim()函数时，如果没有给定返回值，则直接绘制响应信号的波形。如果给定了返回值，则可以得到响应信号的波形数据。

【例 6-2】 已知某控制系统有一个输入 u 和两个输出 y_1、y_2，其传递函数为

$$H_1(s)=\frac{Y_1(s)}{U(s)}=\frac{5s+1}{s^2+3s+2},\quad H_2(s)=\frac{Y_2(s)}{U(s)}=\frac{2s^2}{s^2+3s+2}$$

系统的输入 u 为周期方波，周期为 1s，采样间隔为 0.1s，求系统在此输入信号作用下的零状态响应。

解：MATLAB 程序如下：

```
%ex6_2.m
sys=[tf([5,1],[1 3 2]);tf([2,0,0],[1 3 2])];
[u,t]=gensig('square',1,5,0.1)
lsim(sys,u,t)
grid on
```

注意到程序中调用了两次 tf()函数，根据已知的两个传递函数创建模型对象。之后，将其合并为一个模型对象 sys，再调用 lsim()函数。

程序运行完毕后，在同一个图形窗口得到两个输出信号的波形，如图 6-7 所示。

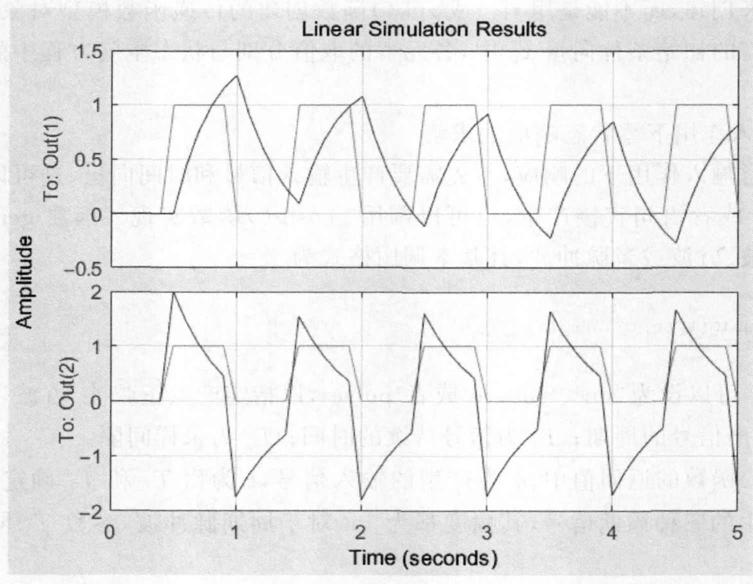

图 6-7 系统在方波信号作用下的响应

2. 时域特性分析

控制系统的时域特性一般根据其单位阶跃响应进行定义和分析。一个典型的控制系统的单位阶跃响应如图 6-8 所示，据此定义如下性能指标：

(1) RiseTime(上升时间 t_r):单位阶跃响应从稳态响应 $y(\infty)$的 10%上升到 90%所需要的时间;

(2) SettlingTime(调节时间 t_s):单位阶跃响应从开始输出到与 $y(\infty)$的差不超过稳态响应的 2%所需的时间;

(3) SettlingMin(调节最小值 y_{min})、SettlingMax(调节最大值 y_{max}):单位阶跃响应振荡过程中的最小值和最大值;

(4) Overshoot(超调量 Mp):y_{max} 与稳态值 $y(\infty)$之差相对于稳态值的百分比,即

$$M_p = \frac{y_{max} - y(\infty)}{y(\infty)} \times 100\% \tag{6-9}$$

(5) Undershoot(下冲量):调节最小值 y_{min} 与稳态响应 $y(\infty)$之差相对于稳态值的百分比;

(6) Peak(峰值):单位阶跃响应的最大值,大多数情况下等于 y_{max};

(7) PeakTime(峰值时间 t_p):单位阶跃响应达到峰值所需的时间。

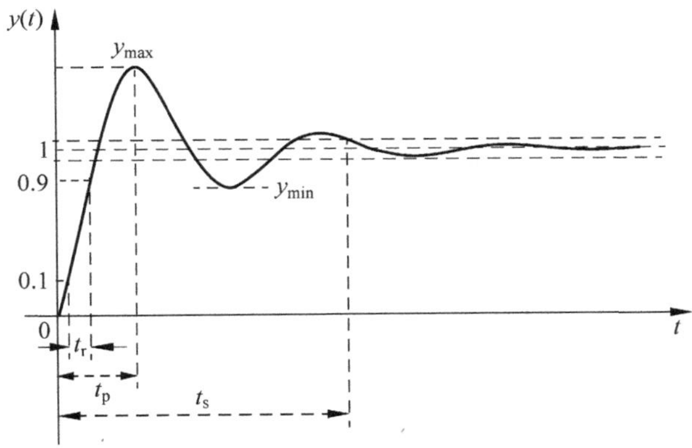

图 6-8 典型的单位阶跃响应曲线

在 MATLAB 中,利用 step()、impulse()和 lsim()函数绘制时域响应信号的波形,可以直接在图形窗口显示的波形上得到上述各种特性数据。此外,MATLAB 专门提供了 stepinfo()和 lsiminfo()函数,以便对上述各性能指标进行求解和分析。

1) 根据响应波形分析时域特性

调用 step()、impulse()和 lsim()函数求解和绘制时域响应信号的波形时,如果不给定返回值,则将打开图形窗口,在其中绘制其响应信号的时间波形。在所显示的波形上,可以根据需要选择显示指定的特性数据。

下面举例说明。

【例 6-3】 已知一个二阶控制系统的传递函数为

$$H(s) = \frac{10}{s^2 + 4s + 100}$$

求解其单位阶跃响应,并分析其时域特性。

解：程序代码如下：

```
%ex6_3.m
clc
clear
close all
sys = tf([10],[1,4,100]);
step(sys)
grid on
```

执行后，将自动打开图形窗口，在其中绘制系统单位阶跃响应的时间波形。

为了进行时域特性分析，在图形窗口中的图形区右击，在弹出的快捷菜单中选择 Characteristics 菜单命令，在展开的级联菜单中将有 Peak Response（峰值响应）、Settling Time（调节时间）、Rise Time（上升时间）、Steady State（稳态值）等特性指标对应的子菜单命令。单击某菜单命令，则相应的特性指标所对应的点将在波形图上标注出来。鼠标移动到标注点上，将立即显示该点对应的特性指标数据等信息，如图 6-9 所示。

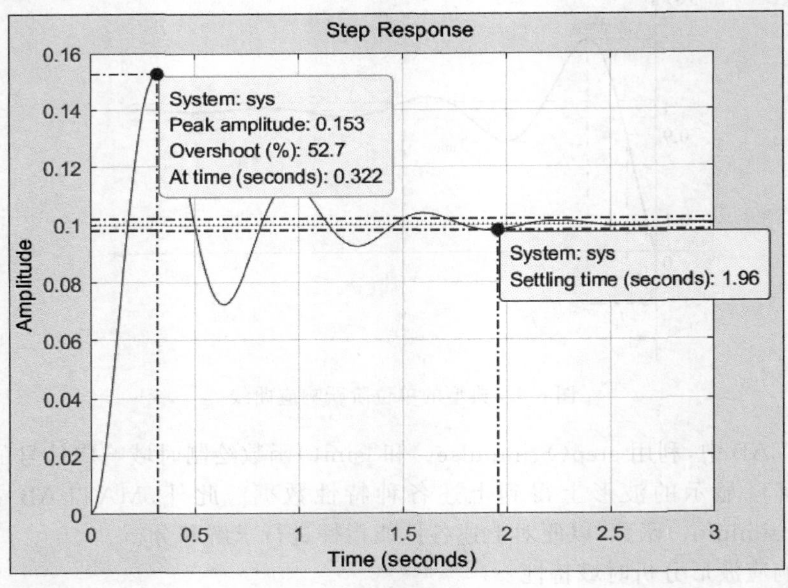

图 6-9　时域响应特性的分析

2）利用 stepinfo()函数分析时域特性

函数 stepinfo()的返回结果为一个结构体数据类型，系统单位阶跃响应波形上的各性能指标依次作为该结构体中的各字段。

例如，如下命令：

```
>> sys = tf([20],[1,10,400]);
>>[y,t] = step(sys);
```

```
>> plot(t,y,'linewidth',2)
>> grid on
>> stepinfo(sys)
```

其中,第 2 条命令得到系统的单位阶跃响应,调用 plot()函数绘制出其波形如图 6-10 所示。

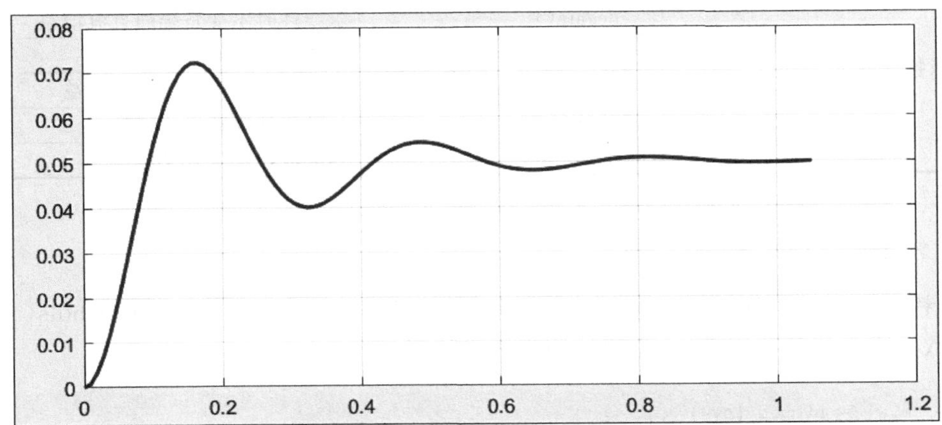

图 6-10 系统的时域特性指标

执行完最后一条命令后,命令行窗口显示如下结果:

```
ans =
  包含以下字段的 struct:
        RiseTime: 0.0634
    SettlingTime: 0.7058
     SettlingMin: 0.0401
     SettlingMax: 0.0722
       Overshoot: 44.3235
      Undershoot: 0
            Peak: 0.0722
        PeakTime: 0.1658
```

上述结果中的各特性指标数据可以在图 6-10 所示波形上得到验证。

6.2.2 频域分析

频域分析主要是对控制系统的频率特性进行求解,并进一步分析系统在频域的各种特性,例如系统的带宽、直流增益和指定频率点的幅度和相位特性等。MATLAB 中提供了若干函数实现上述频域特性的求解和性能分析,其中常用的函数如表 6-2 所示。

表 6-2 常用的频域分析函数

分　类	函　数	功　能
频率特性求解和图形绘制	bode()	绘制系统频率特性的 Bode 图
	nyquist()	绘制系统频率特性的 Nyquist 图
	nichols()	绘制系统频率特性的 Nichols 图
频域特性分析	evalfr()	计算指定频率点的频率特性值
	dcgain()	求线性时不变系统的直流增益
	bandwidth()	求频率特性的带宽
	getPeakGain()	求系统频率特性的峰值增益
	db2mag()	分贝值到幅度值的转换
	mag2db()	幅度值转换为分贝值

1. 频率特性的求解

频率特性的求解和波形绘制函数主要有 3 个，即 bode()、nyquist()和 nichols()函数。3 个函数具有类似的调用方法，常用的调用格式如下：

```
[re,im,w] = nyquist(sys)
[re,im] = nyquist(sys,w)
[mag,phase,w] = bode(sys)
[mag,phase,w] = bode(sys,w)
[mag,phase,w] = nichols(sys)
[mag,phase] = nichols(sys,w)
```

在上述各条语句中，sys 为系统的模型对象，$\boldsymbol{w}$ 为频率向量，用于指定频率特性中自变量 ω 的变化范围。调用上述函数返回频率特性的实部(re)和虚部(im)，或者系统的幅频特性(mag)和相频特性(phase)。对 SISO 系统，这些返回值都是 $1*1*n$ 数组，其中 n 为向量 $\boldsymbol{w}$ 的长度。

如果上述函数调用时没有给定返回值，则执行时将打开图形窗口，在其中绘制出频率特性曲线的 Bode 图、Nyquist 图或者 Nichols 图。

【例 6-4】 已知某控制系统的传递函数为

$$H(s)=\frac{-4s^4+48s^3-18s^2+250s+600}{s^4+30s^3+282s^2+525s+60}$$

分别绘制该系统的 Bode 图、Nyquist 图和 Nichols 图。

解：MATLAB 程序如下：

```
%ex6_4.m
clear
clc
close all
```

```
H = tf([ -4 48 -18 250 600],[1 30 282 525 60]);
subplot(2,2,[1,3]);bode(H)
subplot(2,2,2);nyquist(H)
subplot(2,2,4);nichols(H)
```

程序执行结果如图 6-11 所示。

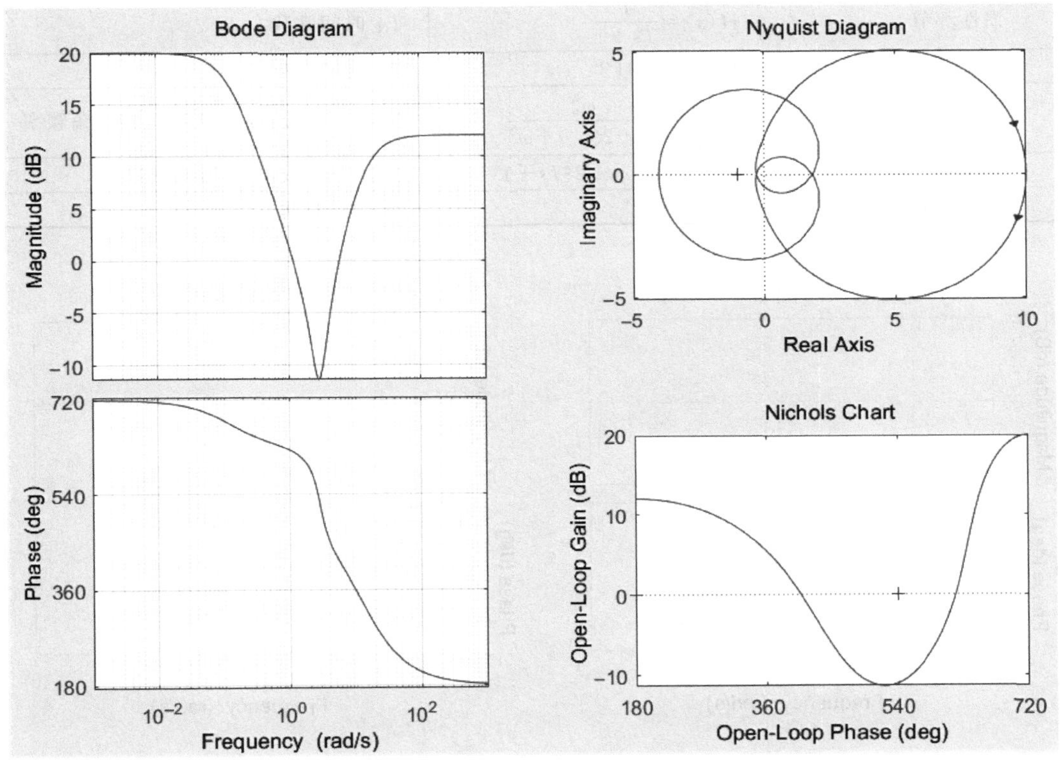

图 6-11　例 6-4 程序运行结果

2. 开环频率特性曲线的绘制

在进行控制系统的性能分析时，大量用到系统的开环传递函数和开环频率特性。对于图 6-2 所示的典型的闭环控制系统，系统的开环传递函数等于前向通道和反馈通道传递函数的乘积，而前向通道和反馈通道大多数情况下都可以分解为一些典型环节的串联。如果已知各环节的数学模型，可以利用串联方法很方便地得到系统的开环传递函数和开环频率特性。

1）典型环节及其 Bode 图

组成控制系统的典型环节有比例环节、积分环节、微分环节、惯性环节、一阶微分环节、二阶振荡环节、延迟环节等。表 6-3 和图 6-12 分别给出了这些典型环节的传递函数和 Bode 图。

表 6-3　控制系统中的典型环节

环　节	传递函数	参　数
比例环节	$H(S)=K_P$	K_p：比例系数(放大倍数、增益)
积分环节	$H(s)=\frac{1}{T_i s}$	T_i：积分时间常数
微分环节	$H(S)=K_d S$	K_d：微分时间常数
惯性环节	$H(s)=\frac{1}{Ts+1}$	T：时间常数
一阶微分环节	$H(s)=Ts+1$	T：时间常数
二阶振荡环节	$H(s)=\frac{\omega_n^2}{s^2+2\xi\omega_n s+\omega_n^2}$	ξ：阻尼系数；ω_n：无阻尼振荡角频率
二阶微分环节	$H(s)=T^2 s^2+2\xi Ts+1$	ξ：阻尼系数；T：时间常数
延迟环节	$H(s)=e^{-\tau s}$	τ：延迟时间

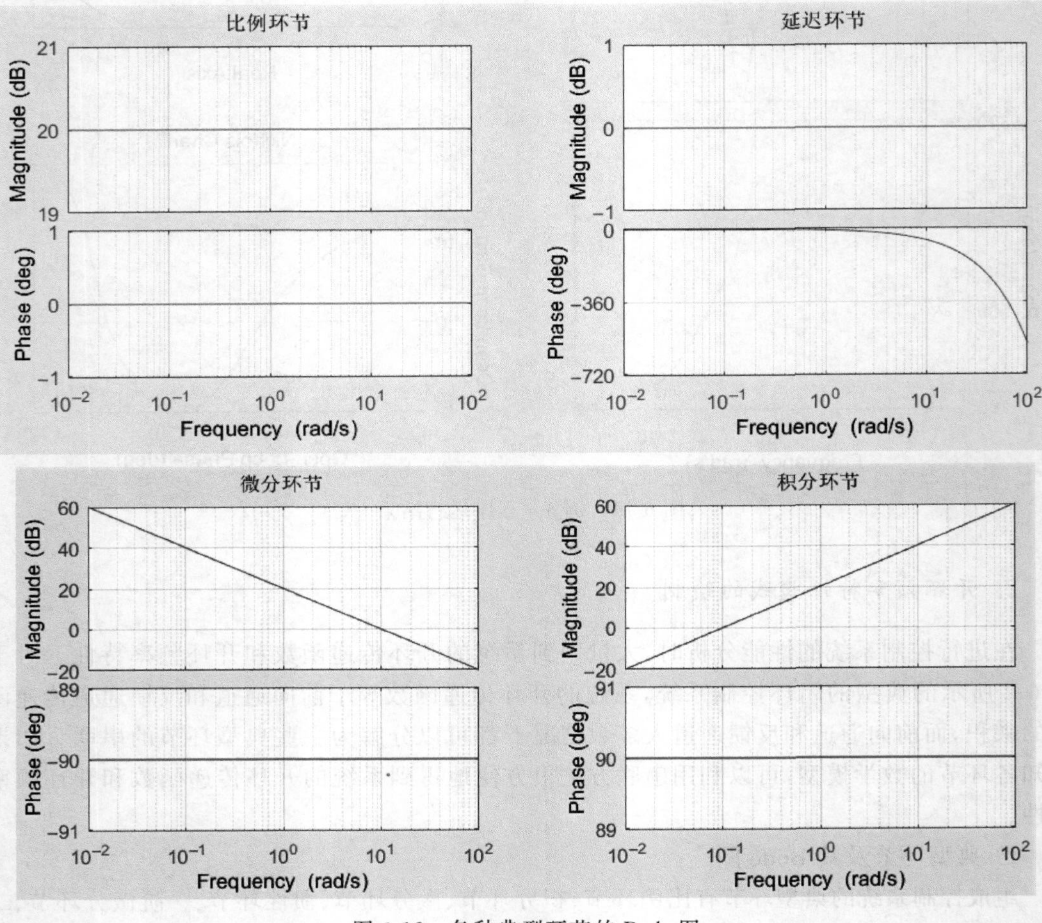

图 6-12　各种典型环节的 Bode 图

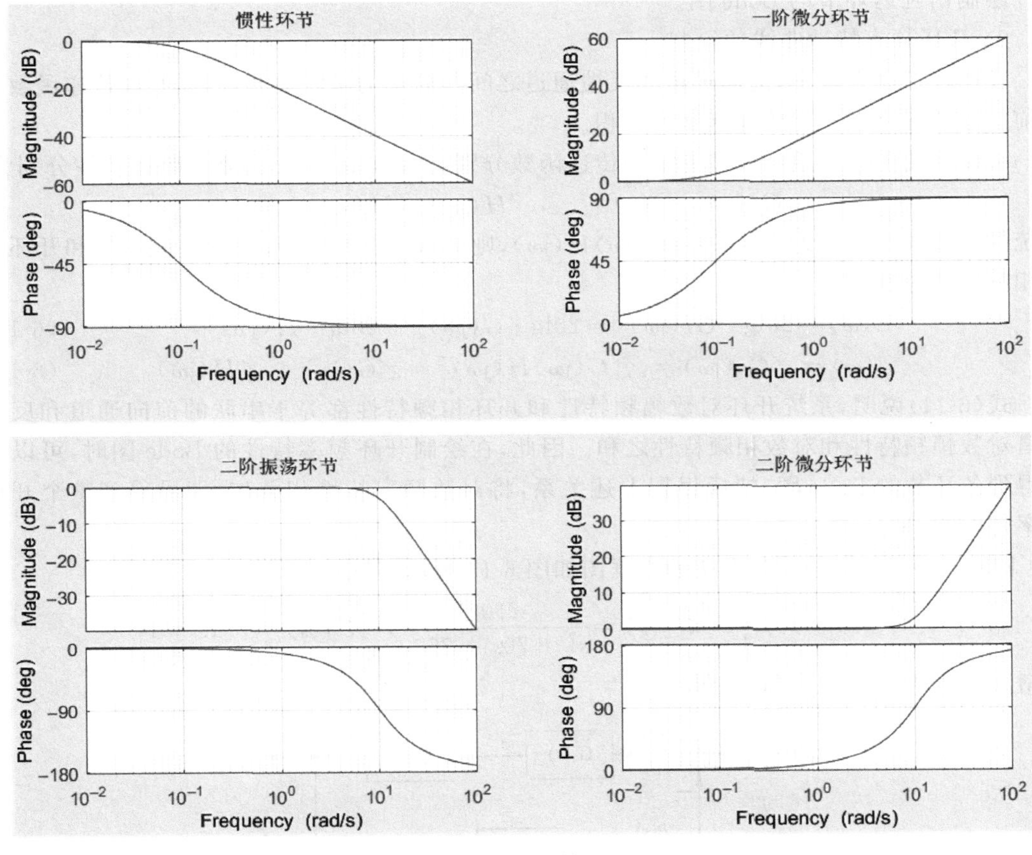

图 6-12 （续）

在图 6-12 中假设：$K_p=10, T_i=T_d=T=0.1\text{s}, \xi=0.7, \xi_n=10\text{rad/s}, \tau=0.1\text{s}$。调用 bode()函数绘制 Bode 图时，自变量 ω 用如下语句创建：

```
w = logspace( - 2,2,1e3);
```

对于延迟环节，无法用前面的方法绘制其 Bode 图。MATLAB 中提供了一种符号运算方法，可以解决这一问题。例如，假设延迟环节的延迟时间为 0.1s，则可以用如下命令绘制其 Bode 图：

```
>> s = tf('s')
>> sys = exp( - 0.1 * s);
>> bode(sys);
```

其中，第一条命令创建一个符号变量 s，利用该符号变量可以创建延迟环节传递函数的有理表达式，并据此创建模型对象，如第二条命令所示。然后，用同样的方法调用 bode()函数计算并绘制出延迟环节的 Bode 图。

2）开环频率特性曲线的绘制

在闭环控制系统中，前向通道和反馈通道之间是简单的串联关系，因此开环传递函数等于前向通道和反馈通道传递函数的乘积。

假设系统前向通道和反馈通道的传递函数分别为 $G(s)$ 和 $H(s)$，则其频率特性分别为

$$G(j\omega)=G(s)\big|_{s=j\omega},\quad H(j\omega)=H(s)\big|_{s=j\omega}$$

系统的开环频率函数为 $G_k(j\omega)=G(j\omega)H(j\omega)$，则 Bode 图中的开环对数幅频特性和开环对数相频特性分别为

$$L(\omega)=20\lg|G_k(j\omega)|=20\lg|G(j\omega)|+20\lg|H(j\omega)| \tag{6-10}$$

$$\varphi(\omega)=\angle G_k(j\omega)=\angle[G(j\omega)H(j\omega)]=\angle G(j\omega)+\angle H(j\omega) \tag{6-11}$$

式(6-11)说明，系统开环对数幅频特性和开环相频特性都等于串联的前向通道和反馈通道对数幅频特性和对数相频特性之和。因此，在绘制开环频率特性的 Bode 图时，可以分别得到各环节的 Bode 图，然后根据上述关系，将对数频率特性相叠加，即可得到整个开环频率特性的 Bode 图。

【例 6-5】 已知某控制系统的方框图如图 6-13 所示，其中

$$G_1(s)=\frac{1}{s+1},\quad G_2(s)=\frac{2500}{s^2+70s+2500},\quad G_3(s)=0.1s+1$$

绘制其开环频率特性的 Bode 图。

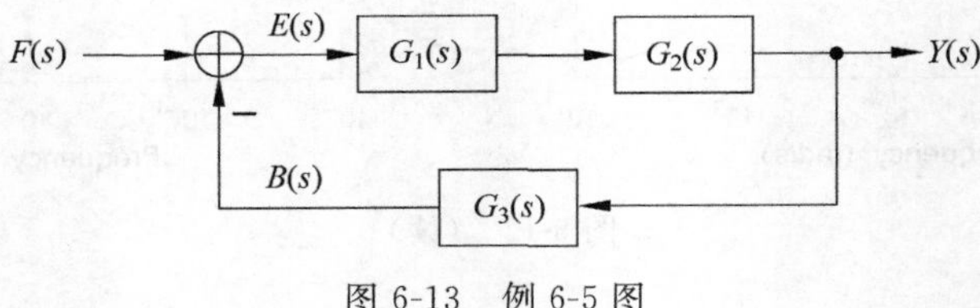

图 6-13　例 6-5 图

解：系统的开环传递函数等于已知 3 个传递函数的乘积，据此编写 MATLAB 程序如下：

```
%ex6_5.m
clear
clc
close all
w = logspace(-1,4);
G1 = tf([1],[1 1]);
G2 = tf([2500],[1 70 2500]);
G3 = tf([0.1 1],[1]);
[mag1,phase1,w] = bode(G1,w);                %求 3 个环节的幅频和相频特性
[mag2,phase2,w] = bode(G2,w);                %返回值都是三维数组
[mag3,phase3,w] = bode(G3,w);
m1(1,:) = 20 * log10(mag1(1,1,:));           %求对数幅频特性，并转换为向量
```

```
m2(1,:) = 20 * log10(mag2(1,1,:));
m3(1,:) = 20 * log10(mag3(1,1,:));
p1(1,:) = phase1(1,1,:);                          %求相频特性向量
p2(1,:) = phase2(1,1,:);
p3(1,:) = phase3(1,1,:);
mag = m1 + m2 + m3;                               %对数幅频特性相加
phase = p1 + p2 + p3;                             %对数相频特性相加
subplot(2,1,1);
semilogx(w,m1,'--r',w,m2,'--r',w,m3,'--r',w,mag,'-k')
title('开环频率特性 Bode 图');ylabel('Magnitude(dB)')
grid on
subplot(2,1,2);
semilogx(w,p1,'--r',w,p2,'--r',w,p3,'--r',w,phase,'-k')
xlabel('w/(rad/s)');ylabel('Phase(deg)')
grid on
```

需要注意的是，在上述程序中，调用 bode()函数求得 3 个环节的幅频特性和相频特性，返回结果都是三维数组。为后面调用 semilogx()函数的需要，必须先将其转换为向量。

实际上，MATLAB 中的模型对象可以直接串并联，据此可以编写如下更简单的程序实现本例要求的功能。

```
%ex6_5_1.m
clc
clear
close all
w = logspace(-1,4);
G1 = tf([1],[1 1]);
G2 = tf([2500],[1 70 2500]);
G3 = tf([0.1 1],[1]);
bode(G1,'--k',G2,'--k',G3,'--',G1 * G2 * G3,'-r',w)
title('开环频率特性 Bode 图')
xlabel('w');grid on
```

上述两种程序的运行结果如图 6-14 所示。其中的虚线为 3 个环节的 Bode 图，实线为系统开环频率特性的 Bode 图。

3. 频域特性分析

控制系统的频域特性有很多，对不同的系统需要分析和研究的特性也各不相同。典型的频域特性有给定频率点的频率特性值、系统的直流增益、带宽、稳定性等。这里先介绍一些简单的频域特性分析，主要介绍表 6-2 中几个常用函数的使用方法。

1) evalfr()函数

evalfr()函数用于计算指定频率点的频率特性值，其基本调用格式为

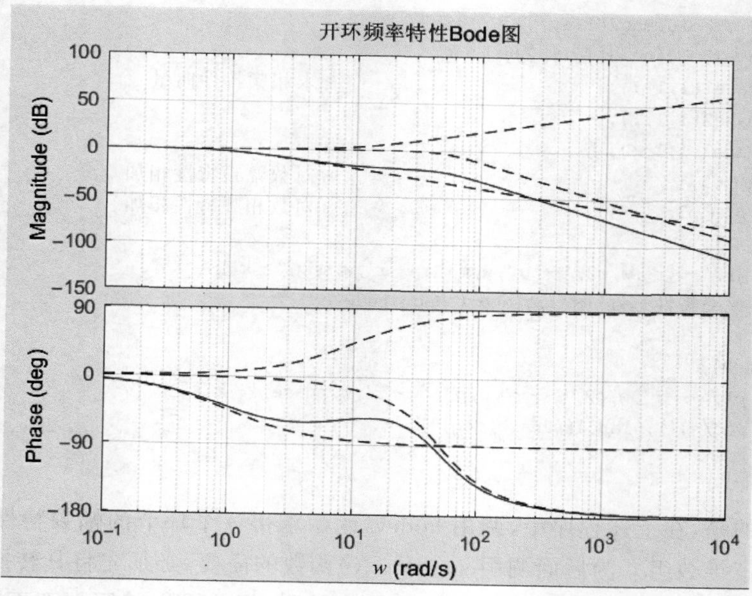

图 6-14　例 6-5 程序运行结果

```
frsp = evalfr(sys,f)
```

其中，frsp 为返回的标量值；sys 为系统的模型对象；f 为指定频率点对应的一个虚数 $j\omega_0$，其中 ω_0 为指定的角频率，单位为 rad/s。

例如，如下命令：

```
>> sys = tf([1],[0.1 1]);
>> H = evalfr(sys,i * 100)
```

求解传递函数为 $1/(0.1s+1)$ 的惯性环节在 $\omega=100$rad/s 处的频率特性值，运行后得到如下结果：

```
H = 0.0099 - 0.0990i
```

如果需要分别得到幅频特性和相频特性值，可以继续用如下命令：

```
>> abs(H)
>> angle(H) * 180/pi
```

分别得到如下结果：

```
ans = 0.0995
ans = -84.2894
```

注意，上述第二条命令将 angle()函数返回的以 rad 为单位的相频特性值转换为以度为单位。

2) dcgain()函数

dcgain()函数用于计算指定系统的直流增益，即系统对输入直流信号的放大倍数。该函数的基本调用格式为

```
k = dcgain(sys)
```

例如，如下命令：

```
>> sys = zpk([1 2],[ - 1, - 4 + i * 10, - 4 - i * 10],100);
>> bode(sys)
>> dcgain(sys)
```

首先创建系统模型对象，然后调用 bode()函数绘制出系统的 Bode 图，其中对数幅频特性曲线如图 6-15 所示。第 3 条命令调用 dcgain()函数求出直流增益为

```
ans =
    1.7241
```

在得到的对数幅频特性曲线上右击，将立即显示幅频特性曲线在单击点上的纵横坐标值。图 6-15 中显示单击点对应的横轴角频率为 0.113rad/s，近似为 0rad/s，而对应的对数幅频特性曲线高度值为 4.75dB，近似等于上述命令所求的结果 1.7241 对应的分贝值，即 20lg(1.7241)≈4.73dB。

实际上利用上述方法可以在得到的频率特性曲线上测量任一点的数据。右击曲线上的点，将立即显示幅频特性和相频特性曲线上单击点对应的纵横坐标值。如果需要隐藏相关测量信息，在图形区任意位置单击即可。

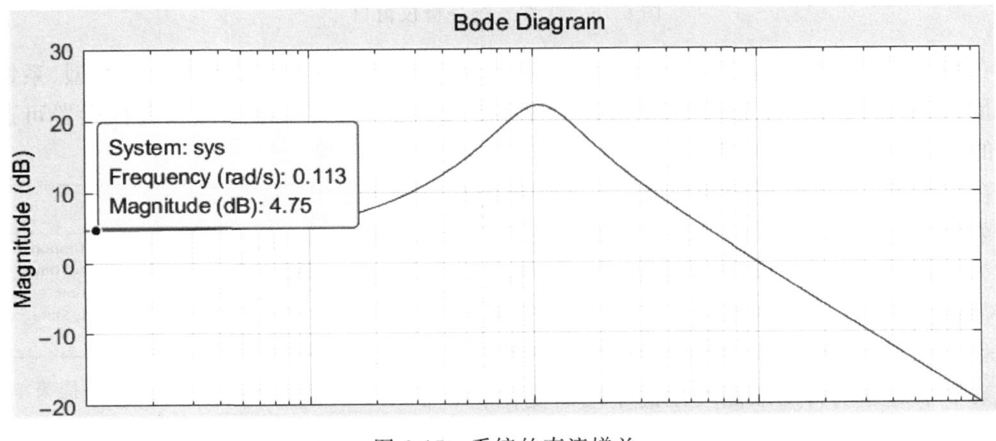

图 6-15 系统的直流增益

6.2.3 线性系统分析仪

线性系统分析仪(Linear System Analyzer)是 MATLAB 控制系统工具箱(Control System Toolbox)中提供的一个应用程序 APP。利用线性系统分析仪无须编程即可在图形用户界面中直观地观察控制系统等线性时不变系统的各种响应波形和时域、频域特性,观察系统参数变化对系统性能的影响,并可以对多个系统进行分析比较。

要打开线性系统分析仪,可以采用如下两种方法:

(1) 在 MATLAB 命令行窗口输入 LinearSystemAnalyzer 命令。

(2) 在 MATLAB 主窗口的 APP 选项卡的 APP 按钮组中,单击 Linear System Analyzer 按钮。

打开后的线性系统分析仪窗口如图 6-16 所示。窗口中是一个图形区,用于显示系统单位阶跃响应的时间波形。由于还没有引入系统,所以图形区显示为空白。

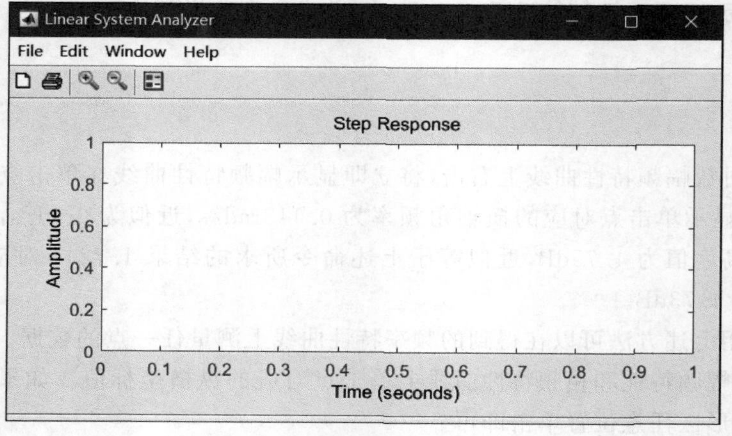

图 6-16 线性系统分析仪窗口

在线性系统分析仪窗口中,对系统进行分析的大多数操作(例如选择绘图类型、系统的超调量、调节时间等特性分析)都是通过快捷菜单实现的,还有一些配置和属性设置可通过窗口的菜单和工具按钮实现。

在图形区右击,即可弹出如图 6-17 所示的快捷菜单。在该菜单中勾选 Grid 菜单命令,可以在图形区显示出网格;勾选 Normalize 菜单命令,可以将图形纵坐标进行归一化。此外,通过 Plot Types 级联菜单可以选择绘图类型;通过 Characteristics 级联菜单可以选择需要分析的系统性能,该级联菜单中的选项将随绘图类型的不同而变化。

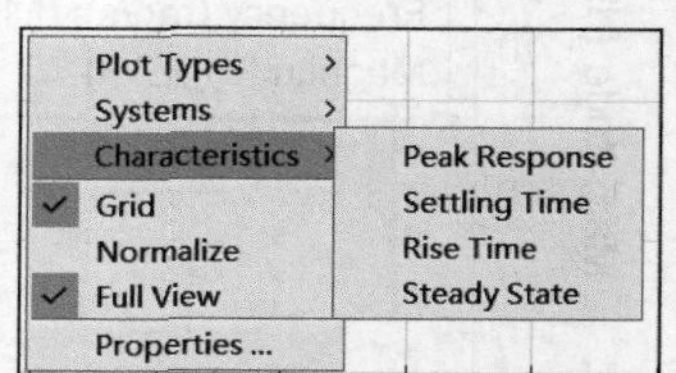

图 6-17 图形区的快捷菜单

注意,只有导入系统后,快捷菜单中的 Characteristics 菜单命令才可用。

1. 系统的导入

首先需要在 MATLAB 工作区创建待分析系统的模型对象，可以用 tf()、zpk()、ss()等函数在命令行窗口创建。这里用如下命令创建了两个系统模型对象：

```
>> sys1 = tf([1],[0.1,1]);
>> sys2 = tf([200],[1 14,200]);
```

创建的两个模型对象分别为一个惯性环节和一个二阶振荡环节。

然后，打开线性系统分析仪窗口，在窗口中单击 File 菜单中的 Import 菜单命令，打开 Import System Data(导入系统数据)对话框，如图 6-18 所示。

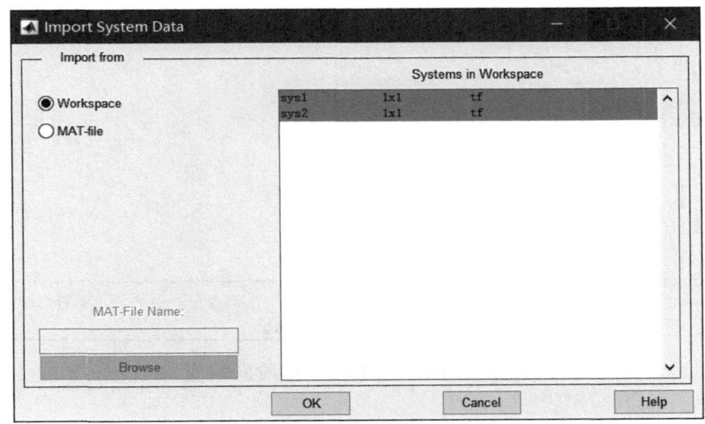

图 6-18　导入系统数据对话框

在对话框中单击 Workspace(工作区)复选框，表示从工作区导入系统数据。此时，在右侧的 Systems in Workspace 列表框中将列出当前工作区中所创建的所有系统模型对象。按住 Ctrl 键，并依次单击前面创建的两个模型对象，再单击 OK 按钮，即可将所选中的模型对象导入，并在窗口图形区同时显示两个系统的单位阶跃响应，如图 6-19 所示。

除了通过对话框导入系统数据以外，还可以在打开线性系统分析仪窗口的同时自动加载所创建的系统。例如，创建了两个系统模型对象 sys1 和 sys2 之后，在命令行窗口直接输入如下命令：

```
>> linearSystemAnalyzer(sys1,sys2)
```

即可将两个系统数据同时加载到线性系统分析仪中。

2. 绘图类型的选择

线性系统分析仪的图形区可以显示系统的各种时域和频域图形。在窗口的图形区右击,在弹出的快捷菜单中通过 Plot Type 级联菜单可以选择在该图形区显示的图形类型。其中,主要包括如下两大类图形:

(1) 时域响应波形:Step(阶跃响应)、Impulse(单位冲激响应)、Initial Condition(零输入响应)等;

(2) 频率特性曲线:Bode(Bode 图)、Nyquist(Nyquist 图)、Nichols(Nichols 图)、Bode Magnitude(对数幅频特性曲线)等。

例如,在级联菜单中单击选中 Nyquist 图,将在图形区同时显示前面创建的两个系统的 Nyquist 图,如图 6-20 所示。其中,内层环为惯性环节,外层环为二阶振荡环节。

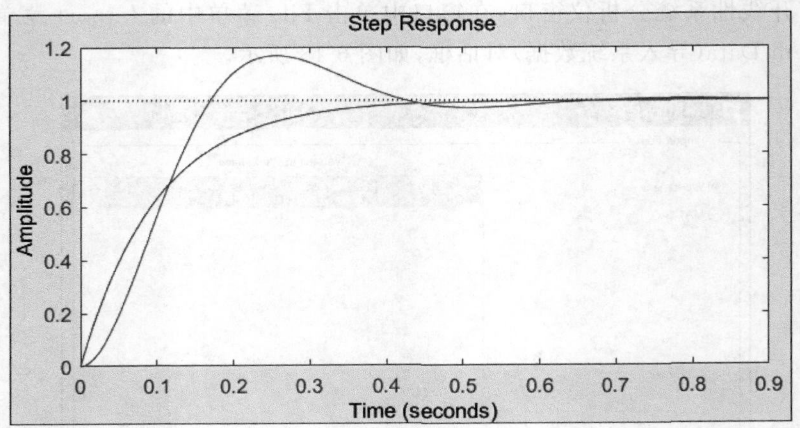

图 6-19　两个系统的单位阶跃响应

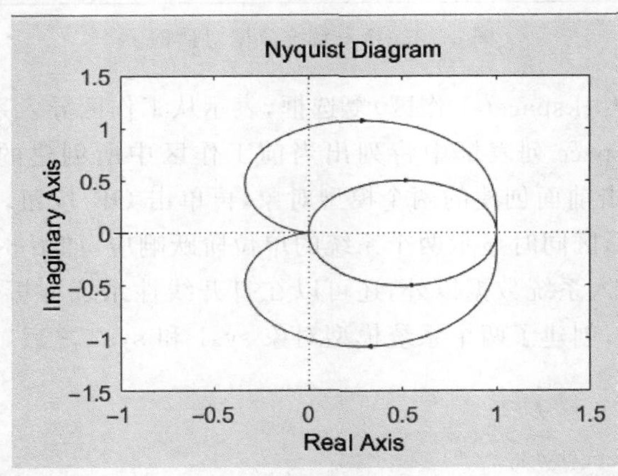

图 6-20　两个系统的 Nyquist 图

3. 系统特性分析

在快捷菜单中,通过 Characteristics 级联菜单可以选择对导入系统的各种时域和频域特性进行分析。级联菜单中的菜单命令会随着所选择的绘图类型而变化。

如果选择绘图类型为 Impulse，在 Characteristics 级联菜单中可以选择 Peak Response（峰值响应）和 Settling Time（调节时间）菜单命令。如果选择绘图类型为 Step，则还可以选择 Rise Time（上升时间）和 Steady State（稳态响应）两个菜单命令。

如果选择绘图类型为 Bode、Nyquist 或 Nichols，在 Characteristics 级联菜单中将可以选择 Peak Response（峰值响应）、Minimum Stability Margins（最小稳定裕量）和 All Stability Margins（全局稳定裕量）菜单命令。

上述各种时域和频域特性将在图形区的曲线上自动标注出来。例如，对于本例中的两个系统，在 Plot Type 级联菜单中选择 Step，然后在 Characteristics 级联菜单选择 Peak Response，将立即在波形上标注出单位阶跃响应时间波形对应的峰值响应点。鼠标移动到这些标注点上，立即显示出对应的峰值幅度（Peak amplitude）、超调量（Overshoot）和峰值时间（At time）。如果需要同时观察多个点，可以用鼠标依次单击各点，各点对应的特性数据将停靠在标注点旁，如图 6-21 所示。在图形区的空白位置再单击，这些特性数据信息将立即隐藏。

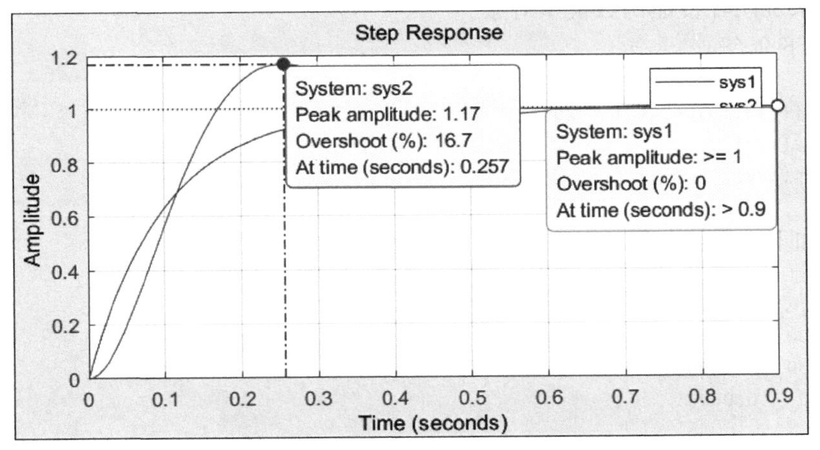

图 6-21　两个系统的上升时间

注意，本例中的 sys1 为惯性环节，其单位阶跃响应是单调上升的，没有超调量指标。因此，在图 6-21 中，根据峰值响应的概念将标注点放在波形的最右端，并且显示超调量为 0。

6.2.4　控制系统的稳定性分析

一个典型的控制系统，其性能指标可以概括为“稳”“准”“快”。其中，“稳”代表系统的稳定性。对于控制系统，稳定是保证系统正常工作的前提，是避免系统失控和设备损坏的一个基本要求。对于一个线性反馈系统，其稳定与否可以由闭环传递函数的极点直接判定。为了确保系统能够稳定工作，还要求系统具有一定的稳定裕量。

1. 零极点图与系统的稳定性

零极点图直观地表示了系统传递函数的零极点，因此通常根据零极点图分析系统的稳定性。

1) 零极点图的绘制

一旦求出系统传递函数的所有零极点，将其全部标注在 s 平面上，即可得到系统的零极点图。但是，对于高阶系统，要求出系统的极点并非易事。为此，MATLAB 中提供了专门的函数用于求解系统传递函数的零点和极点，或者直接绘制出零极点图。

(1) 零极点的求解

MATLAB 中提供了 pole()和 zero()两个函数用于求解系统传递函数的零极点。这两个函数的调用格式如下：

```
P = pole(sys)
Z = zero(sys)
```

其中，sys 为系统闭环传递函数模型对象。

例如，如下命令：

```
>> sys = tf([10,10],[1 3 16 -20]);
>> p = pole(sys)
>> z = zero(sys)
```

执行后得到如下结果：

```
p =
  -2.0000 + 4.0000i
  -2.0000 - 4.0000i
   1.0000 + 0.0000i
z =
    -1
```

(2) 零极点图的绘制

MATLAB 中提供了 pzmap()和 pzplot()函数，可以根据系统的传递函数模型对象直接绘制零极点图。两个函数的基本区别在于，利用 pzplot()函数绘制的零极点图可以作为一个对象，后续可以用其他语句设置零极点图的一些属性。这里着重说明 pzmap()函数的用法。

例如，对前面得到的系统模型对象 sys，执行如下命令：

```
>> pzmap(sys)
```

将立即打开图形窗口，在其中绘制出系统的零极点图，如图 6-22 所示。其中，"○"和"×"分别表示零点和极点。

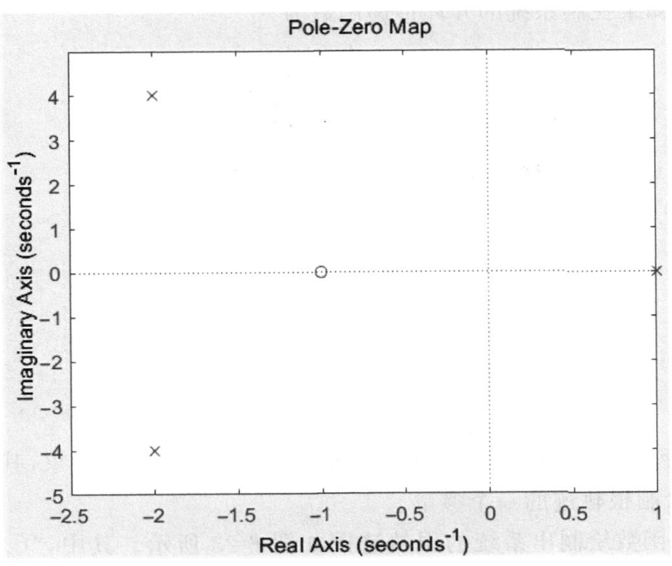

图 6-22　系统传递函数的零极点图

如果给定了 pzmap()函数的返回值，则执行该函数时，不绘制零极点图，而是求解得到系统传递函数的零极点。例如，如下命令：

```
>> sys = tf([10,10],[1 3 16 -20]);
>> [p,z] = pzmap(sys)
```

执行后，将在 MATLAB 命令行窗口显示出系统传递函数的所有零极点，相当于同时实现了 pole()和 zero()函数的功能。

2）零极点与系统的稳定性

系统稳定的充要条件为：其闭环传递函数的所有极点实部都小于零，即所有极点都位于 s 平面的左半平面。只要有一个闭环极点具有非负的实部，则系统就是不稳定的。

在得到系统的所有闭环极点或者系统的零极点图后，即可直观判断系统是否稳定。例如，在图 6-22 所示的零极点图中，有一个极点为 1，位于实轴的正半轴，即右半平面，因此对应的系统是不稳定的。

2. 根轨迹与系统的稳定性

在分析和设计控制系统时，经常需要分析系统的某些参数（例如系统的开环增益）变化对系统性能（例如稳定性）的影响，以便为系统的校正和设计提供依据，根轨迹图就能很好地满足这一要求。

MATLAB 中提供了 rlocus()函数，可以根据系统模型对象绘制系统的根轨迹图。下面举例说明该函数的用法。

【例 6-6】 已知某控制系统的开环传递函数为

$$G_k(s)=\frac{K(s+0.5)}{s(s-2)}$$

绘制系统的根轨迹图,并分析为保证系统稳定实数 K 的取值范围。

解:绘制根轨迹图的 MTALAB 程序如下:

```
% ex6_6.m
clc
clear
close all
sys = tf([1 0.5],[1 -2 0]);
rlocus(sys)
```

注意,在上述程序中,根据已知的开环传递函数创建 sys 模型对象,其中不包括开环增益 K,因为 K 是绘制根轨迹的一个参量。

调用 rlocus()函数绘制出系统的根轨迹图如图 6-23 所示。其中,"○"表示开环零点,"×"表示开环极点,而根轨迹上所有的点都表示闭环极点。下面对该根轨迹图作进一步分析。

(1) 当开环增益 K 从 0 逐渐增大到 $+\infty$ 时,根轨迹分别从两个开环极点 0 和 2 开始,沿着实轴逐渐靠近。对应 K 的某个取值,在两条路上分别得到一个点,代表系统的两个闭环极点。

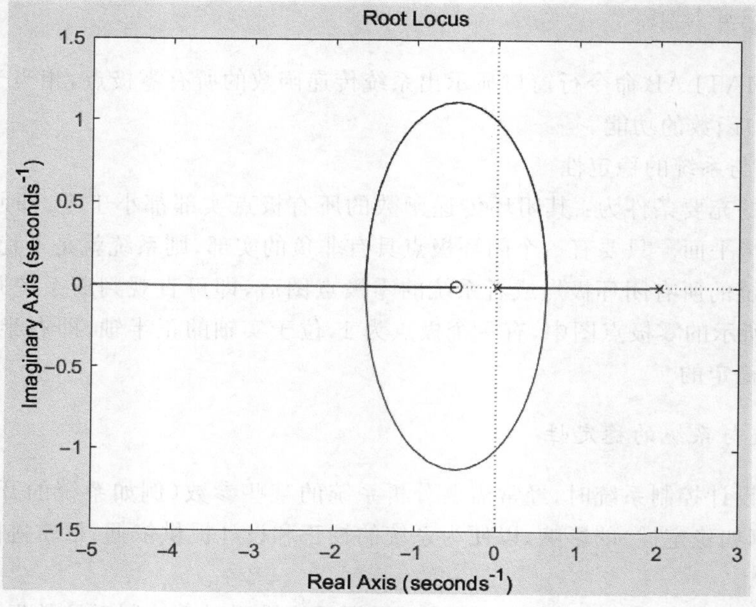

图 6-23 系统的根轨迹图

(2) 当 K 增大到 0.764 时，两条路汇合。此时，系统闭环传递函数的分母为

$$D(s)=1+G_{\mathrm{k}}(s)=1+\frac{0.764(s+0.5)}{s(s-2)}\approx\frac{(s-0.618)^2}{s(s-2)}$$

令 $D(s)=0$，求得闭环极点等于 0.618，并且是一个二重极点。

(3) 随着 K 继续增大，根轨迹又重新分为上下两条支路，逐渐地穿过虚轴，到达左半平面。穿过虚轴的位置对应 $K=2$，对应的闭环传递函数分母为

$$D(s)=1+G_{\mathrm{k}}(s)=1+\frac{2(s+0.5)}{s(s-2)}=\frac{s^2+1}{s(s-2)}$$

求得两个闭环极点为 $\pm\mathrm{j}$。

(4) 当 K 继续增大到约为 5.24 时，两条根轨迹在左半平面又逐渐汇合在一起。此时，系统的闭环传递函数分母为

$$D(s)=1+G_{\mathrm{k}}(s)=1+\frac{5.24(s+0.5)}{s(s-2)}\approx\frac{(s+1.62)^2}{s(s-2)}$$

求得此时对应的闭环重极点为 -1.62。

(5) 当 K 趋向于无穷大时，一条根轨迹趋向于开环零点 -0.5，另一条趋向于左边无穷远处。

根据以上分析可知，当 $0<K<2$ 时，根轨迹位于 s 平面的右半平面。当 $K>2$ 时，根轨迹穿过虚轴进入 s 平面的左半平面，意味着此时系统所有的闭环极点都具有负实部，此时系统是稳定的。因此，为保证系统稳定，开环增益 K 必须满足 $K>2$。

在上述分析过程中，根轨迹上的指定点代表的极点及其对应的开环增益取值，都可以从根轨迹图上直接得到。具体操作方法是，在根轨迹上单击指定的点，即可在旁边显示出该点对应的参数，如图 6-24 所示。其中，Gain 为开环增益 K；Pole 为闭环极点；Damping、Overshoot 和 Frequency 分别为当开环增益 K 取该值时，闭环系统单位阶跃响应的阻尼比、超调量和无阻尼振荡角频率。

3. 频域稳定性判据

在系统频域特性的分析过程中，广泛采用的是系统的 Nyquist 图、Bode 图和 Nichols 图。根据这些频率特性曲线也可以很方便地判断系统的稳定性。

1) Nyquist 稳定性判据

在系统开环频率特性曲线上，随着 $\omega=0\sim+\infty$ 变化，Nyquist 轨迹构成若干条连续的曲线。调用 MATLAB 中的 nyquist() 函数，绘制得到系统的开环 Nyquist 曲线，实际上还包括 $\omega=0\sim-\infty$ 的另外一半。

对于实际的大多数系统，考虑频率特性的对称性(幅频特性偶对称、相频特性奇对称)，因此 $\omega=0\sim-\infty$ 和 $\omega=0\sim+\infty$ 的 Nyquist 曲线一定关于横轴对称。

在 Nyquist 图中，还有一个特殊的标记，即红色的"+"号，该标记位于横轴(实轴)的负半轴 -1 处，对应的复数点坐标为 $(-1,\mathrm{j}0)$。

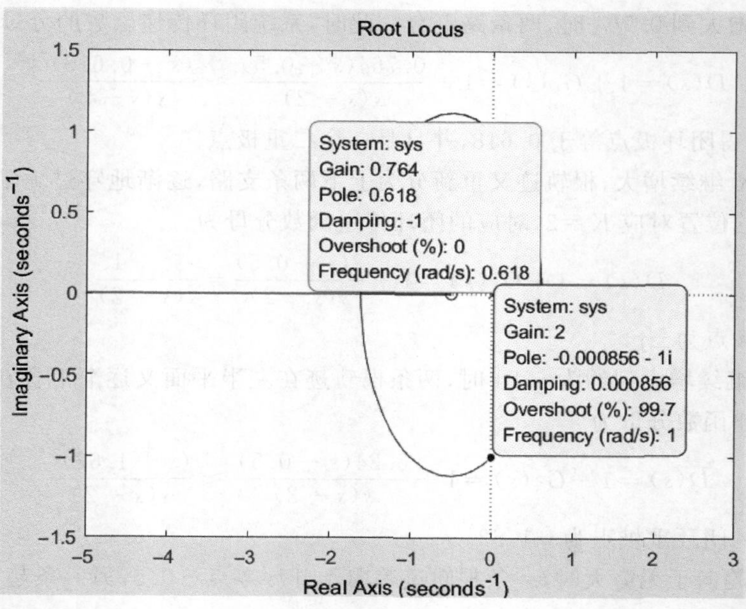

图 6-24　根轨迹上相关信息的显示

在控制理论中，利用 Nyquist 图可以很方便地判断系统的稳定性，这就是 Nyquist 稳定性判据。该判据的主要内容是：假设系统开环极点中有 P 个极点位于 s 平面的右半平面(实部大于 0)，当 ω 从 $-\infty\sim+\infty$ 变化时，开环频率特性曲线的 Nyquist 轨迹逆时针包围 $(-1,\mathrm{j}0)$ 点的总次数为 N。如果 $N=P$，则 $Z=0$，系统将无位于右半平面的闭环极点，系统是闭环稳定的；否则，系统闭环不稳定。

注意，在上述稳定性判据中，如果 Nyquist 轨迹顺时针包围 $(-1,\mathrm{j}0)$ 点，则 N 取负值。下面举例说明上述稳定性判据的使用方法。

【例 6-7】　已知系统的开环传递函数为

$$G_{\mathrm{k}}(s)=\frac{K}{s-1}$$

利用 Nyquist 稳定性判据分别判断当 $K=0.1$ 和 $K=10$ 时系统的稳定性。

解：调用 nyquist()函数绘制得到 $K=0.1$ 和 $K=10$ 时系统开环频率特性的 Nyquist 图，分别如图 6-25(a)和 6-25(b)所示，程序代码如下：

```
%ex6_7.m
clc
clear
close
sys1 = tf([0.1],[1 -1])                %K = 0.1
sys2 = tf([10],[1 -1])                 %K = 10
subplot(1,2,1);nyquist(sys1)
subplot(1,2,2);nyquist(sys2)
```

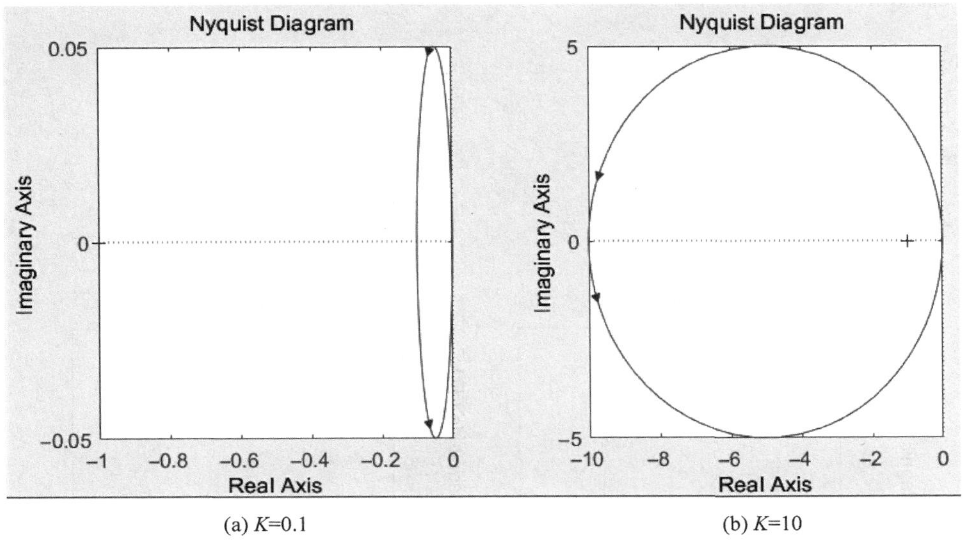

(a) K=0.1　　(b) K=10

图 6-25　例 6-7 中系统的 Nyquist 图

由得到的 Nyquist 图直接观察和分析系统的稳定性：已知开环传递函数有 1 个正实数极点，即 $P=1$。

当 $K=0.1$ 时，在图 6-25(a)中，Nyquist 轨迹没有包围(−1,j0)点，$N=0\neq P$，根据 Nyquist 稳定性判据，此时系统不稳定。

当 $K=10$ 时，在图 6-25(b)中，Nyquist 轨迹逆时针包围(−1,j0)点一圈，即 $N=1=P$，系统稳定。

2）对数稳定性判据

对数稳定性判据是根据系统开环频率特性的 Bode 图对系统的稳定性进行分析和判断，其主要内容为：在开环对数幅频特性曲线 $L(\omega)\geqslant 0$ 的所有频率范围内，当 ω 由 0～+∞ 变化时，如果相频特性曲线 $\varphi(\omega)$ 对 −180°线的正穿越与负穿越次数之差等于系统开环正实部极点个数的一半，则系统闭环稳定；否则，系统闭环不稳定。

在上述判据中，所谓正穿越，指当 ω 增大时，对数相频特性曲线从下向上穿越 −180°线(相角增大)；所谓负穿越，指当 ω 增大时，对数相频特性曲线从上向下穿越 −180°线(相角减小)。正穿越和负穿越都指开环对数幅频特性曲线 $L(\omega)\geqslant 0$ 的频率范围。

【例 6-8】 已知某控制系统的开环传递函数为

$$G_k(s)=\frac{K}{(s+2)(s^2+2s+10)}$$

利用对数稳定性判据分别判断当 $K=10$ 和 $K=100$ 时系统的稳定性。

解：调用 bode()函数绘制得到 $K=10$ 和 $K=100$ 时系统开环频率的 Bode 图，分别如图 6-26(a)和图 6-26(b)所示，程序代码如下：

```
%ex6_8.m
clc
clear
s=tf('s')
sys1=10/(s+2)/(s^2+2*s+10)                              %K=10
sys2=100/(s+2)/(s^2+2*s+10)                             %K=100
subplot(1,2,1);bode(sys1);grid on
subplot(1,2,2);bode(sys2);grid on
```

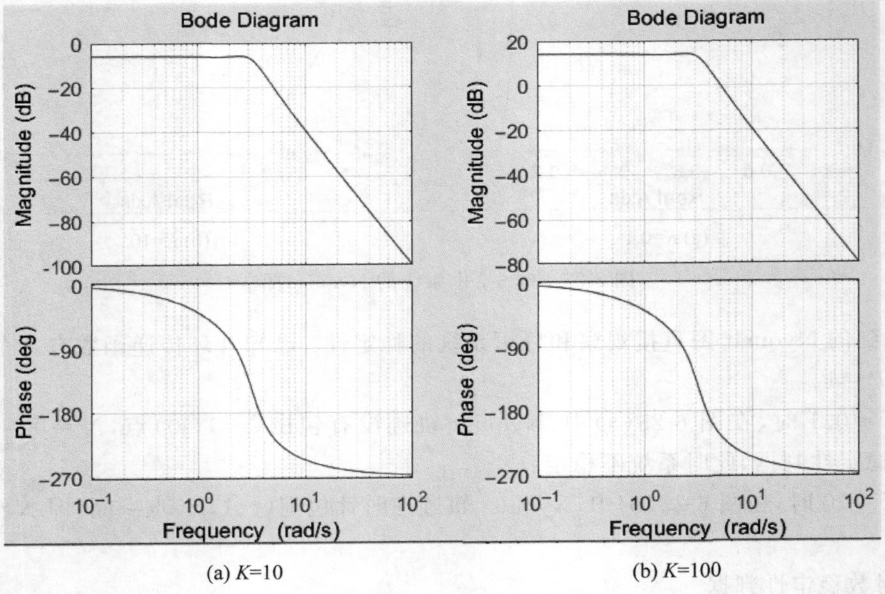

(a) K=10　　(b) K=100

图 6-26　例 6-8 中系统的 Bode 图

由已知的开环传递函数求得系统的开环极点为$-1\pm j3$和-2，无正实部极点，因此$P=0$。当$K=10$时，在图 6-26(a)中，对数幅频特性曲线始终小于 0，因此相频特性曲线正负穿越次数都为 0，则$N=P/2=0$，因此系统闭环稳定。

当$K=100$时，在图 6-26(b)中，对数幅频特性曲线大于 0 的频段范围内，相频特性曲线负穿越一次，则$N=-1\neq P/2$，因此系统闭环不稳定。

4. 稳定裕量

设计一个控制系统时，不仅要求系统是稳定的，还要求系统具有一定的稳定程度，以免因系统参数变化而导致系统性能变差甚至不稳定。这种性能称为系统的相对稳定性。

1）稳定裕量的概念

系统的相对稳定性通常用稳定裕量来描述，具体又包括幅度裕量（增益裕量）和相位裕量。首先说明两个交界频率的概念。

在 Nyquist 图中，开环频率特性曲线与单位圆和实轴负半轴交点处的频率分别称为增益交界频率 ω_c 和相位交界频率 ω_g。在 Bode 图中，开环对数幅频特性曲线与 0dB 线交点处的频率为增益交界频率，而对数相频特性曲线与 $-180°$ 线交点处的频率为相位交界频率，如图 6-27 所示。

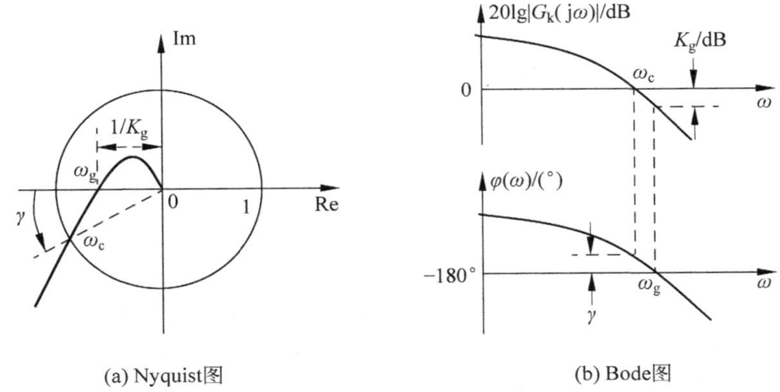

图 6-27　稳定裕量的定义

在 $\omega=\omega_c$ 处，系统开环对数相频特性与 $-180°$ 之差称为相位裕量(Phase Margin)，记为 γ。在 $\omega=\omega_g$ 处，开环幅频特性的倒数称为增益裕量(Gain Margin)，记为 K_g。相位裕量和增益裕量可以分别表示为

$$\gamma=\varphi(\omega_c)-(-180°)=180°+\varphi(\omega_c) \tag{6-12}$$

$$K_g=\frac{1}{|G_k(j\omega)|} \tag{6-13}$$

$$20\lg K_g=-20\lg|G_k(j\omega)| \tag{6-14}$$

2）稳定裕量的计算

根据上述各定义，可以用手工的方法，或者编写 MATLAB 程序实现增益裕量和相位裕量的求解。下面先举例说明手工计算方法，以便深入理解上述各概念。

【例 6-9】 已知某控制系统的开环传递函数为

$$G_k(s)=\frac{Ks+1}{s^2}$$

为使系统的相位裕量 $\gamma=45°$，求实数 K。

解：系统的开环频率特性为

$$G_k(s)=G_k(s)|_{s=j\omega}=\frac{Kj\omega+1}{(j\omega)^2}=\frac{Kj\omega+1}{-\omega^2}$$

则开环幅频特性和相频特性分别为

$$|G_k(j\omega)|=\frac{\sqrt{(K\omega)^2+1}}{\omega^2},\quad \varphi(\omega)=\arctan(K\omega)-180°$$

由此得到

$$|G_k(j\omega_c)| = \frac{\sqrt{(K\omega_c)^2+1}}{\omega_c^2} = 1$$

$$\gamma = 180° + \varphi(\omega_c) = \arctan(K\omega_c) = 45°$$

联解求得 $\omega_c = 1.19\text{rad/s}, K = 0.84$。

MATLAB 中专门提供了 margin()函数用于求解系统的增益裕量和相位裕量。该函数的常用调用格式为

```
[Gm,Pm,Wcg,Wcp] = margin(mag,phase,w)
```

其中,mag 和 phase 为开环对数频率特性中的幅频特性和相频特性,可以通过调用 bode()函数求得；w 为频率特性的自变量 ω 的向量。

在函数的返回参数中,G_m 和 P_m 分别为增益裕量和相位裕量,W_{cg} 和 W_{cp} 分别为增益交界频率和相位交界频率。如果调用时没有返回参数,则该函数将绘制出系统开环频率特性的 Bode 图,并在图中标示出稳定裕量和交界频率。

【例 6-10】 已知某控制系统的开环传递函数为

$$G_k(s) = \frac{0.8}{s^3+2s^2+s+0.5}$$

求系统的稳定裕量和交界频率。

解：利用 MATLAB 编程求解,程序如下：

```
%ex6_10.m
clc
clear
close
sys = tf([0.8],[1 2 1 0.5]);
[mag,phase,w] = bode(sys);
[Gm,Pm,Wc,Wp] = margin(mag,phase,w)
```

执行上述程序的结果如下：

```
Gm =
    1.8750
Pm =
   22.3558
Wc =
    1.0000
Wp =
    0.7873
```

如果将上述程序中的最后一条语句修改为

```
margin(mag,phase,w)
```

则执行后将打开图形窗口绘制系统的 Bode 图，同时将上述各稳定裕量指标标注在 Bode 图中，如图 6-28 所示。注意，图上标注的增益裕量已经换算为分贝值。

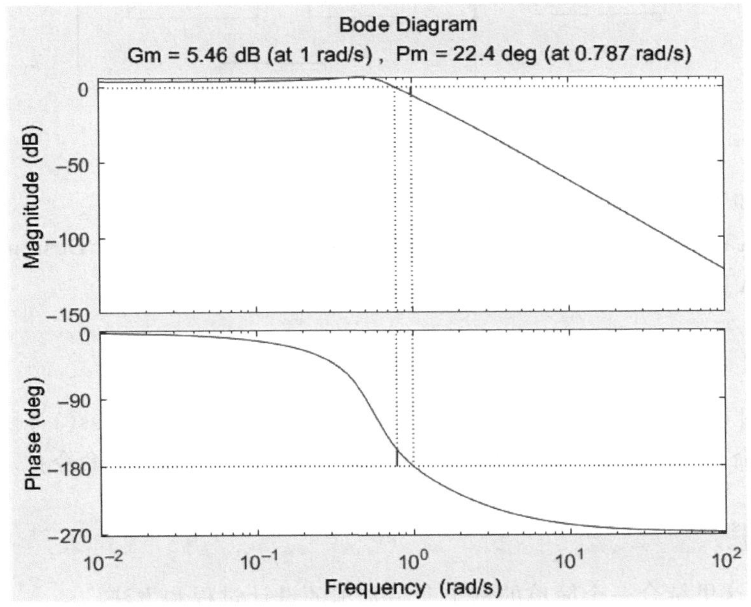

图 6-28 稳定裕量的 MATLAB 求解

微课视频

6.3 控制系统的设计

系统仿真分析的目的是研究给定的系统是否满足期望的性能指标，并提出对系统进行设计、校正和改善性能的方法。MATLAB 的控制系统工具箱(Control System Toolbox)中提供了很多函数、模块和应用程序包，实现控制系统的设计和校正。限于篇幅，这里主要介绍控制系统设计器 APP 的使用方法。

6.3.1 控制系统设计器

控制系统设计器(Control System Designer)是 MATLAB 中提供的一个专门用于控制系统设计和校正的应用程序 APP。利用该 APP 可以在 MATLAB 或者 Simulink 中为给定的反馈控制系统模型设计 SISO 控制器，可以采用交互式的 Bode 图编辑器、Nichols 图编辑器、根轨迹编辑器等调节各环节的零极点和增益，采用时域或者频域方法分析控制系统的阶跃响应和零极点图，实现多个控制器的分析比较等。

在控制系统设计器中，采用如图 6-29 所示的控制系统结构，其中所有环节的传递函数都默认取常数 1。控制系统设计器的作用是根据整个系统的性能指标要求，当被控对象(G)给定后，正确设计传感器(H)、补偿器或者控制器(C)以及预滤波器(F)环节的数学模型。

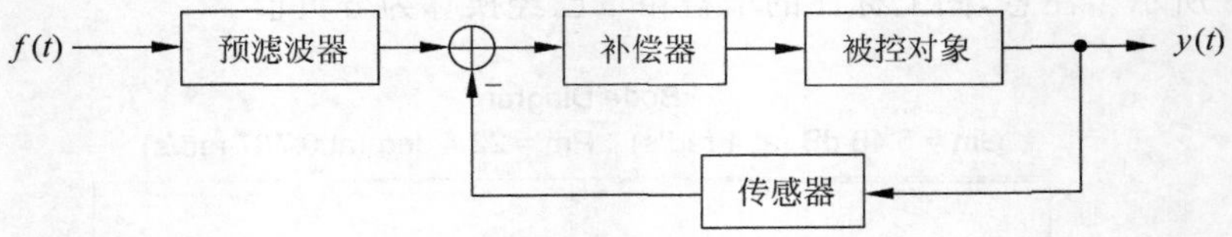

图 6-29　控制系统设计器中采用的默认系统结构

可以通过如下方法打开控制系统设计器：

(1) 在 MATLAB 主窗口的 APP 按钮组中，单击 Control System Designer 按钮；

(2) 在 MATLAB 命令行窗口输入如下命令：

```
>> controlSystemDesigner
```

(3) 如果图 6-29 中被控对象 G 的模型对象已经用 tf()、zpk()或 ss()等函数创建，假设为 sys，可以在命令行窗口输入如下带参数的 controlSystemDesigner 命令：

```
>> controlSystemDesigner(sys)
```

限于篇幅，这里结合一个简单的例子介绍基本的设计过程和方法。

【例 6-11】 在一个单位负反馈控制系统中，已知被控对象传递函数为

$$G(s)=\frac{1}{s+1}$$

为其设计控制器，使整个系统满足如下性能指标：

(1) 单位阶跃响应的稳态误差为 0；

(2) 单位阶跃响应达到 80%稳态值的上升时间小于 1s；

(3) 调节时间小于 2s；

(4) 超调量不超过 20%；

(5) 开环增益交界频率不超过 5rad/s。

在本例中，已知被控对象的传递函数，可以首先在命令行窗口用如下命令创建该环节的模型对象。

```
>> sys = tf([1],[1 1]);
```

然后用带参数的 controlSystemDesigner 命令打开设计器窗口。

打开后的设计器窗口如图 6-30 所示。窗口中主要有 3 个编辑器图形区，即 Bode 图编辑器(Bode Editor)、根轨迹编辑器(Root Locus Editor)和阶跃响应(Step Response)图形区。

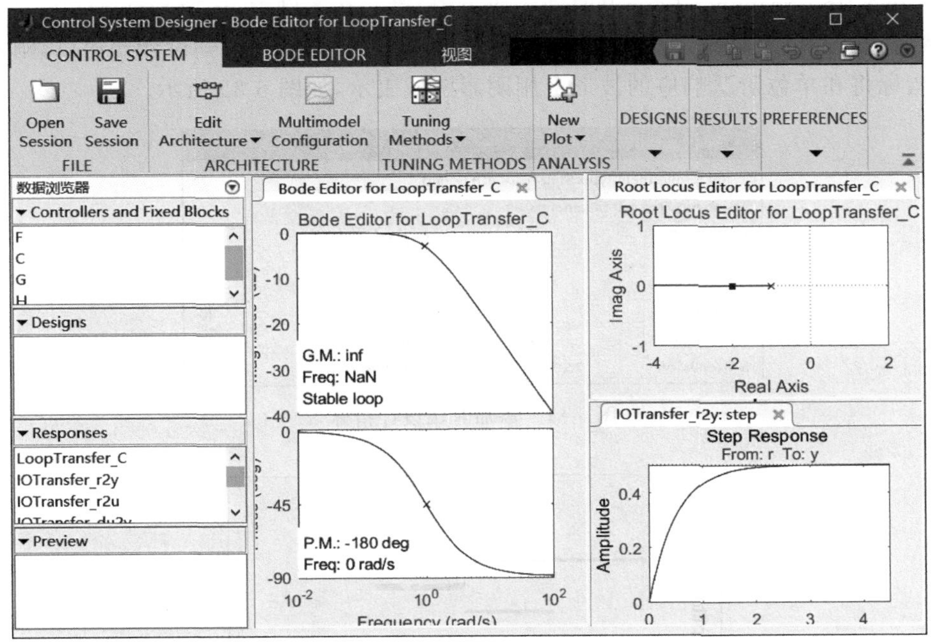

图 6-30　控制系统设计器窗口

在本例中，给定被控对象为一阶惯性环节。当控制器、传感器等其他环节的传递函数都取默认值 1 时，系统的开环 Bode 图、根轨迹图和单位阶跃响应都已经自动求出，并显示在设计器的三个图形区中。

显然，系统单位阶跃响应的稳态响应为 $g(\infty)=0.5$，稳态误差为 $(1-0.5)/1=50\%$，不能满足题目所提第一项技术指标。因此，必须为该系统设计合适的控制器，以便使整个系统的性能指标满足题目所提的各项要求。

6.3.2　设计指标的添加

例 6-11 中所提的设计指标可以分为两大类，即时域指标和频域指标。其中，前面 4 项指标是根据系统的单位阶跃响应提出来的，属于时域指标；第 5 项是根据系统的 Bode 图提出来的，属于频域指标。

1. 时域指标的添加

在阶跃响应图形区右击，在弹出的快捷菜单中依次单击 Design Requirements 和 New 菜单命令，打开如图 6-31 所示的 New Design Requirement（新建设计需求）对话框。

在对话框中，可以通过下拉列表选择设计指标的类型（Design requirement type）为 Step response bound（单位阶跃响应边界条件）、Upper time response bound（时间响应上限)和 Lower time response bound(时间响应下限)等。在本例中,选择 Step response bound 选项,然后在下面的文本框中输入题目中所提的各项性能指标。回到设计器窗口,刚才输入的设计指标将在单位阶跃响应的波形上用阴影区域表示,如图 6-32 所示。

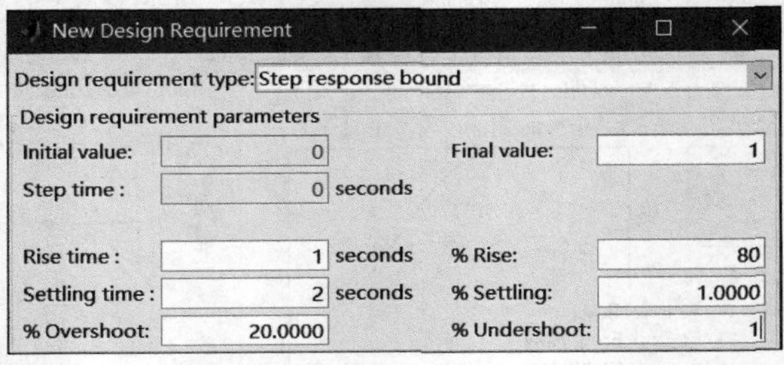

图 6-31　添加时域设计指标

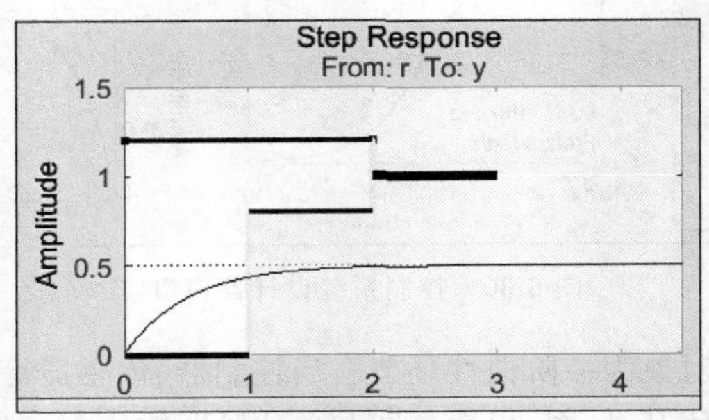

图 6-32　阶跃响应设计需求指标的图形化描述

2. 频域指标的添加

例 6-11 中的第 5 项设计指标是根据 Bode 图提出来的。为此,在 Bode 图编辑器中右击,在弹出的快捷菜单中依次单击 Design Requirements 和 New 菜单命令,打开如图 6-33 所示的 New Design Requirement(新建设计需求)对话框。

New Design Requirement

Design requirement type: Upper gain limit

Design requirement parameters

Type: Constrain system to be <= the bound

Edge Start		Edge End			
Freq. (rad/s)	Mag. (dB)	Freq. (rad/s)	Mag. (dB)	Slope (dB/...	Weight
5	0	10	0	0	1

图 6-33　添加设计需求的 Bode 图指标

在该对话框中,确保 Design requirement type 为 Upper gain limit,然后在 Edge Start (边界起点)下的 Freq 列输入本例所要求的第 5 项设计指标。

6.3.3 控制器设计

根据控制理论的基本概念和结论，设计控制器的数学模型及参数，使得系统的时域和频域指标满足所提要求。

1. 稳态误差的消除

为了满足设计指标的第一项，根据控制理论的知识，系统必须是Ⅰ型，即开环传递函数中必须具有一个等于零的极点，对应一个积分环节。

为此，在根轨迹编辑器中右击，在弹出的快捷菜单中依次单击 Add Pole or Zero（添加极点或者零点）和 Integrator（积分器）菜单命令，向控制器中引入一个积分环节。此时，设计器窗口中显示的根轨迹图和单位阶跃响应波形如图 6-34 所示。

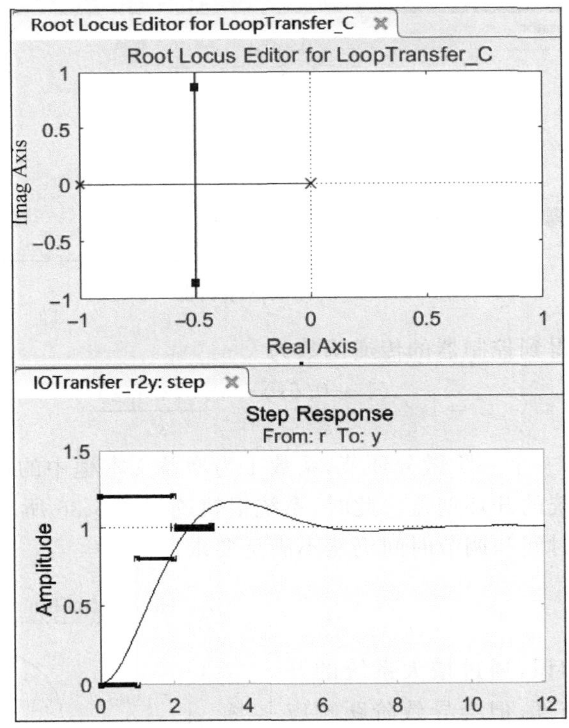

图 6-34 添加积分环节后的根轨迹图和单位阶跃响应

由此可见，在控制器中引入积分环节后，整个闭环控制系统成为二阶系统，其单位阶跃响应呈振荡变化。系统的稳态响应为 1，稳态误差为 0，第一项设计指标得到满足。但是，上升时间和调节时间都远远超过所提的设计指标。

2. 根轨迹编辑器

为了加快系统的响应速度，使上升时间和调节时间满足要求，可以考虑引入一阶微分环节，即在控制器中引入实数零点。只要实数零点小于−1，系统的单位阶跃响应就一定是振荡变化的波形。实数零点越远离纵轴，振荡速度越快，但超调量也会增大。基于上述考虑，设计引入的实数零点近似为−2。

为引入该实数零点，在根轨迹编辑器中右击，在弹出的快捷菜单中依次单击 Add Pole or Zero 和 Real Zero 菜单命令。然后，在根轨迹图中靠近(−2, j0)点的位置单击。如果该点超出了图形区，可以在任意位置单击，然后再将其拖动到期望的位置。

如果需要得到精确的零点，可以在设计器窗口左侧的 Controllers and Fixed Blocks 面板中双击 C，打开如图 6-35 所示的 Compensator Editor（补偿器编辑器）。在该编辑器中单击列表的第二行 Real Zero，并在右侧的 Location 文本框中输入零点为−2。

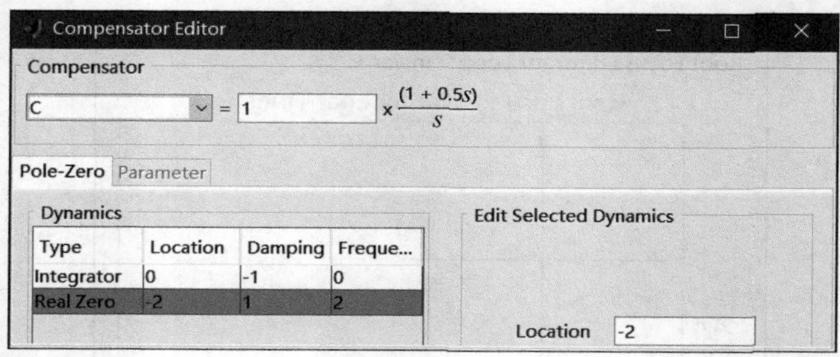

图 6-35 补偿器编辑器

完成上述设置后，得到控制器的传递函数为

$$C = 1 \times \frac{(1+0.5s)}{s} = \frac{0.5(s+2)}{s}$$

其中有一个积分环节和一个一阶微分环节，系数 1 为增益文本框中的设置值，系数 0.5 为控制器的增益，也等于系统的开环增益。此时，系统根轨迹如图 6-36 所示。但是，由单位阶跃响应的波形分析，上升时间和调节时间仍然不满足要求。

3. Bode 图编辑器

根据控制理论的知识，通过增大系统的开环增益可以加快响应速度，但会导致阶跃响应振荡幅度和超调量的增大，并引起系统不稳定。

首先，考虑通过调节开环增益使阶跃响应的上升时间和调节时间满足要求。为此，在 Bode 图编辑器中移动鼠标，当光标变为手形时，按住鼠标左键向上拖动 Bode 图。在移动

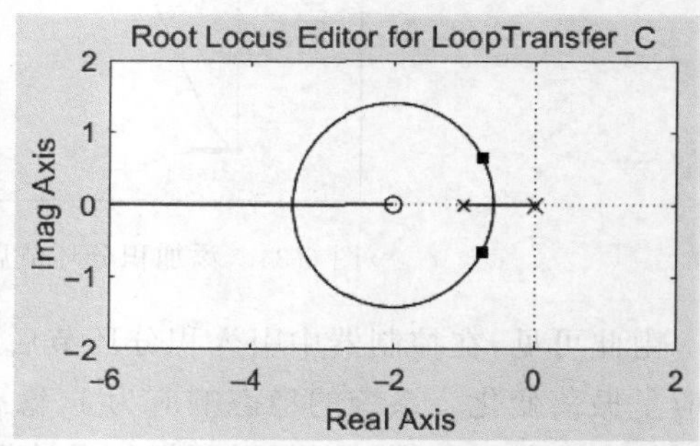

图 6-36 加入补偿器后的根轨迹图

过程中，对数相频特性曲线的左下角将同步显示增益交界频率(Freq)和相位裕量(P. M.)的变化，如图 6-37 所示。

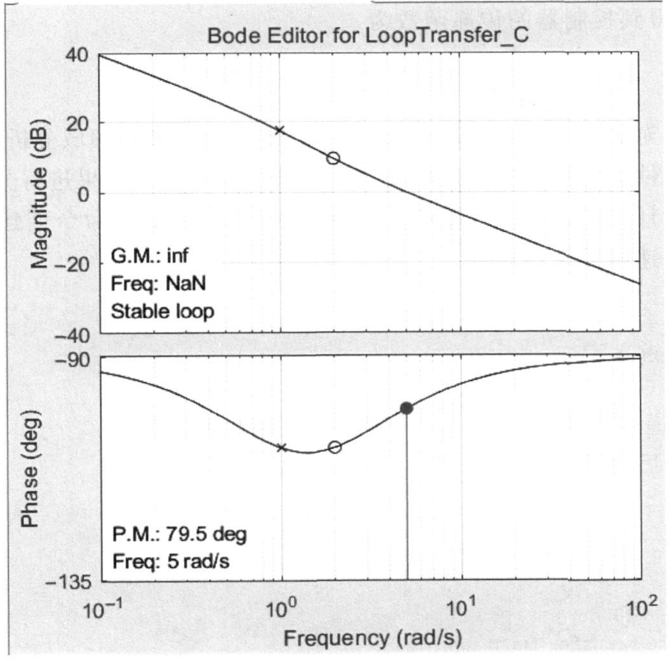

图 6-37 调节补偿器增益后的 Bode 图

为了满足第 5 项设计指标，还可以在补偿器编辑器中调节系统的开环增益。在补偿器编辑器的增益文本框中，尝试设置不同的增益，同步观察 Bode 图编辑器中显示的增益交界频率。在该例中，当输入增益为 9.46 时，增益交界频率刚好等于 5rad/s，此时相位裕量为 79.5°。在设计器窗口的阶跃响应图形区得到阶跃响应波形如图 6-38 所示。根据图中的显示，稳态响应、上升时间、调节时间和超调量都满足设计指标。

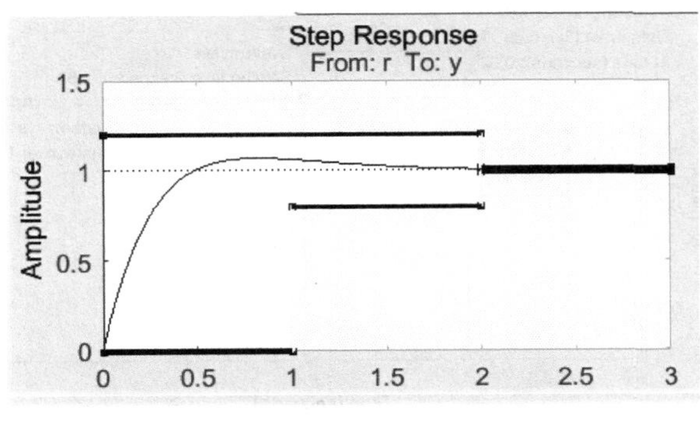

图 6-38 阶跃响应波形

6.3.4 设计结果的验证

设计完成后，得到控制器的传递函数为

$$C = 9.46 \times \frac{1 + 0.5s}{s} = \frac{4.73(s + 2)}{s}$$

再结合已知的被控对象传递函数，可以对得到的系统进行时域和频域分析，以便验证设计结果是否满足给定的性能指标。这里选用线性系统分析仪对设计结果进行分析和验证。

根据前面的设计结果，首先在 MATLAB 命令行窗口用如下命令创建整个反馈控制系统的开环和闭环传递函数模型对象。

```
>> s1 = tf([1],[1 1]) * tf(9.46 * [0.5 1],[1 0]);
>> sys = feedback(s1,1)
```

其中，s1 为开环传递函数模型对象，sys 为闭环传递函数模型对象。

执行上述命令后得到

```
sys =
      4.73 s + 9.46
  ---------------------
   s^2 + 5.73 s + 9.46
Continuous - time transfer function.
```

然后，打开线性分析仪并导入模型对象 sys，分析仪窗口中将自动绘制出系统单位阶跃响应的波形。通过快捷菜单可以控制显示各项时域指标，如图 6-39 所示。从图中可以读出系统的超调量为 6.83%，上升时间为 0.333s，调节时间为 1.58s，稳态响应为 1，第 1～4 项时域指标全部满足。

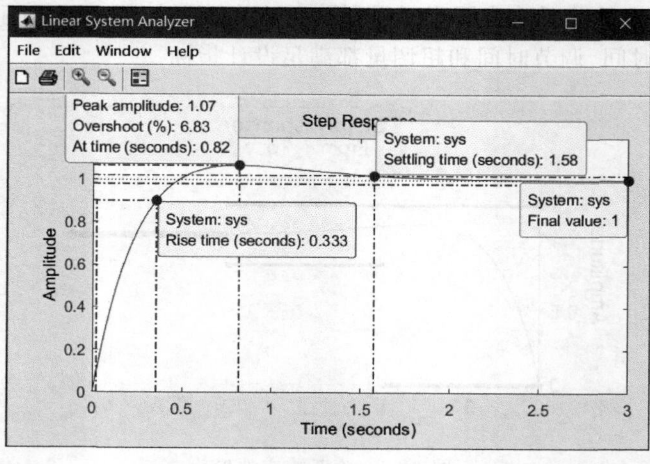

图 6-39 时域指标的验证

重新进入线性系统分析仪，并导入系统开环传递函数模型对象 s1。在图形区将绘图类型改为 Bode 图，从而显示系统的开环 Bode 图。

在图形区右击，在弹出的快捷菜单中依次单击 Characteristics 和 All Stability Margins 菜单命令，将在 Bode 图中标出交界频率和稳定裕量对应的点，如图 6-40 所示。单击标注点，立即显示出所有与稳定裕量相关的参数。根据图中的显示可知，系统的增益交界频率为 5rad/s，满足第 5 项设计指标。此时，对应的相位稳定裕量为 79.5°，并且系统闭环稳定。

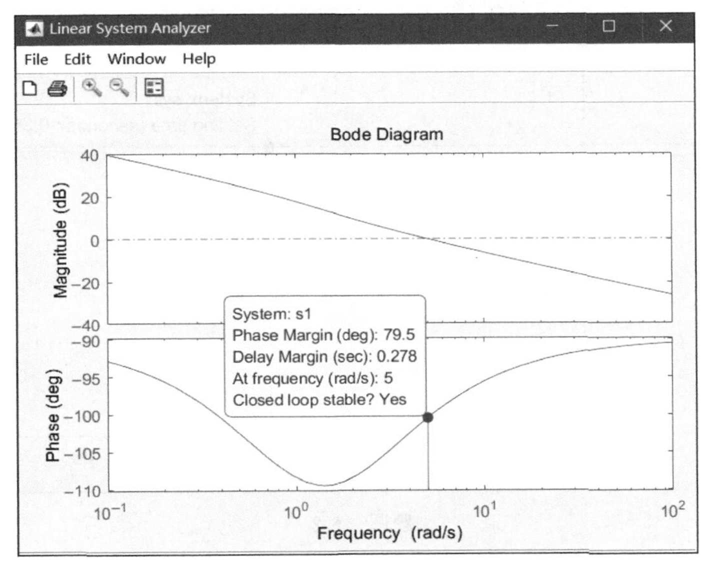

图 6-40 频域指标的验证

本章习题

1. 已知某控制系统前向通道和反馈通道的传递函数分别为

$$G(s)=\frac{1}{s},\quad H(s)=\frac{K}{s+2}$$

则当 $K=2$ 时，系统的闭环极点为________。

2. 已知某连续动态系统传递函数 $H(s)$的零极点图如题图 6-1 所示，且$\lim\limits_{s\to 0} sH(s)=10$，则 $H(s)=$________。

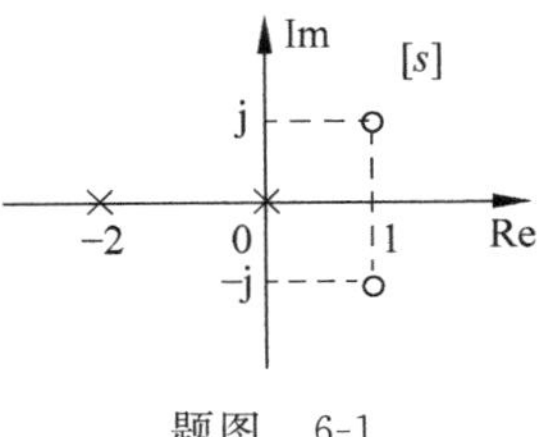

题图 6-1

3. 系统的根轨迹一定起始于________，终止于________。

4. 已知某系统的闭环传递函数为

$$G(s)=\frac{10}{s+10}$$

则该系统对频率为 10rad/s 的正弦信号幅度放大________倍，时间延迟________s。

5. Bode 图采用________坐标，横轴采用________刻度，而纵轴采用________刻度。

6. 在 Nichols 图中，横轴表示________，纵轴表示________。

7. 已知某系统单位阶跃响应的波形如题图 6-2 所示，则该系统的超调量为________，调节时间为________。

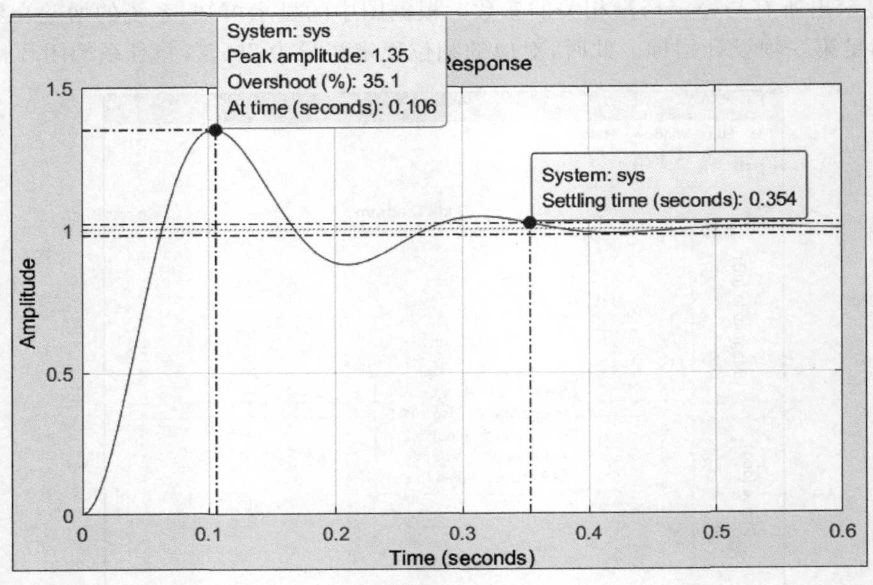

题图 6-2

8. 在线性系统分析仪窗口中，默认显示的是________图，通过级联菜单________可以选择显示 Bode 图、Nyquist 图等图形。

9. 已知系统的开环传递函数为

$$G_k(s)=\frac{K}{s(s+2)}$$

分析并绘制出该系统的根轨迹图。

10. 已知某控制系统的开环传递函数为

$$G(s)=\frac{10}{s(s+2)}$$

(1) 求开环频率特性 $G(j\omega)$ 和开环幅频特性、相频特性表达式。

(2) 求开环对数幅频特性表达式。

11. 分析如下命令执行后的结果。

```
>> s = tf([6],[1 3]);
>> H = evalfr(s,i * 4)
>> A0 = dcgain(s)
>> abs(H)
>> angle(H) * 180/pi
```

12. 已知某控制系统模型对象为 sys，输入如下命令：

```
>> p = pole(sys)
>> z = zero(sys)
```

执行结果为

```
p =
   1.0000 + 2.0000i
   1.0000 - 2.0000i
  -1.0000 + 0.0000i
  -2.0000 + 0.0000i
z =
     1
     2
```

（1）写出系统的传递函数 $H(s)$。

（2）判断系统是否稳定。

实践练习

1. 已知某线性时不变单位负反馈系统的闭环传递函数为

$$G_o(s)=\frac{100}{s^2+2s+100}$$

系统的初始状态 $x_1=-0.1, x_2=0$，编写 MATLAB 程序实现如下功能：

（1）求系统的单位阶跃响应 $y_f(t)$；

（2）求系统的零输入响应 $y_x(t)$；

（3）求系统在单位阶跃信号作用下的全响应 $y(t)$。（提示：对于线性时不变系统，全响应=零输入响应+零状态响应）。

2. 已知某控制系统的闭环传递函数为

$$H(s)=\frac{10s+1000}{s^2+4s+100}$$

（1）编写 MATLAB 程序，绘制该系统的单位阶跃响应波形。

（2）用两种方法分析求解系统单位阶跃响应的上升时间 t_r、超调量 M_p 和调节时间 t_s。

3. 已知某控制系统的方框图如题图 6-3 所示，其中

$$G_1(s)=s+1,\quad G_2(s)=\frac{1}{0.001s^2+s}$$

（1）编写 MATLAB 程序分别绘制当 $G_3(s)=1$、$G_3(s)=10$、$G_3(s)=e^{-0.1s}$ 时系统的开环 Bode 图。

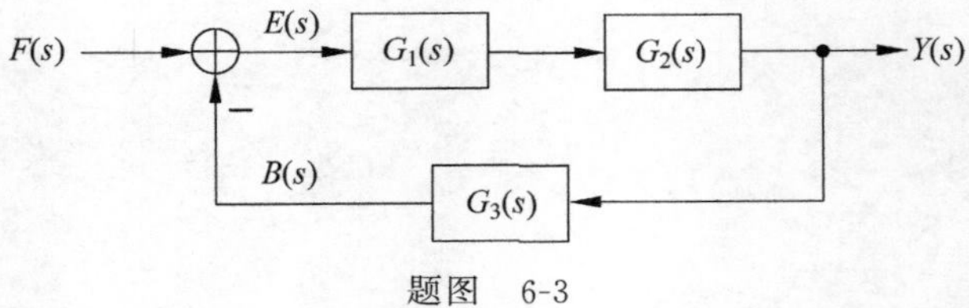

题图 6-3

(2) 根据得到的 Bode 图，讨论开环增益和延迟环节对系统开环 Bode 图的影响。

4. 已知系统的开环传递函数为

$$G_k(s)=\frac{K}{s^2+2s-3}$$

(1) 当 $K=1$ 和 $K=10$ 时，利用程序或者命令绘制出系统开环频率特性的 Nyquist 图。

(2) 利用 Nyquist 稳定性判据分别判断上述两种情况下系统是否稳定。

(3) 为使系统稳定，正实数 K 应该满足哪些条件？

5. 已知某负反馈控制系统中，前向通道由控制器和被控对象串联构成，其传递函数分别为

$$G_1(s)=\frac{100}{s^2+40s+100},\quad G_2(s)=\frac{100}{s+100}$$

反馈通道的传递函数为 $G_3(s)=10$。

(1) 编程绘制系统开环频率特性的 Nyquist 图及闭环零极点图。

(2) 根据运行结果分析系统的稳定裕量。

(3) 根据零极点图判断系统是否稳定。

6. 已知在一个单位负反馈控制系统中，被控对象的传递函数为

$$H(s)=\frac{1.5}{s^2+14s+40.02}$$

利用控制系统设计器为其设计控制器。

(1) 在命令行窗口用如下命令创建被控装置的模型对象，并启动设计器。

```
>> sys = tf([10],[1 10 100]);
>> controlSystemDesigner(sys)
```

(2) 在 Bode 图编辑器中，将对数幅频特性曲线向上拖动，直到增益交界频率近似为 3rad/s。

(3) 为控制器添加一个积分环节。

(4) 重新拖动对数幅频特性曲线，使增益交界频率近似为 3rad/s。

要求：

(1) 观察记录上述各步骤中系统的单位阶跃响应和 Bode 图，记录上升时间、调节时间、超调量、稳定裕量和交界频率，填入题表 6-1 中。

题表 6-1

步骤	上升时间/s	调节时间/s	超调量/%	幅度裕量/dB	相位裕量/°	增益交界频率/$(\mathrm{rad}\cdot\mathrm{s}^{-1})$	相位交界频率/$(\mathrm{rad}\cdot\mathrm{s}^{-1})$
(1)							
(2)							
(3)							
(4)							

(2) 上述步骤完成后，求得到的控制器传递函数 $C(s)$。

(3) 利用线性系统分析仪验证表中的各项性能指标。

第7章 数字滤波器的MATLAB辅助分析与设计

在各种信息传输处理系统中，都大量用到滤波器。滤波器是一种对信号进行滤波处理的动态系统，可以用前面介绍的方框图和各种数学模型进行描述。根据这些数学描述，在MATLAB/Simulink中的数字信号处理系统工具箱(DSP System Toolbox)中，提供了各种类型数字滤波器的分析和设计工具。本章将主要介绍利用该工具箱提供的模块和函数实现数字滤波器分析和设计的基本方法。

7.1 数字滤波器的基本概念

微课视频

滤波器(Filter)是一种特殊的系统，其作用是将输入信号中的某些频率分量滤除，只保留需要的频率分量。可以从不同的角度将滤波器进行分类。例如，根据实现方法的不同，可以分为模拟滤波器和数字滤波器。模拟滤波器(Analog Filter)用模拟硬件电路实现，根据所用硬件电路的不同又分为有源滤波器和无源滤波器。数字滤波器(Digital Filter)用数字电路或者计算机程序实现，输入和输出都是离散的数字信号。本书主要介绍数字滤波器的分析和设计方法。

7.1.1 滤波器的数学模型

从实现的网络结构和时域特性等角度可将基本的数字滤波器分为两大类，即IIR(Infinite Impulse Response，无限长脉冲响应)数字滤波器和FIR(Finite Impulse Response，有限长脉冲响应)数字滤波器，而根据滤波特性又可进一步分为低通滤波器和高通滤波器等。

1. IIR和FIR数字滤波器

数字IIR滤波器的单位脉冲响应为无穷长序列，其传递函数可以表示为

$$H(z)=\frac{b_0+b_1z^{-1}+\cdots+b_Mz^{-M}}{1+a_1z^{-1}+\cdots+a_Nz^{-N}} \tag{7-1}$$

其中，N 为滤波器的阶数。

数字 FIR 滤波器的单位脉冲响应为有限长序列，传递函数可以表示为

$$H(z)=h(0)+h(1)z^{-1}+\cdots+h(N)z^{-N} \tag{7-2}$$

其中，$h(k)(k=0,1,\cdots,N)$为滤波器的单位脉冲响应，长度为 $N+1$，滤波器的阶数为 N。

在实际系统中，采用 FIR 滤波器的一个主要原因是，它很容易做到线性相位特性。当滤波器的单位脉冲响应关于 $\alpha=N/2$ 奇对称或者偶对称时，可以求得滤波器的相位特性为

$$\varphi(\omega)=\beta-\alpha\omega,\quad -\pi<\omega<\pi \tag{7-3}$$

其中，$\beta=0$ 或 $\pm\pi/2$。这就表示 FIR 滤波器的相位特性是一条关于 ω 的直线，直线的斜率为 α，称为滤波器的群延迟。

2. 滤波器的滤波特性

滤波器的功能和特性一般用频率特性进行描述。在幅频特性中，一般包括若干通带和阻带。频率位于通带内的输入信号分量在通过滤波器时，幅度得到放大或者衰减很小。而频率位于阻带内的输入信号在通过滤波器时，幅度将得到大幅度衰减，从而被滤波器过滤掉，在输出端不会有同频率的输出信号，或者这些信号分量的幅度很小。

根据上述滤波特性，所有数字 IIR 滤波器和 FIR 滤波器又可分为 4 种基本类型，即低通滤波器(Low Pass Filter，LPF)、高通滤波器(High Pass Filter，HPF)、带通滤波器(Band Pass Filter，BPF)和带阻滤波器(Band Supress Filter，BSF)，其幅频特性曲线如图 7-1 所示。

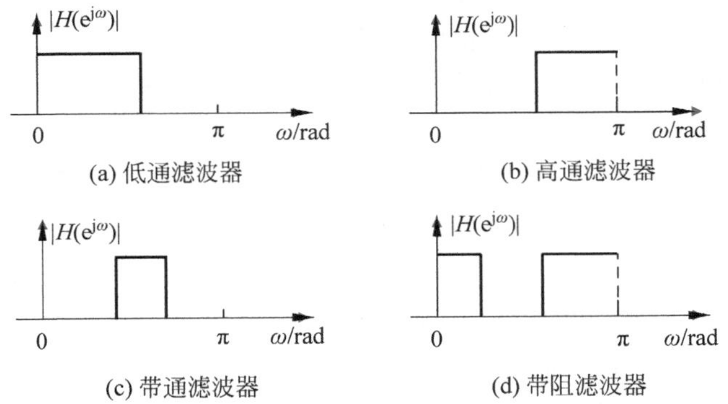

图 7-1　理想数字滤波器的幅频特性

需要说明的是：

(1) 数字滤波器的频率特性自变量为 ω，其单位为 rad，称为数字角频率，而模拟频率和模拟角频率分别用 f 和 Ω 表示。在数字滤波器的分析和设计过程中，经常需要在模拟角频率和数字角频率之间相互转换，其转换关系可以表示为

$$\omega = \Omega T_s = \frac{2\pi f}{f_s} = \frac{2\pi f}{f_s} = \frac{2f}{f_s}\pi \text{ rad} \tag{7-4}$$

其中，f_s 为采样频率，$T_s = 1/f_s$ 为采样间隔。

例如，已知某数字滤波器输入信号的采样速率为 1kHz，输入信号的频率为 300Hz，则对应的数字角频率为 $\omega = 2\times300/1000 = 0.6\pi$ rad。

(2) 所有数字滤波器的频率特性都是以 2π 为周期的周期函数，因此根据幅频特性分析滤波器的滤波特性时，只能够在 $\omega = 0\sim\pi$ rad 分析。

7.1.2 滤波器的技术指标

在图 7-1 所示的各种幅频特性中，幅值不为 0 的频段称为通带，幅值为 0 的频段称为阻带。在滤波器的输入信号中，频率位于通带内的分量能够被滤波器放大一定倍数，在滤波器输出端得到相同频率的分量。而频率位于阻带内的分量将被滤波器全部衰减和过滤，在输出端对应的分量幅度为 0。

图 7-1 中通带和阻带之间泾渭分明，通带频率范围和阻带频率范围之间存在一个或多个频率切换点，具有这种特性的滤波器称为理想滤波器。实际系统中的滤波器都无法具有这种特性，而是在通带与阻带之间有一个过渡范围，称为过渡带。

例如，对实际的低通滤波器，其对数幅频特性曲线如图 7-2 所示。其中，通带频率范围为 $0\sim\omega_p$，阻带频率范围为 $\omega_s\sim\pi$，$\omega_p\sim\omega_s$ 的频率范围为滤波器的过渡带。ω_p 称为通带边界频率，ω_s 称为阻带边界频率。假设对数幅频特性的最大值为 0dB，通带内各点的对数幅频特性值不低于 $-R_p$，阻带内各点的对数幅频特性值不超过 $-R_s$，R_p 和 R_s 分别称为通带最大衰减和阻带最小衰减。

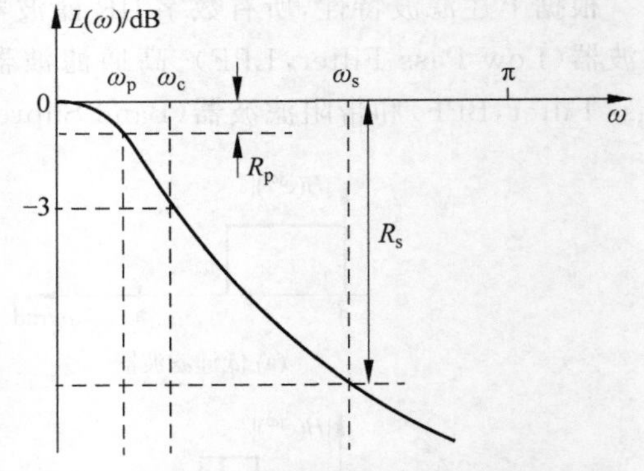

图 7-2 实际低通滤波器的对数幅频特性曲线

此外，当对数幅频特性从最大值下降到 -3dB 时，对应的数字角频率为 ω_c，称为 3dB 截止频率。

通带截止频率 ω_p、阻带截止频率 ω_s 和 3dB 截止频率 ω_c 统称为频率指标。通带最大衰减 R_p 和阻带最小衰减 R_s 统称为幅值指标。这些技术指标是设计各种滤波器的主要依据。

7.1.3 数字滤波器的基本设计方法

数字滤波器的设计方法可以归纳为直接法、间接法、窗函数法等，分别适用于 IIR 滤波器和 FIR 滤波器。

1. IIR 滤波器的设计

对于数字 IIR 滤波器，可以采用直接法和间接法设计。所谓直接法，是直接在频域或者时域设计数字滤波器。这种方法需要大量方程的求解，所以必须借助于各种辅助设计工具软件。在间接法中，先设计过渡模拟滤波器，然后按照某一种方法（例如脉冲响应不变法、双线性变换法等）将其转换为数字 IIR 滤波器。

在间接法中，不仅有完整的设计公式、完善的图表和曲线供设计过程查阅，还可使用一些具有优良特性的典型滤波器类型。其中，常用的有巴特沃斯（Butterworth）滤波器、切比雪夫Ⅰ型（Chebyshev Ⅰ）滤波器、切比雪夫Ⅱ型（Chebyshev Ⅰ）滤波器、椭圆（Elliptic）滤波器和贝塞尔（Bessel）滤波器等。

2. FIR 滤波器的设计

数字 FIR 滤波器无法采用间接法设计，通常采用窗函数法、频率采样法、等波纹逼近法等。这里着重介绍窗函数法。

窗函数法的基本思想和设计步骤如下：

(1) 根据性能指标，设计得到具有理想幅频特性的 IIR 滤波器，其单位脉冲响应 $h_d(k)$ 一般是无穷长的非因果序列，且关于 $k=0$ 点对称；

(2) 将 $h_d(k)$ 向右平移 $M/2$ 个点，使其关于 $k=M/2$ 对称，得到 $h_1(k)$；

(3) 选用长度为 M 的窗函数，对 $h_1(k)$ 进行加窗截断，使其变为有限长因果序列 $h(k)$，从而得到 $M-1$ 阶数字 FIR 滤波器的单位脉冲响应，其长度等于窗函数的长度 M。

在上述设计过程中，通过加窗对滤波器的单位脉冲响应进行截断，在频域中将出现吉布斯（Gibbs）效应。具体体现在如下两点：

(1) 在通带与阻带之间形成过渡带；

(2) 在通带和阻带内产生波纹振荡。

为了减轻吉布斯效应对滤波器频域特性的影响，需要采用特殊的窗函数，并合适选择窗函数的长度 M。表 7-1 给出了常用的窗函数及其特性。

表 7-1　常用的窗函数及其特性

窗函数	阻带最小衰减/dB	过渡带的近似宽度/rad
矩形窗（Rectangular/Boxcar Window）	21	$4\pi/M$
三角窗（Bartlett Window）	25	$8\pi/M$
汉宁窗（Hanning Window）	44	$8\pi/M$
哈明窗（Hamming Window）	53	$8\pi/M$
布莱克曼窗（Blackman Window）	74	$16\pi/M$

由表 7-1 可知，采用不同的窗函数对理想滤波器的单位脉冲响应进行加窗截断，得到的数字 FIR 滤波器具有不同的阻带最小衰减，而过渡带宽度不仅取决于所选用的窗函数，还

与窗函数的长度有关。对于同一种窗函数，过渡带宽度与窗函数的长度 M 呈反比。

设计过程中，首先根据要求的阻带最小衰减选择一种窗函数，然后根据要求的过渡带宽度计算窗函数的长度。例如，采用哈明窗，得到的滤波器阻带衰减只能达到 53dB。因此，如果要求滤波器阻带最小衰减为 60dB，必须选用布莱克曼窗。

7.2 数字滤波器的 MATLAB 设计

在 MATLAB/Simulink 中，不仅提供了大量的函数和模块用于各种类型滤波器的分析和设计，还提供了一个功能强大的图形化分析和设计工具 Filter Designer（滤波器设计器）。本节首先介绍 MATLAB 中实现滤波器分析和设计的相关函数及其用法。

7.2.1 数字 IIR 滤波器设计

微课视频

在 MATLAB 的 DSP System Toolbox 中，提供了巴特沃斯滤波器、切比雪夫Ⅰ型滤波器、切比雪夫Ⅱ型滤波器和椭圆滤波器阶数计算和设计函数，利用这些函数模拟和设计数字 IIR 滤波器，可以避免大量的手工计算，极大地简化设计过程。

1. IIR 滤波器设计函数

常用的数字 IIR 滤波器设计函数如表 7-2 所示。所有函数都以相应的滤波器类型命名，每种类型的滤波器设计函数都可以返回滤波器传递函数分子和分母的系数矩阵、零极点增益模型或状态空间方程。

表 7-2 MATLAB 中的 IIR 滤波器设计函数

滤波器类型	设计函数
巴特沃斯 (Butterworth)	[b,a] = butter(n,Wn,options) [z,p,k] = butter(n,Wn,options) [A,B,C,D] = butter(n,Wn,options)
切比雪夫Ⅰ型 (Chebyshev Ⅰ)	[b,a] = cheby1(n,Rp,Wp,options) [z,p,k] = cheby1(n,Rp,Wp,options) [A,B,C,D] = cheby1(n,Rp,Wp,options)
切比雪夫Ⅱ型 (Chebyshev Ⅱ)	[b,a] = cheby2(n,Rs,Ws,options) [z,p,k] = cheby2(n,Rs,Ws,options) [A,B,C,D] = cheby2(n,Rs,Ws,options)
椭圆 (Elliptic)	[b,a] = ellip(n,Rp,Rs,Wp,options) [z,p,k] = ellip(n,Rp,Rs,Wp,options) [A,B,C,D] = ellip(n,Rp,Rs,Wp,options)

下面对表中各函数的使用方法做简单的概括总结和统一说明。

(1) 利用表中的各种函数既可以设计模拟滤波器,也可以设计数字 IIR 滤波器。对模拟滤波器,必须在参数列表的最后增加一个参数's'。如果没有该参数,则默认设计得到数字滤波器。

(2) 在各函数的入口参数中,R_p 和 R_s 分别为滤波器的通带最大衰减和阻带最小衰减,单位为 dB; W_n 为 3dB 截止角频率; W_p 和 W_s 是分别与 R_p 和 R_s 相对应的通带和阻带截止角频率。

由此可见,设计巴特沃斯滤波器时,采用的频率指标为 W_n; 设计切比雪夫Ⅱ型滤波器时,设计指标为阻带指标 R_s 和 W_s; 设计切比雪夫Ⅰ型和椭圆滤波器时,采用的设计指标为通带指标 R_p 和 W_p。因此,对于设计得到的切比雪夫Ⅰ型滤波器,通带指标能够刚好满足要求,而阻带指标将有裕度; 对于设计得到的切比雪夫Ⅱ型滤波器,阻带指标能够刚好满足要求,而通带指标将有裕度。

(3) 对于模拟滤波器,W_n、W_p 和 W_s 的单位都为实际的角频率 rad/s; 对于数字 IIR 滤波器,这些频率指标参数为归一化数字角频率,其取值必须为 0～1,单位为 π rad。

(4) 对于低通和高通滤波器,W_n 为标量; 对于带通和带阻滤波器,W_n、W_p 和 W_s 都是长度为 2 的行向量。

(5) 对于高通滤波器,必须设置入口参数 options 为'high'; 对于带阻滤波器,必须将 options 参数设为'stop'。

(6) 对于低通和高通滤波器,参数 n 为其阶数; 对于带通和带阻滤波器,参数 n 等于滤波器阶数的一半。

2. 滤波器阶数的计算

滤波器的阶数对滤波器的滤波特性有很大影响。滤波器阶数越高,其过渡带(幅频特性曲线上通带和阻带之间的过渡频率范围)越小,幅频特性曲线越陡峭,越接近理想滤波器的特性。

在设计过程中,通常将滤波器的特性指标用通带最大衰减、阻带最小衰减、通带截止频率和阻带截止频率来描述。在调用上述函数设计滤波器时,必须事先根据这些技术指标求得滤波器的阶数。如果要求的频率指标为模拟频率,还必须利用式(7-4)将其转换为数字角频率。

MATLAB 中提供了相应的函数以自动实现上述计算。常用的滤波器阶数计算函数如表 7-3 所示。

表 7-3 滤波器阶数计算函数

滤波器类型	阶数计算函数	滤波器类型	阶数计算函数
巴特沃斯	[n,Wn] = buttord(Wp,Ws,Rp,Rs)	切比雪夫Ⅱ型	[n,Ws] = cheb2ord(Wp,Ws,Rp,Rs)
切比雪夫Ⅰ型	[n,Wp] = cheb1ord(Wp,Ws,Rp,Rs)	椭圆	[n,Wp] = ellipord(Wp,Ws,Rp,Rs)

表 7-3 中,W_p 和 W_s 与上述滤波器设计函数中的对应参数含义相同。对于不同类型的滤波器,调用时参数有如下要求:

(1) 对于低通滤波器,W_p 和 W_s 都为标量,且 $W_p < W_s$;

(2) 对于高通滤波器,W_p 和 W_s 都为标量,且 $W_p > W_s$;

(3) 对于带通滤波器,W_p 和 W_s 都是长度为 2 的行向量,且 $W_s(1) < W_p(1) < W_p(2) < W_s(2)$;

(4) 对于带阻滤波器,W_p 和 W_s 都是长度为 2 的行向量,且 $W_p(1) < W_s(1) < W_s(2) < W_p(2)$;

(5) 对于 cheb1ord()和 ellipord()函数,返回参数 W_p 与入口参数 W_p 相等;对于 cheb2ord()函数,返回参数 W_s 和入口参数 W_s 相等。

此外,与滤波器设计函数一样,如果是计算模拟滤波器的阶数,还需要在函数参数列表最后附加一个参数's'。

【例 7-1】 设计 5 阶模拟巴特沃斯、切比雪夫Ⅰ型、切比雪夫Ⅱ型和椭圆低通滤波器,绘制其幅频特性曲线,并对其特性进行比较。假设截止频率均为 1kHz,通带最大衰减和阻带最小衰减分别为 3dB 和 30dB。

解:MATLAB 程序如下:

```
%ex7_1.m
clear
clc
close all
n = 5;                          %滤波器阶数
f = 1e3;                        %截止频率
%设计要求的 4 种模拟滤波器
[b1,a1] = butter(n,2*pi*f,'s');
[b2,a2] = cheby1(n,3,2*pi*f,'s');
[b3,a3] = cheby2(n,30,2*pi*f,'s');
[b4,a4] = ellip(n,3,30,2*pi*f,'s');
%绘制滤波器的幅频特性曲线
[h1,w1] = freqs(b1,a1,1024);
[h2,w2] = freqs(b2,a2,1024);
[h3,w3] = freqs(b3,a3,1024);
[h4,w4] = freqs(b4,a4,1024);
hold on
plot(w1/(2e3*pi),mag2db(abs(h1)))
plot(w2/(2e3*pi),mag2db(abs(h2)))
plot(w3/(2e3*pi),mag2db(abs(h3)))
plot(w4/(2e3*pi),mag2db(abs(h4)))
axis([0 4 -40 5]);grid
xlabel('f/kHz');ylabel('幅度/dB')
title('模拟滤波器特性比较')
```

上述程序的运行结果如图 7-3 所示。由此可见：

(1) 巴特沃斯和切比雪夫Ⅱ型滤波器具有平坦的通带，但过渡带比较宽；

(2) 切比雪夫Ⅰ型和椭圆滤波器过渡带衰减快，但通带有波纹；

(3) 对切比雪夫Ⅱ型滤波器，调用 cheby2()函数时，其中 W_n 对应阻带的起点频率，而不是通带终点的频率。

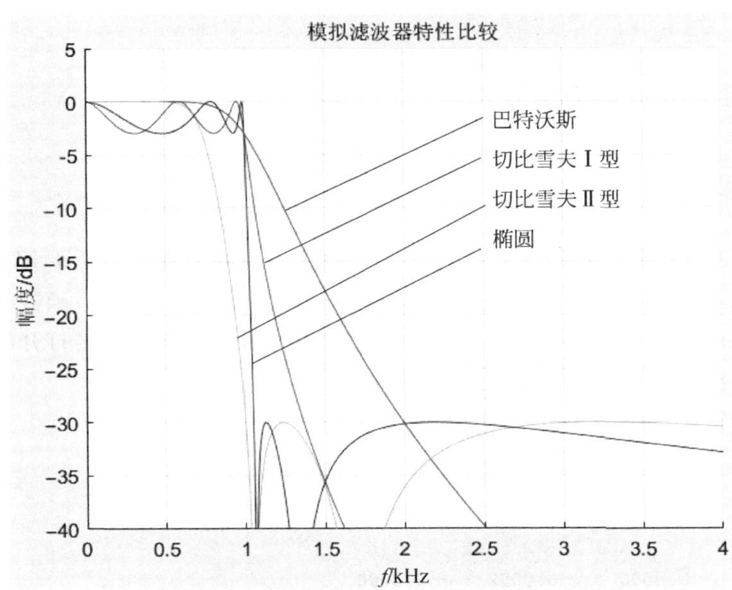

图 7-3　4 种模拟滤波器特性比较

在上述程序中，设计得到各种滤波器的传递函数分子及分母系数向量后，调用 freqs()函数求得其频率特性。然后，调用 mag2db()函数和 abs()函数求得以 dB 为单位的幅频特性值，并调用 plot()函数绘制滤波器的幅频特性曲线。

函数 freqs()用于计算模拟滤波器的频率特性，其具体调用格式如下：

```
[h,w] = freqs(b,a,w)
```

其中，$\boldsymbol{b}$ 和 $\boldsymbol{a}$ 分别为模拟滤波器传递函数的分子和分母系数向量，w 可以为整数标量或者向量。如果 w 是整数标量，表示频率特性曲线上的采样点数；如果是向量，则向量中的每个元素为频率特性曲线上需要计算的采样点对应的 ω 取值。在函数的返回值中，向量 $\boldsymbol{h}$ 为滤波器频率特性曲线上各点的取值，w 为对应的频率点向量。

【例 7-2】 设计数字椭圆带通滤波器，假设通带和阻带截止频率分别为 $f_{p1}=200\text{Hz}$，$f_{p2}=300\text{Hz}$，$f_{s1}=100\text{Hz}$，$f_{s2}=400\text{Hz}$，通带最大衰减和阻带最小衰减分别为 $R_p=5\text{dB}$，$R_s=50\text{dB}$，采样频率为 1kHz。

解：MATLAB 程序如下：

```
%7_2.m
clc
clear
close all
Fs = 1000;
Wp = 2*[200 300]/Fs;
Ws = 2*[100 400]/Fs;
Rp = 5;
Rs = 50;
[n,Wp] = ellipord(Wp,Ws,Rp,Rs)
[A,B,C,D] = ellip(n,Rp,Rs,Wp);
[b,a] = ss2tf(A,B,C,D)
freqz(b,a,1024);
```

在上述程序中，调用 ellip()函数得到滤波器的状态空间方程。然后调用 ss2tf()函数将其转换为传递函数，再调用 freqz()函数。函数 freqz()的用法与 freqs()函数类似，但用于计算和绘制数字滤波器的频率特性。如果没有指定返回值，则执行时直接打开图形窗口，并分别在两个子图中绘制出幅频特性和相频特性曲线。

程序运行后得到如下结果：

```
n =   3
Wp = 0.4000    0.6000
b =
    0.0110     0.0000    - 0.0092    - 0.0000
    0.0092     0.0000    - 0.0110
a =
    1.0000    - 0.0000     2.4533    - 0.0000
    2.2599    - 0.0000     0.7663
```

设计得到滤波器的频率特性曲线如图 7-4 所示。注意，可通过图形区上方的按钮对图形进行缩放。

需要强调的是，在本例中，调用 ellipord()函数计算得到 $n=3$，但由向量 $\boldsymbol{a}$ 的长度可知，滤波器为 6 阶，而不是 3 阶。

【例 7-3】 设计一个数字切比雪夫Ⅱ型高通滤波器，假设通带和阻带截止频率分别为 0.3π rad 和 0.1π rad，通带最大衰减和阻带最小衰减分别为 5dB 和 20dB。要求绘制出滤波器的频率特性曲线，并根据运行结果写出滤波器的传递函数。

解：MATLAB 程序如下：

```
%ex7_3.m
clc
clear
close all
```

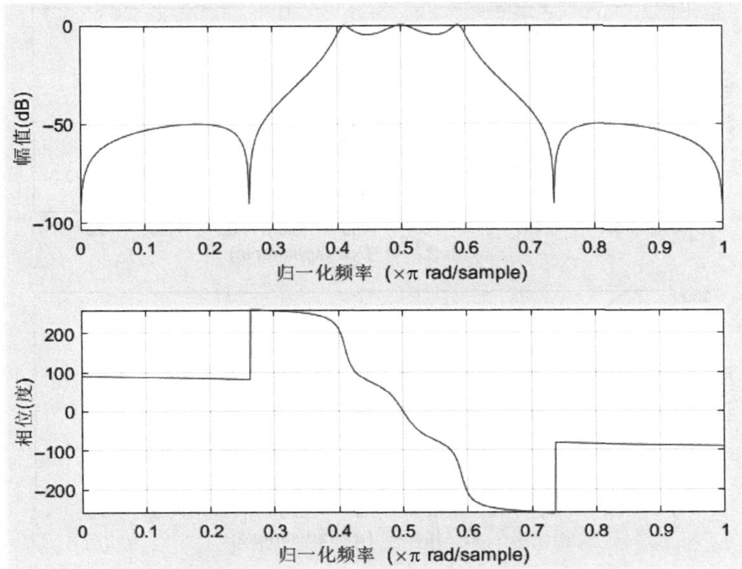

图 7-4 数字带通滤波器的频率特性曲线

```
Wp = 0.3;
Ws = 0.1;
Rp = 5;
Rs = 20;
[n,Ws] = cheb2ord(Wp,Ws,Rp,Rs)
[b,a] = cheby2(n,Rs,Ws,'high')
freqz(b,a,1024)
```

程序执行后得到如下结果：

```
n = 2
Ws = 0.1000
b =
0.6326    -1.2339    0.6326
a =
   1.0000    -1.0928    0.4063
```

据此得到滤波器传递函数为

$$H(z)=\frac{0.6326-1.2339z^{-1}+0.6326z^{-2}}{1-1.0928z^{-1}+0.4063z^{-2}}$$

滤波器的频率特性曲线如图 7-5 所示。

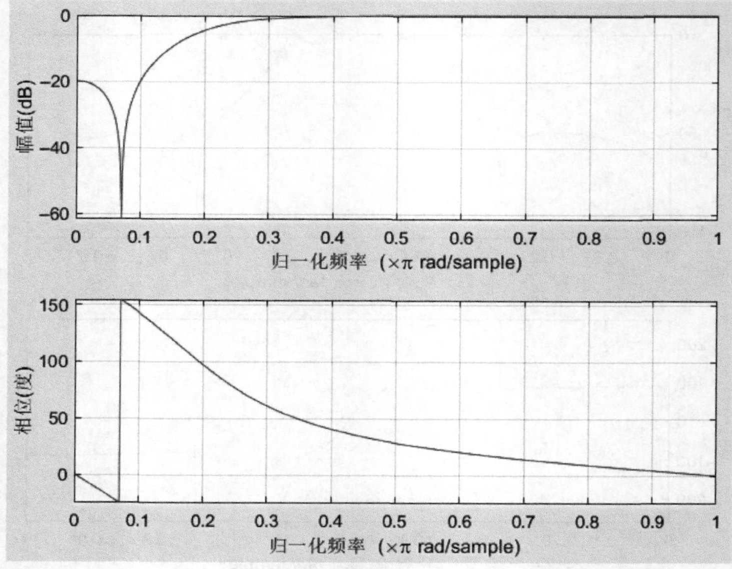

图 7-5　数字高通滤波器的频率特性曲线

7.2.2　数字 FIR 滤波器设计

相对于 IIR 滤波器,数字 FIR 滤波器具有精确的线性相位特性,且不存在稳定问题。但是为了获得期望的性能,需要滤波器具有较高的阶数,相应地,延迟时间和过渡过程较长。

1. 数字 FIR 滤波器的设计方法和函数

MATLAB 中提供了各种 FIR 滤波器设计函数,可以利用不同的方法设计数字 FIR 滤波器,如表 7-4 所示。这里主要介绍窗函数设计法。

表 7-4　FIR 滤波器的常用设计方法和函数

设计方法	设计函数	描　述
窗函数法	fir1(),fir2(),kaiserord()	对理想滤波器进行加窗截断
多波段法	firls(),firpm(),firpmord()	对各频率范围(波段)进行等波纹或者最小二乘法处理
有限最小二乘法	fircls(),fircls1()	最小平方积分误差法
随机响应法	cfirpm()	任意响应特性,包括非线性相位特性和复杂滤波器
升余弦法	rcosdesign()	具有平滑的、正弦型过渡带的低通响应特性

在采用窗函数法进行数字 FIR 滤波器设计中,窗函数的选择和缺点对设计结果有十分重要的影响。在 MATLAB 中,常用的窗函数及其设计方法如表 7-5 所示,其中参数 M 为

窗函数的长度，返回结果 win 为列向量。

表 7-5　常用的窗函数及其设计方法

窗　函　数	设 计 方 法
Rectangular Window（矩形窗）	win = rectwin(M)
Bartlett Window（三角窗）	win = bartlett(M)
Hann Window（汉宁窗）	win = hann(M)
Hamming Window（哈明窗）	win = hamming(M)
Blackman Window（布莱克曼窗）	win = blackman(M)

2. 标准 FIR 滤波器设计

下面重点介绍 fir1()函数的使用方法。fir1()函数采用窗函数法设计，可以实现 FIR 低通、带通、高通和带阻滤波器。函数的调用格式有如下 4 种。

（1）使用默认的哈明窗设计 n 阶低通、带通线性相位滤波器，调用格式为

```
b = fir1(n,Wn)
```

其中，n 为滤波器的阶数。对于高通和带阻滤波器，n 必须为偶数。如果调用该函数时指定 n 为奇数，则执行时会自动加 1，得到的滤波器阶数实际上为 $n+1$。

参数 W_n 为滤波器的 6dB 截止频率。如果已知滤波器的通带和阻带截止频率分别为 W_p 和 W_s，则 W_n 一般近似取为二者的平均值。

（2）设计具有指定滤波特性的 FIR 滤波器，调用格式为

```
b = fir1(n,Wn,ftype)
```

其中，参数 ftype 指定滤波器的类型，其取值可以是'low'（低通）、'high'（高通）、'bandpass'（带通）或'stop'（带阻）。对于带通和带阻滤波器，参数 W_n 必须是长度为 2 的向量。

（3）采用指定的窗函数设计 FIR 滤波器，调用格式为

```
b = fir1(___,window)
```

其中，参数 window 指定所用的窗函数，一般由表 7-5 中的窗函数设计函数得到。

（4）指定是否作归一化处理，调用格式为

```
b = fir1(___,scaleopt)
```

其中，参数 scaleopt 指定是否对滤波器的幅度响应作归一化处理，取值可以为'scale'或者'noscale'，默认为'scale'。

上述各种调用格式的返回结果都为长度等于 $n+1$ 的行向量 $\boldsymbol{b}$，其中各元素分别代表滤

波器单位脉冲响应各点的幅度，也是滤波器传递函数各项的系数，即滤波器的传递函数为

$$H(z)=b(1)+b(2)z^{-1}+\cdots+b(n+1)z^{-n} \tag{7-5}$$

【例 7-4】 设计截止频率为 0.4π rad 的 64 阶布莱克曼窗高通滤波器，并绘制滤波器单位脉冲响应的波形和频率特性曲线。

解：MATLAB 程序如下：

```
%ex7_4.m
clc
clear
close all
n = 64;wn = 0.4;
win = blackman(n + 1);                    %设计窗函数
b  =  fir1(n,wn,'high',win);              %设计高通滤波器
freqz(b,1)                                %绘制频率特性曲线
```

程序运行后，得到滤波器的频率特性曲线如图 7-6 所示。同时，在工作区窗口观察到向量 $\boldsymbol{b}$ 的长度为 65，比程序中指定的滤波器阶数多 1。

在设计得到向量 $\boldsymbol{b}$ 后，程序中调用 freqz()函数绘制出滤波器的频率特性曲线。注意，对于 FIR 滤波器，只有分子系数向量 $\boldsymbol{b}$，而分母系数可以认为恒为 1。因此，在调用 freqz()函数时，第二个参数设为 1。

在得到的频率特性曲线上单击，可以显示曲线上指定点的坐标。图 7-6 中有两个点，对应的角频率分别近似为 0.275π rad 和 0.525π rad，因此两个点在横轴上近似关于截止频率 0.4π rad 对称，该频率范围等于 0.525－0.275＝0.25π rad，即滤波器的过渡带。

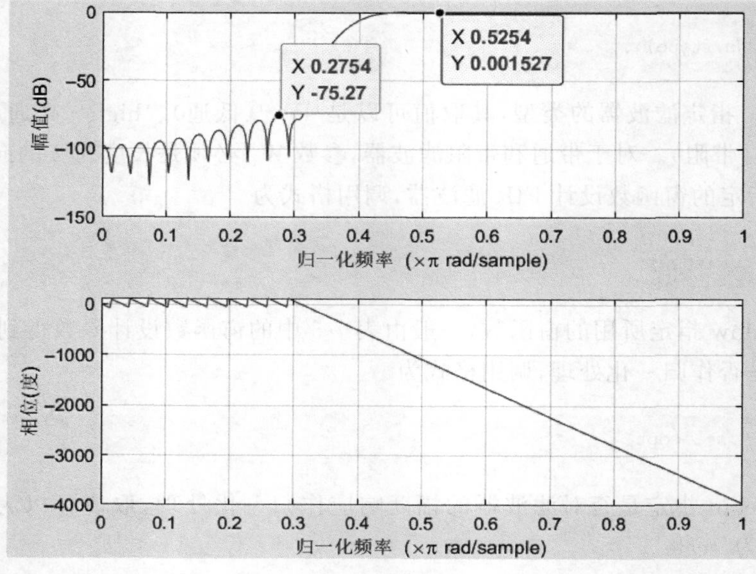

图 7-6 例 7-4 程序运行结果

此外，在 0.275π rad 频率点处，幅频特性等于 −75.27dB，这就是滤波器阻带内的最小衰减。以上数据验证了表 7-3 中的结论。

【例 7-5】 对模拟信号进行采样后，用数字 FIR 带通滤波器进行滤波处理。要求通带上下截止频率分别为 3kHz 和 1.5kHz，阻带上下截止频率分别为 3.5kHz 和 1kHz。阻带内的分量至少衰减 50dB，采样频率为 10kHz。用窗函数法设计该滤波器。

解：根据阻带衰减指标，选择用哈明窗进行设计。根据已知的频率指标得到滤波器的通带和阻带上下截止频率分别为

$$\omega_{pu}=\frac{2\times 3}{10}=0.6\pi\ \text{rad},\quad \omega_{pl}=\frac{2\times 1.5}{10}=0.3\pi\ \text{rad}$$

$$\omega_{su}=\frac{2\times 3.5}{10}=0.7\pi\ \text{rad},\quad \omega_{sl}=\frac{2\times 1}{10}=0.2\pi\ \text{rad}$$

则过渡带为

$$\omega_{su}-\omega_{pu}=0.7-0.6=0.1\pi\ \text{rad}$$

由 $8\pi/M\leqslant 0.1\pi$ 求得窗函数的长度 $M\geqslant 80$，取 $M=80$。

此外，6dB 截止频率 $\boldsymbol{W}_n(1)=(\omega_{pl}+\omega_{sl})/2=0.25\pi$ rad，$\boldsymbol{W}_n(2)=(\omega_{pu}+\omega_{su})/2=0.65\pi$ rad。

根据上面求得的参数 M 和 $\boldsymbol{W}_n$，编写设计该滤波器的 MATLAB 程序如下：

```
%ex7_5.m
clc
clear
close all
M = 80;Wn = [0.25 0.65];
win = hamming(M);
N = M - 1;
b = fir1(N,Wn,'bandpass',win);
freqz(b,1)
```

程序执行后，得到滤波器的频率特性曲线如图 7-7 所示。

在该例中，窗函数的长度 M 和滤波器的 6dB 截止频率 W_n 也可以利用程序代码实现。特别强调，根据过渡带计算得到的 M 为窗函数的长度，在调用 fir1() 函数设计滤波器时，第一个参数为滤波器的阶数，必须设为 $N=M-1$。

另外注意到，在以上两例中，设计得到的滤波器的相位特性在滤波器通带和过渡带范围内都为直线，这就说明滤波器具有线性相位特性。

7.2.3 designfilt()函数及滤波器特性分析

微课视频

从 MATLAB R2014a 版本开始，MATLAB 中增加了一个 designfilt() 函数，专门用于数字 IIR 和 FIR 滤波器的设计。设计得到的滤波器可以通过 FVTool 工具查看其特性，还可以据此调用 filter() 函数实现对信号的滤波处理和变换。

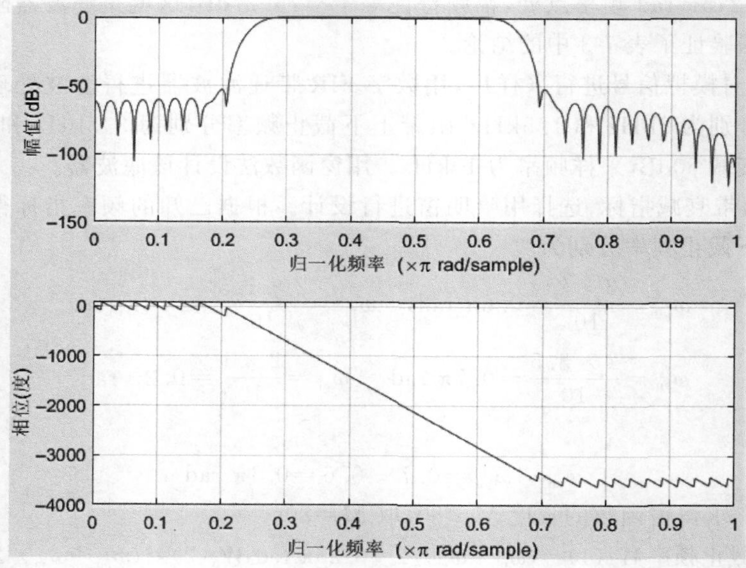

图 7-7　例 7-5 程序运行结果

1. designfilt()函数

在 MATLAB 程序中，通过调用 designfilt()函数可以由指定的性能指标设计各种类型的数字 IIR 和 FIR 滤波器。该函数的具体调用格式为

```
d = designfilt(resp,Name,Value)
```

其中，参数 resp 指定滤波器的响应类型，Name 和 Value 分别为设计滤波器所需的参数名和参数取值。每个参数对应一个取值，称为“名-值”对。

对于不同响应类型的滤波器，所允许的“名-值”对参数也可能各不相同。所有这些参数可以分为如下几类。

1）滤波器阶数

参数'FilterOrder'用于指定滤波器的阶数，参数值必须设为正整数。如果省略该参数，则自动确定为满足技术指标的最小阶数。

2）频率指标

调用 designfilt()函数时，必须设置频率指标参数。典型的频率指标参数名有'PassbandFrequency'（通带截止频率）、'StopbandFrequency'（阻带截止频率）、'PassbandFrequency1'（通带下截止频率）、'PassbandFrequency2'（通带上截止频率）、'StopbandFrequency1'（阻带下截止频率）、'StopbandFrequency2'（阻带上截止频率）、'CutoffFrequency'（6dB 截止频率）、'HalfPowerFrequency'（3dB 截止频率）等。这些参数的值都必须设为标量常数，并且不能超过采样速率的一半。

3）幅度指标

典型的幅度指标参数名有'PassbandRipple'（通带波纹）和'StopbandAttenuation'（阻带衰减）。如果调用 designfilt()函数时没有设置这两个参数，则分别取默认值 1dB 和 60dB。

4）设计方法

参数'DesignMethod'用于指定滤波器的设计方法，对应的参数值可以是'butter'、'cheby1'、'cheby2'、'ellip'和'window'等。

5）可选项

可选项是与指定设计方法相对应的可选参数。例如，如果指定参数'DesignMethod'的值为'window'，则需要进一步通过可选项参数"名-值"对指定窗函数的类型。此时，可选项参数名取为'Window'，而参数值取为窗函数，例如 hann($N+1$)或者'hamming'。

6）采样速率

参数'SampleRate'用于指定采样速率。如果省略该参数，则默认设为 2Hz，此时所有频率指标参数都必须设为归一化值。

下面举两个例子分别说明如何调用 designfilt()函数实现数字 FIR 和 IIR 滤波器的设计。例如，如下命令：

```
>> lpFilt = designfilt('lowpassfir',...
                    'FilterOrder', 10, ...
                    'CutoffFrequency', 0.25, ...
                    'DesignMethod', 'window',...
                    'Window', 'hann');
```

采用汉宁窗设计一个 10 阶数字 FIR 低通滤波器，其 6dB 截止频率为 0.2π rad。

例如，如下命令：

```
hpFilt = designfilt('highpassiir', ...            % 响应类型
         'StopbandFrequency',2000, ...            % 频率指标
         'PassbandFrequency',4000, ...
         'StopbandAttenuation',55, ...            % 幅度指标
         'PassbandRipple',5, ...
         'DesignMethod','cheby1', ...             % 设计方法
         'MatchExactly','stopband', ...           % 设计方法的可选项
         'SampleRate',10000)                      % 采样速率
```

设计一个切比雪夫Ⅰ型数字高通 IIR 滤波器，滤波器输入信号的采样频率为 10kHz，通带和阻带截止频率分别为 4kHz 和 2kHz，通带最大衰减和阻带最小衰减分别为 5dB 和 55dB。

2. 滤波器设计助手

在调用 designfilt()函数设计滤波器的过程中，需要输入大量的各种参数"名-值"对，而且对于不同类型的滤波器，需要给定的参数"名-值"对也各不相同，使用起来很不方便。为

此，MATLAB 中提供了与该函数配套使用的滤波器设计助手（Filter Design Assistant）。

在 MATLAB 命令行窗口调用 designfilt()函数时，如果输入不完整或者不一致的参数“名-值”对，执行 designfilt()函数会自动打开滤波器设计助手。设计助手会自动将正确的命令粘贴到命令行窗口。

例如，对前面的第一个例子，如果不给定滤波器阶数，在命令行窗口输入如下命令：

```
>> lpFilt = designfilt('lowpassfir',...
                       'CutoffFrequency', 0.25,...
                       'DesignMethod','window',...
                       'Window', 'hann');
```

将立即弹出一个提示对话框。单击对话框中的“是”按钮，打开滤波器设计助手对话框，如图 7-8 所示。

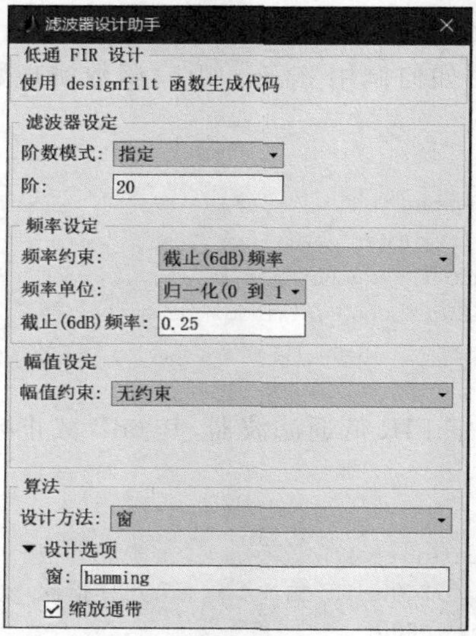

图 7-8　滤波器设计助手对话框

在设计助手对话框中，“频率设定”“幅值设定”“算法”“设计选项”等参数根据输入命令中给定的参数自动列出，可以根据需要重新进行设置。设置完毕后，单击 OK 按钮关闭对话框，回到 MATLAB 主窗口，可以看到在刚才输入的命令下面自动出现了一条正确的命令。按照图 7-8 中的设置，该命令为

```
>> lpFilt = designfilt('lowpassfir',...
                       'FilterOrder', 20,...
                       'CutoffFrequency', 0.25,...
                       'DesignMethod', 'window',...
                       'Window', 'hamming');
```

根据输入的命令和期望设计的滤波器的不同，打开的滤波器设计助手对话框也会有所区别。例如，如果希望设计一个数字 IIR 带通滤波器，在命令行窗口输入如下命令：

```
>> bpFilt = designfilt('bandpassiir');
```

执行该命令后，打开的滤波器设计助手对话框如图 7-9 所示。

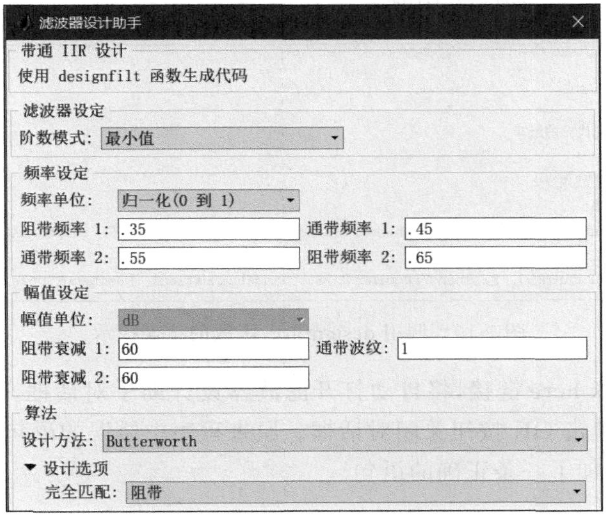

图 7-9　设计带通滤波器时的滤波器设计助手对话框

假设各项参数都按照图 7-9 取默认值。单击 OK 按钮关闭对话框后，在 MATLAB 命令行窗口将得到如下命令：

```
>> bpFilt = designfilt('bandpassiir', ...
                       'StopbandFrequency1', .35,...
                       'PassbandFrequency1', .45,...
                       'PassbandFrequency2', .55,...
                       'StopbandFrequency2', .65,...
                       'StopbandAttenuation1', 60,...
                       'PassbandRipple', 1,...
                       'StopbandAttenuation2', 60);
```

在程序或者函数中调用 designfilt()函数时，如果给定的参数“名-值”对不完整或者不正确，执行时将给出提示信息。单击该提示信息也可以打开滤波器设计助手。设计助手将标注出程序中的错误代码，并将正确的代码自动粘贴到代码的下一行。

例如，在程序中输入如下语句：

```
bpFilt = designfilt('bandpassiir', ...
                    'PassbandFrequency1', .45,...
```

```
                'PassbandFrequency2', .55,...
                'StopbandAttenuation1', 60,...
                'PassbandRipple', 1,...
                'StopbandAttenuation2', 60);
```

该语句要求设计一个带通滤波器，但没有给定阻带上下截止频率。因此，执行时，将在命令行窗口给出错误提示，如图 7-10 所示。

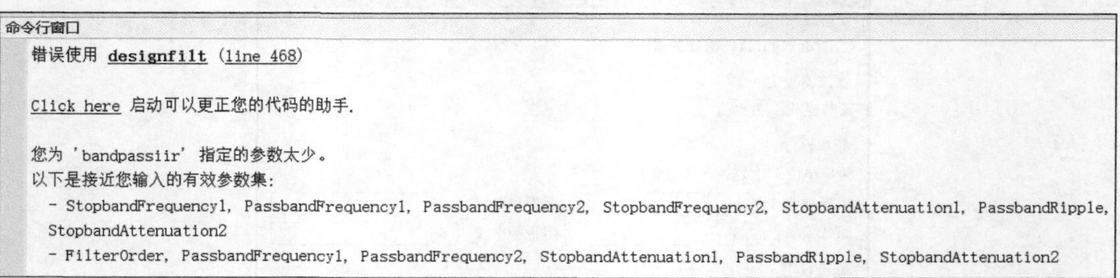

命令行窗口

错误使用 designfilt (line 468)

Click here 启动可以更正您的代码的助手.

您为 'bandpassiir' 指定的参数太少。
以下是接近您输入的有效参数集:
- StopbandFrequency1, PassbandFrequency1, PassbandFrequency2, StopbandFrequency2, StopbandAttenuation1, PassbandRipple, StopbandAttenuation2
- FilterOrder, PassbandFrequency1, PassbandFrequency2, StopbandAttenuation1, PassbandRipple, StopbandAttenuation2

图 7-10　调用 designfilt()函数的错误提示

单击其中的 Click here 链接，将自动打开滤波器设计助手对话框。根据需要设置其中的各项技术指标后，单击 OK 按钮关闭对话框。原来程序中错误的语句被全部加上注释，而在该语句下面自动添加了一条正确的语句。

3. 滤波器特性分析

designfilt()函数的返回结果为 digitalFilter(数字滤波器)对象，其中含有给定的滤波器各项技术指标和设计得到的滤波器传递函数的系数。例如，对前面设计得到的数字高通滤波器，执行后在 MATLAB 工作区得到变量 hpFilt。双击该变量，可以查看其中的内容，如图 7-11(a)所示。再双击其中的 Coefficients 属性，可以查看滤波器传递函数分子和分母多项式的各项系数，如图 7-11(b)所示。

默认情况下，得到的 IIR 滤波器采用二阶节结构，其 Coefficients 属性为 $n\times6$ 矩阵，矩

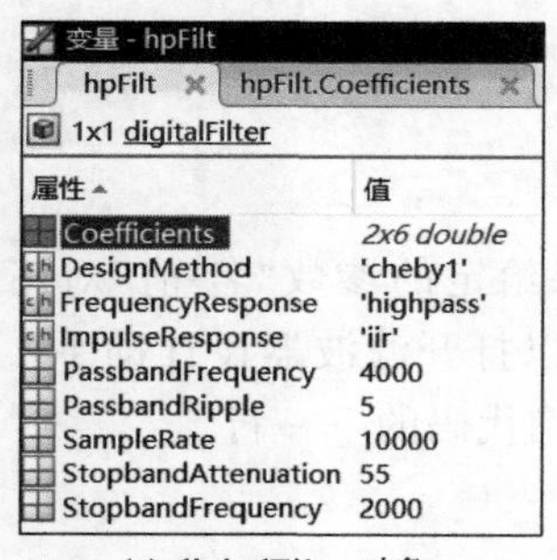

(a) digitalFilter对象

变量 - hpFilt.Coefficients

hpFilt.Coefficients

	1	2	3	4	5	6
1	0.0970	−0.1940	0.0970	1	1.3831	0.7761
2	0.0353	−0.0706	0.0353	1	1.3654	0.5084
3						

(b) 滤波器传递函数的系数

图 7-11　designfilt()函数的返回结果

阵的每行代表一个二阶节，而每行的前面 3 列和后面 3 列分别为一个二阶节传递函数的分子和分母系数。各二阶节串联合并后得到一个 $2n$ 阶滤波器，其传递函数的分子及分母多项式系数可以通过调用 tf()函数得到。

对 hpFilt，系数变量 Coefficients 属性为 2×6 矩阵，表示共有 2 个二阶节，滤波器阶数为 4。因此，如下命令：

```
>>[b,a] = tf(hpFilt)
```

执行后，将得到滤波器传递函数分子和分母系数向量 $\boldsymbol{b}$ 和 $\boldsymbol{a}$ 如下：

```
b =
    0.0034    -0.0137    0.0205    -0.0137    0.0034
a =
    1.0000     2.7486    3.1732     1.7630    0.3946
```

或者，使用如下命令：

```
>> f1 = tf([0.0970  - 0.1940 0.0970],[1 1.3831 0.7761],1);
>> f2 = tf([0.0353  - 0.0706 0.0353],[1 1.3654 0.5084],1);
>> f = f1 * f2
```

得到如下滤波器模型对象：

```
f =
  0.003424 z^4 - 0.0137 z^3 + 0.02054 z^2 - 0.0137 z + 0.003424
  ---------------------------------------------------------------
             z^4 + 2.748 z^3 + 3.173 z^2 + 1.763 z + 0.3946
Sample time: 1 seconds
Discrete - time transfer function.
```

对于 FIR 滤波器，返回结果仍然是 digitalFilter 对象，但得到的 Coefficients 为行向量。

通过调用 designfilt()函数设计得到的数字滤波器，可以继续用 FVTool 工具查看其特性，也可以通过调用 filter()函数实现信号的滤波器处理和变换。

1) FVTool 工具

在 MATLAB 中，FVTool 是一种滤波器可视化工具(Filter Visualized Tool)。FVTool 工具通过图形化的方式直观显示滤波器的各种时域和频域特性。

在命令行或者 MATLAB 程序中，通过调用 fvtool()函数即可打开 FVTool 工具窗口。该函数主要有两种基本的调用格式，即

```
fvtool(d)
fvtool(b,a)
```

其中，d 为 designfilt()函数执行后返回的数字滤波器对象，$\boldsymbol{b}$ 和 $\boldsymbol{a}$ 为滤波器传递函数分子和分母多项式的系数向量。执行后，打开的 FVTool 工具窗口如图 7-12 所示。

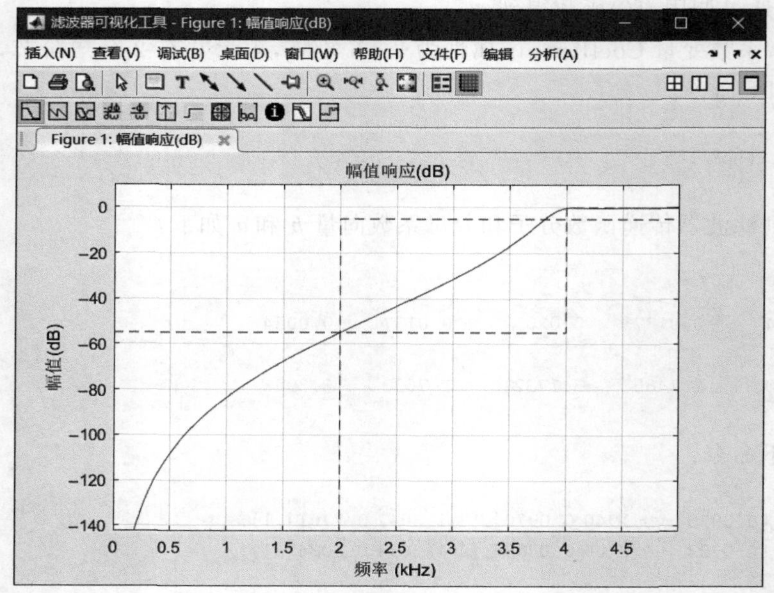

图 7-12　FVTool 工具窗口

默认情况下，打开的 FVTool 工具窗口中显示的是滤波器的幅频特性曲线（幅值响应）。此外，在 FVTool 工具窗口的第二排工具栏中，还提供了很多按钮，用于在窗口中切换显示滤波器的各种特性。这些按钮从左向右依次是幅值响应、相位响应、幅值和相位响应、群延迟响应、相位延迟、脉冲响应、阶跃响应、零极点图、滤波器系数和滤波器信息。

2) filter()函数

通过调用 designfilt()函数设计得到的滤波器还可以进一步调用 filter()函数，通过编程观察滤波器对输入信号进行滤波处理和变换的过程。filter()函数的调用格式如下：

```
y = filter(d,u)
y = filter(b,a,u)
```

其中，d 为 designfilt()函数执行后返回的数字滤波器对象，$\boldsymbol{b}$ 和 $\boldsymbol{a}$ 为滤波器传递函数分子和分母多项式的系数向量，u 为滤波器的输入信号，y 为滤波器输出信号。

【例 7-6】 设计一个数字 FIR 低通滤波器和一个数字 FIR 高通滤波器，并观察其频率特性和对输入信号的滤波作用。

解：完整的 MATLAB 程序代码如下：

```
% ex7_6.m
clc
```

```
clear
close all
fs = 10e3;                                                     %采样速率
lpf = designfilt('lowpassfir',...                              %设计 LPF
                 'FilterOrder', 50, ...
                 'CutoffFrequency', 1e3, ...
                 'DesignMethod', 'window',...
                 'Window', 'hann',...
                 'SampleRate',fs);
hpf = designfilt('highpassfir',...                             %设计 HPF
                 'FilterOrder', 50, ...
                 'CutoffFrequency', 1e3, ...
                 'DesignMethod', 'window',...
                 'Window', 'hann',...
                 'SampleRate',fs);
fvtool(lpf,hpf);                                               %滤波器可视化

t = 0:1/fs:0.01;
ft = sin(0.05 * fs * 2 * pi * t) + 0.5 * sin(0.15 * fs * 2 * pi * t);   %输入信号

yt1 = filter(lpf,ft);                                          %滤波
[b,a] = tf(hpf);
yt2 = filter(b,a,ft);

subplot(2,1,1);plot(t,ft,'--',t,yt1)
legend('滤波器输入','低通滤波输出','Location','northwest')
xlabel('t/s');grid on
subplot(2,1,2);plot(t,ft,'--',t,yt2)
legend('滤波器输入','高通滤波输出','Location','northwest')
xlabel('t/s');grid on
```

上述代码首先调用 designfilt()函数设计 50 阶数字 FIR 低通和高通滤波器，其截止频率都为 1kHz。然后，调用 fvtool()函数绘制和观察滤波器的频率特性曲线，如图 7-13 所示。在程序中，fvtool()函数有两个参数 lpf 和 hpf，分别为前面得到的两个滤波器对象，因此在打开的 FVTool 工具窗口中，同时显示出这两个滤波器的幅频特性曲线。

接下来程序构造了滤波器的输入信号 ft，该信号由频率分别为 500Hz 和 1.5kHz 的两个正弦波叠加而成。之后调用 filter()函数，用前面得到的低通和高通滤波器对输入信号 ft 做滤波处理。

对于低通滤波器，将 designfilt()函数返回的数字滤波器对象 lpf 直接作为 filter()函数的第一个参数，第二个参数为滤波器的输入信号 ft，滤波后得到输出信号 yt1。对于高通滤波器，首先通过调用 tf()函数求得 hpf 传递函数的系数向量 $\boldsymbol{b}$ 和 $\boldsymbol{a}$，再将这两个系数向量分别作为 filter()函数的第一个和第二个参数，滤波后得到输出信号 yt2。滤波器输入信号和 yt1、yt2 信号的波形如图 7-14 所示。

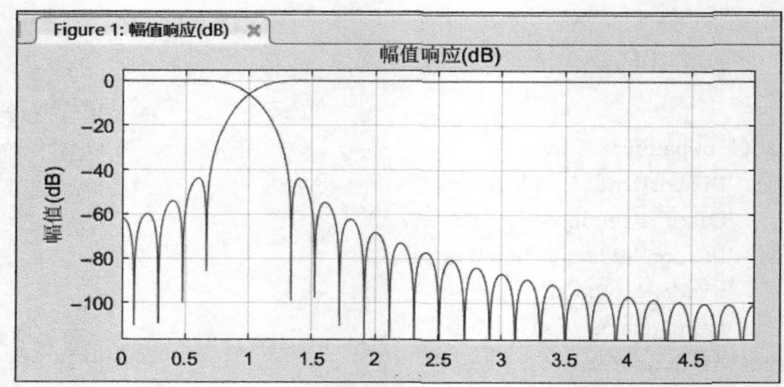

图 7-13　数字 FIR 低通和高通滤波器的幅频特性曲线

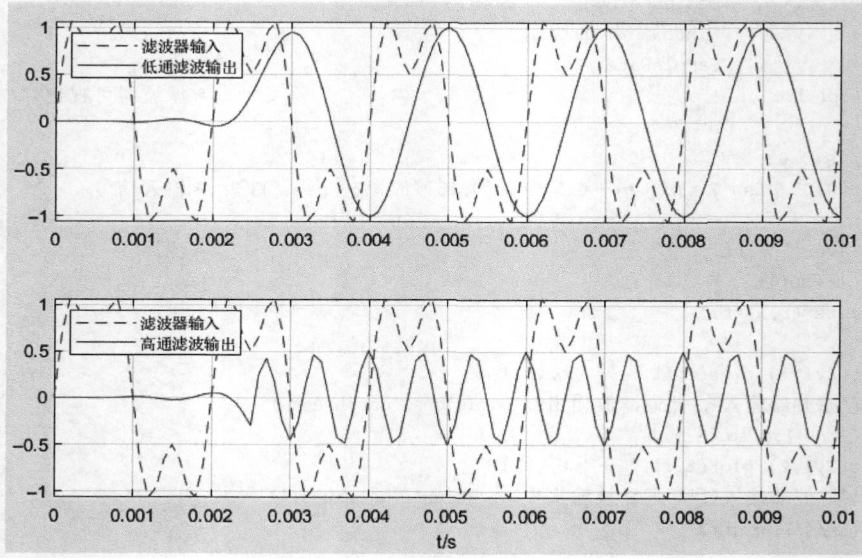

图 7-14　滤波器对输入信号的滤波作用

7.3 Filter Designer 及其使用

Filter Designer(滤波器设计器)是 MATLAB 中提供的用于设计和分析滤波器的一个图形用户界面。利用该工具,通过设置滤波器性能指标、从 MATLAB 工作区导入滤波器或者添加、移动、删除零极点,可以快速实现数字 FIR 和 IIR 滤波器的设计。该工具也提供了分析滤波器幅频特性、相频特性和绘制零极点图等功能。

7.3.1 Filter Designer 的启动

在命令行窗口输入命令:

```
>> filterDesigner
```

即可启动滤波器设计器 APP,打开如图 7-15 所示的窗口。整个窗口分为三大部分,上面是当前滤波器信息(Current Filter Information)面板和滤波器设定(Filter Specifications)面板,用于显示设计得到的滤波器的相关信息。

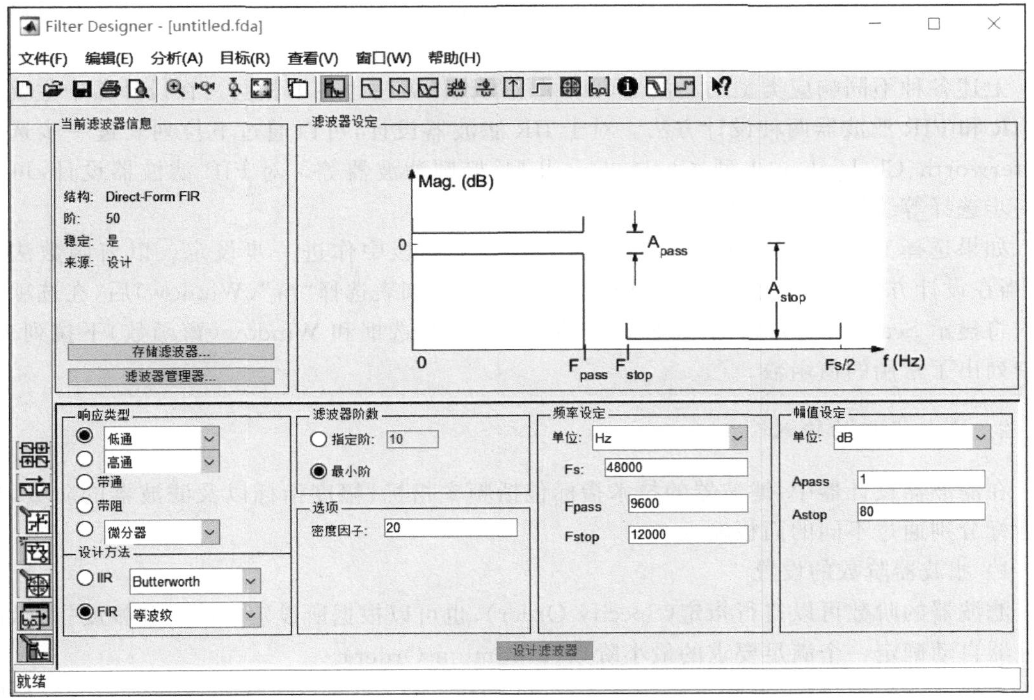

图 7-15 滤波器设计器窗口

窗口下面是滤波器参数设定面板,用于设置和输入滤波器要求的参数和技术指标。其中又包括响应类型(Response Type)、设计方法(Design Method)、滤波器阶数(Filter Order)、选项(Options)、频率设定(Frequency Specifications)和幅值设定(Magnitude Specifications)面板。

窗口最下部有一个"设计滤波器"(Design Filter)按钮。一旦对滤波器的参数和设计指标作了修改,则该按钮可用。单击该按钮,将根据所给的技术指标自动完成滤波器的设计。设计得到的滤波器的频率特性曲线等相关信息将在窗口上部显示。

7.3.2 滤波器的设计过程

通过设计器窗口下面的各面板可以设置和输入设计滤波器所必需的各项技术指标。设置完毕后,单击窗口下面的"设计滤波器"按钮,即可自动完成滤波器设计。

1. 响应类型和设计方法的选择

在“响应类型”中，可以通过单选按钮选择低通（Lowpass）、高通（Highpass）、带通（Bandpass）和带阻（Bandstop）等基本响应类型的滤波器。如果安装了DSP系统工具箱（DSP System Toolbox），还可以选择升余弦（Raised Cosine）、微分器（Differentiator）、多频带（Multiband）、Hilbert变换器（Hilbert Transformer）等各种响应类型的滤波器，甚至可以自定义幅频特性（Arbitrary Magnitude）。

上述各种不同响应类型的滤波器可以采用的设计方法也各不相同。在设计器中主要包括IIR和FIR滤波器两种设计方法。对于IIR滤波器设计，可以通过下拉列表进一步选择Butterworth、Chebyshev Ⅰ型、Chebyshev Ⅱ型、椭圆滤波器等。对FIR滤波器设计，可以进一步选择等纹波、最小二乘法和窗函数法等设计方法。

如果选择FIR滤波器设计方法，则需要在选项面板中作进一步设定。以窗函数法为例，当在设计方法面板中单击FIR，并通过右侧的下拉列表选择“窗”（Window）后，在选项面板中将显示Scale Passband（缩放通带，通带归一化）复选框和Window（窗函数）下拉列表，其中列出了常用的窗函数。

2. 技术指标的输入

在滤波器设计器中，滤波器的技术指标包括频率指标、幅度指标以及滤波器的阶数，这些指标分别通过不同的面板输入。

1）滤波器阶数的设置

滤波器的阶数可以自行指定（Specify Order），也可以根据所设定的频率和幅度指标，由设计器自动确定一个满足要求的最小阶数（Minimum Order）。

需要注意的是，并不是所有设计方法都可以通过对应的两个单选按钮确定滤波器的阶数。另外，对于IIR滤波器，在“指定阶”框中指定的参数表示滤波器阶数。对于带阻FIR滤波器，阶数必须为偶数。

2）频率和幅度指标的输入

在频率设定和幅度设定面板中，需要设置的主要参数如下：

(1) 频率指标和幅度指标的单位。频率指标的单位可以是归一化值或者Hz、kHz等单位，幅度指标的单位可以是dB或者线性刻度值。

(2) 采样速率（Sample Rate）Fs。如果选择频率指标的单位为归一化，则不需要设置采样速率。否则，设置该参数等于滤波器输入信号的采样速率。

(3) 通带和阻带截止频率。对于低通和高通滤波器，只需要设置一个通带截止频率F_{pass}和一个阻带截止频率F_{stop}；对于带通和带阻滤波器，需要设置两个通带截止频率F_{pass1}、F_{pass2}和两个阻带截止频率F_{stop1}、F_{stop2}。

(4) 通带和阻带衰减。对于低通和高通滤波器，只需要设置一个通带最大衰减A_{pass}和一个阻带最小衰减A_{stop}；对于带通滤波器，需要设置一个通带最大衰减A_{pass}和两个阻带最

小衰减 A_{stop1}、A_{stop2}；对于带阻滤波器，需要设置两个通带最大衰减 A_{pass1}、A_{pass2} 和一个阻带最小衰减 A_{stop}。

需要注意的是，对于不同响应类型的滤波器，采用不同的设计方法，所显示的频率指标和幅度指标符号可能有所区别。在设计器窗口上面的滤波器设定面板中，上述频率指标和幅度指标代表的含义将同时以图形的方式直观地显示出来，以便正确进行设定。

下面通过一个例子说明如何设置滤波器的技术指标并选择设计方法。

【例 7-7】 利用 Filter Designer 工具设计一个 30 阶汉宁窗数字 FIR 带通滤波器，通带上下截止频率分别为 4kHz 和 2kHz，采样频率为 10kHz。

首先在命令行窗口输入“filterDesigner”，打开滤波器设计器窗口，如图 7-16 所示。之后做如下设置。

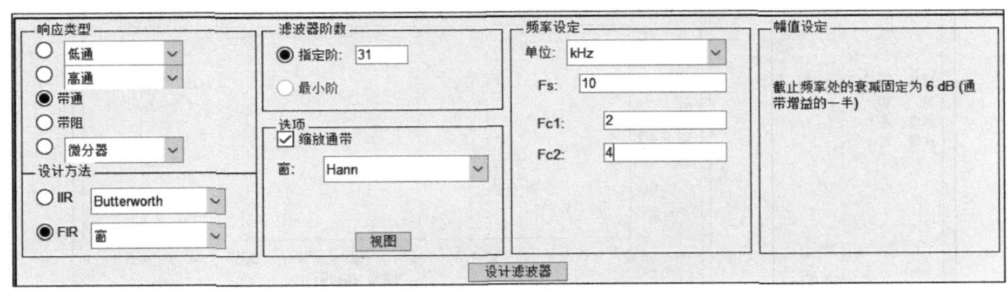

图 7-16　滤波器参数设定定面板

(1) 在响应类型面板中选择“带通”选项；

(2) 在设计方法面板中选择 FIR 选项，在右侧的下拉列表中选择“窗”，并通过选项面板中的下拉列表选择窗函数为 Hann。

(3) 在滤波器阶数面板中选择“指定阶”选项，并输入“31”。该参数实际表示窗函数的长度，因此必须设置为滤波器的阶数加 1。

(4) 在频率设定面板中，选择频率单位为 kHz，在下面的 F_{c1} 和 F_{c2} 文本框中分别输入通带上下截止频率 2 和 4。在该例中，由于指定了滤波器的阶数，因此只需要设置频率指标，而无须设置幅度指标。

(5) 在选项面板中确认已勾选 Scale Passband(通带归一化)，使滤波器幅频特性相对于最大值进行归一化。

由于采用汉宁窗设计 FIR 数字滤波器，并且指定了滤波器的阶数，因此该滤波器的通带衰减指标自动确定，不需要在幅值设定面板中设置幅度衰减指标。

做完上述各项设置后，单击“设计滤波器”按钮，设计器即可根据上述设置自动完成滤波器的设计。

设计完成后，通过“文件”菜单中的“保存”或者“另存为”菜单命令，可以保存输入的技术指标和设计得到的滤波器，保存的文件名后缀为.fda。如果后面重新进入设计器，可以通过“打开会话”菜单命令将保存的滤波器重新加载到设计器中。

7.3.3 设计结果的分析和导出

单击“设计滤波器”按钮，设计器立即根据所设置的技术指标进行设计。然后，可以对设计结果进行分析，也可以将设计得到的滤波器导出。

1. 设计结果的观察和分析

设计完成后，立即在设计器窗口上部显示设计得到的滤波器的幅值特性及相关信息，如图 7-17 所示。

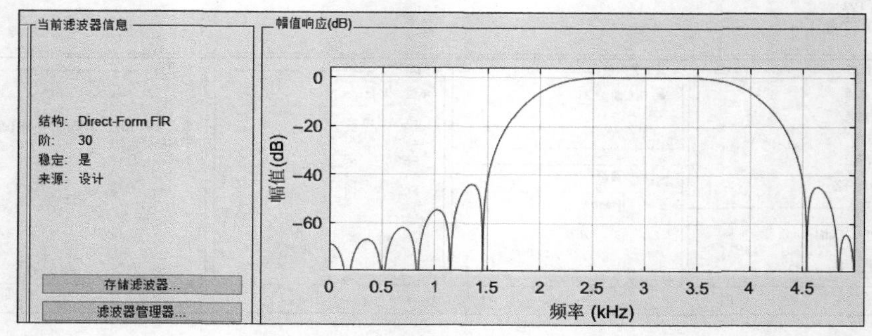

图 7-17 设计得到的滤波器的幅值响应及相关信息

图 7-17 中左侧显示得到的滤波器是稳定的，阶数为 30。图中右侧绘制出了滤波器的幅值特性(即对数幅频特性曲线)，对该图可以进行如下分析：

(1) 由于阶数 $N=30$，窗函数长度 $M=N+1=31$，则过渡带宽度为 $8\pi/M\approx0.26\pi$ rad，再转换为模拟频率得到 $0.26\pi\times10/(2\pi)=1.3$kHz。因此通带和阻带上下截止频率分别为

$$f_{pu}=4-1.3/2=3.35\text{kHz},\quad f_{pl}=2+1.3/2=2.65\text{kHz}$$

$$f_{su}=4+1.3/2=4.65\text{kHz},\quad f_{sl}=2-1.3/2=1.35\text{kHz}$$

(2) 滤波器的实际通带范围为 $f_{pu}\sim f_{pl}$，即(2.65～3.35)kHz，而设计指标中的 $F_{c1}=$ 2kHz 和 $F_{c2}=$4kHz，分别为 6dB 下截止频率和上截止频率。

(3) 在阻带上下截止频率处，对数幅频特性值近似为−44dB，因为采用的是汉宁窗，而其阻带最小衰减为 44dB。

在设计器窗口的工具栏中还提供了很多按钮用于观察滤波器的各种特性，这些按钮与 FVTool 窗口中的工具按钮完全相同。例如，单击“幅值和相位响应”按钮，将同时显示滤波器的幅频特性和相频特性曲线，如图 7-18 所示。

单击“群延迟响应”按钮，将显示一条水平线，高度为 15.5，单位为采样点数。由于采样频率为 10kHz，因此实际延迟时间为 $15.5\times1/10=1.55$ms。

单击“脉冲响应”按钮，得到滤波器的单位脉冲响应波形如图 7-19 所示。其中共有 32 个点，第一个点始终为 0，因此脉冲响应和窗函数的实际长度为 31。另外，脉冲响应关于

1.55ms 时刻偶对称，确保滤波器具有线性相位特性。该对称点对应的时刻实际上也等于滤波器的延迟时间。

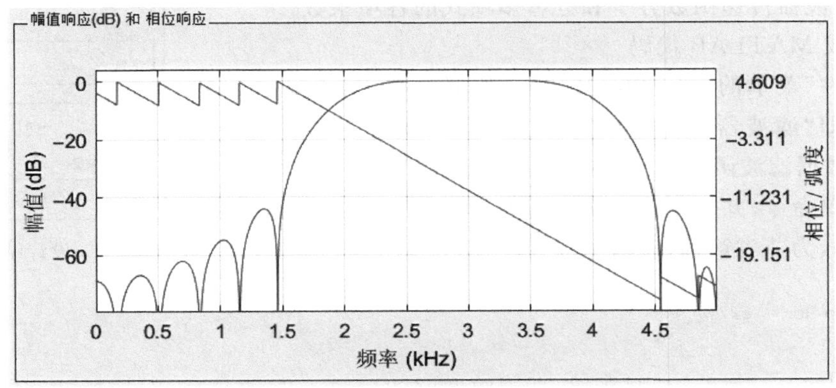

图 7-18 滤波器的幅频特性和相频特性曲线

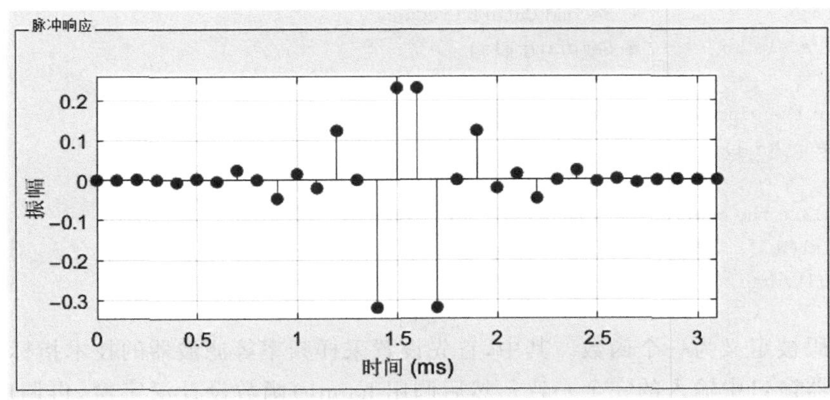

图 7-19 滤波器的单位脉冲响应

2. 设计结果的导出

通过设计器窗口中的"文件"菜单，可以将设计得到的滤波器导出到工作区或者 MAT 文件等。此外，还可以将设计过程转换为 MATLAB 代码，或者在 MATLAB 代码中利用设计结果创建滤波器对象，以便程序中作进一步分析处理等。这里以如下两种操作为例，介绍如何实现设计结果的导出。

1）导出结果到工作区

在文件菜单中单击"导出"命令，立即打开导出对话框如图 7-20 所示。在对话框中，可以选择将结果导出到工作区或者 MAT 文件等，还可以选择导出滤波器传递函数的系数或者将整个滤波器导出为一个模型对象。然后，输入系数变量或者模型对象的名称。

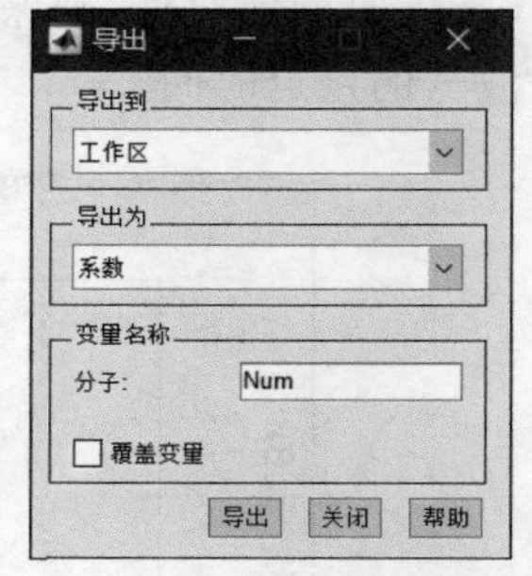

图 7-20 设计结果的导出

以图 7-20 中的默认设置为例，单击“导出”按钮后，将立即在 MATLAB 工作区得到长度为 32 的行向量变量 Num，向量中各元素就是滤波器传递函数分子和分母多项式的各项系数。

2）生成 MATLAB 代码

在“文件”菜单的“MATLAB 代码”级联菜单中，将显示 3 个菜单命令，即“滤波器设计函数”“滤波器设计函数(使用 System Object)”“数据滤波函数(使用 System Object)”。单击“滤波器设计函数”菜单命令，并指定代码文件名为 ex7_7_1.m 后，将立即得到如下代码(为节省篇幅，省略了部分注释)：

```
function Hd = ex7_7_1

Fs = 10;                % Sampling Frequency
N    = 31;              % Order
Fc1  = 2;               % First Cutoff Frequency
Fc2  = 4;               % Second Cutoff Frequency
flag  = 'scale';        % Sampling Flag

 % Create the window vector for the design algorithm.
win = hann(N + 1);

 % Calculate the coefficients using the FIR1 function.
b   = fir1(N, [Fc1 Fc2]/(Fs/2), 'bandpass', win, flag);
Hd = dfilt.dffir(b);
```

上述代码被定义为一个函数。其中，首先设置采样频率等滤波器的技术指标，这些指标与上述设计器窗口中输入的完全一致。然后调用 hann()函数设计汉宁窗，再调用 fir1()函数设计滤波器。最后调用 dffir()函数，根据滤波器的系数向量创建滤波器对象 Hd，作为函数的返回值。

7.4 Simulink 中的滤波器设计和实现模块

在 DSP System Toolbox/Filtering 库中，提供了大量与滤波器设计和实现相关的模块，所有这些模块分别放在 Adaptive Filters(自适应滤波器)、Filter Designs(滤波器设计)、Filter Implementations(滤波器实现)和 Multirate Filter(多速率滤波器)4 个子库中。其中，Filter Designs 子库有 4 种基本类型的滤波器模块：Lowpass Filter(低通滤波器)、Bandpass Filter(带通滤波器)等；Filter Implementations 子库中有 Analog Filter Design(模拟滤波器设计)和 Digital Filter Design(数字滤波器设计)等模块。

【例 7-8】 设计一个巴特沃斯数字 IIR 低通滤波器和一个巴特沃斯数字 FIR 高通滤波器。要求低通滤波器的通带和阻带截止频率分别为 1kHz 和 2kHz,高通滤波器通带和阻带截止频率分别为 2kHz 和 1kHz,通带和阻带衰减分别为 3dB 和 50dB。用设计得到的滤波器对周期脉冲序列进行滤波,脉冲序列的采样频率为 48kHz,周期为 1kHz。

解:首先搭建如图 7-21 所示的仿真模型,并设置周期脉冲序列的参数 Period 为 48(代表 48 个采样点),Pulse width 参数为 24,Sample time 设为 1/48000。注意,Pulse type 参数选择为 Sample based,以便输出离散的周期方波脉冲序列,周期为 48 个采样点,即 1ms。

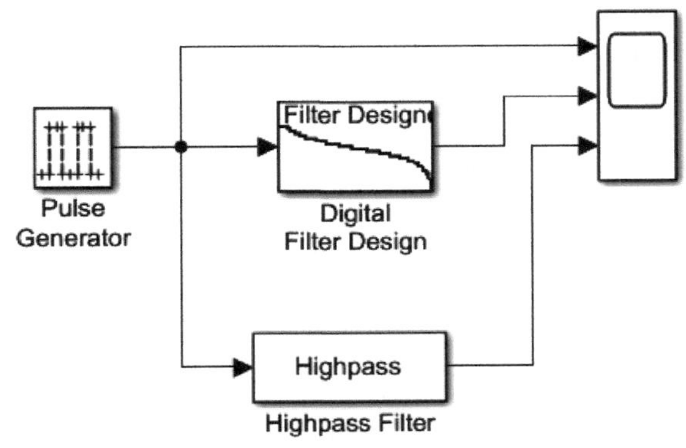

图 7-21 例 7-8 图

模型中的 Digital Filter Design 模块位于 Filter Implementations 库,双击该模块,将打开前面介绍的滤波器设计器窗口,在其中根据要求设置滤波器各项参数,如图 7-22 所示。参数设置完毕后,单击“设计滤波器”按钮,观察滤波器特性是否满足要求。通过频率特性曲线观察滤波器特性和技术指标时,注意通过设计器窗口中的放大按钮对频率特性曲线进行缩放。然后单击设计器窗口右上角的关闭按钮。

模型中的 Highpass Filter 模块位于 Filter Designs 子库,其参数设置如图 7-23(a)所示。设计完成后,单击对话框右下角的 View Filter Response 按钮,可以打开 FVTool 工具

响应类型
低通
高通
带通
带阻
微分器
设计方法
IIR Butterworth
FIR 等波纹
滤波器阶数
指定阶: 10
最小阶
选项
完全匹配: 阻带
频率设定
单位: Hz
Fs: 48000
Fpass: 1000
Fstop: 2000
幅值设定
单位: dB
Apass: 3
Astop: 50

图 7-22 低通滤波器参数设置

窗口，观察滤波器的特性，如图 7-23(b)所示。注意，通过工具栏中的相应按钮对窗口中显示的滤波器特性曲线进行缩放。

完成上述设计和模块参数配置后，运行仿真，观察示波器显示的输入周期脉冲序列和两个滤波器输出信号的波形，如图 7-24 所示。

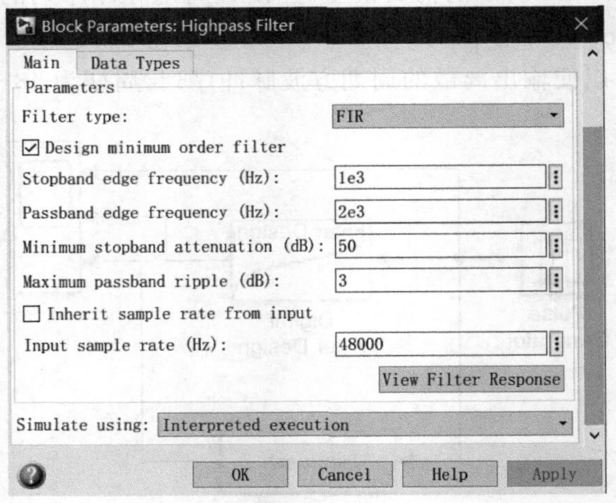

(a) 设计对话框

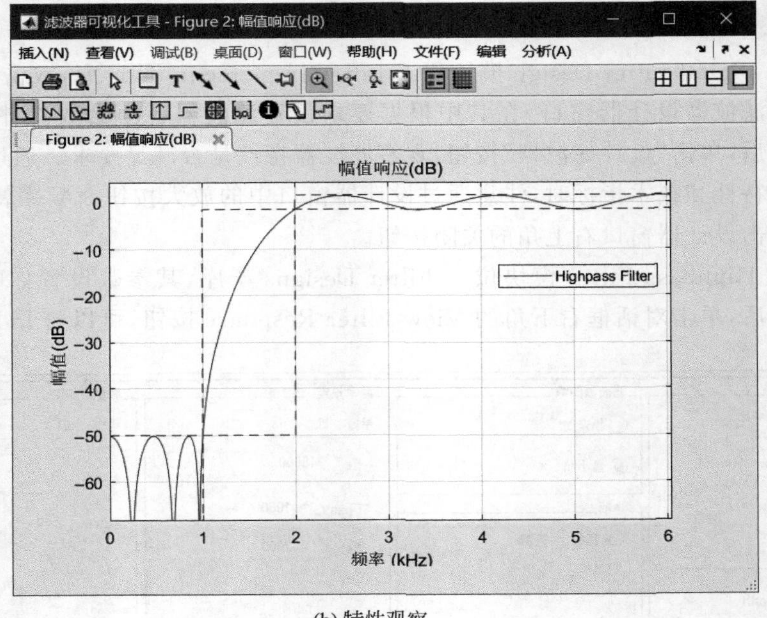

(b) 特性观察

图 7-23　高通滤波器的设计及特性观察

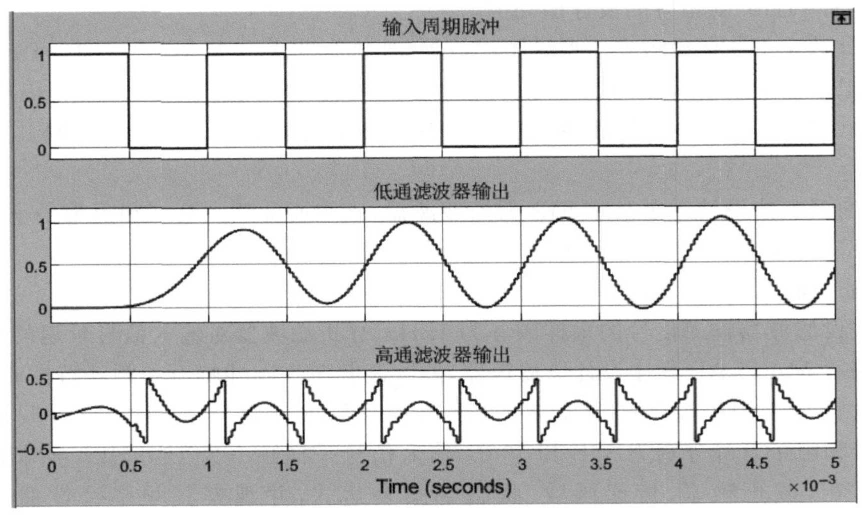

图 7-24　例 7-8 运行结果

本章习题

1. 某数字 FIR 滤波器的单位脉冲响应长度为 50，则该滤波器的阶数为________。

2. 某理想数字滤波器的幅频特性如题图 7-1 所示，则该滤波器属于________类型（低通、高通、带通、带阻）。

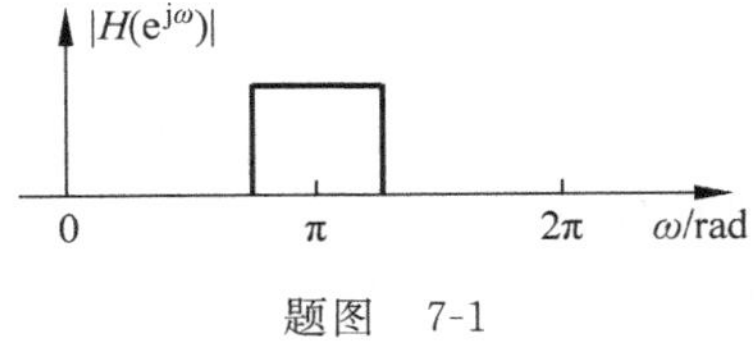

题图　7-1

3. 设计 10 阶模拟巴特沃斯带通滤波器，已知滤波器的 3dB 上下截止频率分别为 200Hz 和 100Hz，则用语句________可以得到滤波器传递函数分子和分母多项式的系数矩阵 $\boldsymbol{b}$ 和 $\boldsymbol{a}$。

4. 假设某数字滤波器输入信号的采样速率为 10kHz，阻带截止频率为 3.4kHz，则对应的数字角频率为________，调用滤波器设计函数时频率指标值应设为________。

5. 某数字带通滤波器输入信号的采样速率为 1kHz，通带上下截止角频率分别为 400π rad/s 和 200π rad/s，则调用 cheblord() 函数求该滤波器阶数时，参数 $W_{\mathrm{p}}=$________。

6. 某数字 FIR 滤波器的窗函数长度为 20，则其单位脉冲响应长度为________，滤波器的阶数为________，输入序列通过该滤波器将延迟________个点。

7. 要设计 30 阶哈明窗数字 FIR 高通滤波器，要求截止频率为 0.2π rad，返回滤波器单位脉冲响应序列 hn,则相应的设计语句为________。

8. 设计数字 IIR 切比雪夫 Ⅰ 型带阻滤波器,要求通带截止频率 $W_{p1}=0.2\pi$ rad,$W_{p2}=0.5\pi$ rad,阻带截止频率 $W_{s1}=0.3\pi$ rad,$W_{s2}=0.4\pi$ rad,通带最大衰减 $R_p=1$dB,阻带最小衰减 $R_s=30$dB。编写 MATLAB 程序,设计得到滤波器的传递函数,并绘制其频率特性曲线。

9. 用窗函数法设计一个数字 FIR 低通滤波器,已知通带最大衰减和阻带最小衰减分别为 1dB 和 60dB,通带和阻带截止频率分别为 0.2π rad 和 0.5π rad。

(1) 确定窗函数的类型,计算窗函数的长度。

(2) 假设滤波器输入信号的采样频率为 1kHz,分析滤波器对输入信号延迟的时间。

(3) 编写 MATLAB 程序设计该滤波器,并绘制其单位脉冲响应和频率特性曲线。

10. 设计数字 IIR 椭圆高通滤波器,已知通带截止频率为 12kHz,阻带截止频率为 8kHz,通带和阻带衰减分别为 3dB 和 30dB,输入信号采样频率为 100kHz。要求得到滤波器的阶数、3dB 截止频率、传递函数、状态空间表达式,并观察其频率特性曲线。编写 MATLAB 程序实现上述功能。

实践练习

1. 设计切比雪夫 Ⅰ 型数字 IIR 带通滤波器,已知通带上下截止频率分别为 6kHz 和 5kHz,阻带上下截止频率分别为 8kHz 和 3kHz,通带和阻带衰减分别为 5dB 和 50dB,输入信号采样频率为 20kHz。用 Filter Designer 工具进行设计。

(1) 设置滤波器的技术指标。

(2) 根据设计结果,写出滤波器的传递函数。

(3) 观察滤波器的阶数和零极点图,并分析滤波器是否稳定。

(4) 观察滤波器的频率特性曲线,验证是否满足各项性能指标要求。

2. 用窗函数法设计一个数字 FIR 高通滤波器,要求在 0.4π rad 频率处的阻带最小衰减至少为 50dB,6dB 截止频率为 0.5π rad,过渡带宽度为 0.2π rad。用 Filter Designer 工具进行设计。

(1) 选择设置窗函数分别为矩形窗、三角窗、汉宁窗、哈明窗、布莱克曼窗,观察分析设计结果能否满足上述性能指标要求。

(2) 为使滤波器阶数最小,从上述各窗函数选择一种合适的窗函数进行设计,并确定满足过渡带要求的阶数。

(3) 观察设计得到的滤波器的单位脉冲响应和群延迟特性。

第8章 MATLAB/Simulink通信系统仿真

MATLAB的功能十分强大，几乎涵盖了现代工业的所有行业和领域。本章以通信系统中的调制解调过程为例，介绍 MATLAB 和 Simulink 在其中的基本应用。

在通信系统中，调制器的基本作用是用基带信号改变载波的参数，使其随基带信号的幅度而线性(或正比)变化，因此大多数调制器都可以认为是静态系统。解调过程与此类似，除了其中的滤波器以外，大多数部件都属于静态系统。

因此，与前面两章不同，本章主要以调制和解调过程为例，介绍静态系统的 MATLAB/Simulink 建模仿真，以及 MATLAB 通信系统工具箱中的基本模块及其使用方法。

8.1 调制和解调的基本概念

微课视频

目前，通信系统主要包括模拟通信系统和数字通信系统两大类，模拟通信系统中传输的是模拟信号，数字通信系统中传输的是数字信号。两种通信系统采用的调制器和解调器具有相似的原理和数学模型。

8.1.1 调制和解调

所谓调制(Modulation)，是指在通信系统的发射机中用基带信号改变载波的某一个参数，使其随基带信号的幅度而变化。一个基本的调制器有两个输入和一个输出，其原理示意图如图 8-1(a)所示。所谓解调(Demodulation)，是指在通信系统的接收机中，从接收到的已调信号中恢复和还原发射机中发送的基带信号，其示意图如图 8-1(b)所示。

在调制过程中，与基带信号相比，调制载波大多数情况都是高频正弦波。已调信号也是高频信号，但在某时刻的参数取值只决定于当前时刻基带信号的幅度。从这个意义上说，调制器都是静态系统。

在模拟通信系统中采用的调制器称为模拟调制器，此时调制器输入的基带信号和解调器还原得到的基带信号都是模拟信号。在数字通信系统中，调制器输入的基带信号和解调器解调输出的基带信号都是数字信号。

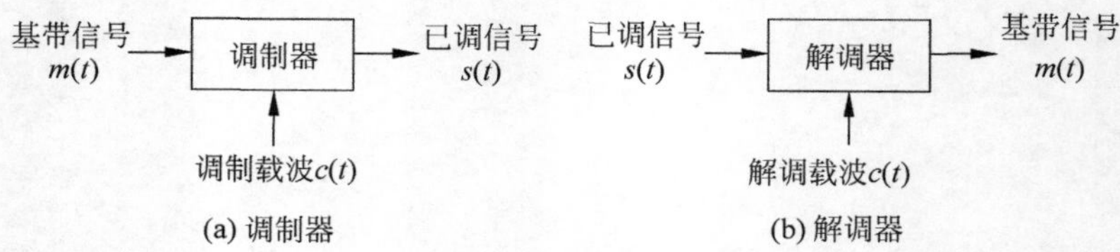

图 8-1 调制器和解调器示意图

根据调制过程中改变载波参数的不同，所有模拟调制和数字调制都可以分为幅度调制、频率调制和相位调制，并且可以统一表示为

$$s(t)=A(t)\cos[2\pi f_c t+\varphi(t)] \tag{8-1}$$

为便于分析，正弦载波一般取为余弦函数。f_c 为未调载波频率，是固定的常数；$A(t)$为载波的幅度；$\varphi(t)$为载波的初始相位。

如果载波的初始相位保持恒定，而载波幅度 $A(t)$随基带信号而变化，可以表示为以时间 t 为自变量的函数，则为幅度调制，相应地将已调信号 $s(t)$称为调幅（Amplitude Modulation，AM）信号。

如果载波的幅度保持不变，即 $A(t)$为常数，而载波的初始相位 $\varphi(t)$随基带信号的幅度成线性或者正比变化，则为相位调制，相应地将已调信号 $s(t)$称为调相（Phase Modulation，PM）信号。

如果载波的幅度保持不变，而载波初始相位的导数 $\varphi'(t)$（即载波的频率）随基带信号的幅度呈线性或者正比变化，则为频率调制，相应地将已调信号 $s(t)$称为调频（Frequency Modulation，FM）信号。

在数字调制中，基带信号为数字信号，其幅度只有离散的取值，因此在对应的已调信号中，载波的幅度、频率或者相位也只有两种取值。通常将二进制数字调制称为键控，上述三种调制分别称为 2ASK（Amplitude Shift Keying，幅移键控）、2PSK（Phase Shift Keying，相移键控）和 2FSK（Frequency Shift Keying，频移键控），其中 2PSK 和 2FSK 又分别称为 BPSK（Binary Phase Shift Keying，二进制相移键控）和 BFSK（Binary Frequency Shift Keying，二进制相移键控）。

对于上述各种基本的调制方式和已调信号，在接收机中，可以采用相干解调或者非相干解调。在相干解调中，必须得到与调制器中同频同相的相干解调载波。而在非相干解调器中，一般采用简单的包络检波即可实现解调。

图 8-2 为一个基本的相干解调器原理框图。其中，接收机接收到的已调信号与相干解调载波相乘，再经过 LPF（低通滤波器）滤波，即可解调恢复出发送端发送的原始基带信号。

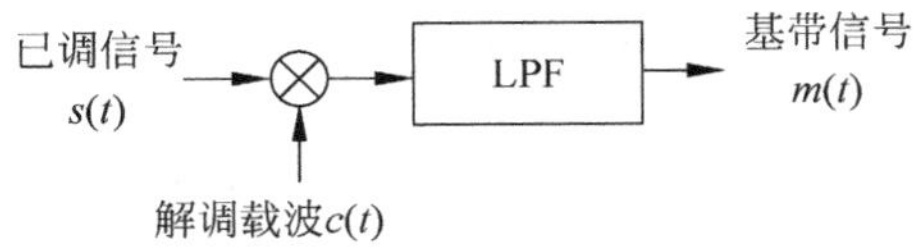

图 8-2　相干解调器的原理框图

8.1.2　带通调制和基带调制

在实际的通信系统中,载波的频率远高于基带信号的频率。对这样的系统进行仿真时,为保证各点信号能正确地进行描述,仿真得到的信号波形没有失真,必须根据采样定理确定足够小的采样时间和仿真步长,这将极大地增加仿真运行时间,降低仿真分析效率。为此,MATLAB 中提出了两种调制方式,即带通调制和基带调制。

1. 带通调制

在带通调制(Passband Modulation)中,各种已调信号可以用式(8-1)进行统一描述,得到的是频谱位于载波频率附近的高频信号,又称为射频信号。

以 AM 调制为例,其时间表达式可以表示为

$$s(t)=[A_0+m(t)]\cos(2\pi f_c t+\theta_0) \tag{8-2}$$

其中,A_0 为直流偏移,f_c 为载波频率,θ_0 为载波的初始相位,$m(t)$为基带信号。假设基带信号为低频正弦波,设 $m(t)=A_m\cos 2\pi f_m t$,则对应的已调 AM 信号为

$$\begin{aligned}s(t)&=A_0\cos(2\pi f_c t)+A_m\cos(2\pi f_m t)\cos(2\pi f_c t)\\&=A_0\cos(2\pi f_c t)+\frac{A_m}{2}\cos[2\pi(f_c-f_m)t+\cos[2\pi(f_c+f_m)t]\end{aligned}$$

式中,A_m 和 f_m 分别为基带信号的幅度和频率。上式说明,AM 信号有 3 个分量,其频率分别为 f_c 和 $f_c\pm f_m$。实际系统中,一般有 $f_m\ll f_c$。因此,这 3 个分量都是频率近似等于载波频率的高频正弦信号。

在仿真分析时,为了能正确计算得到基带信号和已调信号的波形数据,并据此正确绘制所有的波形,必须根据所有信号中的最高频率确定合适的采样速率和仿真步长。根据采样定理,采样速率必须至少取为所有信号中最高频率的 2 倍。因此,如果对这样的带通已调信号直接进行采样和仿真分析,将导致采样速率过高,降低仿真效率。

2. 基带调制

这里以模拟 FM 信号为例,介绍 MATLAB 中基带调制(Baseband Modulation)和解调的概念和基本原理。

在 FM 信号中,载波的频率随基带信号的幅度线性变化,而初始相位随基带信号的积分线性变化,可以表示为

$$s(t)=A\cos(2\pi f_c t+2\pi K_{FM}\int_0^t m(\tau)\mathrm{d}\tau)=A\cos[2\pi f_c t+\varphi(t)] \tag{8-3}$$

其中，$\varphi(t)=2\pi K_{FM}\int_0^t m(\tau)\mathrm{d}\tau$ 与基带信号 $m(t)$ 的积分成正比，称为相位偏移；A 为载波幅度；f_c 为未调载波频率；K_{FM} 为频偏常数，单位为 Hz/V。

式(8-3)为 FM 信号的带通调制表示。将其进行下变频，即乘以复指数函数 $e^{-j2\pi f^{c}t}$ 后，得到

$$s_b(t)=s(t)e^{-j2\pi f_c t}=\frac{A}{2}[e^{j(2\pi f_c t+\varphi(t))}+e^{-j(2\pi f_c t+\varphi(t))}]e^{-j2\pi f_c t}$$

$$=\frac{A}{2}[e^{j\varphi(t)}+e^{-j(4\pi f_c t+\varphi(t))}]$$

将其中的高频分量过滤后得到

$$s_b(t)=\frac{A}{2}e^{j\varphi(t)}=\frac{A}{2}e^{j2\pi K_{FM}\int_0^t m(\tau)\mathrm{d}\tau} \tag{8-4}$$

式(8-4)中，$\varphi(t)$只取决于基带信号，与载波频率无关，因此是频率远低于载波频率的低频信号。对应的 $s_b(t)$为低频复数信号，称为基带调频信号。

下面介绍根据基带调频信号如何进行解调。将 $s_b(t)$延迟一个采样间隔 T 后取共轭，再与 $s_b(t)$相乘，得到

$$y(t)=s_b(t)s_b^*(t-T)=\frac{A^2}{4}e^{j\varphi(t)}e^{-j\varphi(t-T)}=\frac{A^2}{4}e^{j[\varphi(t)-\varphi(t-T)]}=\frac{A^2}{4}e^{j\psi(t)} \tag{8-5}$$

这是一个复变函数，其模恒为 $A^2/4$，而相角 $\psi(t)=\varphi(t)-\varphi(t-T)$。

对固定步长的采样间隔 T，可以近似认为 $\psi(t)$与 $\mathrm{d}\varphi(t)/\mathrm{d}t$ 成正比，即

$$\psi(t)=\varphi(t)-\varphi(t-T)\propto\frac{\varphi(t)-\varphi(t-T)}{T}\approx\frac{\mathrm{d}\varphi(t)}{\mathrm{d}t}$$

而 $\varphi(t)$为 FM 信号中载波的相位偏移，因此其导数 $\mathrm{d}\varphi(t)/\mathrm{d}t$ 等于 FM 信号中载波的频率偏移。对于 FM 调制，载波的频率偏移与基带信号成正比，因此，$\psi(t)$也就反映了基带信号。从得到的复变函数 $y(t)$中提取出其相角，即可解调还原出基带信号 $m(t)$，这就是 MATLAB 中 FM 基带解调的基本原理。

8.2 调制与解调过程的仿真

根据各种调制和解调的基本原理和数学模型，在 MATLAB 中可以通过编程实现调制和解调过程的仿真分析，也可以利用 Simulink 库中所提供的基本模块，搭建调制器和解调器的仿真模型，再对其进行仿真分析。

8.2.1 MATLAB 编程仿真

下面举例说明如何编写 MATLAB 程序实现调制解调过程的仿真分析。

【例 8-1】 编程仿真 AM 调制系统。其中，基带信号 $m(t)=2\cos(2000\pi t)$，载波频率 $f_c=10\text{kHz}$，直流偏移 $A_0=3\text{V}$。

解：根据式(8-2)编写 MATLAB 程序如下：

```
% ex8_1.m
clc
clear
close all
fm = 1e3;fc = 10e3;A0 = 3;              % 基带信号频率,载波频率,直流偏移
Fs = 10 * fc;h = 1/Fs;                   % 采样频率,仿真步长
T = 10/fm;                               % 仿真运行时间
t = 0:h:T
m  =  2 * cos(2 * pi * fm * t);          % 基带信号
c  =  cos(2 * pi * fc * t);              % 载波
s = (A0 + m). * c;                       % AM 信号
subplot(3,1,1);plot(t,m,'-- r',t,c,'k');
legend('基带信号','载波');grid on
subplot(3,1,2);plot(t,s,'k');
legend('AM 信号');grid on
% ========================================== 解调
x = s. * c;                              % 相乘
[b,a] = butter(2,2 * [100,fm]/Fs)
y = filter(b,a,x);                       % 滤波
subplot(3,1,3);plot(t,y,'r');
xlabel('时间/s');legend('相干解调输出');
grid on
```

在上述程序中，设置采样频率为 10 倍载波频率，满足采样定理。另外，设置仿真运行时间 T 为基带信号周期($1/f_m$)的 10 倍，因此运行仿真后，将绘制出 10 个周期的基带信号及对应的 AM 信号波形。程序运行结果如图 8-3 所示。

在上述程序中，产生的基带信号和载波信号分别用向量 $\boldsymbol{m}$ 和 $\boldsymbol{c}$ 表示，然后用数组加和数组乘得到 AM 信号，而没有用到循环递推。这就是在编程仿真时，静态系统相对于动态系统的一个特点。

在程序中的解调部分，对前面产生的 AM 信号进行相干解调。根据相干解调的原理，首先将向量 $\boldsymbol{s}$ 中保存的 AM 信号与载波 $\boldsymbol{c}$ 相乘，得到 $\boldsymbol{x}$ 后再进行滤波。程序中调用 butter()函数产生一个 2 阶的数字带通滤波器，其通带上截止频率等于基带信号频率，下截止频率为 200Hz。之所以采用带通滤波器而不是低通滤波器，是为了将信号中的直流分量滤除。

在得到滤波器后，程序中调用 filter()函数，根据 butter()函数返回的滤波器系数向量 $\boldsymbol{b}$ 和 $\boldsymbol{a}$ 构造滤波器，并对相乘结果 $\boldsymbol{x}$ 进行滤波，从而得到解调输出的基带信号。注意到在解调输出波形的起始段，输出并不是期望的基带信号波形，这是由滤波器的过渡过程引起的。

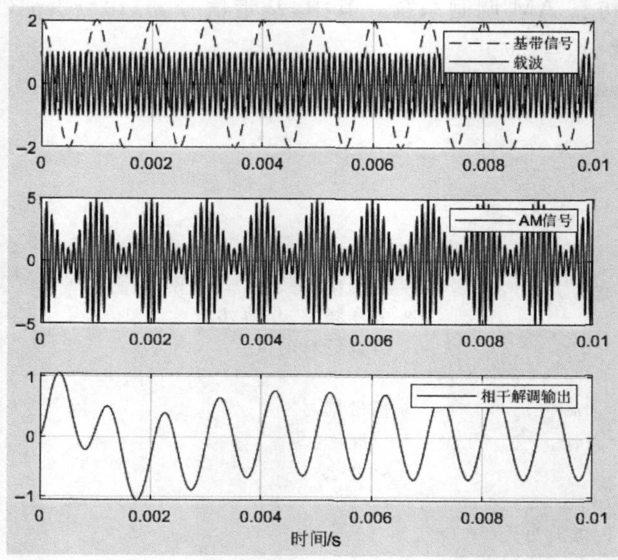

图 8-3　例 8-1 程序运行结果

8.2.2 Simulink 仿真

各种调制解调过程都可以分解为一些基本运算。从建模的角度,利用 Simulink 库中提供的基本模块,可以根据这些基本运算自行搭建调制器和解调器的仿真模型,对其进行仿真分析。

【例 8-2】 搭建仿真模型,实现 2FSK 调制。

在 2FSK 调制中,基带信号为单极性脉冲,脉冲的幅度只有两种取值,一般高电平代表"1"码,低电平代表"0"码。每个高低电平持续的时间称为码元间隔,其倒数称为码元速率。在调制器输出的 2FSK 信号中,载波的频率随基带信号幅度而变化,因此输出信号中载波的频率只有两种取值。

实现 2FSK 调制的一种简单方法是开关键控法。在这种方法中,用二进制基带信号控制开关,在两种不同频率的载波之间切换。

本例根据开关键控法的基本原理,搭建如图 8-4 所示的仿真模型。模型中用两个 Sine Wave 模块产生幅度为 1V、频率分别为 100Hz 和 200Hz 的载波,两个模块的 Sample time 参数设为 1ms。

模型中的 Bernoulli Binary Generator 模块用于产生随机二进制代码序列和基带信号,该模块位于 Communications System Toolbox/Sources 库中,设置其 Sample time 参数为 0.1s,则码元速率为 10baud。

仿真模型中的模块 Switch 实现 2FSK 调制,该模块位于 Signal Routing 库。当送来的基带信号脉冲幅度为高电平(大于 0.5)时,开关接通载波 1;当基带信号脉冲幅度为低电平(小于 0.5)时,开关接通载波 2。

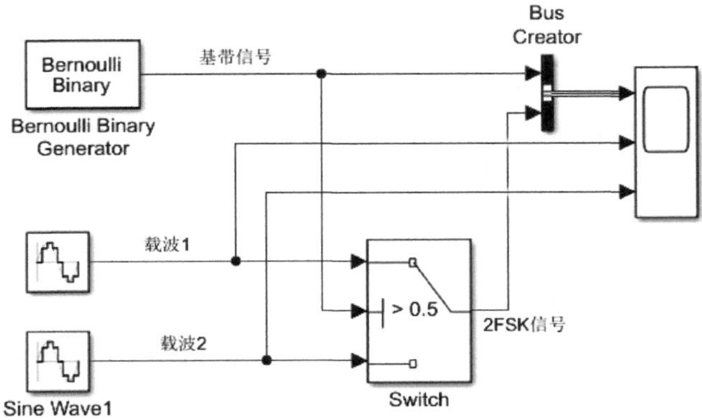

图 8-4　例 8-2 仿真模型

求解器参数均设为默认值,仿真运行后得到各信号的时间波形如图 8-5 所示。

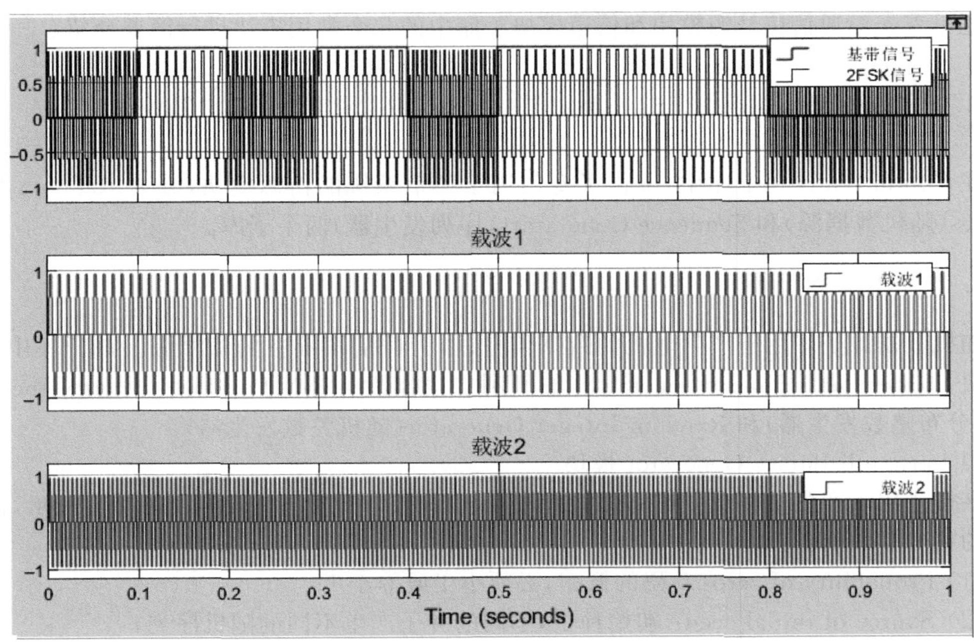

图 8-5　例 8-2 运行结果

8.3 通信工具箱简介

微课视频

Simulink 中提供了通信工具箱(Communications Toolbox),为通信系统的分析设计、点到点通信仿真和性能分析提供了大量的算法和应用程序。工具箱算法包括信道编码、调制、MIMO和OFDM,能够对基于标准或自定义设计的无线通信系统的物理层模型进行建模和仿真。

通信工具箱还提供了星座图、眼图和误码率等分析工具。利用这些工具能够生成和分析信号,可视化信道特性,获得误码率(Bit-error Rate,BER)曲线等。

通信工具箱主要包括如下子库:

(1) Channels:信道模块子库;

(2) Comm Filters:通信滤波器模块子库

(3) Comm Sinks:通信接收器模块子库;

(4) Comm Sources:通信信号源模块子库;

(5) Equalizers:均衡器模块子库;

(6) Error Detection and Correction:误码率检测和校正模块子库;

(7) Modulation:调制模块子库;

(8) Source Coding:信源编码模块子库;

(9) Synchronization:同步模块子库;

(10) Utility Blocks:工具模块子库。

这里首先对通信信号源模块和信道模块子库中的几个常用模块进行简要介绍。

8.3.1 信源模块

在Comm Sources子库中,提供了专门用于通信系统的信源模块,分为Random Data Sources(随机数据源)和Sequence Generators(序列发生器)两个子库。

1. 随机数据源子库

随机数据源子库用于产生随机的数据信号,作为通信系统中的信号源。该子库中有3个模块,即Bernoulli Binary Generator(伯努利二进制发生器)、Poisson Integer Generator(泊松分布整数发生器)和Random Integer Generator(随机整数发生器)。

1) Bernoulli Binary Generator模块

该模块用于产生伯努利分布的随机二进制数据,其参数设置对话框如图8-6所示,需要设置的主要参数如下:

(1) Probability of zero:0码的概率,必须小于或等于1;

(2) Source of initial seed:初始种子,不同的种子产生不同的随机序列;

(3) Sample time:采样间隔,也就是输出序列的码元间隔,其倒数为码元速率;

(4) Samples per frame:每帧的采样点数;

(5) Output data type:输出数据的类型,可以是boolean(布尔型)、unit8(8位有符号整数)、double(双精度型)等。

Poisson Integer Generator模块为泊松分布整数发生器,用于产生服从泊松分布的随机整数序列,其参数与Bernoulli Binary Generator模块相同。

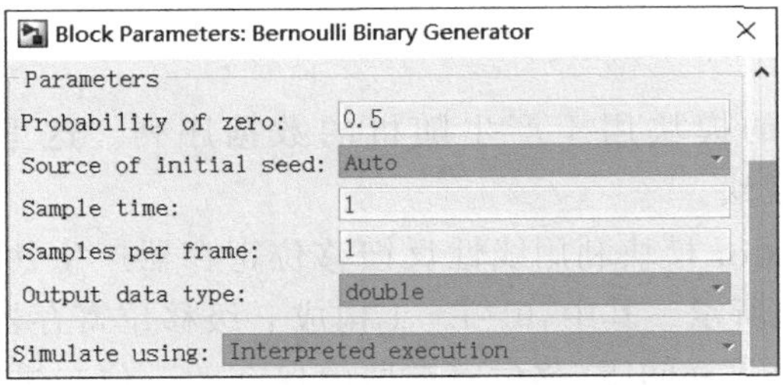

Block Parameters: Bernoulli Binary Generator
Parameters
Probability of zero: 0.5
Source of initial seed: Auto
Sample time: 1
Samples per frame: 1
Output data type: double
Simulate using: Interpreted execution

图 8-6 Bernoulli Binary Generator 模块的参数对话框

2）Random Integer Generator 模块

该模块为随机整数发生器，用于产生均匀分布的随机整数。模块的参数对话框如图 8-7 所示，其中主要需要设置的参数为 Set size，用于指定产生的随机整数的取值范围。如果设置该参数值为 M，则输出的整数范围为 $0 \sim M-1$。其他参数的含义与前面两个模块相同。

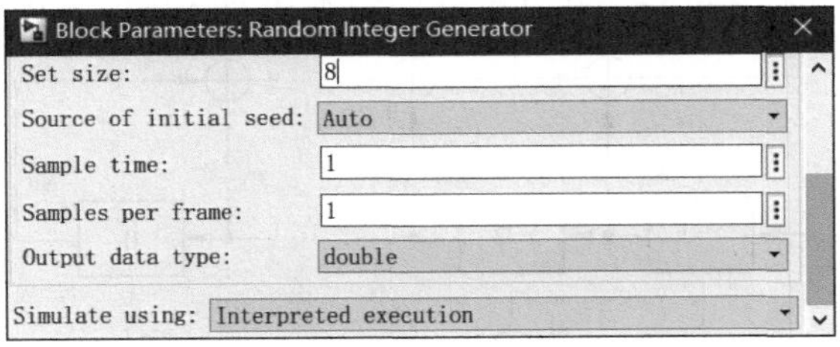

Block Parameters: Random Integer Generator
Set size: 8
Source of initial seed: Auto
Sample time: 1
Samples per frame: 1
Output data type: double
Simulate using: Interpreted execution

图 8-7 Random Integer Generator 模块的参数对话框

假设 Sample time 参数设为 0.1，Set size 参数设为 4，其他参数都取默认值，则上述两个模块产生的随机二进制序列和随机整数序列基带信号波形如图 8-8 所示。

两个模块输出的都是单极性脉冲，其中 Bernoulli Binary Generator 模块输出的是单极性二进制脉冲波形，而 Random Integer Generator 模块输出的单极性脉冲波形中，脉冲的幅度有 0～3 共 4 种取值。由于随机性，每次仿真运行得到的波形是各不相同、完全随机的。

伯努利二进制序列
1
0.5
0
随机整数序列
3
2
1
0
0
0.5
1
1.5
2
2.5
3
3.5
4
4.5
5
Time (seconds)

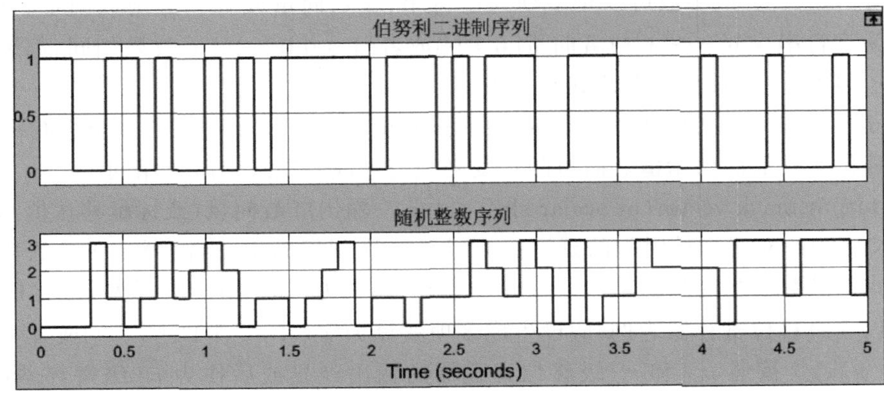

图 8-8 随机二进制序列和随机整数序列基带信号

2. 序列发生器子库

序列发生器子库中的模块用于产生随机的数据序列。这里着重介绍应用最多的PNSequence Generator 模块。

PN Sequence Generator 模块利用线性反馈移位寄存器产生伪随机二进制序列(M 序列),其内部原理如图 8-9 所示。其中,0～$r-1$ 构成 r 级移位寄存器,每个寄存器可以保存一位二进制代码。在每个采样间隔,移位寄存器中保存的 r 位二进制顺序右移一位。各移位寄存器的输出通过开关 $g_0 \sim g_{r-1}$ 后进行叠加。这里的叠加为模 2 加或者异或运算。如果 $g_i(i=0\sim r-1)=1$,则移位寄存器中对应的第 i 位二进制代码参与异或运算,否则不参与异或运算。异或运算的结果反馈到最左边第 $r-1$ 级寄存器的输入端。

在每个采样间隔,移位寄存器中的每位二进制代码还通过开关 $m_0 \sim m_{r-1}$ 进行异或运算。同样地,如果 $m_i(i=0\sim r-1)=1$,则移位寄存器中对应的第 i 位二进制代码参与下面的异或运算,否则不参与异或运算。异或运算的结果作为模块的输出。

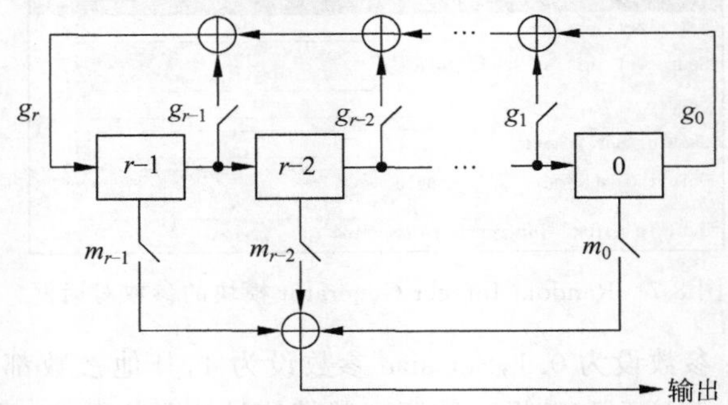

图 8-9　PN Sequence Generator 模块的内部原理

PN Sequence Generator 模块的参数对话框如图 8-10 所示,其中主要有如下参数:

(1) Generator polynomial:生成多项式。用于设置产生伪随机序列的多项式,即图 8-9 中的开关 $g_0 \sim g_{r-1}$。该参数可以是多项式字符串、整数向量或者二进制数向量。例如,设置该参数为字符串'z^6+z+1'或者向量[6 1 0]或者[1 0 0 0 0 1 1],效果相同,都表示开关 g_0、g_1 和 g_6 接通,并且移位寄存器共有 6 级。

(2) Initial states:初始状态行向量,各元素必须为 0 或者 1,并且必须至少有一个为 1,代表各级移位寄存器的初始值。向量的长度必须与生成多项式的阶数相同。

(3) Output mask vector(or scalar shift value):输出屏蔽向量(或标量移位值),用于确定输出 PN 序列相对于初始时间的延迟。可以是二进制行向量或者整数,向量的长度等于生成多项式的阶数。当向量的第 $i(i=0\sim r-1)$ 个元素为 1 时,对应的开关 m_i 接通。

下面以 5 级移位寄存器为例,假设生成多项式设为'z^5+z^3+1'、[5 3 0]或者[1 0 1 0 0 1],则开关 g_0、g_2 接通,r_0 和 r_2 级移位寄存器的输出经异或后作为 r_5 级寄存器的输入。假设移位寄存器的初始状态为[0 0 0 0 1],在每个采样间隔 5 级移位寄存器的状态变化如

表 8-1 所示。在第 1 个采样间隔，前一次移位寄存器的输出 00001 序列中，从右向左第 0 位和第 2 位相异或，得到结果 1，作为当前采样间隔寄存器的最高位，原来的各位再顺序右移，从而得到 10000 序列。以此类推。

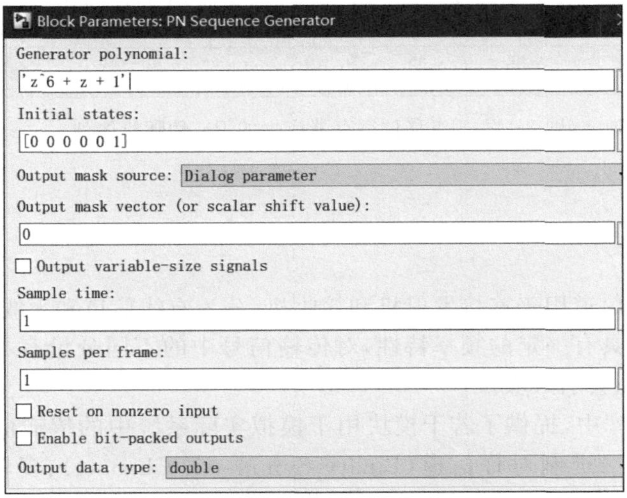

Block Parameters: PN Sequence Generator

Generator polynomial:

'z^6 + z + 1'

Initial states:

[0 0 0 0 0 1]

Output mask source: Dialog parameter

Output mask vector (or scalar shift value):

0

☐ Output variable-size signals

Sample time:

1

Samples per frame:

1

☐ Reset on nonzero input

☐ Enable bit-packed outputs

Output data type: double

图 8-10　PN Sequence Generator 模块的参数对话框

表 8-1　5 级移位寄存器产生 PN 序列的状态变化

序号	$a_4a_3a_2a_1a_0$	序号	$a_4a_3a_2a_1a_0$	序号	$a_4a_3a_2a_1a_0$	序号	$a_4a_3a_2a_1a_0$
0	00001	8	01110	16	11100	24	10110
1	10000	9	10111	17	11110	25	01011
2	01000	10	11011	18	11111	26	00101
3	10100	11	01101	19	01111	27	10010
4	01010	12	00110	20	00111	28	01001
5	10101	13	00011	21	10011	29	00100
6	11010	14	10001	22	11001	30	00010
7	11101	15	11000	23	01100	31	00001

假设模块的 Output mask vector 参数设为[0 0 0 0 1]，则开关 m_0 接通，第 0 级移位寄存器的输出(即表 8-1 中带下画线的代码)直接作为每个采样间隔输出的 PN 序列，从而得到输出 PN 序列为 10000101…，其波形如图 8-11 所示。

由表 8-1 可知，经过 31 个采样间隔后，移位寄存器回到初始状态。因此，用移位寄存器构成的 PN 序列发生器产生的 PN 序列具有周期性，并且周期为 2^r-1。

在通信系统建模仿真过程中，经常用该 PN Sequence Generator 模块产生 PN 伪随机序列，作为需要传输的二进制代码序列。

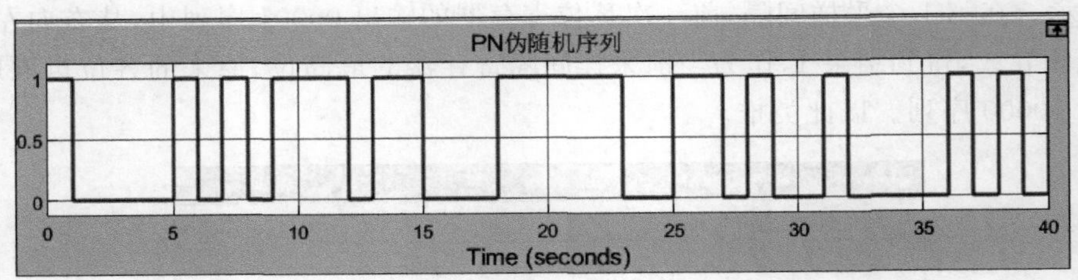

图 8-11　5 级移位寄存器产生的 PN 伪随机序列

8.3.2　信道模块

在通信系统中，信道用于连接发射机和接收机，分为有线信道和无线信道两种。在传输信号的过程中，信道具有一定的频率特性，对传输信号中的不同分量有不同的衰减。同时，在传输过程中信道还会引入噪声。

在 Channels 子库中，提供了若干模块用于模拟实际系统中的传输信道，包括高斯信道（AWGN Channel）、二进制对称信道（Binary Symmetric Channel）、多输入输出衰落信道（MIMO Fading Channel）和单输入单输出衰落信道（SISO Fading Channel）。下面重点介绍 AWGN Channel 模块。

1. AWGN Channel 模块参数设置

AWGN Channel 模块用于向输入信号中引入加性高斯白噪声（Additive White Gaussian Noise）。该模块有一个输入端，可以输入标量、向量或矩阵信号，可以是单精度或者双精度的。模块内部产生的高斯白噪声与输入信号叠加后，由输出端子输出。

该模块的参数对话框如图 8-12 所示，其中需要设置的主要参数是引入高斯白噪声的强度，可以有如下 3 种信噪比设置模式（Mode）：

(1) Signal to noise ratio (E_b/N_o)：信号每比特能量与噪声功率谱密度之比；

(2) Signal to noise ratio (E_s/N_o)：信号的每个符号能量与噪声功率谱密度之比；

(3) Signal to noise ratio (SNR)：信号功率 S 与噪声功率 N 之比。

如果已知模块输入信号的比特能量 E_b、符号能量 E_s 或者功率 S，则可根据上述 3 种信噪比确定输出噪声的功率，并在内部产生期望强度的噪声。因此，该模块还有一个参数 Input signal power（输入信号功率）。

此外，如果设置 Mode 为 E_b/N_o，还需要进一步设置 Number of bits per symbol 参数，表示每个多进制码元（符号）对应的二进制位数。

如果设置 Mode 为 E_s/N_o，还需要进一步设置 Symbol period（符号周期，即码元间隔）参数。不同的码元间隔将影响叠加到码元上的噪声的功率，其关系为

$$\text{噪声功率} = \frac{\text{信号功率} \times \text{码元间隔}}{\text{采样间隔} \times 10^{0.1(E_s/N_o)}} \tag{8-6}$$

Block Parameters: AWGN Channel

Parameters

Input processing: Columns as channels (frame based)

Initial seed:

67

Mode: Signal to noise ratio (Es/No)

Es/No (dB):

40

Input signal power, referenced to 1 ohm (watts):

0.5

Symbol period (s):

0.1

图 8-12 AWGN Channel 模块的参数对话框

2. 各种信噪比之间的关系

对于实信号，E_s/N_0、E_b/N_0 和 SNR 三种模式参数之间的关系为

$$E_s/N_0 = E_b/N_0 + 10\lg k\ (\text{dB}) \tag{8-7}$$

$$E_s/N_0 = 0.5(T/T_s) \times \text{SNR} \tag{8-8}$$

其中，k 为每个符号对应的二进制位数，T_s 为信道模块输入信号的采样间隔，T 为信道模块中设置的 Sample period 参数。

【例 8-3】 搭建如图 8-13 所示的仿真模型，验证式(8-7)和式(8-8)。

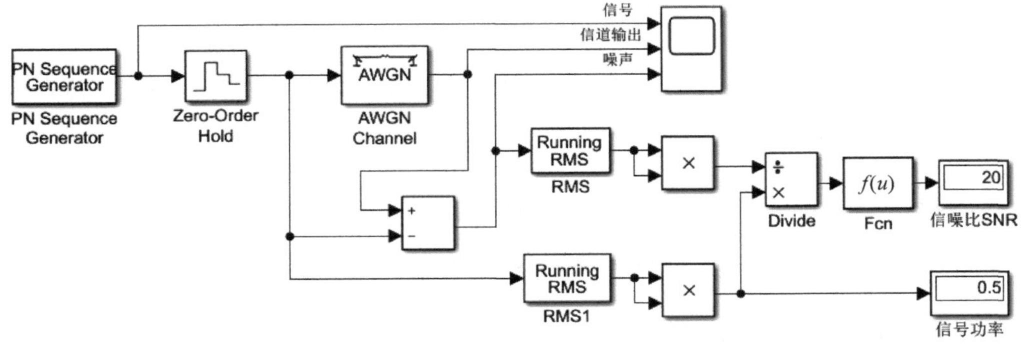

图 8-13 例 8-3 仿真模型

图 8-13 中，PN Sequence Generator 模块产生伪随机二进制序列，设置其 Sample time 参数为 0.1，即符号间隔为 0.1s，码元速率为 10 baud。

Zero-Order Hold 为零阶保持器模块，设置其 Sample time 参数为 1ms。该模块将码元速率为 10baud 的伪随机代码序列对应的基带信号重新以 1ms 的采样间隔进行采样，之后

送入 AWGN Channels 模块。AWGN Channels 模块向其中叠加高斯噪声后再输出至示波器。

模型中的其他模块是为测量和计算各信号的功率和信噪比而设置的。其中，RMS 模块位于 DSP System Toolbox/Statistics 库中，用于计算输入信号的有效值（均方根值），注意勾选其中的 Running RMS 选项。

模块 RMS1 的输入为伪随机 PN 序列，其有效值经过乘法器实现平方运算，即其平均功率为 0.5W。模块 RMS 的输入为信道模块的输出与 PN 序列之差，即信道模块向 PN 序列叠加的噪声，因此该模块的输出即信道模块产生的噪声的有效值，经平方后得到噪声的平均功率。

PN 序列基带信号的功率和噪声功率再由 Divide 模块相除，即可得到信噪比（信号与噪声平均功率之比），然后由 Fcn 模块转换为分贝值。Fcn 模块位于 Simulink/User-defined Functions 库中，设置其 Expression（函数表达式）为 10 * log10(u(1))。

(1) 设置信道模块的 E_b/N_0 参数为 20dB，Number of bits per symbol 参数为 1（信源产生的是二进制 PN 序列），Input signal power 参数为 0.5（由仿真模型中的 Display 模块读出），Sample period 参数为 0.002，等于输入信号采样间隔的 2 倍。仿真运行后，由仿真模型中的 Display 模块显示信噪比为 20dB。

上述结果可以由式(8-7)和式(8-8)进行验证。其中，$k=2$，则由式(8-7)得到 $E_s/N_0=E_b/N_0$，再由式(8-8)得到

$$
\begin{aligned}
SNR &= (E_s/N_0)/0.5 \times T_s/T = (E_b/N_0)/0.5 \times T_s/T \\
&= 2(E_b/N_0) \times 0.001/0.002 = E_b/N_0 \\
&= 20(\text{dB})
\end{aligned}
$$

运行后示波器上显示的 PN 序列信号、信道输出信号和单独的噪声波形如图 8-14(a)所示。

(2) 将信道模块的 Sample period 参数重新设为 0.001，其他参数保持不变。仿真运行后得到信噪比近似为 23dB。由式(8-8)可知，由于 $T=T_s$，因此信噪比 SNR 等于 E_b/N_0 或 E_s/N_0 的 2 倍，即大 3dB。

(3) 将信道模块的 Input signal power 参数增大为 1，其他参数与情况(1)相同。由仿真运行结果可知，此时噪声强度和幅度都增大，相应的 SNR 减小到 17dB，各信号波形如图 8-14(b)所示。

总结上述情况，在使用 AWGN Channel 模块时，需要注意以下问题：

(1) 对于二进制实信号，为使 E_s/N_0、E_b/N_0 和 SNR 三个参数相等，必须将信道模块的 Sample period 参数设置为输入信号采样间隔的 2 倍。

(2) 当输入信号功率确定后，信道模块的 Input signal power 参数将影响模块输出噪声的功率，输出噪声的强度随该参数变化。为了能真实反映实际加入的噪声功率，从而得到正确的性能分析结果（例如误码率），必须将该参数设置为输入信号的实际功率。

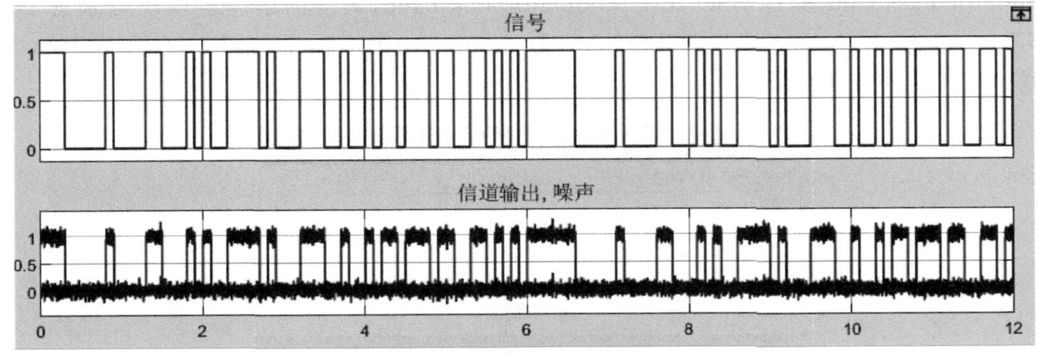

(a) 信号和噪声的波形

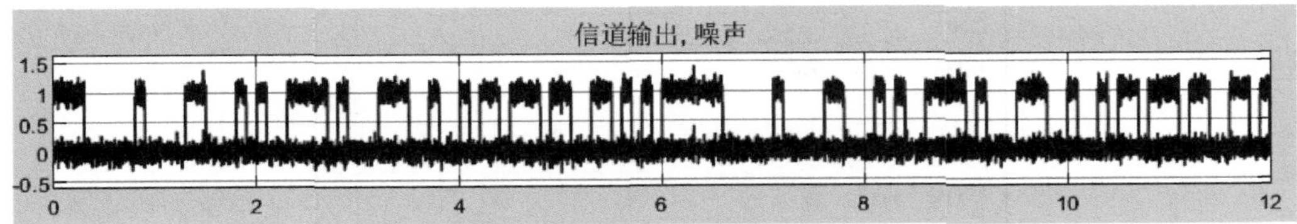

(b) Input signal power参数增大的情况

图 8-14 例 8-3 运行结果

8.4 调制与解调模块

在 Communications Toolbox/Modulation 库中，提供了 3 类调制解调模块，分别位于 Analog Passband Modulation（模拟通带调制）、Analog Baseband Modulation（模拟基带调制）和 Digital Baseband Modulation（数字基带调制）3 个子库中。

8.4.1 模拟带通调制模块

在 Analog Passband Modulation 子库中，提供了 5 种基本的模拟带通调制及其解调模块，包括 AM（模拟幅度）调制和解调模块、FM（模拟调频）调制及解调模块和 PM（模拟调相）及解调模块。

1. AM 调制和解调模块

根据实现幅度调制方式的不同，模拟通信系统中常用的模拟幅度调制可以分为常规调幅（AM）、抑制载波的双边带调制（DSB-SC）、单边带调制（SSB）和残留边带调制（VSB）等，在 Simulink 中，只提供了前面 3 种模拟调幅及其解调模块。

1）AM 和 DSB-SC 调制及解调模块

在模块库中，实现 AM 和 DSB-SC 模拟幅度调制的模块分别命名为 DSB AM

Modulator Passband 和 DSBSC AM Modulator Passband，对应的解调器模块分别为 DSB AM Demodulator Passband 和 DSBSC AM Demodulator Passband。图 8-15 为 DSB-SC 调制器和解调器的参数对话框。

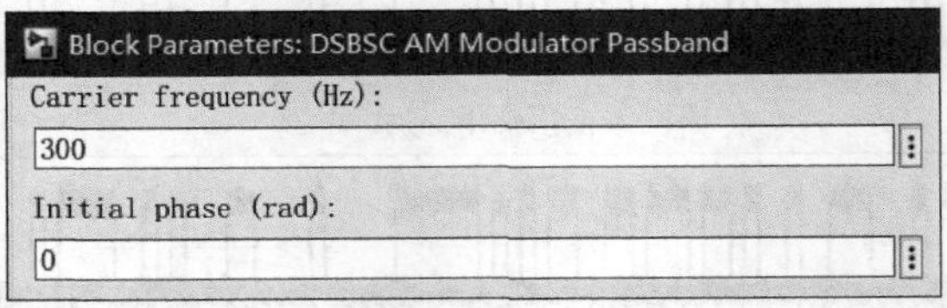

Block Parameters: DSBSC AM Modulator Passband

Carrier frequency (Hz):

300

Initial phase (rad):

0

(a) 调制器

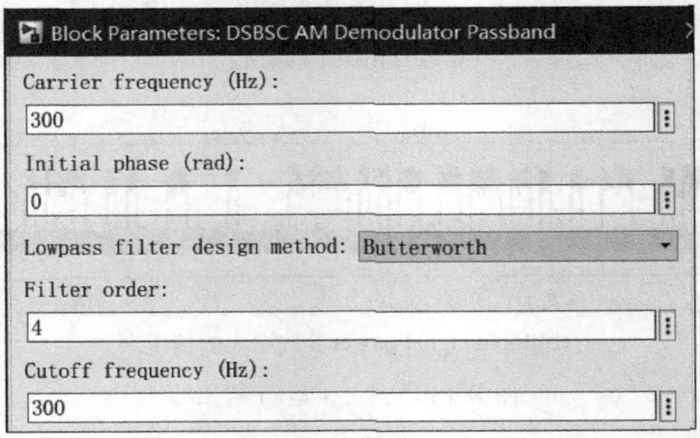

Block Parameters: DSBSC AM Demodulator Passband

Carrier frequency (Hz):

300

Initial phase (rad):

0

Lowpass filter design method: Butterworth

Filter order:

4

Cutoff frequency (Hz):

300

(b) 解调器

图 8-15　DSB-SC 调制器和解调器模块的参数对话框

DSB-SC 调制器实现模拟幅度调制的基本原理是将基带信号 $m(t)$ 与幅度为 1V 的载波直接相乘，可以表示为

$$s(t)=m(t)\cos(2\pi f_c t+\theta_0) \tag{8-9}$$

其中，f_c 为载波频率，θ_0 为载波的初始相位。因此，在图 8-15(a)中，需要设置的调制器主要参数为 Carrier frequency(载波频率)和 Initial phase(载波的初始相位)。

DSBSC AM Demodulator Passband 模块对输入的 DSB-SC 已调信号进行相干解调，内部由一个乘法器和一个低通滤波器组成。因此，在图 8-15(b)所示解调器模块的参数对话框中，除了载波频率和初始相位以外，还需要设置解调器中所需低通滤波器的参数。其中，可以选择滤波器的设计方法为 Butterworth(巴特沃斯)、Chebyshev Ⅰ(切比雪夫Ⅰ型)、Chebyshev Ⅱ(切比雪夫Ⅱ型)和 Elliptic(椭圆)，设置滤波器的阶数(Filter order)和截止频率(Cutoff frequency)等。

模拟 AM 调制与 DSB-SC 调制的区别在于，实现 AM 调制时，需要将基带信号 $m(t)$ 首先进行直流偏置，即叠加上一个直流信号 A_0，再与载波相乘。因此，在 AM 调制器和解调器模块中，除了上述参数以外，还需要设置参数 Input signal offset(输入信号偏移)。

2) SSB 调制及解调模块

实现单边带调制和解调的模块分别为 SSB AM Modulator Passband 和 SSB AM

Demodulator Passband。在调制器模块中,根据相移法的基本原理,利用希尔伯特变换实现单边带调制。

单边带调制分为上边带(Upper Side Band,USB)调制和下边带(Lower Side Band,LSB)调制。因此,在调制器模块中,需要通过 Sideband to modulate 参数选择 Upper 还是 Lower。除此之外,其他参数与 AM 和 DSB-SC 调制器模块的参数相同。

在单边带解调器模块中,不需要设置上下边带,因此其参数设置与 AM 和 DSB-SC 解调器模块完全相同。

2. FM 和 PM 调制和解调模块

在模块库中,实现 FM 和 PM 调制的模块分别为 FM Modulator Passband 和 PM Modulator Passband,对应的解调器模块分别为 FM Demodulator Passband 和 PM Demodulator Passband。这里主要介绍 FM 调制器和解调器模块。

FM Modulator Passband 实现式(8-3)所示的模拟带通频率调制,其参数对话框如图 8-16 所示。其中,除了需要设置载波频率和载波的初始相位以外,还需要设置参数 Frequency deviation(频率偏移),该参数也就是式(8-3)中的 K_{FM}。

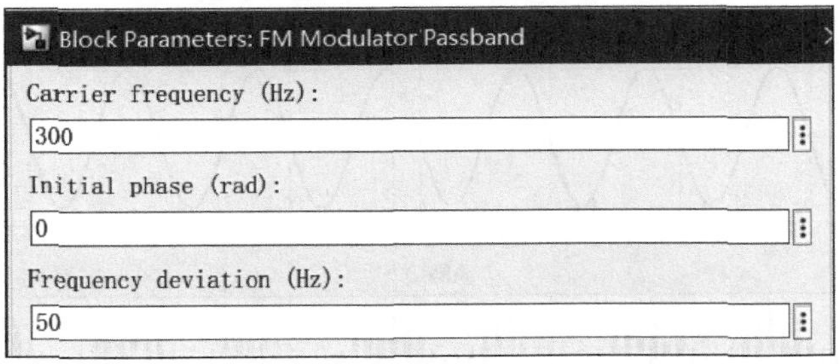

Block Parameters: FM Modulator Passband

Carrier frequency (Hz):

300

Initial phase (rad):

0

Frequency deviation (Hz):

50

图 8-16　FM Modulator Passband 模块的参数对话框

FM Demodulator Passband 实现 FM 信号的解调,解调过程利用希尔伯特变换实现,因此在其参数对话框中,除了需要设置载波频率和初始相位、频率偏移以外,还需要设置 Hilbert transform filter order(希尔伯特变换滤波器阶数)。

【例 8-4】 搭建如图 8-17 所示的仿真模型,产生基带信号为单频正弦信号时对应的 AM、DSB-SC 和 FM 信号,并对各种已调信号的波形进行比较。

仿真模型中,设置 Sine Wave 模块产生频率为 100Hz 的正弦波。设置 AM 调制器的输入信号偏移为 2,FM 调制器和解调器的频率偏移参数设为 500Hz/V,所有调制器模块的 Carrier frequency 参数设为 1e3,即载波频率为 1kHz。

设置求解器为默认求解器,仿真运行 0.1s,运行后得到各信号波形如图 8-18 所示。

需要注意的是,所有的模拟带通调制器模块都要求输入基带信号为采样后的离散信号,而 Sine Wave 模块的 Sample time 参数默认为 0,此时输出的是连续正弦波。因此,必须将该参数重新设置为一个合适的采样时间。

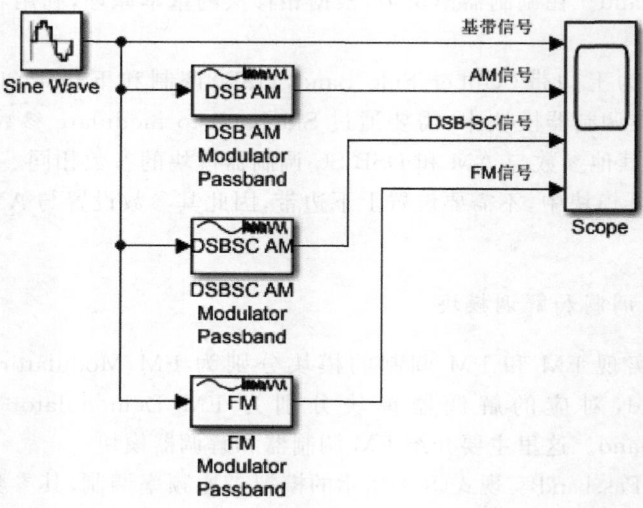

图 8-17　例 8-4 仿真模型

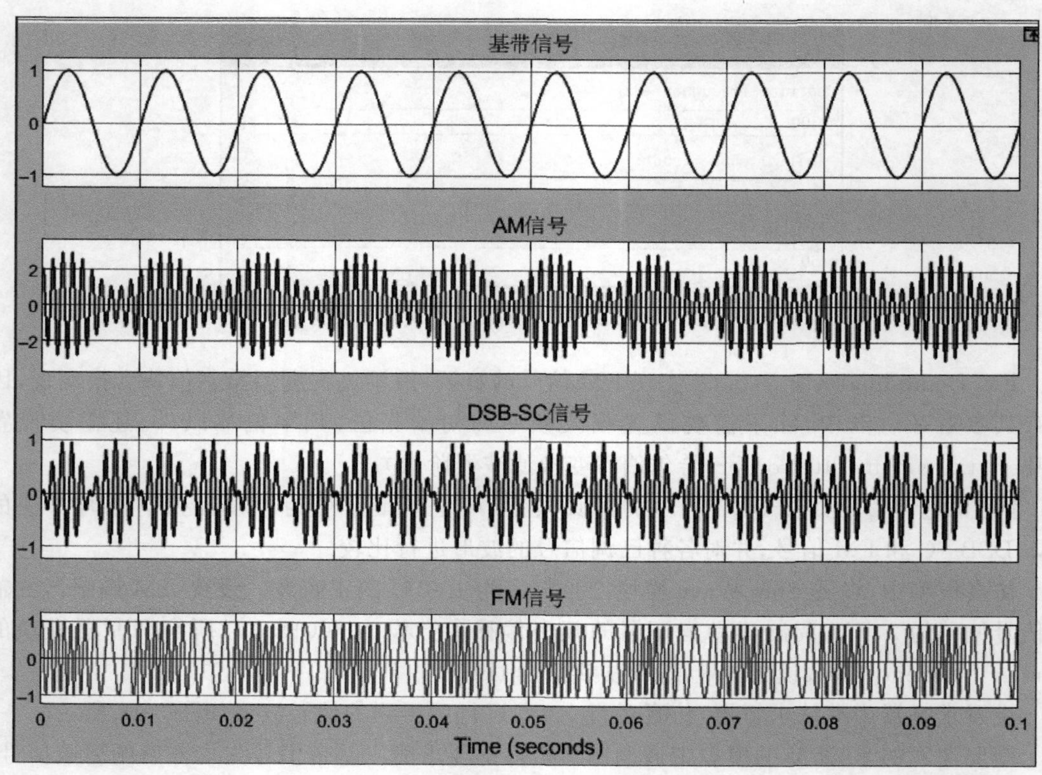

图 8-18　例 8-4 运行结果

由于在仿真模型中，只有 Sine Wave 模块有 Sample time 参数。因此，当求解器的步长设为 auto 时，仿真运行过程中将以 Sine Wave 模块的 Sample time 参数作为步长计算所有模块的输出。为了保证各模块输出正确的波形，必须使 Sample time 参数满足抽样定理，其中信号的最高频率应该为所有已调信号的最高频率，近似等于调制器模块中设置的载波频率。由于载波频率为 1kHz，因此采样速率必须大于 2kHz。为了使输出波形平滑，减小波形失真，还需要适当增大采样速率。假设采样速率取为载波频率的 10 倍，即 10kHz，则 Sine Wave 模块的 Sample time 参数应该设置为 0.1ms。

【例 8-5】 DSB-SC 传输系统仿真模型如图 8-19 所示，仿真分析解调载波与调制载波之间存在频率偏差和相位偏差时，对解调结果的影响。

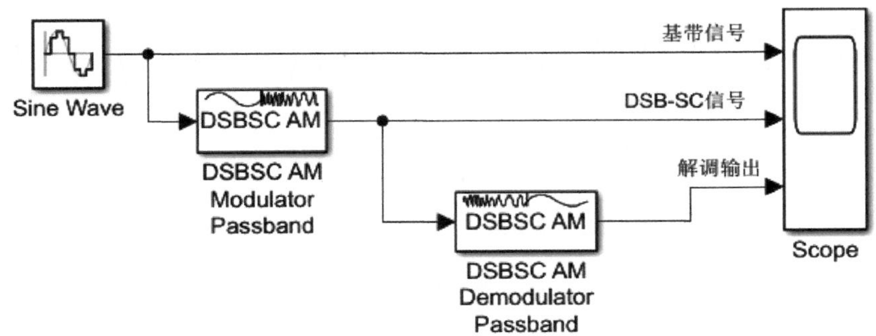

图 8-19　例 8-5 仿真模型

仿真模型中，Sine Wave 模块以 1kHz 的采样速率产生频率为 100Hz 的正弦波，调制器模块的载波频率设为 1kHz，初始相位为 0。在解调器模块的参数中，滤波器选用默认的 4 阶巴特沃斯低通滤波器，截止频率等于基带信号的频率 100Hz。

(1) 当解调器模块的载波与调制器模块的载波参数完全相同时，称为相干载波。此时，解调器输出信号波形如图 8-20(a)所示。除了幅度衰减近似一半，相位上有一定的延迟以外，解调输出波形与基带信号完全一样，说明实现了正确解调。

(2) 如果将解调器模块中的 Initial phase 参数设为 $\pi/3$，此时解调输出波形如图 8-20(b)所示。对比可知，此时解调输出的基带信号幅度得到进一步衰减，但除了仿真运行的起始段过渡过程外，波形仍然是标准的正弦波，说明解调仍然没有失真。

(3) 如果将解调载波的频率重新设为 1005Hz，即与调制器模块中设置的调制载波之间存在频率偏差，此时的解调器输出波形如图 8-20(c)所示。在这种情况下，解调输出不再是等幅震荡的正弦波，而是随时间以 0.2s 的周期起伏波动，说明解调输出信号存在很大的失真，无法实现正确解调。

综合以上情况可知，对于相干解调，解调器模块中的载波必须与调制器模块中的载波同频同相。如果只存在相位偏差，将造成解调输出信号幅度的衰减。如果存在频率偏差，将无法实现正确解调。

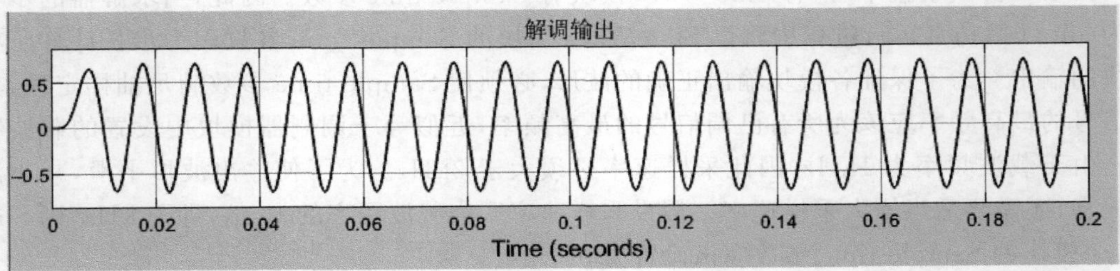

(a) 解调载波与调制载波同频同相的情况

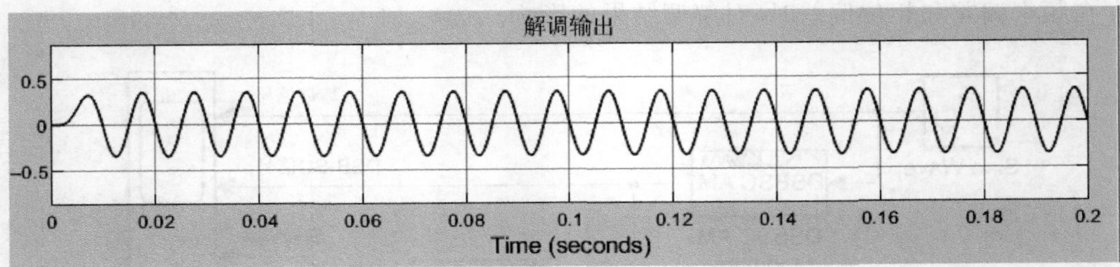

(b) 解调载波与调制载波之间只存在相位偏差的情况

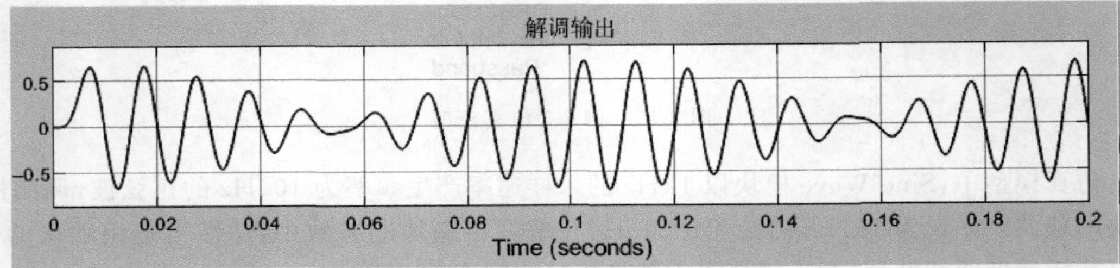

(c) 解调载波与调制载波之间只存在频率偏差的情况

图 8-20　例 8-5 运行结果

8.4.2　模拟基带调制模块

利用带通调制模块实现调制解调过程的仿真时，由于载波频率远高于基带信号频率，将导致仿真求解器所需的采样频率过高，仿真步长很小，使得仿真运行效率大幅降低。为此，Simulink 中提供了一组模拟基带调制解调模块。

在 Analog Baseband Modulation 子库中，提供了 4 个 FM 基带调制和解调模块，分别是 FM Modulator Baseband（FM 基带调制）、FM Demodulator Baseband（FM 基带解调）、FM Broadcast Modulator Baseband（FM 广播基带调制）、FM Broadcast Demodulator Baseband（FM 广播基带解调）。这里主要介绍前面两个模块。

FM Modulator Baseband 和 FM Demodulator Baseband 模块的参数对话框相同，如

图 8-21 所示。与带通调制器和解调器模块不同的是，FM 基带调制器和解调器模块都只有一个参数 Frequency deviation(频率偏移)，而不需要设置载波的相关参数。这是由于基带调制与载波无关。

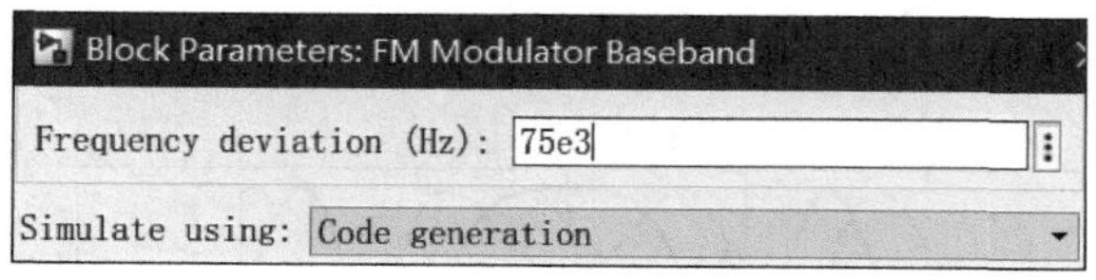

图 8-21　FM 基带调制器的参数对话框

下面通过举例体会 FM 带通调制和基带调制的区别。

【例 8-6】 搭建如图 8-22 所示的仿真模型，比较 FM 基带调制和 FM 带通调制的区别。

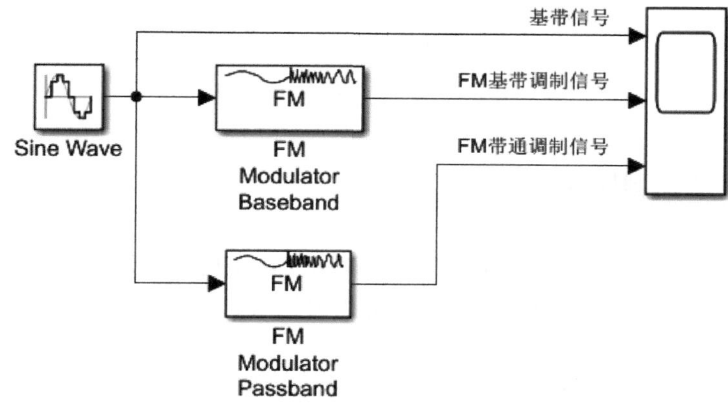

图 8-22　例 8-6 仿真模型

模型中分别用了一个带通 FM 调制模块和一个基带 FM 调制模块，设置这两个模块的 Frequency deviation 参数为 500Hz。设置带通 FM 调制模块的 Carrier frequency(载波频率)为 1kHz。

设置输入正弦基带信号的幅度为 1V、频率为 100Hz、采样间隔为 50μs。运行后得到各信号的波形如图 8-23 所示。

根据式(8-4)，FM 基带调制信号的时间表达式为

$$s_{\mathrm{b}}(t)=\frac{A}{2}\mathrm{e}^{\mathrm{j}\varphi(t)}=\frac{A}{2}\cos\varphi(t)+\mathrm{j}\,\frac{A}{2}\sin\varphi(t)$$

由此可见，FM 基带调制信号是一个复数信号，并且实部和虚部相互正交。因此，模块的输出有两个信号，分别表示 FM 基带调制信号的实部和虚部。实部和虚部都是与输入基带信号频率相等的低频信号。而 FM 带通调制模块输出的 FM 带通调制信号频率远高于 FM 基带调制信号。

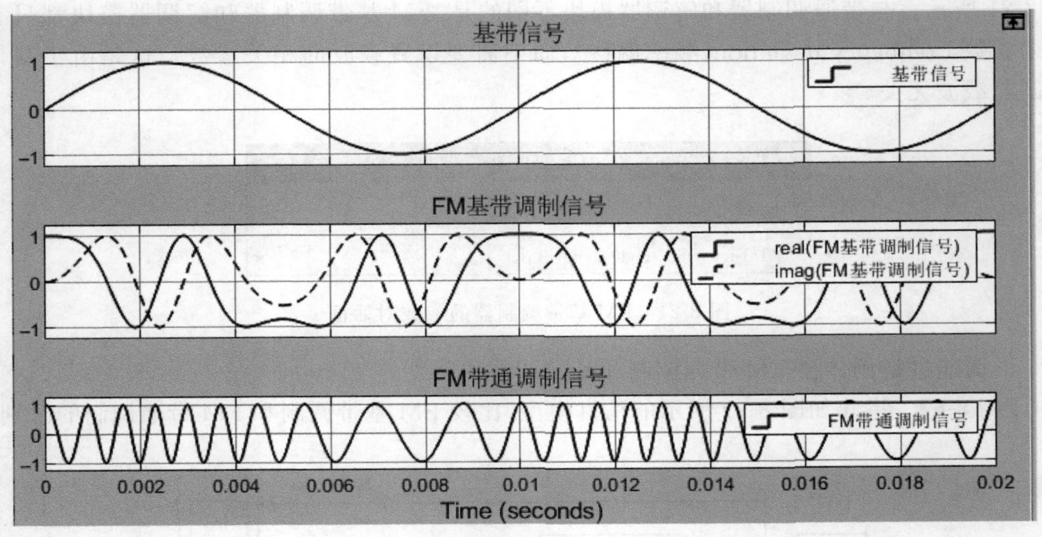

图 8-23 例 8-6 运行结果

8.4.3 数字基带调制模块

在 Modulation 库中,提供的所有数字调制解调模块实现的都是基带调制和解调。要实现数字带通调制解调,可以根据基本原理,利用相关模块自行搭建仿真模型,或者将基带调制器输出的基带调制信号转换为带通调制信号。

这里以 BPSK 基带调制解调器为例,介绍数字基带调制解调模块的使用方法。

1. BPSK 带通调制的原理

BPSK 称为二进制相移键控,这是一种对二进制代码序列基带信号进行相位调制的方法。在 BPSK 信号中,载波的频率和幅度保持不变,而其相位随基带信号变化。载波的相位 θ 与二进制代码序列之间的对应关系为

$$\theta=\begin{cases}\theta_0, & \text{发送“1”码}\\ \theta_0+\pi, & \text{发送“0”码}\end{cases} \tag{8-10}$$

式中,θ_0 为相位偏移。

通常用星座图(Constellation)来描述上述关系。例如,当 $\theta_0=0$ 和 $\theta_0=\pi$ 时,BPSK 调制的星座图分别如图 8-24(a)和图 8-24(b)所示。图 8-24(a)表示,发送“0”码时,载波的相位为 0;发送“1”码时,载波的相位 π。图 8-24(b)则完全相反。

实现上述 BPSK 调制的基本原理是,将需要发送的二进制代码序列用双极性脉冲表示为双极性基带信号,再将其与高频载波相乘。

在双极性基带信号中,发送的“0”码和“1”码分别用脉冲的正负电平表示。例如,“1”码

对应的脉冲幅度为+1V,"0"码对应的脉冲幅度为−1V。则将这样的基带信号与高频载波相乘后,在发送"1"码期间,载波极性保持不变;在发送"0"码期间,载波极性反相,相当于初始相位由 0 变为 π,从而实现了图 8-24(a)所对应的 BPSK 调制。

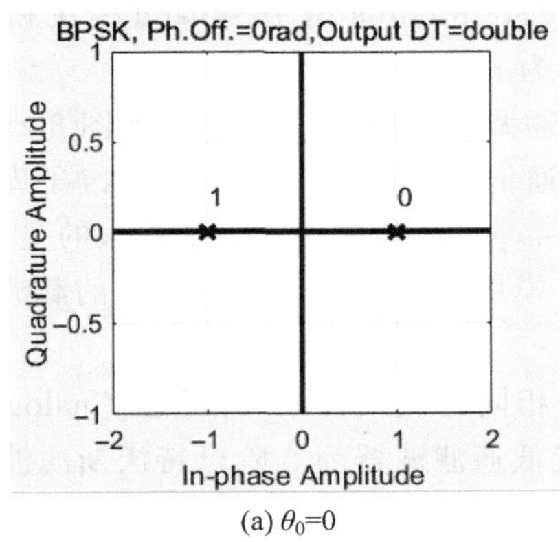

(a) $\theta_0=0$

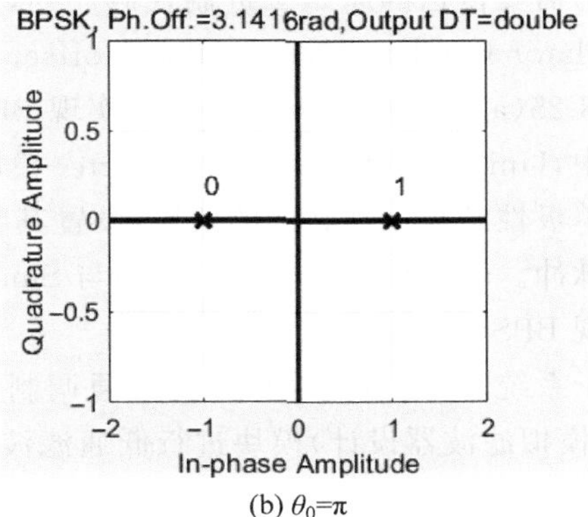

(b) $\theta_0=\pi$

图 8-24　BPSK 调制的星座图

2. BPSK 基带调制和解调

一般情况下,信源发送的二进制代码序列用单极性脉冲表示,其中高电平表示"1"码,低电平表示"0"码。为了实现上述 BPSK 调制,必须先将其转换为双极性脉冲,得到的 BPSK 信号可以表示为

$$s(t)=m_{\mathrm{b}}(t)\cos 2\pi f_{\mathrm{c}}t \tag{8-11}$$

其中,$m_{\mathrm{b}}(t)$为幅度等于±1V 的双极性脉冲,f_{c} 为载波频率。

将 $s(t)$进行下变频得到

$$s_{\mathrm{b}}(t)=m_{\mathrm{b}}(t)\cos(2\pi f_{\mathrm{c}}t)\mathrm{e}^{-\mathrm{j}2\pi f_{\mathrm{c}}t}=\frac{1}{2}m_{\mathrm{b}}(t)+\frac{1}{2}m_{\mathrm{b}}(t)\mathrm{e}^{-\mathrm{j}4\pi f_{\mathrm{c}}t}$$

忽略其中的高频分量和 1/2 系数后,得到

$$s_{\mathrm{b}}(t)=m_{\mathrm{b}}(t) \tag{8-12}$$

这就是 BPSK Modulator Baseband 模块输出的 BPSK 基带调制信号。

对于图 8-24(a)所示的星座图,相位偏移 θ_0 为 0,则信源发送"0"码和"1"码期间,$m_{\mathrm{b}}(t)$中脉冲的幅度分别为+1V 和−1V。对于图 8-24(b)所示的星座图,相位偏移 θ_0 为 π,则信源发送"0"码和"1"码期间,$m_{\mathrm{b}}(t)$中脉冲的幅度分别为−1V 和+1V。

不管相位偏移 θ_0 取 0 还是 π,基带调制输出的 $s_{\mathrm{b}}(t)$都是虚部为 0 的实数信号。当然,在实际系统中,相位偏移 θ_0 还可以取其他值,此时得到的基带调制信号将成为复数信号。

在 BPSK Demodulator Baseband 模块中,接收到上述 BPSK 基带调制信号后,只需要通过比较其极性,即可解调恢复原始的代码序列和单极性脉冲基带信号 $m(t)$。这种方法称为硬判决(Hard Decision)解调。

【例 8-7】 搭建如图 8-25 所示的仿真模型，实现 BPSK 基带和带通调制解调。

该仿真模型中包括 BPSK 基带调制解调子系统和带通调制解调子系统两部分。在图 8-25(a)所示仿真模型中，PN Sequence Generator 模块产生码元速率为 100baud 的 PN 序列作为需要传送的原始二进制代码序列，设置 BPSK Modulator Baseband 模块和 BPSK Demodulator Baseband 模块的 Phase offset 参数都为 π。

图 8-25(a)中的 Subsystem 模块实现 BPSK 带通调制解调，其内部结构如图 8-25(b)所示。其中，Unipolar to Bipolar Converter 模块位于通信工具箱的 Utility Blocks 子库中，用于实现单极性到双极性脉冲的转换，设置其参数 M-ary number 为 2，表示输入的是二进制单极性脉冲。转换得到的双极性脉冲与 Sine Wave 模块产生的频率为 200Hz 的载波相乘。从而实现 BPSK 带通调制。

在子系统内部仿真模型中，将带通调制信号与相同的载波相乘，再经过 Analog Filter Design(模拟滤波器设计)模块进行低通滤波。设置低通滤波器为 2 阶巴特沃斯滤波器，截

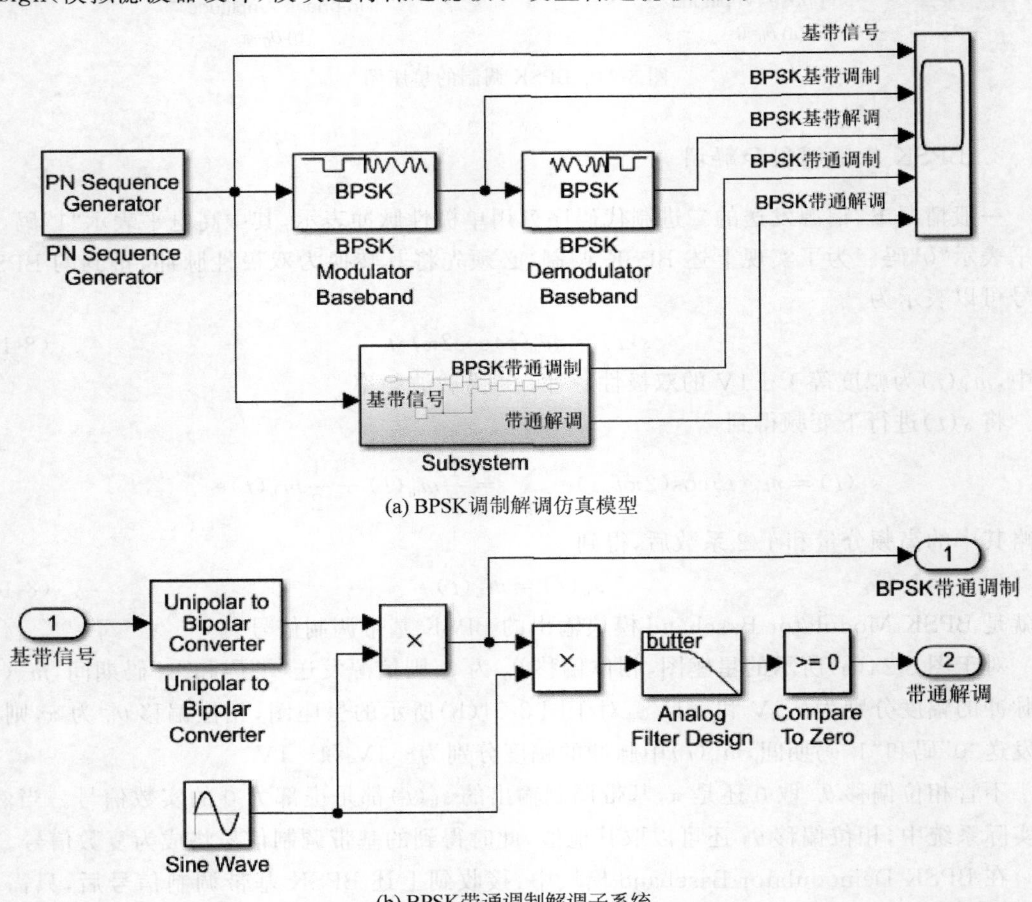

(a) BPSK调制解调仿真模型

(b) BPSK带通调制解调子系统

图 8-25 例 8-7 仿真模型

止频率等于码元速率。低通滤波以后的信号直接由 Compare To Zero 模块实现极性比较，从而解调还原出数字基带信号。

设置求解器最大步长为 0.01ms，仿真运行 0.2s，运行结果如图 8-26 所示。

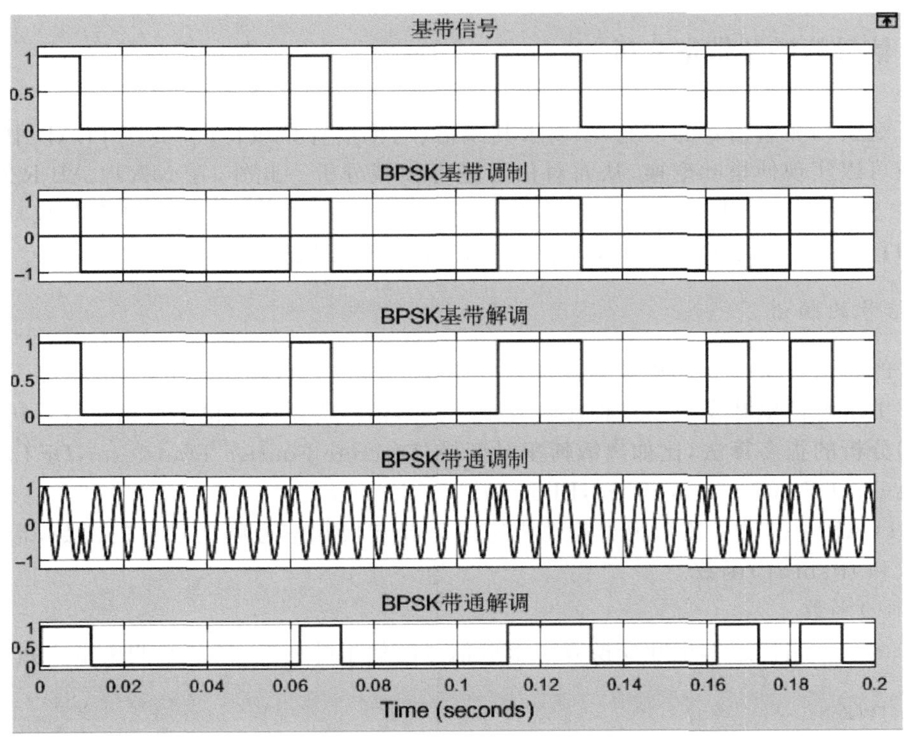

图 8-26　例 8-7 运行结果

由于设置 BPSK Modulator Baseband 模块和 BPSK Demodulator Baseband 模块的 Phase offset 参数都为 π，这两个模块实现的是图 8-24(b)所示星座图相对应的 BPSK 调制解调。因此，与基带信号中的高低电平相对应，在 BPSK 基带调制信号中，双极性脉冲的幅度分别为＋1 和－1，而基带解调输出是与基带信号完全相同的单极性脉冲。

在带通调制信号的波形中，由于设置载波频率等于码元速率的 2 倍，因此在每个码元期间，已调信号中有 2 个周期的载波。对应"0"码和"1"码期间，载波的相位分别为 0 和 π。

另外，注意到带通解调输出的基带信号相对于发送端发送的基带信号有一定的延迟，这是由解调器中滤波器的过渡过程引起的。

8.5　通信系统性能的仿真分析

微课视频

建模仿真的主要目的是为了对系统进行性能分析。不同的系统，所关注的性能各有不同。对于通信系统，两个最基本的性能是有效性和可靠性。其中，有效性一般用传输信号的带宽来衡量,而可靠性主要反映传输的准确性。对于数字通信系统,描述可靠性的典型指标是误码率。本节将介绍利用 MATLAB 程序和 Simulink 模块实现这两方面性能分析的基本方法。

8.5.1 信号频谱及带宽分析

为了观察和测量信号的带宽,需要求其频谱、功率谱等频域特性。MATLAB 中提供了 fft()函数可以实现傅里叶变换,从而对信号进行频域分析。此外,在 MATLAB R2020a 版本的 DSP System Toolbox/Sinks 库中,还提供了 Spectrum Analyzer(频谱分析仪)模块,用于计算和直观显示信号的频谱和功率谱,对信号作各种频域特性分析。

1. 信号的频谱

信号的频谱(Spectrum)也就是其傅里叶变换(Fourier Transform),一般情况下为复变函数。手工求解傅里叶变换的过程比较复杂,为此,信号与系统理论中提出了计算机程序辅助计算和分析的很多算法,比如离散傅里叶变换(Discrete Fourier Transform,DFT)和快速里叶变换(Fast Fourier Transform,FFT)等。

MATLAB 中提供了几个用于实现快速傅里叶变换和信号频谱求解的函数,常用的有 fft()函数和 fftshift()函数。

1) fft()函数

fft()函数采用快速傅里叶变换算法求取信号的傅里叶变换,其基本调用格式如下:

```
Y = fft(X,N)
```

该语句返回信号 $\boldsymbol{X}$ 的 N 点 DFT。如果未指定参数 N,则返回向量 $\boldsymbol{Y}$ 的长度(点数)与 $\boldsymbol{X}$ 相同。如果 $\boldsymbol{X}$ 的长度小于 N,则在 $\boldsymbol{X}$ 向量的末尾补零;如果 $\boldsymbol{X}$ 的长度大于 N,则对 $\boldsymbol{X}$ 进行截断处理。

2) fftshift()函数

fft()函数返回的结果为向量,对应信号频谱中的频率自变量 $f=0\sim F_s-\Delta f$。其中,F_s 为采样频率,$\Delta f=F_s/N$ 称为频谱分辨率。考虑离散信号频谱的周期性,真正有用的只是 $0\sim F_s/2$ 的一段频谱。因此,需要将函数 fft()的返回结果沿着横轴进行平移,从而得到信号的双边频谱,这就是 fftshift()函数的作用。

【例 8-8】 已知信号 $f(t)=200\text{sinc}(200t)=200\dfrac{\sin(200\pi t)}{200\pi t}$,求其频谱。

解:MATLAB 程序如下:

```
% ex8_8.m
Fs = 1e3;N = 1024;                    % 定义采样频率、FFT 长度
t = (0:N - 1)/Fs;                     % 定义时间向量
```

```
f = Fs * ( - N/2:N/2 - 1)/N                    % 定义频谱自变量 f 向量
ft = 200 * sinc(200 * t);
Fw = fftshift(fft(ft,N))/N;                    % 求幅度谱
subplot(211);plot(t,ft);
title('时间波形');xlabel('t/s');
grid on
subplot(212);plot(f,Fw);
ylabel('幅度谱');xlabel('f/Hz');
grid on
```

程序运行结果如图 8-27 所示。

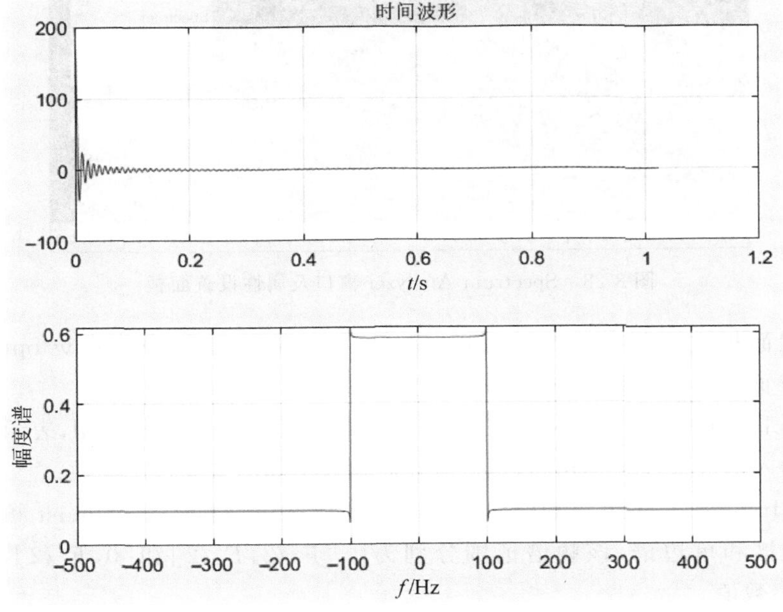

图 8-27　例 8-8 程序运行结果

程序中调用 fft()函数求信号 $f(t)$的 1024 点离散傅里叶变换，之后调用 fftshift()将其作平移，并将结果除以点数 N。特别注意程序中频谱自变量 f 向量的构造。

注意到本例已知的是一个辛格信号，其理想的幅度谱和功率谱是一个脉冲函数，而通过调用 fft()函数求得的频谱波形有一定的畸变。这是由于在程序中只截取了信号的一部分时间波形参与计算，相当于对信号做了加窗处理，从而存在吉布斯效应。

2. Spectrum Analyzer 模块

在仿真模型中添加 Spectrum Analyzer 模块后，运行仿真时会自动弹出该模块对应的频谱分析仪窗口，并在其中自动计算和绘制出输入信号的各种频谱。

频谱分析仪窗口与示波器窗口类似，通过窗口中的 View 菜单可以配置频谱显示的样式、纵横轴刻度等。此外，为了能准确观察到信号频谱，需要对频谱计算做必要的参数配置。为此，单击 View 菜单中的 Spectrum Settings（频谱设置）菜单命令，将在窗口右侧显示属性设置面板，如图 8-28 所示。

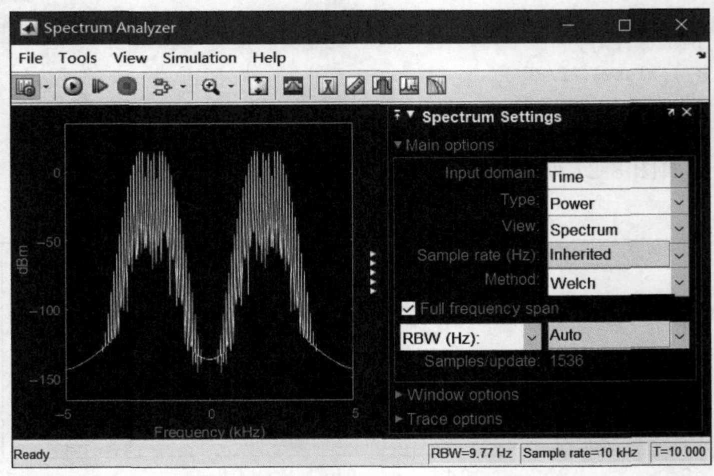

图 8-28　Spectrum Analyzer 窗口及属性设置面板

属性设置面板主要包括 3 个子面板，即 Main options 面板、Window options 面板和 Trace options 面板。下面重点介绍常用的几个参数。

(1) Sample rate(Hz)：输入信号的采样频率，默认设置为 Inherited，表示该参数与频谱分析仪的输入信号采样频率相同，也可以在此输入不同的采样速率参数。

(2) Full frequency span：默认选中该选项，则计算和绘制整个 Nyquist 频率范围内的频谱。对双边谱和单边谱，该频谱范围分别为$[-F_s/2, F_s/2]$和$[0, F_s/2]$，其中 F_s 为 Sample rate 参数值。

如果需要自行指定频谱分析仪显示的频率范围，则取消勾选该选项，通过 Span（频谱显示的频带宽度）和 CF（中心频率）参数，或者 FStart（起始频率）和 FStop（终止频率）参数进行设置。

(3) RBW(Hz)/Window length：频谱分辨率/窗函数长度。如果设置为 RBW (Hz)，并设置默认值 auto，则频谱分辨率为指定频率范围的 1/1024。例如，如果选中 Full frequency span，Sample rate 参数设为 10kHz，则双边谱显示的频率范围为(−5～5)kHz，频谱分辨率为 10000/1024≈9.77Hz。

如果在下拉列表中选中 Window length 而非 RBW(Hz)，则根据后面所设置的窗函数长度（采样点数）确定频谱分辨率。此时，还需要设置 NFFT 参数，即窗函数的长度。默认情况下，该参数设为 Auto，窗函数的长度等于 FFT 的点数。

(4) Samples/update：更新频谱所需的输入信号采样点数。该参数不能自行设置，而是根据其他参数自动计算得到，并显示在此处。如果输入信号的采样点数少于这里显示的点数（由仿真运行时间和采样频率决定），则无法计算显示出信号的频谱。

(5) Window：该参数位于 Window Options 面板中，在这里可以选择计算 FFT 时所需的窗函数。

(6) Two-sided spectrum：选中该选项，则显示双边谱；否则显示单边谱。

【例 8-9】 搭建如图 8-29 所示的仿真模型，观察和分析模拟调频信号的频谱。

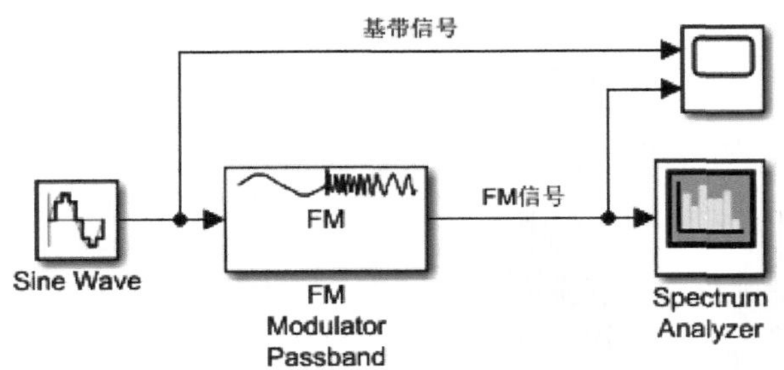

图 8-29　例 8-9 仿真模型

模型中，正弦信号源产生幅度为 1V、频率为 100Hz 的正弦波作为基带信号，设置其 Sample time 参数为 0.1ms。设置 FM Modulator Passband 模块的 Carrier frequency（载波频率）参数为 2kHz，Frequency deviation（频率偏移）参数为 500Hz/V。

模型中的示波器和频谱分析仪分别用于显示基带信号和 FM 信号的时间波形和频谱，频谱分析仪的各项设置都取默认值。设置仿真时间为 0.2s，运行结果如图 8-30(a)所示。

注意将示波器上显示的波形在横轴方向做适当缩放，以便能清楚地观察到基带信号和 FM 已调信号的波形。

在频谱分析仪上显示 FM 信号频谱为双边谱，如图 8-30(b)所示。窗口右下角显示采样速率（Sample rate）为 10kHz，频谱分辨率（RBW）为 9.77Hz，图形区显示频谱的频率范围为（−5～+5）kHz。

为了使频谱波形显示清晰，将窗口右侧的频谱设置面板关闭，适当调节窗口的大小，并通过窗口的缩放工具栏按钮对频谱波形分别在横轴和纵轴方向进行适当缩放，得到如图 8-31 所示显示效果。

在本例中，基带信号为标准的正弦波，称为单频信号。对应的 FM 信号频谱和功率谱由很多离散的谱线构成，所有谱线关于载波频率左右对称。由图 8-31 可以验证该结论。

此外，由功率谱图还可以观察到，相邻两根谱线之间的频率间隔为 100Hz，等于基带信号的频率。

3. 信号的带宽分析

所谓信号带宽，指信号中所有分量的频率变化范围，也就是信号的频谱（幅度谱、功率谱）中取值较大的那一段曲线对应的频率范围。例如，在例 8-8 得到的辛格信号的功率谱

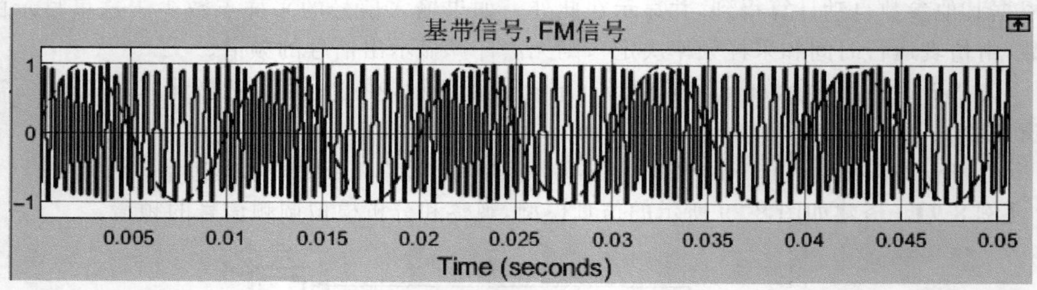

(a) 基带信号和FM信号的时间波形

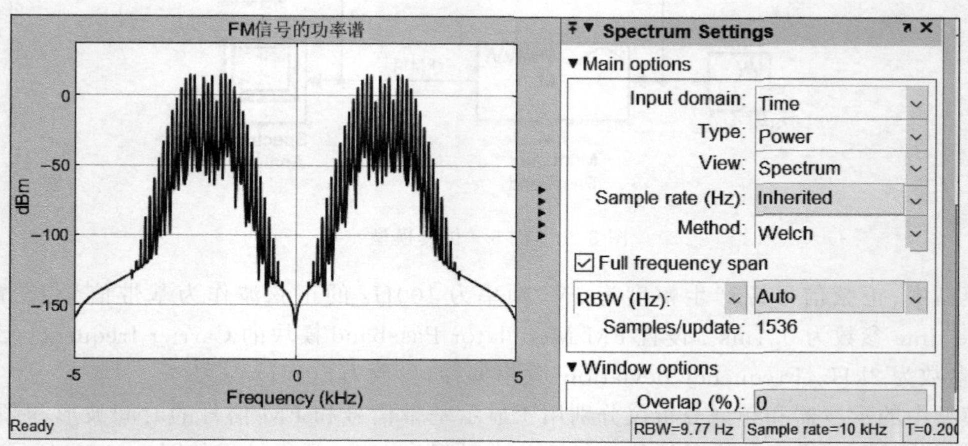

(b) FM信号的功率谱

图 8-30　例 8-9 运行结果

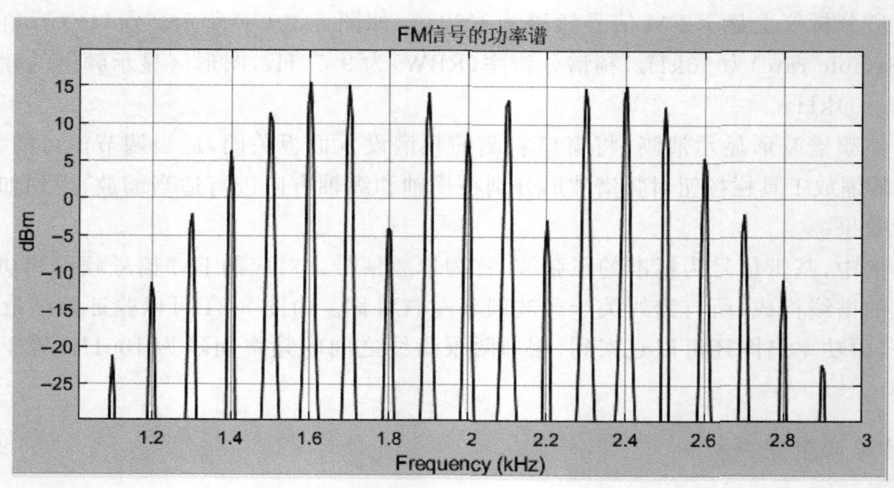

图 8-31　频谱显示效果的缩放调整

中，取值较大的一段对应的频率范围为 0～100Hz，因此该信号的带宽近似为 100Hz。

需要注意的是，考虑实际信号频谱的对称性，频率小于 0 的一半只具有数学意义。因此，在根据频谱图分析信号带宽时，只考虑正频率部分对应的幅度谱，或者根据单边谱进行分析。

再如，在图 8-31 所示的 FM 信号功率谱中，以载波频率 2kHz 为中心，左右两侧分别有 8 根谱线，相邻两根谱线之间的频率间隔为 100Hz，则该 FM 信号的带宽近似为 2×8×100=1.6kHz。如果只考虑大于 0dB 的谱线，则带宽近似为 1.2kHz。

上述模拟调频信号的带宽可以由卡森公式进行验证。卡森公式提供了工程上近似估计调频信号带宽的方法。当基带信号为单频正弦波时，对应的 FM 信号带宽近似为

$$B=2(f_{m}+\Delta f) \tag{8-13}$$

其中，$\Delta f=K_{FM}A_{m}$ 为 FM 信号的最大频偏，A_{m} 和 f_{m} 分别为基带信号的幅度和频率，K_{FM} 为频率偏移。

根据例 8-9 中各模块的参数设置，可以得到 $\Delta f=500\times 1=500$Hz，则由式(8-13)得到 FM 信号的带宽为

$$B=2\times(100+500)=1.2(\text{kHz})$$

【例 8-10】 搭建如图 8-32 所示的仿真模型，观察和分析 BPSK 信号的频域特性。

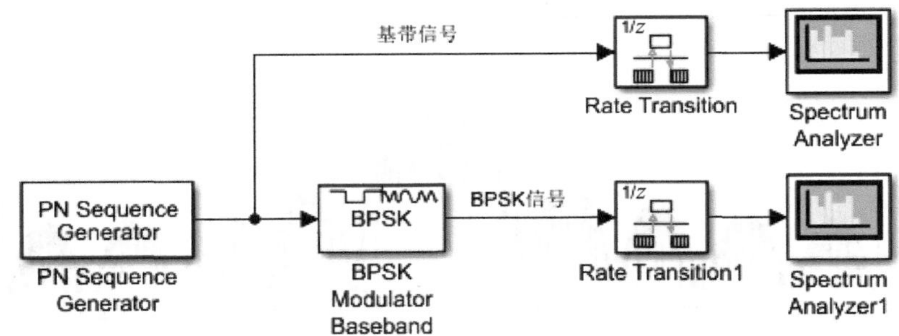

图 8-32 例 8-10 仿真模型

模型中设置 PN Sequence Generator 模块的 Sample time 参数为 0.01，则产生 PN 序列基带信号的码元速率为 100baud，采样速率为 100Hz。

模型中的两个 Rate Transition(速率转换器)模块位于 Simulink/Signal Attributes 库，其作用是改变频谱分析仪输入信号的采样速率。设置其参数 Output port sample time 为 1e-3，则两个模块输出基带信号和 BPSK 信号的采样速率从原来的 100Hz 提高到 1kHz。

假设两个频谱分析仪都采用默认设置，则运行后在其窗口中将显示基带信号和 BPSK 信号的双边谱，对应的频率范围为$[-F_{s}/2,F_{s}/2]$。其中，F_{s} 就是 Rate Transition 模块输出信号的采样速率，因此频谱显示的频率范围为－500～＋500Hz。

如果没有这两个速率转换器模块，将基带信号和 BPSK 信号直接输入频谱分析仪，则频谱显示的频率范围将只有－50～＋50Hz，无法观察到完整的频谱。

上述两个速率转换器模块也可以替换为 Simulink/Discrete 库中的 Zero-Order Hold 模

块,只需要将其 Sample time 参数设置为 1e-3。

此外,由频谱分析仪的频谱设置面板可以得到 Samples/update 参数为 1536,意味着输入频谱分析仪的信号采样点数至少为 1536。由于采样速率为 1kHz,则至少需要仿真运行 1.536s。否则,无法计算出频谱。

设置求解器为默认值,仿真运行时间为 2s,运行后得到信号的功率谱如图 8-33 所示。注意对波形在纵横轴方向做适当缩放。

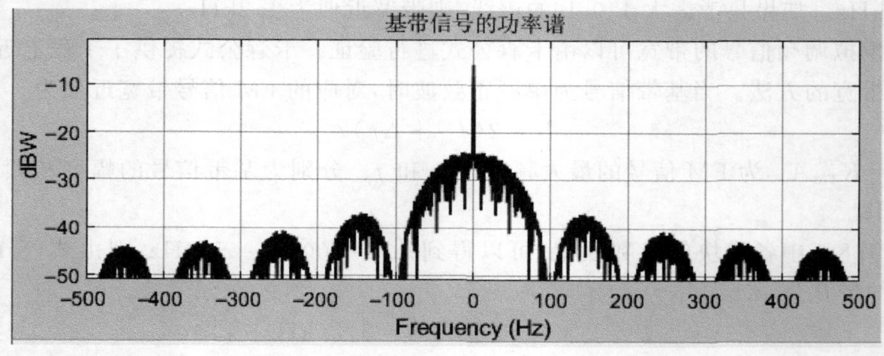

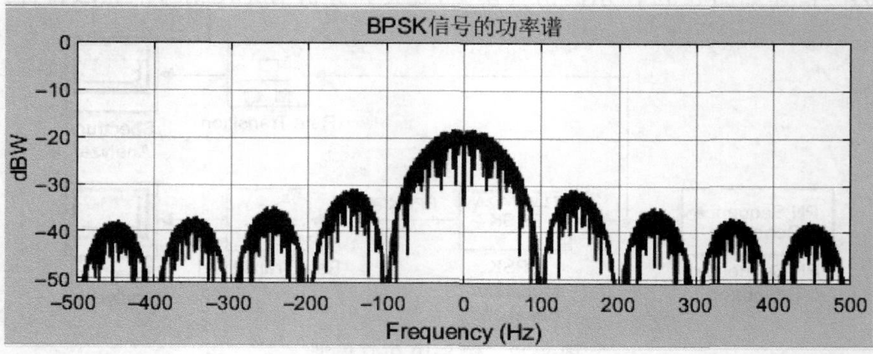

图 8-33　例 8-10 运行结果

由功率谱图可以得到如下结论:

(1) 在基带信号的功率谱中,频率等于 0Hz 的位置有一根很高的离散谱线,代表基带信号中存在直流分量。

(2) 除了直流分量以外,基带信号中还存在连续谱,即图 8-33 中以频率 0Hz 为中心,左右两边呈衰减振荡的连续波形部分。在 0Hz 附近,频率范围为－100～＋100Hz 的部分曲线幅值都比较大,称为主瓣。其余波形曲线上的幅值都比较小,称为旁瓣。一般将旁瓣忽略,而只考虑连续谱中的主瓣,并将主瓣所对应的频率范围近似作为信号的带宽,称为信号的谱零点带宽。如果是双边谱,同样只考虑正频率部分。因此,基带信号的带宽近似为 100Hz。

(3) 在已调 BPSK 信号的功率谱中,没有离散谱线,只有连续谱。与基带信号一样,连续谱以 0Hz 为中心,左右两边随着频率的增大呈衰减振荡。但是不能据此得到 BPSK 信号带宽与基带信号带宽相同的错误结论。原因在于这里的BPSK信号为基带调制信号，是由实际的BPSK带通调制信号经过下变频得到的。

因此，对于基带调制信号，必须同时考虑正负频率两部分，得到BPSK信号的带宽为200Hz，等于基带信号带宽的2倍。

8.5.2 误码率测量及曲线的绘制

通信系统在传输信号的过程中，由于信道传输特性和信道引入噪声的影响，接收端可能接收到错误的信息。对于模拟通信系统，通常用接收机输出的信噪比来衡量其抗干扰的能力。对于数字通信系统，一般用误码率或误比特率来描述其传输的可靠性，误码率和误比特率统称为差错率(Error Rate)。

Simulink中提供了Error Rate Calculation(差错率计算)模块，可以自动统计传输中的错误码元，并计算出误码率。结合MATLAB编程，还可以绘制出误码率特性(BER)曲线，从而对给定的调制解调传输方式进行可靠性分析和比较。

1. 差错率计算模块

Error Rate Calculation模块位于Communications Toolbox/Comm Sinks库，该模块将来自发射机(调制器)的原始代码序列和接收机(解调器)输出的码元序列进行比较，统计出误码个数，并将其除以传输的总码元数得到误码率。

该模块有两个输入端，分别输入原始代码序列和接收机接收到的代码序列，统计得到的误码率、误码个数和接收到的总码元数构成一个长度为3的向量，输出至MATLAB工作区或者输出端口。

图8-34为该模块的参数对话框，其中各参数的含义和设置方法如下：

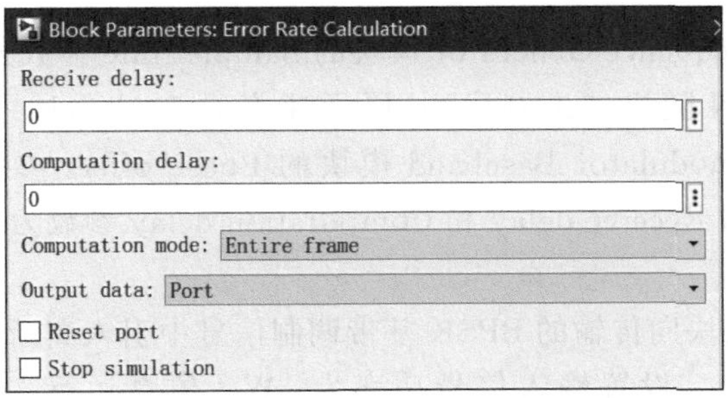

Block Parameters: Error Rate Calculation
Receive delay: 0
Computation delay: 0
Computation mode: Entire frame
Output data: Port
Reset port
Stop simulation

图8-34 差错率计算模块的参数对话框

(1) Receive delay：接收延迟，接收数据滞后于发送数据的采样点数。

(2) Computation delay：计算延迟，在仿真运行的开始阶段需要忽略的采样点数。

传输过程一般都有延迟，使得接收到的码元相对于发送端发送的码元序列有一定的延迟。在调制解调过程中，还可能由于滤波器的动态特性，造成仿真运行的起始阶段有一段过渡过程。通过上述两个参数设置,可以避免这些延迟和系统的动态特性对统计结果的影响,从而获得正确的差错率。

(3) Output data:输出数据,可以选择设置为 Workspace 或 Port,则分别将统计结果输出至 MATLAB 工作区中的指定变量或者由模块的端子输出。由端子输出的数据一般输入一个 Display 模块直接显示。

(4) Stop simulation:选中该选项,则当模块检测到指定的误码个数或者接收到指定的码元总数时,自动停止仿真运行。

2. 误码率的测量

下面举例说明如何利用 Error Rate Calculation 模块实现数字通信系统中误码率的测量和分析。

【例 8-11】 搭建如图 8-35 所示的仿真模型,实现 BPSK 传输系统误码率的测量。

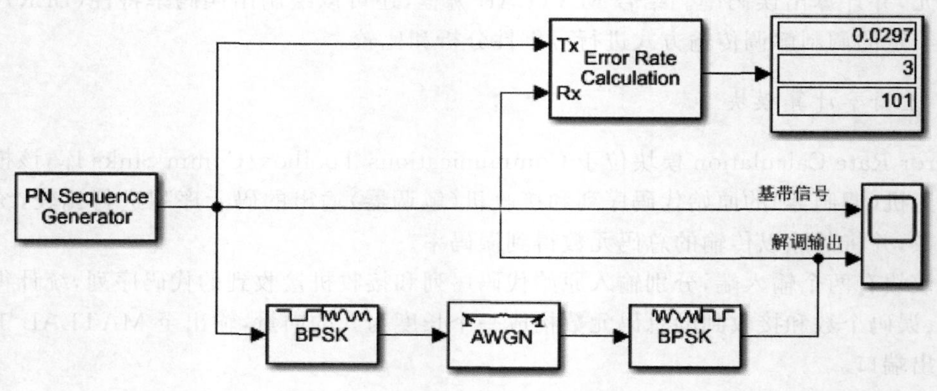

图 8-35 例 8-11 仿真模型

模型中,设置 PN Sequence Generator 模块的 Sample time 参数为 0.01s,其他参数取默认值,则该模块产生 PN 随机二进制序列,码元速率为 100baud。设置 BPSK Modulator Baseband 和 BPSK Demodulator Baseband 模块的 Phase offset 参数都为 0。设置 Error Rate Calculation 模块的 Receive delay 和 Computation delay 参数为 0,Output data 参数为 Port。

AWGN Channel 模块向传输的 BPSK 基带调制信号中引入高斯噪声,设置其参数 SNR 为 10lg(2),单位为分贝。设置输入信号功率为 1W。仿真运行 1s 后,由仿真模型中的 Display 模块读得误码率为 0.0297,共传输了 101 个码元,其中有 3 个错码。由图 8-36 所示示波器波形可以读出,这 3 个错码分别发生在 $t=0.16$s、$t=0.20$s 和 $t=0.85$s 时刻。

需要注意的是,由于噪声的随机性,每次运行得到的误码率是波动的。仿真运行不同的时间,得到的误码率结果也不同。例如,在本例中如果设置仿真运行 10s,将得到误码率结果近似为 0.025,其中共传输了 1001 个码元,错码个数为 25。

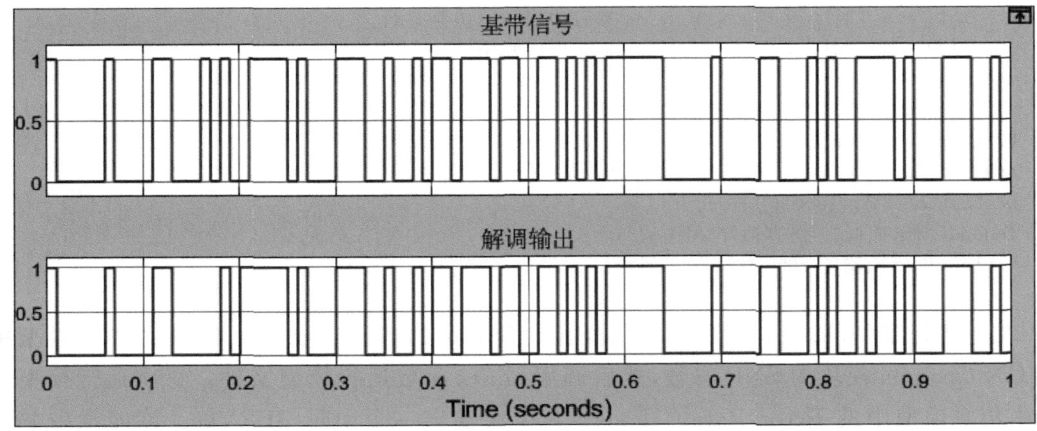

图 8-36 例 8-11 运行结果

为了得到足够准确和稳定的误码率,必须仿真运行足够长的时间。当信噪比足够大时,传输的误码率较小,仿真运行时间必须保证至少接收到一个错误码元。例如,假设对应某一个信噪比,误码率为 1×10^{-4},意味着至少传送 10^4 个码元才会有一个误码。如果码元速率为 100baud,则仿真运行时间至少应该设为 $10^4/100=100$s。

3. BER 曲线的绘制

将 Error Rate Calculation 模块的输出送到 MATLAB 工作区,根据相关数据,通过简单地编程即可方便地绘制出 BER 曲线。下面结合例 8-11 中的仿真模型说明主要的方法和步骤。

【例 8-12】 BPSK 传输系统 BER 曲线的绘制。

在图 8-35 所示的仿真模型中,重新设置 Error Rate Calculation 模块的 Output data 参数为 Workspace,并在 Variable name 参数框中输入变量的名字,例如 BERVec。此时,该模块将没有输出端,仿真模型中的 Display 模块被删除。

此外,设置 AWGN Channel 模块的 SNR 参数为变量 SNR,Input signal power 参数为 1W。设置仿真运行 1000s。

完成上述设置后,保存模型,假设文件名为 ex8_12.slx。然后,编写如下 MATLAB 程序:

```
%ex8_12_1.m
clc
clear
close all
r = -20:2:6;                          %设置信噪比/dB
for i = 1:length(r)
    SNR = r(i);                       %设置 AWGN Channel 模块的参数 SNR
```

```
        sim('ex8_12');                        % 启动模型的仿真运行
        E(i) = BERVec(1);                     % 获得误码率
    end
    r1 = 10.^(r/10);
    Pb = 0.5 * erfc(sqrt(r1));                % 理论值
    semilogy(r,E,'--k',r,E,'+r',r,Pb,'ok')
    xlabel('r/dB');ylabel('BER');grid on
    legend('BER 曲线','仿真值','理论值')
    title('BPSK 传输的 BER 曲线')
```

在上述程序中，每次 for 循环，将信噪比向量 $\boldsymbol{r}$ 中的各元素依次取出，作为仿真模型中 AWGN Channel 模块的 SNR 参数，然后调用 sim()函数运行模型文件。每次运行模型文件，由仿真模型中的 Error Rate Calculation 模块输出一个向量 BERVec。该向量中共有 3 个元素，其中第一个元素为与当前 SNR 值对应的误码率，因此将该元素保存到向量 $\boldsymbol{E}$ 中。循环结束后，向量 $\boldsymbol{E}$ 中的每个元素就是与信噪比向量 $\boldsymbol{r}$ 中各信噪比相对应的误码率。

理论上，BPSK 传输的误码率计算公式为

$$P_{\mathrm{b}}=\frac{1}{2}\mathrm{erfc}(\sqrt{r}) \tag{8-14}$$

其中，r 为信噪比，erfc()为互补误差函数。因此，在程序的后面部分，将 $\boldsymbol{r}$ 向量中信噪比的分贝值转换为实际值，然后调用 MATLAB 中提供的 erfc()函数计算得到误码率的理论值。

上述程序的运行结果如图 8-37 所示。由图可见，由仿真模型计算得到的误码率与理论值相当吻合。但是，随着信噪比的增大，二者之间的误差有增大的趋势。增大仿真时间，可以减小这一误差。

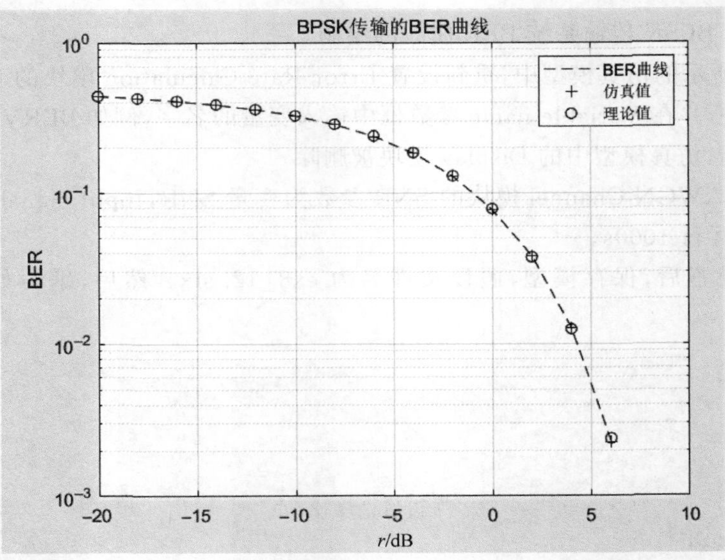

图 8-37　例 8-12 运行结果

本章习题

1. 用 Comm Sources 库中的信源模块产生码元速率为 1000baud 的随机二进制序列，应设置其 Sample time 参数为________。

2. 用 PN Sequence Generator 模块产生的 PN 随机序列具有周期性，假设移位寄存器的级数为 6，则输出序列的周期为________。

3. 已知 AWGN Channel 模块的 E_b/N_o 参数为 13.98dB，Sample period 参数为 0.01，输入 16 进制基带信号的采样速率为 1kHz，则模块输出信噪比 SNR 为________dB。

4. 已知 DSB AM Modulator Passband 模块的参数设置如题图 8-1 所示，输入的基带信号为 $f(t)$，则该模块输出的 AM 信号可以表示为________。

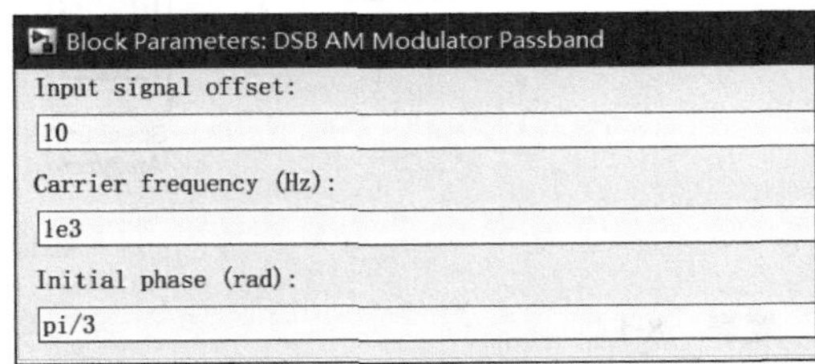
Block Parameters: DSB AM Modulator Passband
Input signal offset: 10
Carrier frequency (Hz): 1e3
Initial phase (rad): pi/3

题图 8-1

5. 已知 Spectrum Analyzer 模块输入信号的采样频率为 2.048kHz，则默认情况下显示频谱的频率范围为________，频谱分辨率为________Hz。

6. 已知码元速率为 200baud，仿真运行 50s 后，Error Rate Calculation 模块统计得到误码个数为 20，则传输的误码率为________。

7. 已知 AWGN Channel 模块的参数设置如题图 8-2 所示，模块输入信号的采样速率为 80Hz。

(1) 求 E_s/N_o。

(2) 求 SNR 为多少分贝。

(3) 求输出噪声的功率 N_o。

8. 已知 FM Modulator Passband 模块的参数设置如题图 8-3 所示，载波幅度为 2V，输入的基带信号为 $m(t)=5\cos(200\pi t)$。

(1) 写出模块输出调频信号的时间表达式 $s(t)$。

(2) 由卡森公式求输出调频信号的带宽 B。

Block Parameters: AWGN Channel
Initial seed: 67
Mode: Signal to noise ratio (Eb/No)
Eb/No (dB): 10
Number of bits per symbol: 2
Input signal power, referenced to 1 ohm (watts): 2
Symbol period (s): 0.1

题图 8-2

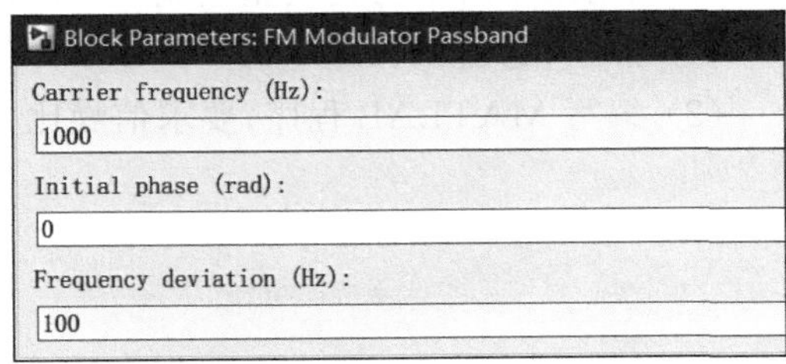
Block Parameters: FM Modulator Passband
Carrier frequency (Hz): 1000
Initial phase (rad): 0
Frequency deviation (Hz): 100

题图 8-3

实践练习

1. 搭建如题图 8-4 所示的仿真模型，其中各模块的主要参数如题表 8-1 所示。

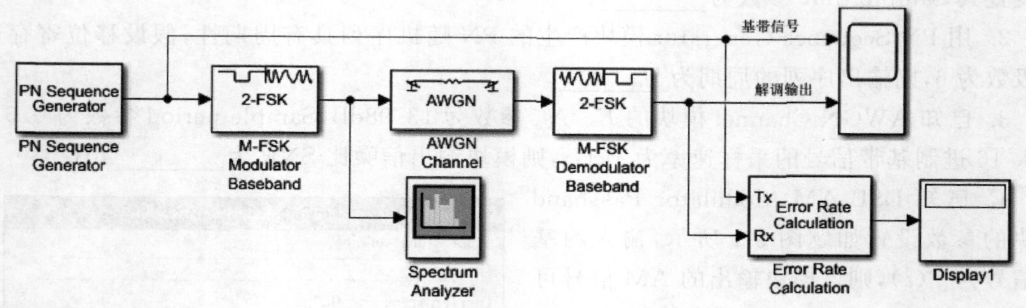

题图 8-4

题表 8-1

模　块	参　数
PN Sequence Generator	Sample time：0.01
M-FSK Modulator Baseband M-FSK Demodulator Baseband	M-ary number：2 Frequency separation：200Hz Samples per symbol：4
AWGN Channel	Mode：Signal to noise ration SNR：10 * log10(2) Input signal power：4W

(1) 仿真运行 0.5s，由示波器观察传输有多少个误码，计算误码率，并与 Display 模块显示的结果进行比较。

(2) 为观察到功率谱，确定所需的仿真运行时间。

(3) 观察 FM 基带调制信号的功率谱，并分析带宽。

(4) 仿真运行 100s，观察误码率。

2. 利用题 1 所示仿真模型绘制 2FSK 传输的 BER 特性曲线。

(1) 修改相关模块的参数。

(2) 编写 MATLAB 程序，要求信噪比 SNR＝－2～10dB。

附录A MATLAB的主要历史版本

发布时间	版　　本	建造编号
2004.6	7.0	R14
2006.3	7.2	R2006a
2006.9	7.3	R2006b
2007.3	7.4	R2007a
2007.9	7.5	R2007b
2008.3	7.6	R2008a
2008.10	7.7	R2008b
2009.3	7.8	R2009a
2009.9	7.9	R2009b
2010.3	7.10	R2010a
2010.9	7.11	R2010b
2011.3	7.12	R2011a
2011.9	7.13	R2011b
2012.3	7.14	R2012a
2012.9	8.0	R2012b
2013.3	8.1	R2013a
2013.9	8.2	R2013b
2014.3	8.3	R2014a
2014.10	8.4	R2014b
2015.3	8.5	R2015a
2015.9	8.6	R2015b
2016.3	9.0	R2016a
2016.9	9.1	R2016b
2017.3	9.2	R2017a
2017.9	9.3	R2017b
2018.3	9.4	R2018a
2018.9	9.5	R2018b
2019.3	9.6	R2019a
2019.9	9.7	R2019b
2020.3	9.8	R2020a

附录B Simulink常用模块库

1. Continuous(连续模块库)

模　块	功　能
Derivative	微分器
Descriptor State-Space	线性隐式系统模型
Entity Transport Delay	传输延迟器
First-Order Hold	一阶保持器
Integrator	积分器
Integrator Limited	限幅积分器
PID Controller	PID 控制器
PID Controller (2DOF)	双自由度 PID 控制器
Second-Order Integrator	二重积分器
Second-Order Integrator Limited	限幅二重积分器
State-Space	状态空间方程
Transfer Fcn	传递函数
Transport Delay	传输延迟
Variable Time Delay	可变时间延迟
Variable Transport Delay	可变时间传输延迟
Zero-Pole	传递函数的零极点增益模型

2. Discontinuities(非连续模块库)

模　块	功　能
Backlash	间隙特性
Coulomb and Viscous Friction	库仑和黏性摩擦特性
Dead Zone	死区特性
Dead Zone Dynamic	死区动态范围
Hit Crossing	检测穿越点
Quantizer	量化器
Rate Limiter	限速器

续表

模　　块	功　　能
Rate Limiter Dynamic	动态限速器
Relay	继电特性
Saturation	饱和特性
Saturation Dynamic	动态饱和特性
Wrap To Zero	归零器

3. Logic and Bit Operations(逻辑和位操作库)

模　　块	功　　能
Bit Clear	将整数的指定位清零
Bit Set	将整数的指定位置位
Bitwise Operator	对输入执行指定的按位运算
Combinatorial Logic	实现真值表
Compare To Constant	确定信号与指定常量的比较方式
Compare To Zero	确定信号与零的比较方式
Detect Change	检测信号值的变化
Detect Decrease	检测下降沿
Detect Fall Negative	检测从正到负的下降沿
Detect Fall Nonpositive	检测从正到非正的下降沿
Detect Increase	检测上升沿
Detect Rise Nonnegative	检测从负到非负的上升沿
Detect Rise Positive	检测从负到正的上升沿
Extract Bits	提取从输入信号选择的连续位
Interval Test	检测信号是否在指定区间
Interval Test Dynamic	动态检测信号是否在指定区间
Logical Operator	对输入执行指定的逻辑运算
Relational Operator	对输入执行指定的关系运算
Shift Arithmetic	移动信号的位或二进制小数点

4. Math Operations(数学运算库)

模　　块	功　　能
Abs	求绝对值
Add	加减运算
Algebraic Constraint	代数限值
Assignment	为指定的信号元素赋值

续表

模　块	功　能
Bias	为输入添加偏差
Complex to Magnitude-Angle	求复数的幅和相角
Complex to Real-Imag	求复数的实部和虚部
Divide	除法运算
Dot Product	点乘运算
Find Nonzero Elements	查找数组中的非零元素
Gain	放大器
Magnitude-Angle to Complex	将幅值和相角转换为复数
Math Function	数学函数调用
MinMax	求最大/最小值
MinMax Running Resettable	求确定信号随时间而改变的最小值或最大值
Permute Dimensions	多维数组重新排列维度
Polynomial	多项式系数计算
Product	矩阵乘法运算
Product of Elements	标量乘法运算
Real-Imag to Complex	将实部和虚部转换为复数
Reshape	更改信号的维度
Rounding Function	舍入函数
Sign	符号函数
Sine Wave Function	正弦波函数
Slider Gain	滑动增益
Sqrt	求平方根
Squeeze	从多维信号中删除单一维度
Trigonometric Function	指定应用于输入信号的三角函数
Unary Minus	对输入求反

5. Ports & Subsystems(端子与子系统库)

模　块	功　能
Configurable Subsystem	可配置子系统
Enable	使能模块
Enabled Subsystem	使能子系统
Enabled and Triggered Subsystem	使能触发子系统
For Each Subsystem	For Each 子系统
For Iterator Subsystem	For 循环迭代子系统
Function-Call Feedback Latch	函数调用模块之间的反馈环节
Function-Call Generator	函数调用事件发生器

续表

模　　块	功　　能
Function-Call Split	函数调用信号线拆分器
Function-Call Subsystem	函数调用子系统
If	If 模块
If Action Subsystem	If 动作子系统
In Bus Element	输入端子信号选择
Import	输入端子
Model	模型引用
Out Bus Element	输出端子信号选择
Outport	输出端子
Resettable Subsystem	可复位子系统
Subsystem、Atomic Subsystem、CodeReuse Subsystem	(虚拟)子系统、原子子系统、代码重用子系统
Switch Case	Switch Case 模块
Switch Case Action Subsystem	Switch Case 动作子系统
Trigger	触发模块
Triggered Subsystem	触发子系统
Unit System Configuration	单元系统配置
While Iterator Subsystem	While 迭代子系统
Variant Subsystem	可变子系统、变体模型

6. Signal Attributes(信号属性库)

模　　块	功　　能
Bus to Vector	虚拟总线到向量的转换
Data Type Conversion	数据类型转换
Data Type Conversion Inherited	使用继承属性转换数据类型
Data Type Duplicate	数据类型复制
Data Type Propagation	数据类型传播
Data Type Scaling Strip	数据类型移除
IC	信号初始值设置
Probe	探针
Rate Transition	速率转换器
Signal Conversion	信号转换器
Signal Specification	信号属性设置
Unit Conversion	单位转换
Weighted Sample Time	采样时间加权
Width	获取输入向量宽度

7. Signal Routing(信号路由库)

模 块	功 能	模 块	功 能
Bus Assignment	总线分配器	Index Vector	索引向量
Bus Creator	总线创建器	Manual Switch	手动开关
Bus Selector	总线选择器	Manual Variant Sink	手动调节接收器
Data Store Memory	数据存储器	Manual Variant Source	手动调节信号源
Data Store Read	数据存储器读	Merge	信号合并器
Data Store Write	数据存储器写	Multiport Switch	多端子开关
Demux	解复用器	Mux	复用器
Environment Controller	环境控制器	Parameter Writer	模型实例参数设置
From	来自于模块	Selector	输入元素选择器
Goto	到模块	State Reader	读模块状态
Goto Tag Visibility	Goto 模块标记定义	State Writer	写模块状态

8. Sinks(接收器库)

模 块	功 能	模 块	功 能
Display	数值显示器	Stop Simulation	仿真终止器
Floating Scope	浮动示波器	Terminator	终端器
Out Bus Element	总线信号选择输出	To File	输出到文件
Outport	输出端子	To Workspace	输出到工作区
Scope	示波器	XY Graph	XY 绘图仪

9. Sources(信号源库)

模 块	功 能
Band-Limited White Noise	限带白噪声发生器
Chirp Signal	线性调频信号发生器
Clock	时钟发生器
Constant	常数发生器
Counter Free-Running	复位计数器
Counter Limited	限幅计数器
Digital Clock	数字时钟
Enumerated Constant	枚举常量发生器
From File	从 MAT 文件加载数据
From Spreadsheet	从电子表格读取数据

续表

模　　块	功　　能
From Workspace	从工作区读数据
Ground	接地
In Bus Element	输入端子信号选择
Import	输入端子
Pulse Generator	脉冲发生器
Ramp	斜坡信号发生器
Random Number	随机数发生器
Repeating Sequence	周期序列发生器
Repeating Sequence Interpolated	周期序列插值
Repeating Sequence Stair	周期序列发生器
Signal Builder	分段线性波形信号创建器
Signal Editor	信号编辑器
Signal Generator	信号发生器
Sine Wave	正弦波信号发生器
Step	阶跃信号发生器
Uniform Random Number	均匀分布随机数发生器
Waveform Generator	波形发生器

10. User-Defined Functions(用户自定义库)

模　　块	功　　能
C Caller	C 代码调用
Function Caller	函数调用
Initialize Function	初始化函数
Interpreted MATLAB Function	MATLAB 函数解释调用
Level-2 MATLAB S-Function	Level-2 MATLAB S 函数
MATLAB Function	MATLAB 函数调用
MATLAB System	MATLAB 系统引用
Reset Function	复位函数
S-Function	S 函数
S-Function Builder	S 函数创建器
Simulink Function	Simulink 模块定义函数
Terminate Function	终止函数

附录C sfuntmpl.m模板文件

```
function [sys,x0,str,ts,simStateCompliance] = sfuntmpl(t,x,u,flag)
%SFUNTMPL General MATLAB S-Function Template
%   With MATLAB S-functions, you can define you own ordinary differential
%   equations (ODEs), discrete system equations, and/or just about
%   any type of algorithm to be used within a Simulink block diagram.
%
%   The general form of an MATLAB S-function syntax is:
%       [SYS,X0,STR,TS,SIMSTATECOMPLIANCE] = SFUNC(T,X,U,FLAG,P1,...,Pn)
%
%   What is returned by SFUNC at a given point in time, T, depends on the
%   value of the FLAG, the current state vector, X, and the current
%   input vector, U.
%
%   FLAG   RESULT             DESCRIPTION
%   -----  ------             --------------------------------
%   0      [SIZES,X0,STR,TS]  Initialization, return system sizes in SYS,
%                             initial state in X0, state ordering strings
%                             in STR, and sample times in TS.
%   1      DX                 Return continuous state derivatives in SYS.
%   2      DS                 Update discrete states SYS = X(n+1)
%   3      Y                  Return outputs in SYS.
%   4      TNEXT              Return next time hit for variable step sample
%                             time in SYS.
%   5                         Reserved for future (root finding).
%   9      []                 Termination, perform any cleanup SYS=[].
%
%
%   The state vectors, X and X0 consists of continuous states followed
%   by discrete states.
%
%   Optional parameters, P1,...,Pn can be provided to the S-function and
%   used during any FLAG operation.
%
```

```
%    When SFUNC is called with FLAG = 0, the following information
%    should be returned:
%
%       SYS(1) = Number of continuous states.
%       SYS(2) = Number of discrete states.
%       SYS(3) = Number of outputs.
%       SYS(4) = Number of inputs.
%                Any of the first four elements in SYS can be specified
%                as -1 indicating that they are dynamically sized. The
%                actual length for all other flags will be equal to the
%                length of the input, U.
%       SYS(5) = Reserved for root finding. Must be zero.
%       SYS(6) = Direct feedthrough flag (1=yes, 0=no). The s-function
%                has direct feedthrough if U is used during the FLAG=3
%                call. Setting this to 0 is akin to making a promise that
%                U will not be used during FLAG=3. If you break the promise
%                then unpredictable results will occur.
%       SYS(7) = Number of sample times. This is the number of rows in TS.
%
%
%       X0      = Initial state conditions or [] if no states.
%
%       STR     = State ordering strings which is generally specified as [].
%
%       TS      = An m-by-2 matrix containing the sample time
%                 (period, offset) information. Where m = number of sample
%                 times. The ordering of the sample times must be:
%
%                 TS = [0      0,       : Continuous sample time.
%                       0      1,       : Continuous, but fixed in minor step
%                                         sample time.
%                       PERIOD OFFSET,  : Discrete sample time where
%                                         PERIOD > 0 & OFFSET < PERIOD.
%                       -2     0];      : Variable step discrete sample time
%                                         where FLAG=4 is used to get time of
%                                         next hit.
%
%                 There can be more than one sample time providing
%                 they are ordered such that they are monotonically
%                 increasing. Only the needed sample times should be
%                 specified in TS. When specifying more than one
%                 sample time, you must check for sample hits explicitly by
%                 seeing if
%                    abs(round((T-OFFSET)/PERIOD) - (T-OFFSET)/PERIOD)
%                 is within a specified tolerance, generally 1e-8. This
%                 tolerance is dependent upon your model's sampling times
```

```
%               and simulation time.
%
%               You can also specify that the sample time of the S - function
%               is inherited from the driving block. For functions which
%               change during minor steps, this is done by
%               specifying SYS(7) = 1 and TS = [ - 1 0]. For functions which
%               are held during minor steps, this is done by specifying
%               SYS(7) = 1 and TS = [ - 1 1].
%
%       SIMSTATECOMPLIANCE = Specifices how to handle this block when saving and
%                            restoring the complete simulation state of the
%                            model. The allowed values are: 'DefaultSimState',
%                            'HasNoSimState' or 'DisallowSimState'. If this value
%                            is not speficified, then the block's compliance with
%                            simState feature is set to 'UknownSimState'.


%    Copyright 1990 - 2010 The MathWorks, Inc.

%
% The following outlines the general structure of an S - function.
%
switch flag,

%%%%%%%%%%%%%%%%%%
% Initialization %
%%%%%%%%%%%%%%%%%%
case 0,
    [sys,x0,str,ts,simStateCompliance] = mdlInitializeSizes;

%%%%%%%%%%%%%%%
% Derivatives %
%%%%%%%%%%%%%%%
case 1,
    sys = mdlDerivatives(t,x,u);

%%%%%%%%%%
% Update %
%%%%%%%%%%
case 2,
    sys = mdlUpdate(t,x,u);

%%%%%%%%%%%
% Outputs %
%%%%%%%%%%%
case 3,
```

```
    sys = mdlOutputs(t,x,u);

 %%%%%%%%%%%%%%%%%%%%%%
 % GetTimeOfNextVarHit %
 %%%%%%%%%%%%%%%%%%%%%%
case 4,
    sys = mdlGetTimeOfNextVarHit(t,x,u);

 %%%%%%%%%%%%
 % Terminate %
 %%%%%%%%%%%%
case 9,
    sys = mdlTerminate(t,x,u);

 %%%%%%%%%%%%%%%%%%%
 % Unexpected flags %
 %%%%%%%%%%%%%%%%%%%
otherwise
    DAStudio.error('Simulink:blocks:unhandledFlag', num2str(flag));

end

 % end sfuntmpl

 %
 % =============================================================================
 % mdlInitializeSizes
 % Return the sizes, initial conditions, and sample times for the S - function.
 % =============================================================================
 %
function [sys,x0,str,ts,simStateCompliance] = mdlInitializeSizes

 %
 % call simsizes for a sizes structure, fill it in and convert it to a
 % sizes array.
 %
 % Note that in this example, the values are hard coded.  This is not a
 % recommended practice as the characteristics of the block are typically
 % defined by the S - function parameters.
 %
sizes = simsizes;

sizes.NumContStates   = 0;
sizes.NumDiscStates   = 0;
sizes.NumOutputs      = 0;
sizes.NumInputs       = 0;
```

```
sizes.DirFeedthrough = 1;
sizes.NumSampleTimes = 1; % at least one sample time is needed

sys = simsizes(sizes);

%
% initialize the initial conditions
%
x0  = [];

%
% str is always an empty matrix
%
str = [];

%
% initialize the array of sample times
%
ts  = [0 0];

% Specify the block simStateCompliance. The allowed values are:
%    'UnknownSimState', < The default setting; warn and assume DefaultSimState
%    'DefaultSimState', < Same sim state as a built - in block
%    'HasNoSimState',   < No sim state
%    'DisallowSimState' < Error out when saving or restoring the model sim state
simStateCompliance = 'UnknownSimState';

% end mdlInitializeSizes

%
% =============================================================================
% mdlDerivatives
% Return the derivatives for the continuous states.
% =============================================================================
%
function sys = mdlDerivatives(t,x,u)

sys = [];

% end mdlDerivatives

%
% =============================================================================
% mdlUpdate
% Handle discrete state updates, sample time hits, and major time step
% requirements.
```

```
% ==============================================================================
%
function sys = mdlUpdate(t,x,u)

sys = [];

% end mdlUpdate

%
% ==============================================================================
% mdlOutputs
% Return the block outputs.
% ==============================================================================
%
function sys = mdlOutputs(t,x,u)

sys = [];

% end mdlOutputs

%
% ==============================================================================
% mdlGetTimeOfNextVarHit
% Return the time of the next hit for this block.  Note that the result is
% absolute time.  Note that this function is only used when you specify a
% variable discrete - time sample time [ - 2 0] in the sample time array in
% mdlInitializeSizes.
% ==============================================================================
%
function sys = mdlGetTimeOfNextVarHit(t,x,u)

sampleTime = 1; %  Example, set the next hit to be one second later.
sys = t + sampleTime;

% end mdlGetTimeOfNextVarHit

%
% ==============================================================================
% mdlTerminate
% Perform any end of simulation tasks.
% ==============================================================================
%
function sys = mdlTerminate(t,x,u)

sys = [];

% end mdlTerminate
```

参考文献

[1] 薛定宇,陈阳泉. 基于 MTALAB/Simulink 的系统仿真技术与应用[M]. 2 版. 北京：清华大学出版社,2011.

[2] 李献,骆志伟,于晋臣. MATLAB/Simulink 系统仿真[M]. 北京：清华大学出版社,2017.

[3] 张德峰. MATLAB/Simulink 电子信息工程建模与仿真[M]. 北京：电子工业出版社,2017.

[4] 向军,万再莲,周玮. 信号与系统[M]. 重庆：重庆大学出版社,2011.

[5] 王建辉,顾树生. 自动控制原理[M]. 2 版. 北京：清华大学出版社,2014.

[6] 胡寿松. 自动控制原理[M]. 北京：科学出版社,2007.

[7] 田玉平,蒋珉,李世华. 自动控制原理[M]. 北京：科学出版社,2006.

[8] 杨发权. MATLAB R2016a 在电子信息工程中的仿真案例分析[M]. 北京：清华大学出版社,2017.

[9] 高西全,丁玉美. 数字信号处理[M]. 3 版. 西安：西安电子科技大学出版社,2008.

[10] 李正周. MATLAB 数字信号处理与应用[M]. 北京：清华大学出版社,2008.

[11] 南利平,李学华,王亚飞,等. 通信原理简明教程[M]. 3 版. 北京：清华大学出版社,2014.

[12] 邵玉斌. MATLAB/Simulink 通信系统建模与仿真实例分析[M]. 北京：清华大学出版社,2008.

[13] GIORDAND A A,LEVESQUE A H. Simulink 数字通信系统建模[M]. 邵玉斌,译. 北京：机械工业出版社,2019.

[14] 张瑾,周原. 基于 MATLAB/Simulink 的通信系统建模与仿真[M]. 2 版. 北京：北京航空航天大学出版社,2017.

图书资源支持

感谢您一直以来对清华大学出版社图书的支持和爱护。为了配合本书的使用，本书提供配套的资源，有需求的读者请扫描下方的“书圈”微信公众号二维码，在图书专区下载，也可以拨打电话或发送电子邮件咨询。

如果您在使用本书的过程中遇到了什么问题，或者有相关图书出版计划，也请您发邮件告诉我们，以便我们更好地为您服务。

我们的联系方式：

地　　址：北京市海淀区双清路学研大厦 A 座 701

邮　　编：100084

电　　话：010-83470236　010-83470237

资源下载：http://www.tup.com.cn

客服邮箱：tupjsj@vip.163.com

QQ：2301891038（请写明您的单位和姓名）

教学资源·教学样书·新书信息

人工智能科学与技术
人工智能|电子通信|自动控制

资料下载·样书申请

书圈

用微信扫一扫右边的二维码，即可关注清华大学出版社公众号。